普通高等教育"十三五"规划教材
公共基础课精品系列

U0215672

应 用 数 学 基 础

总主编 朱弘毅

微 积 分

（第四版）

上海高校《应用数学基础》编写组 编

立信会计 出版社
LIXIN ACCOUNTING PUBLISHING HOUSE

图书在版编目(CIP)数据

微积分 / 上海高校"应用数学基础"编写组编.
4 版. -- 上海：立信会计出版社，2024.7. -- ISBN
978 - 7 - 5429 - 7712 - 0

Ⅰ.O172

中国国家版本馆 CIP 数据核字第 2024X2J528 号

责任编辑　　陈　旻
美术编辑　　吴博闻

微积分(第四版)

WEIJIFEN

出版发行	立信会计出版社		
地　　址	上海市中山西路 2230 号	邮政编码	200235
电　　话	(021)64411389	传　　真	(021)64411325
网　　址	www.lixinaph.com	电子邮箱	lixinaph2019@126.com
网上书店	http://lixin.jd.com		http://lxkjcbs.tmall.com
经　　销	各地新华书店		

印　　刷	常熟市人民印刷有限公司
开　　本	710 毫米×960 毫米　　1/16
印　　张	25.25
字　　数	480 千字
版　　次	2024 年 7 月第 4 版
印　　次	2024 年 7 月第 1 次
书　　号	ISBN 978 - 7 - 5429 - 7712 - 0/O
定　　价	49.00 元

第四版前言

作为大学基础课的数学,其教学的目的在于将数学应用于经济管理、工程技术专业,为学习专业知识服务。为适应高等教育的发展和教学改革的需要,在"应用数学基础"(第三版)的基础上,组建了"应用数学基础"(第四版)编写组,进行"应用数学基础"(第四版)的编写工作。

本教材在第三版的基础上,按照数学课程教学基本要求,结合教学改革成果,力求使"应用数学基础"(第四版)满足应用型人才培养的要求。

"应用数学基础"共分三册。第一册为《微积分》,内容包括函数、极限与连续,导数与微分,微分中值定理与导数的应用,不定积分,定积分及其应用,多元函数微积分,微分方程及其应用,无穷级数,MATLAB 软件的应用共九章;第二册为《线性代数》,内容包括行列式,矩阵及其运算,线性方程组(含向量、线性相关性),线性规划,特征值与二次型,MATLAB 软件的应用共六章;第三册为《概率论与数理统计》,内容包括事件与概率,随机变量及其分布,二维随机变量及其分析,随机变量的数字特征,大数定律,数理统计的基本概念,参数估计,假设检验,方差分析与回归分析,MATLAB 软件的应用共十章。

为了让学生掌握数学知识的实质及所含的数学思想,以及处理问题、解决问题的方法,我们详细介绍了基本概念的实际背景,注意加强基本运算方法的训练、计算能力和应用能力的培养,不追求过分复杂的计算,贯彻理论联系实际和启发式教学原则;为了将计算机融入高等数学,我们简单介绍了国际上最流行的 MATLAB 数学软件的操作及其在高等数学中的应用。

本教材每节后面配有习题,每章后配有复习题。

为便于学习,由立信会计出版社另行出版本教材的同步学习辅导书。

"应用数学基础"由朱弘毅任总主编。

第一册《微积分》(第四版)由肖琴、易超琴、朱玲、王娜、闵建中、张满生任主编,周艳丽、闫观捷、朱佰颖任副主编,庄海根、赵斯泓参加编写。

"应用数学基础"由上海财经大学教授陈启宏主审,参加审稿的(按姓氏笔画为序)有:王培康、许伯生、朱德通、沙荣方、束金龙、苏文悌、陈启宏,各位专家认真审阅原稿,并提出许多宝贵的意见。本书在编写和出版过程中得到立信会计出版社的支持和帮助,在此表示衷心的感谢。

限于编者的水平和时间的仓促,对于书中所存在的未发现的不妥之处,恳请广大教师和学生提出批评指正。

朱弘毅于香歌丽园

2024 年仲夏

初 版 前 言

为适应高等教育的发展,在上海市教委的组织和领导下,我们组成了上海高校《应用数学基础》编写组,为培养德智体美等方面全面发展的高等应用型人才,编写了一套具有特色的教材。

《应用数学基础》由朱弘毅任总主编,共分三册,第一册《微积分》,内容包括函数、极限与连续、导数与微分、中值定理、导数应用、二元函数微积分、微分方程与级数;第二册《线性代数》,内容包括行列式、矩阵、向量及线性相关性、线性方程组、投入产出模型、线性规划问题;第三册《概率论与数理统计》,内容包括随机事件与概率、随机变量及其分布、二维随机变量、随机变量的数字特征、数理统计的基本概念、参数估计、假设检验、方差分析与回归分析。

这套教材,是以"理解基本概念、掌握运算方法及应用"为依据,按照《经济数学基础课程教学基本要求》,结合数学教学改革的实际经验编写的。这套教材注意从实际问题中引入概念;注意把握好理论推导、证明的深度;注重基本运算能力、分析问题和解决问题能力的培养;贯彻理论联系实际和启发式教学原则;深入浅出,通俗易懂,便于教师讲授和读者自学。这套教材中每节后面配有习题,每章后面配有复习题。

《应用数学基础》由上海交通大学教授李重华主审,参加审稿的还有:邱慈江(上海应用技术学院)、冯珍珍(上海第二工业大学)、姚力民(上海商学院)、俞国胜(上海大学)、罗爱芳(上海城市管理学院)。他们认真审阅原稿,提出了许多宝贵的意见。这套教材在编写和出版过程中得到了上海市教委高等教育办公室徐国良副主任、立信会计出版社孙时平总编辑、蔡莉萍编辑的支持和帮助,在此一并表示衷心感谢。

　　在编写过程中,因作者水平有限,疏漏之处在所难免,恳请同仁和读者不吝指正。

朱弘毅于秀枫翠谷

2000 年暮春

目　　录

第一章　函数、极限与连续

　　函数是现代数学的基本概念之一。函数是微积分学主要的研究对象,它反映了变量之间的相互依赖关系。极限是微积分学中最基本的概念之一,是微积分学的理论基础。本章在函数概念的基础上,着重介绍函数的极限和函数的连续性概念,以及它们的性质和运算法则。

第一节　函　　数

一、区间与邻域

　　微积分学是在实数范围内讨论的,而区间是用得较多的一类实数集。

　　定义 1　设 a,b 为两实数,且 $a < b$。实数集 $\{x \mid a < x < b\}$,称为**开区间**,记为 (a,b),即

$$(a,b) = \{x \mid a < x < b\}。$$

　　实数集 $\{x \mid a \leqslant x \leqslant b\}$,称为**闭区间**,记为 $[a,b]$,即

$$[a,b] = \{x \mid a \leqslant x \leqslant b\}。$$

　　类似地,实数集

$$(a,b] = \{x \mid a < x \leqslant b\}, \quad [a,b) = \{x \mid a \leqslant x < b\},$$

$(a,b]$ 称为左开右闭区间,$[a,b)$ 称为左闭右开区间,统称为**半开半闭区间**。

　　以上这四种区间都称为有限区间。a 和 b 称为区间的端点,数 $b-a$ 称为这些区间的**长度**。从数轴上看,这些有限区间是长度为有限的线段。闭区间 $[a,b]$、开区间 (a,b)、左开右闭区间 $(a,b]$ 和左闭右开区间 $[a,b)$ 在数轴上的表示方法分别如图 1.1(1)、图 1.1(2)、图 1.1(3) 和图 1.1(4) 所示。此外还有无限区间,引进记号 $+\infty$(读作正无穷大)以及 $-\infty$(读作负无穷大),则可类似地定义无限区间。例如:

$$(-\infty,b) = \{x \mid x < b\}, \quad [a,+\infty) = \{x \mid x \geqslant a\},$$

这两个无限区间在数轴上如图 1.1(5)和图 1.1(6)所示。

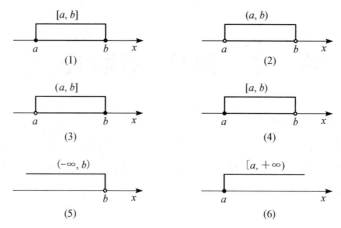

图 1.1　区间在数轴上的表示

全体实数的集合 **R** 也可记作 $(-\infty,+\infty)$，它也是无限区间。

以后在不需要辨明所涉区间是否包含端点，以及是有限区间还是无限区间的场合，我们就简单地称它为"区间"，且常用 I 表示。

邻域也是一个经常用到的实数集合。

定义 2　设 a、δ 是两个实数，且 $\delta>0$，则开区间 $(a-\delta,a+\delta)$ 称为点 a 的 δ **邻域**，简称为**点 a 的邻域**，记作 $U(a,\delta)$，即

$$U(a,\delta)=\{x\mid a-\delta<x<a+\delta\}.$$

在数轴上，邻域 $U(a,\delta)$ 表示一个以点 a 为中心，长度为 2δ 的开区间 $(a-\delta,a+\delta)$（见图 1.2），点 a 称为邻域 $U(a,\delta)$ 的**中心**，δ 称为邻域的**半径**。

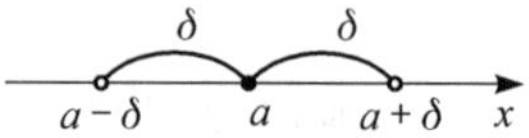

图 1.2　邻域 $U(a,\delta)$

例如，点集 $|x-1|<2$ 表示以点 $a=1$ 为中心，以 2 为半径的邻域，也就是开区间 $(-1,3)$。

有时需要讨论把邻域中心去掉的集合。在点 a 的 δ 邻域中去掉中心 a 后所得的点集，称为点 a 的**去心 δ 邻域**，记作 $\mathring{U}(a,\delta)$，即

$$\mathring{U}(a,\delta)=(a-\delta,a)\bigcup(a,a+\delta).$$

开区间 $(a-\delta,a)$ 称为点 a 的**左 δ 邻域**，简称**点 a 的左邻域**；开区间 $(a,a+\delta)$ 称为点 a 的**右 δ 邻域**，简称**点 a 的右邻域**。

二、函数的概念

在客观世界中,运动与变化无处不在,在运动变化过程中涉及各种各样的量。在某一变化过程中保持不变的量称为**常量**,而在某一变化过程中不断改变的量,则称为**变量**。常量、变量均相对于其特定的变化过程而言,同一个量,在不同的变化过程中可扮演不同的角色。

在我们观察或研究一个现象或问题时,可能涉及多个变量,这些变量的变化并不是孤立的,它们之间往往有一种确定的相依关系,这就是函数关系。

【例1】 圆的半径 r 在区间 $(0, +\infty)$ 内变化时,圆的面积 A 与它的半径 r 之间是否有相依关系?

解 当半径 r 在区间 $(0, +\infty)$ 内任意取定一个数值 r_0 时,对应的圆面积 A 随之有一个确定的数值与之对应,由如下规则:

$$\pi(\quad)^2$$

确定,半径为 r_0 时对应的圆面积为 πr_0^2,从而变量 A 与 r 之间有相依关系:

$$A = \pi r^2 \text{。}$$

A 称为 r 的函数,$(0, +\infty)$ 为函数的定义域。

【例2】 设某工厂每天生产产品 B 的最大能力为 9 000 袋,机械设备等价值(通常称为固定成本)为 18 800 元,生产每一袋产品需要人工费和材料费共 60 元(通常称为可变成本),那么该厂每天的成本 C(即费用固定成本与可变成本之和)与产量 Q 之间是否有相依关系?

解 当产量 Q 在数集 $\{0, 1, 2, \cdots, 9\,000\}$ 上任意取定一个数值 Q_0 时,成本 C 随之有一个确定的数值与之对应,这种对应关系由如下规则:

$$18\,800 + 60 \times (\quad)$$

确定,产量为 Q_0 时对应的成本为 $18\,800 + 60Q_0$,从而产量 C 与 Q 之间有相依关系:

$$C = 18\,800 + 60Q \text{。}$$

C 称为 Q 的函数,$D = \{0, 1, 2, \cdots, 9\,000\}$ 为函数的定义域。

由上述两个例题所讨论的变量之间的相依关系得到一般的如下函数定义。

定义3 设在某一个变化过程中有两个变量 x 和 y,D 是一个非空实数集,如果变量 x 在 D 内任意取一个确定数值时,变量 y 按照某种法则 f 有唯一确定的值与之对应,则称对应法则 f 为**定义在数集 D 上的一个函数关系**,简称**函数**。x 称为**自变量**,y 称为**因变量**,D 称为函数的**定义域**。

由于函数 f 将变量 x 与变量 y 联系起来,而变量 y 又依赖于变量 x,函数 f 也记为 $y=f(x)$,称 y 是 x 的函数或函数 $y=f(x)$。有时也用 $y=y(x)$ 表示变量 y 是变量 x 的函数。

如果 $x_0 \in D$,则称函数 $f(x)$ 在 x_0 处有定义,函数 $f(x)$ 在 x_0 处的所确定的值称为函数 $f(x)$ 在 $x=x_0$ 时的函数值,记为 $f(x_0)$ 或 $y|_{x=x_0}$。

当自变量 x 取遍 D 的所有值时,对应的函数值全体组成的数集 $W=\{y \mid y=f(x), x \in D\}$ 称为**函数 $f(x)$ 的值域**。

函数的对应法则和函数的定义域是确定函数的两大要素。如果两个函数的定义域和对应的法则完全相同,那么这两个函数相同。例如,$y=\sqrt{x^2}$ 和 $y=|x|$ 是相同的函数。

不同的对应法则表示不同的函数。例如,$y=f(x)$,$y=g(x)$,$y=\varphi(x)$ 表示不同的函数。

在实际问题中,函数的定义域是根据问题的实际意义而确定。一般地,对于用解析式表示的函数,它的定义域就是使解析式有意义的一切实数构成的集合。

【例3】 求函数 $y=\dfrac{1}{x-6}+\sqrt{x^2-1}$ 的定义域。

解 对于 $\dfrac{1}{x-6}$,必须满足 $x-6 \neq 0$;对于 $\sqrt{x^2-1}$,必须满足 $x^2-1 \geqslant 0$。得不等式组:

$$\begin{cases} x-6 \neq 0, \\ x^2-1 \geqslant 0。 \end{cases}$$

解该不等式组,得

$$x \leqslant -1 \text{ 或 } x \geqslant 1 \text{ 且 } x \neq 6。$$

所以定义域为

$$D=\{x \mid x \leqslant -1 \text{ 或 } x \geqslant 1 \text{ 且 } x \neq 6\}=(-\infty,-1] \bigcup [1,6) \bigcup (6,+\infty)$$

设函数 $y=\begin{cases} 1-x, & x>0, \\ 0, & x=0, \\ -1, & x<0, \end{cases}$ 其定义域 $D=(-\infty,+\infty)$,它表示自变量 x 在定义域 D 中不同的范围,对应的函数值按不同的解析式计算,这是一个函数,不是三个函数。如这种在定义域内不同的范围上用不同的解析式表示,且不能用一个解析

式表示的函数,称为**分段函数**。

例如,函数 $y=\begin{cases}-x, & x<0, \\ x, & x\geqslant 0,\end{cases}$ 虽然对不同的 x 值,由不同的解析式表示,但是它可以用一个解析式 $y=|x|$ 来表示,所以它不是分段函数。

三、函数的几种特性

1. 函数的奇偶性

定义 4 设函数 $y=f(x)$ 的定义域 D 关于原点对称(即如果 $x\in D$,则 $-x\in D$),如果对于任意 $x\in D$,恒有 $f(-x)=f(x)$,则称 $f(x)$ 为**偶函数**;如果对于任意 $x\in D$,恒有 $f(-x)=-f(x)$,则称 $f(x)$ 为**奇函数**;如果函数 $y=f(x)$ 在定义域 D 上既不是奇函数又不是偶函数,则称 $f(x)$ 为**非奇非偶函数**。

在平面直角坐标系中,偶函数的图形是关于 y 轴对称的,如图 1.3 所示;奇函数的图形是关于原点对称的,如图 1.4 所示。

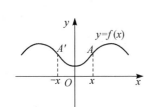

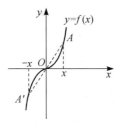

图 1.3　偶函数的图形　　　　图 1.4　奇函数的图形

例如,$y=x^2$ 是偶函数,$y=x^3$ 是奇函数,而 $y=2^x$ 是非奇非偶函数。

2. 函数的单调性

定义 5 设函数 $y=f(x)$ 的定义域为 D,区间 $I\subset D$,如果对于区间 I 内的任意两点 x_1 及 x_2,当 $x_1<x_2$ 时,都有 $f(x_1)<f(x_2)$,则称函数 $y=f(x)$ 在区间 I 上是**单调增加函数**,如图 1.5 所示,区间 I 称为**单调增加区间**;当 $x_1<x_2$ 时,都有 $f(x_1)>f(x_2)$,则称函数 $y=f(x)$ 在区间 I 上是**单调减少函数**,如图 1.6 所示,区间 I 称为

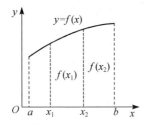

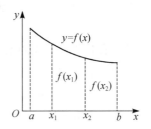

图 1.5　单调增加函数　　　　图 1.6　单调减少函数

单调减少区间。单调增加函数和单调减少函数统称为**单调函数**,而单调增加区间、单调减少区间统称为**单调区间**。

例如,$y=x^2$ 在 $(-\infty,0)$ 上是单调减少函数,在 $(0,+\infty)$ 上是单调增加函数,但 $y=x^2$ 在 $(-\infty,+\infty)$ 上不是单调函数。

3. 函数的周期性

定义6 设函数 $y=f(x)$ 的定义域为 D,若存在一个常数 $T\neq 0$,使得对于任意 $x\in D$,必有 $x\pm T\in D$,并且使

$$f(x\pm T)=f(x),$$

则称 $f(x)$ 为**周期函数**,其中 T 称为函数 $f(x)$ 的**周期**。周期函数的周期通常是指它的最小正周期。

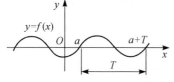

图 1.7 周期函数的图形

例如,$y=\sin x$,$y=\cos x$ 都是以 2π 为周期的周期函数。

周期函数的图形可以由它在一个周期 $[a,a+T]$ 内的图形沿 x 轴向左、右两个方向平移后得到,如图 1.7 所示。

4. 函数的有界性

定义7 设函数 $y=f(x)$ 的定义域为 D,区间 $I\subset D$,如果存在一个正数 M,使得对于任意 $x\in I$,都有 $|f(x)|\leqslant M$,则称函数 $f(x)$ 在区间 I 上**有界**,也称 $f(x)$ 是 I 上的**有界函数**;否则称函数 $f(x)$ 在区间 I 上**无界**,也称 $f(x)$ 是 I 上的**无界函数**。

例如,函数 $y=\sin x$,对于任意 $x\in(-\infty,+\infty)$,都有 $|\sin x|\leqslant 1$ 成立,所以 $y=\sin x$ 是 $(-\infty,+\infty)$ 上的有界函数。又如,$y=\dfrac{1}{x}$ 在 $[1,+\infty)$ 上是有界的,但在 $(0,1)$ 上是无界的,所以函数的有界性与 x 的取值区间有关。

习 题 1-1

1. 用区间表示下列不等式的解的集合。

(1) $|x-4|<\dfrac{1}{4}$ (2) $|2x-3|<0.1$

2. 求下列函数的定义域。

(1) $y=\sqrt{3x-2}$ (2) $y=\ln(2x-4)$

(3) $y=\dfrac{\ln(1+x)}{x^2-2x+1}$ \qquad\qquad (4) $y=\dfrac{\sqrt{4-x}}{x^2-x-2}$

3. 设函数 $f(x)=\begin{cases} x+1, & x\leqslant 0 \\ 4-x^2, & x>0 \end{cases}$，求 $f(0)$，$f(2)$，$f(-2)$。

4. 设函数 $f(x)=\begin{cases} \sin x+1, & x\leqslant 0 \\ \cos x-1, & x>0 \end{cases}$，求 $f(0)$，$f\left(\dfrac{\pi}{2}\right)$，$f\left(-\dfrac{\pi}{2}\right)$。

5. 设函数 $g(t)=t^2+1$，求 $g\left(\dfrac{1}{t}\right)$，$g(t+1)$。

6. 确定下列函数的奇偶性。

(1) $y=x^6-2x^2+1$ \qquad\qquad (2) $y=(x^2-1)\sin x$

(3) $y=x^2-\dfrac{\tan x}{x}$ \qquad\qquad (4) $y=\dfrac{1-e^x}{1+e^x}$

7. 下列函数中哪些是周期函数？对于周期函数指出其周期。

(1) $y=2\sin\left(2x+\dfrac{\pi}{3}\right)$ \qquad\qquad (2) $y=\cos\dfrac{x}{2}$

8. 已知函数 $f(x)$ 的周期为 2，并且

$$f(x)=\begin{cases} 0, & -1<x<0 \\ x^2, & 0\leqslant x\leqslant 1 \end{cases}$$

试在 $(-\infty,+\infty)$ 上作出函数的图形。

9. 某人手机按"套餐"付资费，其方案为月基本费 128 元，送本地通话 800 分钟，超出 800 分钟，本地主叫通话资费为 0.16 元/分钟，被叫免费。试写出该手机月资费 y（元）与主叫通话时间 x（分钟）之间的函数关系。

10. 某市的出租汽车的收费标准为：乘车不超过 3 公里，收费 a 元/公里；若超过 3 公里，不超过 10 公里，超出里程加收 b 元/公里；若超出 10 公里，超出里程按原收费标准（b 元/公里）上增加 50% 收费。试写出乘车费用 y（元）与乘车里程 x（公里）的函数关系。

11. 有一块边长为 48 厘米的正方形铁皮，在它的四角各剪去相等的小正方形，制成一只没有盖的容器，试建立这容器的容积 V（立方厘米）与被剪去的小正方形边长 x（厘米）之间的函数关系。

12. 如图 1.8 所示，有一个窗框，其形状是长方形上加一个半圆形。如果窗子的采光面积 A 为定值，试建立窗子的周长 L 与底宽 x 的函数关系。（单位：厘米）

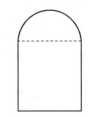

图 1.8　第 12 题图

第二节　初等函数与常用经济函数

一、基本初等函数

下面介绍的六类函数称为基本初等函数。

1. 常数函数 $y=c$（c 为常数）

常数函数 $y=c$ 的定义域是 $(-\infty,+\infty)$，图形为过点 $(0,c)$ 平行于 x 轴的直线，如图 1.9 所示。

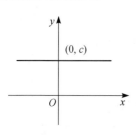

图 1.9　$y=c$ 的图形

2. 幂函数 $y=x^{\alpha}$（α 为常数）

幂函数 $y=x^{\alpha}$ 的定义域随 α 而异，但不论 α 为何值，$y=x^{\alpha}$ 在 $(0,+\infty)$ 内总有定义，而且图形都通过点 $(1,1)$，在经济中应用最广。

如函数 $y=x^{2}$，$y=x^{\frac{2}{3}}$ 的定义域为 $(-\infty,+\infty)$，图形对称于 y 轴，如图 1.10(1) 所示。

函数 $y=x^{3}$，$y=x^{\frac{1}{3}}$ 的定义域为 $(-\infty,+\infty)$，图形关于原点对称，如图 1.10(2) 所示。

函数 $y=x^{-1}$ 的定义域为 $(-\infty,0)\bigcup(0,+\infty)$，图形关于原点对称，如图 1.10(3) 所示。

函数 $y=x^{\frac{1}{2}}$ 的定义域为 $[0,+\infty)$，如图 1.10(3) 所示。

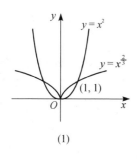

(1)

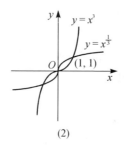

(2)

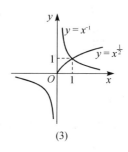

(3)

图 1.10　$y=x^{\alpha}$ 图形

3. 指数函数 $y=a^{x}$（a 是常数，$a>0$，$a\neq1$）

指数函数 $y=a^{x}$ 的定义域为 $(-\infty,+\infty)$，值域为 $(0,+\infty)$，都通过点 $(0,1)$。

当 $a>1$ 时,函数单调增加;当 $0<a<1$ 时,函数单调减少,如图 1.11 所示。

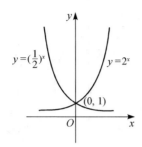

图 1.11　$y=a^x$ 的图形　　　　图 1.12　$y=\log_a x$ 的图形

4. 对数函数 $y=\log_a x$（a 是常数,$a>0$, $a\neq 1$）

对数函数 $y=\log_a x$ 的定义域为 $(0,+\infty)$,都通过点 $(1,0)$。当 $a>1$ 时,函数单调增加;当 $0<a<1$ 时,函数单调减少,如图 1.12 所示。对数函数与指数函数互为反函数。

在实际问题中常用到以无理数 e(e=2.718 281 8…)为底的对数函数 $y=\log_e x$,称为**自然对数函数**,并简记为 $y=\ln x$。

5. 三角函数

三角函数有 $y=\sin x$, $y=\cos x$, $y=\tan x$, $y=\cot x$, $y=\sec x$, $y=\csc x$。

正弦函数 $y=\sin x$,余弦函数 $y=\cos x$ 的定义域均为 $(-\infty,+\infty)$,均以 2π 为周期的有界函数,并且 $y=\sin x$ 为奇函数,如图 1.13 所示;$y=\cos x$ 是偶函数,如图 1.14 所示。

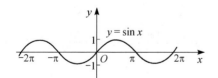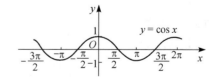

图 1.13　$y=\sin x$ 的图形　　　　图 1.14　$y=\cos x$ 的图形

正切函数 $y=\tan x$ 的定义域为 $\left\{x\,\middle|\,x\in\mathbf{R},\ x\neq\dfrac{\pi}{2}+k\pi,\ k=0,\pm 1,\pm 2,\cdots\right\}$,如图 1.15 所示;余切函数 $y=\cot x$ 的定义域为 $\{x\,|\,x\in\mathbf{R},\ x\neq k\pi,\ k=0,\pm 1,\pm 2,\cdots\}$,如图 1.16 所示,均是以 π 为周期的奇函数。

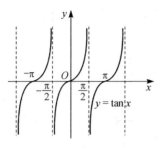

图 1.15 $y=\tan x$ 图形

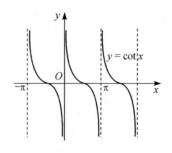

图 1.16 $y=\cot x$ 图形

正割函数 $y=\sec x$ 是余弦函数的倒数,即 $\sec x=\dfrac{1}{\cos x}$。余割函数 $y=\csc x$ 是

正弦函数的倒数,即 $\csc x=\dfrac{1}{\sin x}$。正割函数、余割函数均以 2π 为周期的周期函数,

且在开区间 $\left(0,\dfrac{\pi}{2}\right)$ 上均为无界函数。

6. 反三角函数

反三角函数有 $y=\arcsin x$,$y=\arccos x$,$y=\arctan x$,$y=\operatorname{arccot} x$。

反正弦函数 $y=\arcsin x$ 是正弦函数 $y=\sin x$ 在区间 $\left[-\dfrac{\pi}{2},\dfrac{\pi}{2}\right]$ 上的反函数,

定义域是 $[-1,1]$,是单调增加、有界的奇函数,如图 1.17(a)所示;反余弦函数 $y=$ $\arccos x$ 是余弦函数 $y=\cos x$ 在区间 $[0,\pi]$ 上的反函数,定义域是 $[-1,1]$,是单调减少、有界的函数,如图 1.17(b)所示。

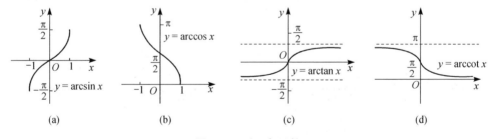

图 1.17 反三角函数

反正切函数 $y=\arctan x$ 是正切函数 $y=\tan x$ 在区间 $\left(-\dfrac{\pi}{2},\dfrac{\pi}{2}\right)$ 上的反函数,

定义域是 $(-\infty,+\infty)$,是单调增加、有界的奇函数,如图 1.17(c)所求;反余切函数 y $=\operatorname{arccot}x$ 是余切函数 $y=\cot$ 在区间 $(0,\pi)$ 上的反函数,定义域是 $(-\infty,+\infty)$,是单

调减少、有界的函数,如图 1.17(d)所示。

二、复合函数与初等函数

对于函数 $y=(\sqrt{\log_3 x})$,每给出一个 x 值,对应的函数值要经过两步计算,先计算 $u=g(x)=\log_3 x$,当所得的值 u 属于 $y=f(u)=\sqrt{u}$ 的定义域时再计算 $y=f(u)=\sqrt{u}$,才能确定其对应的函数值,也就是当函数 $u=\log_3 x$ 的值域 $(-\infty,+\infty)$ 与函数 $y=\sqrt{u}$ 的定义域 $[0,+\infty)$ 之交集为 $[0,+\infty)$,不是空集时,才能计算函数值,从而 $y=\sqrt{u}$,$u=\log_3 x$ 才能借助于变量 u 构成 x 的函数 $y=\sqrt{\log_3 x}$,称函数 $y=\sqrt{\log_3 x}$ 是由 $y=\sqrt{u}$,$u=\log_3 x$ 两个函数构成的**复合函数**。

定义 1 设 $y=f(u)$ 是 u 的函数,而 $u=\varphi(x)$ 是 x 的函数,如果 $u=\varphi(x)$ 的值域与函数 $y=f(u)$ 的定义域的交集为非空集合,y 通过 u 的联系也是 x 的函数,则称 y 为 x 的复合函数,记为 $y=f[\varphi(x)]$,其中 u 称为**中间变量**。

【例 1】 函数 $y=\sqrt{u}$ 与 $u=1-x^2$ 能否构成以 u 为中间变量的复合函数?

解 函数 $u=1-x^2$ 的值域是 $(-\infty,1]$,函数 $y=\sqrt{u}$ 的定义域为 $[0,+\infty)$,而 $(-\infty,1]\bigcap[0,+\infty)=[0,1]\neq\varnothing$,所以 y 通过中间变量 u 构成复合函数 $y=\sqrt{1-x^2}$,其定义域为 $[-1,1]$。

【例 2】 函数 $y=\arcsin u$,$u=2+x^2$ 能否构成以 u 为中间变量的复合函数?

解 因为函数 $u=2+x^2$ 的值域是 $[2,+\infty)$,函数 $y=\arcsin u$ 的定义域为 $[-1,1]$,而 $[2,+\infty)\bigcap[-1,1]=\varnothing$,所以函数 $y=\arcsin u$ 与 $u=2+x^2$ 不能构成复合函数。

复合函数也可以由两个以上的函数经过复合构成,只要它们依次满足构成复合的条件。例如,$y=2^u$,$u=\sqrt{v}$,$v=x^2-3$ 可以构成复合函数 $y=2^{\sqrt{x^2-3}}$,这里 u 和 v 都是中间变量。

对于复合函数,有时侧重于它的分解,即讨论它是由哪些简单函数复合而成,所谓简单函数指的是基本初等函数或由基本初等函数通过四则运算所构成的非复合函数。这里必须注意,在乘法运算中,相同的三角函数或反三角函数或对数函数相乘除外。例如,$y=1+x^2$,$y=\dfrac{x^2}{\sin x}$ 都是简单函数,而 $\sin x \cdot \sin x=\sin^2 x$ 不是简单函数而是复合函数。

【例 3】 指出下列函数是由哪些简单函数复合而成。

(1) $y=\cos^5 x$;　　　　　　　　　　(2) $y=1+2^{x^2+x}$;

11

(3) $y = \dfrac{1}{\ln(1+2x)}$。

解 （1）最后的运算是幂运算，所以函数 $y = \cos^5 x$ 是由 $y = u^5$，$u = \cos x$ 复合而成的。

（2）最后是数 1 与 2^{x^2+x} 的相加，而函数 2^{x^2+x} 的最后运算是指数运算，所以函数 $y = 1 + 2^{x^2+x}$ 是由 $y = 1 + 2^u$，$u = x^2 + x$ 复合而成。

（3）最后的运算是商运算，而函数 $\ln(1+2x)$ 的最后运算是对数运算，所以函数 $y = \dfrac{1}{\ln(1+2x)}$ 是由 $y = \dfrac{1}{u}$，$u = \ln v$，$v = 1 + 2x$ 复合而成。

定义 2 由基本初等函数经过有限次四则运算和有限次复合运算构成，并且能用一个解析式表示的函数，称为**初等函数**。

例如，$y = \ln \sqrt{\dfrac{1+x^2}{1-x^2}}$，$y = 3x^2 e^{\frac{1}{x}}$ 都是初等函数，而分段函数

$$f(x) = \begin{cases} x^2 \sin \dfrac{1}{x}, & \text{当 } x > 0 \text{ 时,} \\ x + 3, & \text{当 } x \leqslant 0 \text{ 时,} \end{cases}$$

不能用一个解析式表示，所以不是初等函数。

三、常用的经济函数

（一）需求函数

购买者（消费者）对商品的需求是指购买者既有购买商品的愿望，又有购买商品的能力。影响需求量的因素有很多，如人口、收入、该商品的价格、其他同类商品的价格以及消费者的偏好等。若将除该商品的价格以外的其他因素都看作是不变的因素，需求量 Q 与该商品价格 P 的函数关系，称为**需求函数**，记作

$$Q = f(P)。$$

一般来说，需求函数是价格的单调减少函数。即价格上涨，需求量逐步减少；价格下降，需求量逐步增大，如图 1.18 所示。

需求函数的反函数记为 $P = \tilde{f}(Q)$，表示价格 P 是需求量 Q 的函数，通常也被称为需求函数或价格函数，如图 1.18 所示。

（二）供给函数

供给是与需求相对的概念。需求是对购买者而言，供给是对生产者而言。供给

是指生产者在某一时刻,在各种可能的价格水平上,对某种商品愿意并能够出售的数量。供给不仅与生产者投入的成本及技术状况有关,而且与生产者对其他商品和劳务价格的预测等因素有关。在其他因素不变的条件下,供给量 Q 与供给商品的价格 P 之间的函数关系,称为**供给函数**,记为

$$Q = \varphi(P)。$$

一般说来,供给函数是价格的单调增加函数。即当商品价格上升时,供给量就会上升;当商品价格下降时,供给量随之下降。

供给函数的反函数为 $P = \tilde{\varphi}(Q)$,表示价格 P 是供给量 Q 的函数。

在理想状况下,商品的生产应既满足市场需求又不造成积压,即供需平衡。这时供给量和需求量相等,此时对应的价格 P_0 称为均衡价格,见图 1.18。

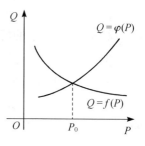

图 1.18 $Q = f(P)$、$Q = \varphi(P)$ 的图形

(三)成本函数

在生产过程中,所消耗的生产资料的价值和劳动者的劳动报酬,称为**成本**,记为 C。产品的成本 C 与产量 Q 的函数关系,称为**成本函数**,记为:

$$C = C(Q)。$$

成本函数包括两部分:固定成本 C_0 和可变成本 C_1。固定成本 C_0 是指在一定时期不随产量变化的那部分成本,也就是产量为零时房屋、设备等生产资料的损耗价值,所以 $C_0 = C(0)$。可变成本 C_1 是指生产中所需的原材料价值、劳动者报酬等随产量变化而变化的那部分成本,记作 $C_1 = C_1(Q)$。于是**成本函数**为:

$$C(Q) = C_0 + C_1(Q)。$$

【例4】 设某产品的可变成本 C_1 与年产量 Q 的平方成正比。已知固定成本为 400 万元,且当年产量 $Q = 100$ 吨时,成本 $C = 500$ 万元。由于生产能力的限制,年产量最多为 700 吨。试求产品的成本 C 与年产量 Q 的函数关系。

解 由题意知成本函数 $C(Q) = C_0 + C_1 = 400 + kQ^2$,
由于 $Q = 100$ 时,$C = 500$,得

$$k = \frac{1}{100},$$

于是得到成本函数为 $C(Q) = 400 + \dfrac{Q^2}{100}$。

13

由于年产量最多为 700 吨,此函数定义域为 $D=[0,700]$。

（四）收益函数

产品的单位价格 P 与销售量 Q 的乘积是产品的销售收入,称为**收益函数**,记为 R,即

$$R=PQ。$$

根据反映 P,Q 关系的需求函数是 $Q=f(P)$ 或 $P=\tilde{f}(Q)$,收益函数可有两种表达形式,即

$$R(Q)=Q\tilde{f}(Q),$$

或

$$R(P)=Pf(P)。$$

【例 5】 某商品的需求函数为 $P=10-\dfrac{Q}{5}$。 试将收益 R 表示为需求量 Q 的函数。

解 销售收益 R 是价格 P 与销售量 Q 的乘积,即

$$R=PQ,$$

将关系式 $P=10-\dfrac{Q}{5}$ 代入,即可得到:

$$R=R(Q)=\left(10-\frac{Q}{5}\right)\cdot Q=-\frac{Q^2}{5}+10Q。$$

（五）利润函数

在经济学中,收益与成本之差称为**利润**,记为 L。故当产销平衡,即产量等于销售量时,利润 L 可表示为产量 Q 的函数,称该函数为**利润函数**,记为 $L(Q)$,即为

$$L(Q)=R(Q)-C(Q)。$$

【例 6】 某厂生产 Q 单位某产品的成本为 C 元,其中固定成本为 200 元,每生产 1 个单位产品,成本增加 10 元。假设该产品的需求函数为 $P=\dfrac{150-Q}{2}$,且产品均可售出。试将该产品的利润 L 元表示为产量 Q 单位的函数。

解 根据题意,该产品的成本函数为

$$C=C(Q)=C_0+C_1(Q)=200+10Q。$$

收益函数为

$$R = R(Q) = QP = Q \cdot \frac{150-Q}{2} = -\frac{1}{2}Q^2 + 75Q。$$

所以利润函数为

$$L = L(Q) = R(Q) - C(Q)$$

$$= -\frac{1}{2}Q^2 + 75Q - (200 + 10Q)$$

$$= -\frac{1}{2}Q^2 + 65Q - 200。$$

习 题 1-2

1. 设函数 $y = f(x)$ 的定义域为 $[0, 1]$，求下列函数的定义域。

(1) $y = f(x^2)$ (2) $y = f(x+3)$

2. 下列各组函数能否构成以中间变量 u 或 v 的复合函数？如果能构成复合函数，写成 $y = f[\varphi(x)]$ 或 $y = f\{\varphi[v(x)]\}$ 的形式。

(1) $y = u^3$，$u = \sin x$ (2) $y = \sqrt{u}$，$u = \sin x - 2$

(3) $y = \ln u$，$u = x^2 - 2$ (4) $y = 2^u$，$u = 4x - 1$

(5) $y = \sin u$，$u = \ln v$，$v = 3x - 2$ (6) $y = \cos u$，$u = v^2$，$v = 4\ln x - 1$

3. 指出下列函数是由哪些简单函数复合而成的。

(1) $y = \log_2 \cos x$ (2) $y = \sqrt{\sin x}$

(3) $y = e^{3x+1}$ (4) $y = \cos(2 - 4x)$

(5) $y = 4 - \cos e^x$ (6) $y = 2^{x^2+1} + 8$

(7) $y = \sqrt{\sin(10 - x)}$ (8) $y = [\ln(x^2 + x)]^2$

4. 某种型号的电冰箱，当每台价格为 2 000 元时，日需求量为 20 台；如果每台电冰箱打 9 折促销，即降价到 1 800 元时，则日需求量为 30 台。若需求量与价格之间是线性关系，求电冰箱的日需求量 Q（台）与价格 P（元）的函数关系。

5. 某工厂生产某产品，每日最多生产100单位。它的日固定成本为130元，生产一个单位产品的可变成本为 6 元。求该厂日成本函数。

6. 设生产与销售某产品的收益 R 是产量 Q 的二次函数，经统计得知：当产量 $Q = 0$，2，4 时，收益 $R = 0, 6, 8$。试确定收益 R 与产量 Q 的函数关系。

15

7. 某厂每批生产 Q 吨某商品的成本为 $C=C(Q)=Q^2+4Q+10$(万元)，每吨售价 P(万元)；且需求函数 $Q=\dfrac{1}{5}(28-P)$。试将每批产品销售后获得的利润 L(万元)表示为产量 Q(吨)的函数。

第三节　极　限

极限概念是在探求某些实际问题的精确解答的过程中产生的。例如，我国古代数学家刘徽利用圆内接正多边形来推算圆面积的割圆术，就是极限思想在几何学上的应用。

设有一圆，半径为 R。首先作圆的内接正六边形，把它的面积记为 A_1；再作内接正十二边形，其面积记为 A_2；再作内接正二十四边形，其面积记为 A_3；以此类推作下去。这样就得到一系列圆内接正多边形的面积：

$$A_1, A_2, \cdots, A_n, \cdots,$$

它们构成一列有次序的数，当 n 越大，内接正多边形的面积与圆面积差别就越小。因此，设想让 n 无限增大(记为 $n \to \infty$，读作 n 趋于无穷大)，即内接正多边形的边数无限增加。在这个过程中，内接正多边形无限接近于圆，同时 A_n 也无限接近于某一个确定的数值，即圆面积 πR^2。这个确定数值 πR^2 称为这列有次序的数 A_1, A_2, $\cdots$, A_n, $\cdots$ 当 $n \to \infty$ 时的极限。

下面我们介绍极限的概念。

一、数列的极限

定义 1　定义域为正整数集的函数 f 称为**整标函数**，正整数 n 对应的函数值记为 $y_n=f(n)$。当自变量 n 按正整数 $1, 2, 3, \cdots, n, \cdots$ 依次增大的顺序取值时，函数值按相应的顺序排成一串数：

$$f(1), f(2), f(3), \cdots, f(n), \cdots,$$

称为无穷数列，简称**数列**，简记为 $\{f(n)\}$。数列中的每一个数称为数列的**项**，第 n 项 $f(n)$ 称为数列的**一般项**或**通项**。

例如

$$0, \frac{3}{2}, \frac{2}{3}, \frac{5}{4}, \frac{4}{5}, \cdots, 1+(-1)^n \frac{1}{n}, \cdots;$$

$$2, \frac{3}{2}, \frac{4}{3}, \frac{5}{4}, \cdots, 1+\frac{1}{n}, \cdots;$$

$$1, -1, 1, -1, \cdots, (-1)^{n+1}, \cdots;$$

$$\frac{1}{2}, \frac{1}{4}, \frac{1}{8}, \frac{1}{16}, \cdots, \frac{1}{2^n}, \cdots.$$

都是数列的例子,它们的一般项依次为:

$$1+(-1)^n\frac{1}{n}, 1+\frac{1}{n}, (-1)^{n+1}, \frac{1}{2^n}.$$

由于数列是一串数,我们可以用数轴上的对应点 y_1, y_2, $\cdots$, y_n, $\cdots$ 来表示,如图 1.19(a) 所示。又由于数列是函数,取横轴表示整标 n,纵轴表示数列取值 $y_n = f(n)$。在直角坐标系中我们可用点列 $(1, f(1))$, $(2, f(2))$, $\cdots$, $(n, f(n))$, $\cdots$ 来表示数列 $\{f(n)\}$,如图 1.19(b) 所示。

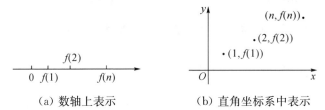

(a) 数轴上表示　　　　(b) 直角坐标系中表示

图 1.19　数列的表示

例如,数列 $\left\{1+(-1)^n\dfrac{1}{n}\right\}$, $\left\{1+\dfrac{1}{n}\right\}$, $\{(-1)^{n+1}\}$ 的表示分别见图 1.20、图 1.21、图 1.22。

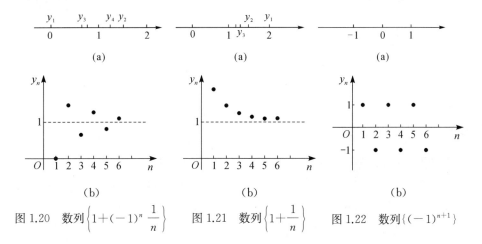

图 1.20　数列 $\left\{1+(-1)^n\dfrac{1}{n}\right\}$　　图 1.21　数列 $\left\{1+\dfrac{1}{n}\right\}$　　图 1.22　数列 $\{(-1)^{n+1}\}$

对于数列 $\left\{1+(-1)^n\dfrac{1}{n}\right\}$,当 n 越来越大时,在数轴上的对应点从点 $y=1$ 的左

右两边越来越接近数 1，如图 1.20(a) 所示；或在直角坐标系中对应点列 $\left(n，1+(-1)^n\dfrac{1}{n}\right)$ 越来越接近直线 $y=1$，如图 1.20(b) 所示，也就是说，当 $n\to\infty$ 时，$1+(-1)^n\dfrac{1}{n}$ 的值可以无限接近于一个确定的常数 1。这样的一个数 1，被称为数列 $\left\{1+(-1)^n\dfrac{1}{n}\right\}$ 当 $n\to\infty$ 时的**极限**。一般地，给出如下数列极限的定性描述定义。

定义 2 设数列 $\{f(n)\}$，如果存在一个确定的常数 A，当 $n\to\infty$ 时，对应的值 $f(n)$ 无限接近于这个确定的常数 A，则称该常数 A 为**数列** $\{f(n)\}$ 当 $n\to\infty$ 的**极限**，或者称数列 $\{f(n)\}$ **收敛**于 A，记为

$$\lim_{n\to\infty} f(n)=A \quad 或 \quad f(n)\to A \ (n\to\infty)。$$

如果数列没有极限，就称该数列是**发散**的或**极限不存在**。

【**例 1**】 考察数列 $\left\{1+\dfrac{1}{n}\right\}$ 是否收敛。

解 从图 1.21(a) 可见，当 $n\to\infty$ 时，数列 $\left\{1+\dfrac{1}{n}\right\}$ 在数轴上的对应点从点 1 的右边无限接近数 1；从图 1.21(b) 也可见在直角坐标系中对应的点到 $\left(n，1+\dfrac{1}{n}\right)$，当 $n\to\infty$ 时，无限接近直线 $y=1$，所以，数列 $\left\{1+\dfrac{1}{n}\right\}$ 当 $n\to\infty$ 时对应的值 $f(n)=1+\dfrac{1}{n}$ 无限接近一个确定的数 1，得

$$\lim_{n\to\infty}\left(1+\dfrac{1}{n}\right)=1,$$

即数列 $\left\{1+\dfrac{1}{n}\right\}$ 收敛于 1。

【**例 2**】 考查数列 $\{(-1)^{n+1}\}$ 在 $n\to\infty$ 时是否有极限。

解 从图 1.22 可见，当 $n\to\infty$ 时，$f(n)=(-1)^{n+1}$ 始终取值为 1 或 -1，它不可能趋向于一个确定的常数，所以数列 $\{(-1)^{n+1}\}$ 在 $n\to\infty$ 时没有极限。

下面进一步研究数列极限的概念。

对于数列 $\left\{1+(-1)^n\dfrac{1}{n}\right\}$，虽然 $f(n)=1+(-1)^n\dfrac{1}{n}$ 的值时而大于 1，时而小于

1，然而从图 1.20 我们已经知道，当 $n \to \infty$ 时，对应的值 $f(n)$ 可以无限接近一个确定的常数 1，这一事实也说明 $|f(n)-1|$ 越来越小，可以任意小。例如，要使

$$|f(n)-1| = \left|\left(1+(-1)^n \frac{1}{n}\right)-1\right| = \frac{1}{n} < 0.000\,1,$$

只要 $n > 10\,000$，从而存在正整数 $N = 10\,000$，当 $n > N$ 时一切 n 所对应的值 $f(n)$ 恒有 $|f(n)-1| < 0.000\,1$。当然，$|f(n)-1| < 0.000\,1$ 不能说明任意小。于是，设 ε 为任意给定的正数（可以任意小），为使 $|f(n)-1| = \frac{1}{n} < \varepsilon$，只要 $n > \frac{1}{\varepsilon}$。从而存在正整数 $N = \left[\frac{1}{\varepsilon}\right] + 1^{①}$，$\left(\text{从而有 } N > \frac{1}{\varepsilon}\right)$ 使得 $n > N$ 时一切 n 所对应的值 $f(n)$ 恒有

$$|f(n)-1| = \frac{1}{n} < \frac{1}{N} < \varepsilon$$

成立。这就是 $f(n)$ 越来越趋近确定的一个数 1，即使 $|f(n)-1|$ 可以任意小。

一般地，给出数列极限的如下定量描述定义。

定义 3 设数列 $\{f(n)\}$，如果存在一个确定的常数 A，对于任意给定的正数 ε，总存在正整数 N，当 $n > N$ 时，一切 n 所对应的值 $f(n)$ 恒有 $|f(n)-A| < \varepsilon$ 成立，则称该常数 A 为数列 $\{f(n)\}$ 当 $n \to \infty$ 时的极限，记为

$$\lim_{n \to \infty} f(n) = A \quad \text{或} \quad f(n) \to A \ (n \to \infty)。$$

【例 3】 应用定量描述定义，证明 $\lim\limits_{n \to \infty} \dfrac{3n-2}{n} = 3$。

证明 设数列第 n 项 $f(n) = \dfrac{3n-2}{n}$，ε 是任意给定的正数，要使

$$|f(n)-3| = \left|\frac{3n-2}{n}-3\right| = \frac{2}{n} < \varepsilon,$$

只要取 $n > \dfrac{2}{\varepsilon}$。

从而，对于任意给定的正数 ε，总存在正整数 $N = \left[\dfrac{2}{\varepsilon}\right] + 1\left(\text{从而 } N > \dfrac{2}{\varepsilon}\right)$，当 $n > N$ 时，一切 n 所对应的值 $f(n)$ 恒有 $|f(n)-3| = \dfrac{2}{n} < \dfrac{2}{N} < \varepsilon$ 成立。由定义 3，得

19

---

① $[x]$ 表示不超过实数 x 的最大整数。于是 $[x] \leqslant x < [x]+1$。例如 $[1.3]=1$，$[-3.4]=-4$。

$$\lim_{n \to \infty} \frac{3n-2}{n} = 3。$$

二、函数的极限

函数的极限就是研究函数 $y = f(x)$ 在自变量 x 的变化过程中对应的函数值的变化趋势。下面主要讨论两种情形。

1. $x \to \infty$ 时函数 $f(x)$ 的极限

如果 $x > 0$ 且无限增大，则称 x 趋向于正无穷大，记为 $x \to +\infty$；如果 $x < 0$ 且 $|x|$ 无限增大，则称 x 趋向于负无穷大，记为 $x \to -\infty$；如果对于 x，$|x|$ 无限增大，则称 x 趋向于无穷大，记为 $x \to \infty$。显然，$x \to \infty$ 包含 $x \to -\infty$ 及 $x \to +\infty$ 这两种趋势。

下面考察 $x \to \infty$ 时函数 $f(x) = \dfrac{2x+1}{x}$ 的变化趋势。

计算 $f(x)$ 的函数值，得表 1.1，并作函数 $f(x)$ 的图形，如图 1.23 所示。

表 1.1　　　　　　　　　　　函数值表

x	$\cdots$	-10^4	-10^3	-10^2	$\cdots$	10^2	10^3	10^4	$\cdots$
$f(x)$	$\cdots$	1.999 9	1.999	1.99	$\cdots$	2.01	2.001	2.000 1	$\cdots$

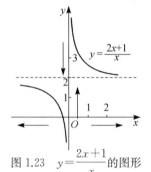

图 1.23　$y = \dfrac{2x+1}{x}$ 的图形

由表 1.1 和图 1.23 可以看到，当 $x \to \infty$ 时，对应的函数值无限接近一个常数 2，则称常数 2 为函数 $f(x) = \dfrac{2x+1}{x}$ 当 $x \to \infty$ 时的极限，记为 $\lim\limits_{x \to \infty} \dfrac{2x+1}{x} = 2$。

一般地，给出函数 $f(x)$ 当 $x \to \infty$ 时极限的如下定性描述的定义。

定义 4　设函数 $f(x)$ 在 $|x| > a$ （某实数 $a > 0$）有定义。如果存在一个确定的常数 A，当 $x \to \infty$ 时，对应的函数值 $f(x)$ 无限接近于这个确定的常数 A，则称常数 A 为函数 $f(x)$ 当 $x \to \infty$ 时的**极限**，记为

$$\lim_{x \to \infty} f(x) = A \quad 或 \quad f(x) \to A \quad （当 \, x \to \infty \, 时）。$$

有时仅需要考虑 $x \to -\infty$（或 $x \to +\infty$）时函数的变化趋势，有如下定义：

定义 5　设函数 $f(x)$ 在 $x > a$（某实数 $a > 0$）有定义。如果存在一个确定的常数 A，当 $x \to +\infty$ 时，对应的函数值 $f(x)$ 无限接近于这个确定的常数 A，则称该常数 A 为函数 $f(x)$ 当 $x \to +\infty$ 时的**极限**，记为

$$\lim_{x \to +\infty} f(x) = A \quad 或 \quad f(x) \to A \quad （当 \, x \to +\infty \, 时）。$$

20

设函数 $f(x)$ 在 $x < -a$(某实数 $a > 0$)有定义。如果存在一个确定的常数 A，当 $x \to -\infty$ 时,对应的函数值 $f(x)$ 无限接近于这个确定的常数 A,则称常数 A 为函数 $f(x)$ 当 $x \to -\infty$ 时的**极限**,记为

$$\lim_{x \to -\infty} f(x) = A \quad 或 \quad f(x) \to A \ (当 x \to -\infty 时)。$$

例如,对于函数

$$f(x) = \begin{cases} \dfrac{1}{x}, & 当 x > 0 时, \\ 2^x - 1, & 当 x \leqslant 0 时, \end{cases}$$

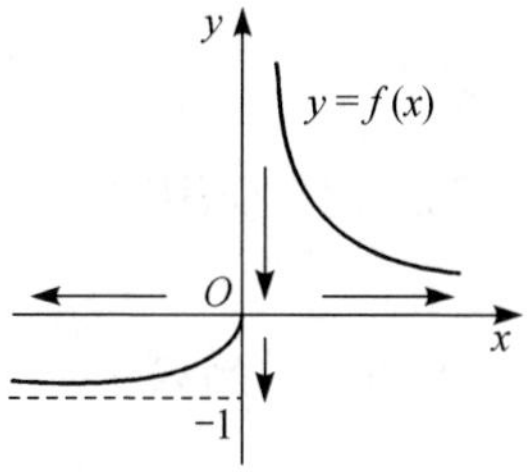

由图 1.24 可以看出:

图 1.24　$y = f(x)$ 的图形

$$\lim_{x \to +\infty} f(x) = \lim_{x \to +\infty} \frac{1}{x} = 0,$$

$$\lim_{x \to -\infty} f(x) = \lim_{x \to -\infty} (2^x - 1) = -1。$$

由于 $\lim\limits_{x \to -\infty} f(x) \neq \lim\limits_{x \to +\infty} f(x)$,我们可得 $\lim\limits_{x \to \infty} f(x)$ 不存在。一般地,有下列定理。

定理 1　$\lim\limits_{x \to \infty} f(x) = A$ 的充分必要条件是 $\lim\limits_{x \to +\infty} f(x) = A$ 且 $\lim\limits_{x \to -\infty} f(x) = A$。

数列极限 $\lim\limits_{n \to \infty} f(n) = A$ 与函数极限 $\lim\limits_{x \to +\infty} f(x) = A$ 有什么关系呢? 在 $n \to \infty$ 的过程中,n 取正整数,在 $x \to +\infty$ 的过程中包含了 x 取正整数,因此 $n \to \infty$ 是 $x \to +\infty$ 的特殊情况,数列极限 $\lim\limits_{n \to \infty} f(n) = A$ 是函数极限 $\lim\limits_{x \to +\infty} f(x) = A$ 的特殊情况,即有下列定理。

定理 2　若 $\lim\limits_{x \to +\infty} f(x) = A$ 成立,则 $\lim\limits_{n \to \infty} f(n) = A$。

下面我们进一步研究函数 $f(x)$ 当 $x \to \infty$ 时数学上的极限概念。

从图 1.23 可知,函数 $f(x) = \dfrac{2x+1}{x}$ 当 $x \to \infty$ 时无限接近一个确定的常数 2,与数列极限一样,这是指:当 $x \to \infty$ 时 $|f(x) - 2|$ 可以任意小。对于任意给定的正数 ε(ε 可以任意小),要使

$$|f(x) - 2| = \left| \frac{2x+1}{x} - 2 \right| = \left| \frac{1}{x} \right| < \varepsilon,$$

只要取 $|x| > \dfrac{1}{\varepsilon}$,从而存在一个正数 $M = \dfrac{1}{\varepsilon}$,使得当 $|x| > M$ 时,一切 x 所对应的函数值 $f(x)$ 恒有 $|f(x) - 2| < \varepsilon$ 成立,从而有 $\lim\limits_{x \to \infty} \dfrac{2x+1}{x} = 2$。

21

一般地,给出函数 $f(x)$ 当 $x\to\infty$ 时极限的如下定量描述定义。

定义 6 设函数 $f(x)$ 在 $|x|$ 大于某一正数时有定义。如果存在一个确定的常数 A,对于任意给定的正数 ε,总存在一个正数 M,使得当 $|x|>M$ 时,一切 x 所对应的函数值 $f(x)$ 恒有 $|f(x)-A|<\varepsilon$ 成立,则称该常数 A 为函数 $f(x)$ 当 $x\to\infty$ 时的极限,记为

$$\lim_{x\to\infty} f(x)=A \quad 或 \quad f(x)\to A \ (x\to\infty),$$

【**例 4**】 应用定量描述定义,证明 $\lim\limits_{x\to\infty}\left(1-\dfrac{4}{x}\right)=1$。

证明 设函数 $f(x)=1-\dfrac{4}{x}$,ε 是任意给定的正数,要使

$$|f(x)-1|=\left|\left(1-\frac{4}{x}\right)-1\right|=\left|\frac{4}{x}\right|=\frac{4}{|x|}<\varepsilon,$$

只要取 $|x|>\dfrac{4}{\varepsilon}$。

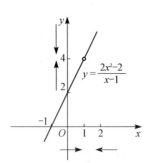

图 1.25 $y=\dfrac{2x^2-2}{x-1}$ 的图形

从而对于任意给定的正数 ε,取 $M=\dfrac{4}{\varepsilon}$,当 $|x|>M$ 时,一切 x 所对应的函数值 $f(x)$ 恒有 $|f(x)-1|=\dfrac{4}{|x|}<\dfrac{4}{M}=\varepsilon$ 成立。由定义 6 得 $\lim\limits_{x\to\infty}\left(1-\dfrac{4}{x}\right)=1$。

2. $x\to x_0$ 时函数 $f(x)$ 的极限

现在讨论当 x 趋向于 x_0(记为 $x\to x_0$,读作"x 趋向于 x_0")时,函数 $f(x)$ 的变化趋势。

考察函数 $f(x)=\dfrac{2x^2-2}{x-1}$ 当 $x\to1$ 时的变化趋势,作出函数的图形,如图 1.25 所示;计算 $x=1$ 近旁的函数值,如表 1.2 所示。

表 1.2 　　　　　　　　　　函数值表

x	0.9	0.99	0.999	0.999 9	$\cdots$	$\to1\leftarrow$	$\cdots$	1.000 1	1.001	1.01	1.1
$f(x)$	3.8	3.98	3.998	3.999 8	$\cdots$	$\to4\leftarrow$	$\cdots$	4.000 2	4.002	4.02	4.2

由表 1.2 和图 1.25 可知,当 $x\to1$ 时,对应的函数值无限接近常数 4,则称常数 4 为函数 $f(x)=\dfrac{2x^2-2}{x-1}$ 当 $x\to1$ 时的极限,记为 $\lim\limits_{x\to1}\dfrac{2x^2-2}{x-1}=4$。

一般地,给出函数 $f(x)$ 当 $x \to x_0$ 时极限的如下定性描述定义。

定义 7 设函数 $f(x)$ 在点 x_0 的某一个去心邻域内有定义。如果存在一个确定的常数 A,对于属于该去心邻域内的 x,当 $x \to x_0$ 时,对应的函数值 $f(x)$ 无限接近于这个确定的常数 A,则称该常数 A 为函数 $f(x)$ 当 $x \to x_0$ 时的**极限**,记为

$$\lim_{x \to x_0} f(x) = A \quad \text{或} \quad f(x) \to A \text{（当 } x \to x_0 \text{ 时）。}$$

从上面的例子还可以看出,虽然 $f(x) = \dfrac{2x^2 - 2}{x - 1}$ 在 $x = 1$ 处没有定义,但是函数 $f(x)$ 当 $x \to 1$ 时的极限是存在的,所以函数 $f(x)$ 当 $x \to x_0$ 时的极限存在与否与函数 $f(x)$ 在 $x = x_0$ 处是否有定义没有关系。根据定义,容易得出下面的结论:

$$\lim_{x \to x_0} C = C \text{（} C \text{ 为常数）;} \quad \lim_{x \to x_0} x = x_0 \text{。}$$

3. 左极限与右极限

在定义 7 中,"$x \to x_0$"是指 x 既从 x_0 的左侧也从 x_0 的右侧趋向于 x_0,但有时仅需要考虑 x 从 x_0 的一侧趋向于 x_0 时函数的变化趋势,有如下左极限、右极限概念。

定义 8 设函数 $f(x)$ 在 x_0 的某一个左邻域内有定义。如果存在一个确定的常数 A,当 x 从 x_0 的左侧趋向于 x_0（记作 $x \to x_0^-$）时,对应的函数值 $f(x)$ 无限接近于这个确定的常数 A,则称该常数 A 为函数 $f(x)$ 当 $x \to x_0$ 时的**左极限**,记为

$$\lim_{x \to x_0^-} f(x) = A \quad \text{或者} \quad f(x_0 - 0) = A \text{。}$$

设函数 $f(x)$ 在 x_0 的某一个右邻域内有定义。如果存在一个确定的常数 A,当 x 从 x_0 的右侧趋向于 x_0（记作 $x \to x_0^+$）时,对应的函数值 $f(x)$ 无限接近于这个确定的常数 A,则称该常数 A 为函数 $f(x)$ 当 $x \to x_0$ 时的**右极限**,记为

$$\lim_{x \to x_0^+} f(x) = A \quad \text{或者} \quad f(x_0 + 0) = A \text{。}$$

据函数 $f(x)$ 当 $x \to x_0$ 时的极限及 $f(x)$ 在 $x \to x_0$ 时左、右极限的定义,可得如下定理。

定理 3 $\lim\limits_{x \to x_0} f(x) = A$ 的充分必要条件是 $\lim\limits_{x \to x_0^-} f(x) = A$ 且 $\lim\limits_{x \to x_0^+} f(x) = A$。

【例 5】 设函数

$$f(x) = \begin{cases} x^2 + 1, & x > 0, \\ 0, & x = 0, \\ -2(x + 1) & x < 0, \end{cases}$$

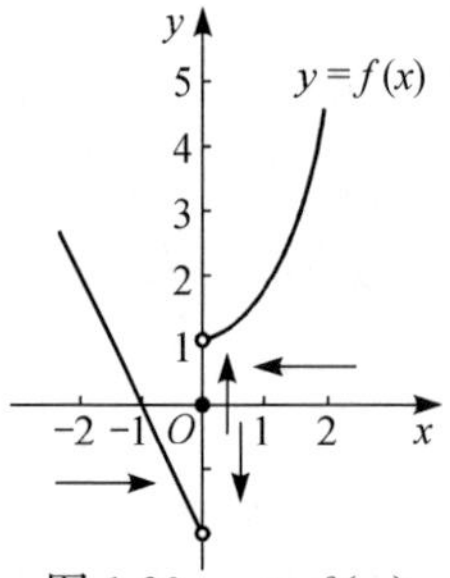

讨论当 $x \to 0$ 时函数 $f(x)$ 的极限是否存在。

解 由函数 $f(x)$ 的图形（图1.26）可知，$\lim\limits_{x \to 0^-} f(x) =$
$\lim\limits_{x \to 0^-} [-2(x+1)] = -2$，$\lim\limits_{x \to 0^+} f(x) = \lim\limits_{x \to 0^+} (x^2+1) = 1$。

因为 $\lim\limits_{x \to 0^-} f(x) \neq \lim\limits_{x \to 0^+} f(x)$，所以 $\lim\limits_{x \to 0} f(x)$ 不存在。

下面我们进一步研究函数 $f(x)$ 当 $x \to x_0$ 时的极限概念。

从图1.25可知，函数 $f(x) = \dfrac{2x^2-2}{x-1}$ 当 $x \to 1$ 时，无限

接近一个确定的常数4，这是指：当 $x \to 1$ 时 $|f(x)-4|$ 可以任意小。对于任意给定的正数 ε（ε 可以任意小)，要使

$$|f(x)-4| = \left| \dfrac{2x^2-2}{x-1} - 4 \right| = 2|x-1| < \varepsilon \quad (x \to 1 \text{ 时 } x \neq 1),$$

只要取 $|x-1| < \dfrac{\varepsilon}{2}$，从而存在一个正数 $\delta = \dfrac{\varepsilon}{2}$，使得 $0 < |x-1| < \delta$ 时，一切 x 所对应的函数值 $f(x)$ 恒有 $|f(x)-4| < \varepsilon$ 成立，从而有 $\lim\limits_{x \to 1} \dfrac{2x^2-2}{x-1} = 4$。

一般地，给出函数 $f(x)$ 当 $x \to x_0$ 时极限的如下定量描述定义。

定义9 设函数 $f(x)$ 在点 x_0 的某一去心邻域内有定义。如果存在一个确定的常数 A，对于任意给定的正数 ε，总存在一个正数 δ，使得 $0 < |x-x_0| < \delta$ 时，一切 x 所对应的函数值 $f(x)$ 恒有 $|f(x)-A| < \varepsilon$ 成立，则称常数 A 为函数 $f(x)$ 当 $x \to x_0$ 时的极限，记为

$$\lim\limits_{x \to x_0} f(x) = A \quad \text{或} \quad f(x) \to A \ (x \to x_0)。$$

注：定义9中满足 $0 < |x-x_0| < \delta$ 的 x，即 x 属于 x_0 的去心 δ 邻域，$x \in \mathring{U}(x_0, \delta)$。

【例6】 应用定量描述定义，证明 $\lim\limits_{x \to 1}(4x+2)=6$。

证明 设函数 $f(x) = 4x+2$，ε 是任意给定的正数，要使

$$|f(x)-6| = |(4x+2)-6| = 4|x-1| < \varepsilon,$$

只要取 $|x-1| < \dfrac{\varepsilon}{4}$。

从而，对于任意给定的正数 ε，取 $\delta = \dfrac{\varepsilon}{4}$，当 $0 < |x-1| < \delta$ 时，一切 x 所对应的

图 1.26　$y=f(x)$ 的图形

24

函数值 $f(x)$ 恒有 $|f(x)-6|=4|x-1|<\varepsilon$ 成立。由定义 9 得 $\lim\limits_{x \to 1}(4x+2)=6$。

三、函数极限的性质

函数 $f(x)$ 当 $x \to x_0$ 时的极限有如下性质。

定理 4(保号性) 如果 $\lim\limits_{x \to x_0} f(x)=A$，且 $A>0$（或 $A<0$），则存在一个正数 δ，当 $0<|x-x_0|<\delta$ 时，对应的函数值 $f(x)>0$（或 $f(x)<0$）。

证明 设 $A>0$。

因为 $\lim\limits_{x \to x_0} f(x)=A$，据极限的定义 9 可知，对于任意给定的正数 ε，总存在一个正数 δ，使得 $0<|x-x_0|<\delta$ 时，一切 x 所对应的函数值 $f(x)$ 恒有 $|f(x)-A|<\varepsilon$，即 $A-\varepsilon<f(x)<A+\varepsilon$。

现取 $\varepsilon=\dfrac{A}{2}$，则

$$f(x)>A-\varepsilon=\frac{A}{2}>0。$$

同理可证 $A<0$ 时结论成立。

推论 1(有界性) 如果 $\lim\limits_{x \to x_0} f(x)=A$，则存在正常数 M、δ，使得当 $0<|x-x_0|<\delta$ 时，一切 x 所对应的函数值 $f(x)$ 恒有 $|f(x)|<M$。

推论 2 如果 $\lim\limits_{x \to x_0} f(x)=A$，且 $f(x) \geqslant 0$（或 $f(x) \leqslant 0$），则 $A \geqslant 0$（或 $A \leqslant 0$）。

证明 如果函数 $f(x) \geqslant 0$ 时，假设结论不成立，即 $A<0$，那么由定理 4 可知，存在一个正数 δ，当 $0<|x-x_0|<\delta$ 时，一切 x 所对应的函数值 $f(x)$ 恒有 $f(x)<0$，这与假设 $f(x) \geqslant 0$ 矛盾，所以 $A \geqslant 0$。

同理可证 $f(x) \leqslant 0$ 时结论成立。

习　题　1-3

1. 数列 $\{f(n)\}$ 的一般项如下，试问哪些数列收敛？哪些数列发散？若数列收敛，则写出其极限。

(1) $f(n)=\dfrac{(-1)^n}{n}$；

(2) $f(n)=3+\dfrac{1}{n}$；

(3) $f(n)=-2+\left(\dfrac{1}{3}\right)^n$；

(4) $f(n)=\dfrac{2}{n^2}$；

(5) $f(n) = \dfrac{2}{(-1)^n}$；

(6) $f(n) = 4 + (-1)^n$。

2. 观察下列函数变化趋势，并求其极限。

(1) $\lim\limits_{x \to \infty} \dfrac{1}{x}$；

(2) $\lim\limits_{x \to -\infty} 4^x$；

(3) $\lim\limits_{x \to 4} \dfrac{x^2 - 16}{x - 4}$；

(4) $\lim\limits_{x \to 2} (x - 3)$；

(5) $\lim\limits_{x \to 1} (x^2 + 2)$；

(6) $\lim\limits_{x \to 0} \tan x$。

3. 设函数 $f(x) = \begin{cases} x - 2, & x > 1 \\ -x, & x \leqslant 1 \end{cases}$，作出函数 $f(x)$ 的图形，并求 $\lim\limits_{x \to 1^-} f(x)$，$\lim\limits_{x \to 1^+} f(x)$，试问 $\lim\limits_{x \to 1} f(x)$ 是否存在？

4. 设函数 $f(x) = \begin{cases} x^2 + 1, & x < 0 \\ -x, & x \geqslant 0 \end{cases}$，作出函数 $f(x)$ 的图形，并求 $\lim\limits_{x \to 0^-} f(x)$，$\lim\limits_{x \to 0^+} f(x)$，试问 $\lim\limits_{x \to 0} f(x)$ 是否存在？

5. 设函数

$$f(x) = \begin{cases} 3x + 2, & x \leqslant 0, \\ x^2 + 1, & 0 < x \leqslant 1, \\ \dfrac{2}{x}, & x > 1, \end{cases}$$

求：$\lim\limits_{x \to 0} f(x)$，$\lim\limits_{x \to 1} f(x)$。

6. 设函数 $f(x) = \dfrac{x}{x}$，$\varphi(x) = \dfrac{|x|}{x}$，当 $x \to 0$ 时，求函数 $f(x)$，$\varphi(x)$ 的左、右极限，试问 $\lim\limits_{x \to 0} f(x)$，$\lim\limits_{x \to 0} \varphi(x)$ 是否存在？

7. 用极限的定量描述定义证明下列极限。

(1) $\lim\limits_{n \to \infty} \dfrac{3n - 1}{n} = 3$；

(2) $\lim\limits_{n \to \infty} \dfrac{2n + 1}{n + 1} = 2$；

(3) $\lim\limits_{x \to \infty} \dfrac{2x + 5}{x} = 2$；

(4) $\lim\limits_{x \to -\infty} 2^x = 0$；

(5) $\lim\limits_{x \to 2} (2x - 7) = -3$；

(6) $\lim\limits_{x \to -2} \dfrac{x^2 - 4}{x + 2} = -4$。

第四节　无穷小量与无穷大量

一、无穷小量与无穷大量的概念

函数 $f(x)$ 在 $x \to x_0$（或 $x \to \infty$）时的变化过程中有两种特殊的变化情况，一种是函数 $f(x) \to 0$，另一种是函数 $f(x)$ 的绝对值 $|f(x)|$ 无限增大。下面讨论这两种情况。

定义 1　如果函数 $f(x)$ 当 $x \to x_0$（或 $x \to \infty$）时极限为 0，则称函数 $f(x)$ 当 $x \to x_0$（或 $x \to \infty$）时为**无穷小量**。

【例 1】　试问函数 $y = x - 1$ 当 $x \to 1$ 时是否为无穷小量。

解　因为 $\lim\limits_{x \to 1}(x-1) = 0$，所以函数 $y = x - 1$ 当 $x \to 1$ 时为无穷小量。

应当注意，无穷小量是一个以 0 为极限的变量，而不是一个绝对值很小的数。并且无穷小量还与自变量 x 的某一变化过程有关。

下面讨论当 $x \to 1$ 时，函数 $f(x) = \dfrac{1}{x-1}$ 的变化趋势。

作出函数 $f(x) = \dfrac{1}{x-1}$ 的图形，如图 1.27 所示，从图可见，当 $x \to 1$ 时，$\left|\dfrac{1}{x-1}\right|$ 无限地增大，称这种变化趋势为

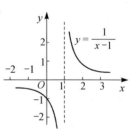

图 1.27　$y = \dfrac{1}{x-1}$ 的图形

函数 $\dfrac{1}{x-1}$ 当 $x \to 1$ 时为无穷大量，记为 $\lim\limits_{x \to 1}\dfrac{1}{x-1} = \infty$。

一般地，给出无穷大量的如下定性描述定义：

定义 2　如果函数 $f(x)$ 在 x_0 的某去心邻域内有定义，当 $x \to x_0$（或在 $|x|$ 大于某正实数时有定义，当 $x \to \infty$）时，对应的函数值的绝对值 $|f(x)|$ 无限增大，则称函数 $f(x)$ 当 $x \to x_0$（或 $x \to \infty$）时为**无穷大量**，记为

$$\lim_{x \to x_0} f(x) = \infty \quad (\text{或} \lim_{x \to \infty} f(x) = \infty)。$$

与无穷小量类似，无穷大量也是一个变量，而不是一个很大的数，且与自变量的某种变化过程有关。符号 $\lim\limits_{\substack{x \to x_0 \\ (x \to \infty)}} f(x) = \infty$ 只是一种记号，不能说极限为 ∞。事实上，此时函数 $f(x)$ 当 $x \to x_0$（或 $x \to \infty$）时的极限不存在。

如果在无穷大量的定义 2 中，将 $|f(x)|$ 换成 $f(x)$（或 $-f(x)$），就记为

$$\lim_{\substack{x \to x_0 \\ (x \to \infty)}} f(x) = +\infty \quad (\text{或} \lim_{\substack{x \to x_0 \\ (x \to \infty)}} f(x) = -\infty)。$$

例如,函数 $y=2^x$,当 $x \to +\infty$ 时,对应的函数值 2^x 无限地增大,则 $y=2^x$ 当 $x \to +\infty$ 时为无穷大量,记为

$$\lim_{x \to +\infty} 2^x = +\infty。$$

函数 $y=\lg x$,当 $x \to 0^+$ 时,对应的函数值使 $-\lg x$ 无限地增大,则 $y=\lg x$ 在 $x \to 0^+$ 时为无穷大量,记为

$$\lim_{x \to 0^+} \lg x = -\infty。$$

下面我们进一步研究函数的无穷大量概念。

从图 1.27 可见,当 $x \to 1$ 时,对应的函数值的绝对值 $|f(x)| = \left| \dfrac{1}{x-1} \right|$ 就越来越大,也就是 $|f(x)|$ 可以任意大。"任意大"指的是:不论事先给出一个多大的正数 E,总存在 x 的取值范围,属于此范围内的 x,所对应的函数值 $f(x)$,有 $|f(x)|$ 大于 E。

显然,对于给定的正数 E,要使 $|f(x)| = \dfrac{1}{|x-1|} > E$,只要 $|x-1| < \dfrac{1}{E}$ 即可。

从而,对于任意给定的正数 E,当 $0 < |x-1| < \dfrac{1}{E}$ 时,一切 x 所对应的函数值 $f(x)$ 恒有 $|f(x)| > E$。 我们称这种变化趋势为:当 $x \to 1$ 时,函数 $f(x) = \dfrac{1}{x-1}$ 为无穷大量,记为 $\lim\limits_{x \to \infty} \dfrac{1}{x-1} = \infty$。

一般地,给出无穷大量的如下定量描述定义。

定义 3 设函数 $f(x)$ 在 x_0 的某一去心领域内有定义,当 $x \to x_0$ (或 $|x|$ 大于某一正实数时有定义,当 $x \to \infty$) 时,如果对于任意给定的正数 E,总存在一个正数 δ (或正数 Δ),使得当 $0 < |x-x_0| < \delta$ (或 $|x| > \Delta$) 时,一切 x 所对应的函数值 $f(x)$ 恒有 $|f(x)| > E$ 成立,则称函数 $f(x)$ 当 $x \to x_0$ (或 $x \to \infty$) 时为**无穷大量**,记为

$$\lim_{x \to x_0} f(x) = \infty \quad (或 \lim_{x \to \infty} f(x) = \infty)。$$

无穷小量与无穷大量有如下关系。

定理 5 如果函数 $f(x)$ 当 $x \to x_0$(或 $x \to \infty$) 时为无穷大量,则函数 $\dfrac{1}{f(x)}$ 当 $x \to x_0$(或 $x \to \infty$) 时为无穷小量;反之,如果函数 $f(x)$ 当 $x \to x_0$(或 $x \to \infty$) 时为

无穷小量,且 $f(x) \neq 0$,则函数 $\dfrac{1}{f(x)}$ 当 $x \to x_0$(或 $x \to \infty$)时为无穷大量。

证明 仅证当 $x \to x_0$ 的情况。

设 $\lim\limits_{x \to x_0} f(x) = \infty$,则对于任意给定的正数 ε,总存在一个正数 δ,使得当 $0 < | x - x_0 | < \delta$ 时,一切 x 所对应的函数值 $f(x)$ 恒有 $| f(x) | > \dfrac{1}{\varepsilon}$,即

$$\left| \frac{1}{f(x)} \right| < \varepsilon,$$

所以 $\lim\limits_{x \to x_0} \dfrac{1}{f(x)} = 0$,即函数 $\dfrac{1}{f(x)}$ 当 $x \to x_0$ 时为无穷小量。

反之,设 $\lim\limits_{x \to x_0} f(x) = 0$,且 $f(x) \neq 0$,则对于任意给定的正数 E,总存在一个正数 δ,使得 $0 < | x - x_0 | < \delta$ 时,一切 x 所对应的函数值 $f(x)$ 恒有 $| f(x) | < \dfrac{1}{E}$,即

$$\left| \frac{1}{f(x)} \right| > E,$$

所以函数 $\dfrac{1}{f(x)}$ 当 $x \to x_0$ 时为无穷大量,即 $\lim\limits_{x \to x_0} \dfrac{1}{f(x)} = \infty$。

【例 2】 计算极限 $\lim\limits_{x \to 1} \dfrac{1}{1-x^2}$。

解 因为 $\lim\limits_{x \to 1} (1-x^2) = 0$,即函数 $1-x^2$ 当 $x \to 1$ 时为无穷小量,由定理 5 得,$\dfrac{1}{1-x^2}$ 当 $x \to 1$ 时为无穷大量,所以

$$\lim_{x \to 1} \frac{1}{1-x^2} = \infty。$$

二、无穷小量的性质

性质 1 有限个无穷小量的代数和是无穷小量。

证明 仅证明:函数 $\alpha(x)$、$\beta(x)$ 当 $x \to x_0$ 时为无穷小量,则函数 $\alpha + \beta$ 当 $x \to x_0$ 时为无穷小量。

因为函数 $\alpha(x)$、$\beta(x)$ 当 $x \to x_0$ 时为无穷小量,则对于任意给定的正数 ε,总存在一个正数 δ_1,使得 $0 < | x - x_0 | < \delta_1$ 时一切 x 所对应的函数值 $\alpha(x)$ 恒有

29

$$|\alpha(x)| < \frac{\varepsilon}{2}。$$

此外,总存在一个正数 δ_2,使得 $0 < |x - x_0| < \delta_2$ 时一切 x 所对应的函数值 $\beta(x)$ 恒有

$$|\beta(x)| < \frac{\varepsilon}{2}。$$

取 $\delta = \min\{\delta_1, \delta_2\}$,则当 $0 < |x - x_0| < \delta$ 时,一切 x 所对应的函数值 $\alpha(x) + \beta(x)$ 恒有

$$|\alpha(x) + \beta(x)| \leqslant |\alpha(x)| + |\beta(x)| < \frac{\varepsilon}{2} + \frac{\varepsilon}{2} = \varepsilon,$$

所以 $\lim\limits_{x \to x_0} (\alpha(x) + \beta(x)) = 0$,即函数 $\alpha(x) + \beta(x)$ 当 $x \to x_0$ 时是无穷小量。

推论 有限个无穷小量之和是无穷小量。

性质 2 如果函数 $\alpha(x)$ 当 $x \to x_0$ (或 $x \to \infty$) 时为无穷小量,函数 $f(x)$ 是有界函数,则函数 $\alpha(x) f(x)$ 当 $x \to x_0$ (或 $x \to \infty$) 时为无穷小量,即

$$\lim\limits_{x \to x_0} \alpha(x) f(x) = 0 (\text{或} \lim\limits_{x \to \infty} \alpha(x) f(x) = 0)。$$

证明 仅证当 $x \to x_0$ 时的情况。

设函数 $f(x)$ 在 $0 < |x - x_0| < \delta_1$ 内有界,则存在正数 M,使得当 $0 < |x - x_0| < \delta_1$ 时,一切 x 所对应的函数值 $f(x)$ 恒有 $|f(x)| < M$。

因为函数 $\alpha(x)$ 当 $x \to x_0$ 时为无穷小量,则对于任意给定的正数 ε,总存在一个正数 δ_2,使得当 $0 < |x - x_0| < \delta_2$ 时,一切 x 所对应的函数值 $\alpha(x)$ 恒有 $|\alpha(x)| < \frac{\varepsilon}{M}$。

取 $\delta = \min\{\delta_1, \delta_2\}$,则当 $0 < |x - x_0| < \delta$ 时,一切 x 所对应的函数值 $\alpha(x) f(x)$ 恒有

$$|\alpha(x) f(x)| = |\alpha(x)| \cdot |f(x)| < \frac{\varepsilon}{M} \cdot M = \varepsilon。$$

所以 $\lim\limits_{x \to x_0} \alpha(x) f(x) = 0$,即函数 $\alpha(x) f(x)$ 当 $x \to x_0$ 时为无穷小量。

推论 1 常数与无穷小量的乘积是无穷小量。

推论 2 有限个无穷小量的乘积是无穷小量。

【**例 3**】 求 $\lim\limits_{x \to 0} x \sin \frac{1}{x}$。

解 因为当 $x \neq 0$ 时，$\left| \sin \dfrac{1}{x} \right| \leqslant 1$，所以 $\sin \dfrac{1}{x}$ 是有界函数；又 $\lim\limits_{x \to 0} x = 0$，即 x 当

$x \to 0$ 时为无穷小量，所以，函数 $x \sin \dfrac{1}{x}$ 当 $x \to 0$ 时是有界函数与无穷小量的乘积。

根据性质 2 得，$x \sin \dfrac{1}{x}$ 当 $x \to 0$ 时为无穷小量，即

$$\lim_{x \to 0} x \sin \frac{1}{x} = 0。$$

性质 3 设函数 $y = f(x)$，则 $\lim\limits_{x \to x_0} f(x) = A$（或 $\lim\limits_{x \to \infty} f(x) = A$）的充分必要条件是 $f(x) = A + \alpha(x)$，其中函数 $\alpha(x)$ 当 $x \to x_0$（或 $x \to \infty$）时为无穷小量。

证 仅证 $x \to x_0$ 时的情况。

证必要性 设 $\lim\limits_{x \to x_0} f(x) = A$，所以对于任意给定的正数 ε，总存在一个正数 δ，使得 $0 < |x - x_0| < \delta$ 时，一切 x 所对应的函数值 $f(x)$ 恒有

$$| f(x) - A | < \varepsilon。$$

令 $\alpha(x) = f(x) - A$，则 $\lim\limits_{x \to x_0} \alpha(x) = 0$，即函数 $\alpha(x)$ 当 $x \to x_0$ 时为无穷小量，且

$$f(x) = A + \alpha(x)。$$

证充分性 设函数 $f(x) = A + \alpha(x)$，其中 A 是常数，函数 $\alpha(x)$ 当 $x \to x_0$ 时是无穷小量。

据 $\alpha(x)$ 当 $x \to x_0$ 时是无穷小量，则对于任意给定的正数 ε，总存在一个正数 δ，使得 $0 < |x - x_0| < \delta$ 时一切 x 所对应的函数值 $\alpha(x)$ 恒有 $|\alpha(x)| < \varepsilon$。于是得

$$| f(x) - A | = | \alpha(x) | < \varepsilon，$$

从而 $\lim\limits_{x \to x_0} f(x) = A$。

例如，对于函数 $f(x) = \dfrac{2x + 1}{x}$，第三节函数的极限告诉我们 $\lim\limits_{x \to \infty} \dfrac{2x + 1}{x} = 2$，

由于

$$\frac{2x + 1}{x} = 2 + \frac{1}{x}，$$

而 $\lim\limits_{x \to \infty} \dfrac{1}{x} = 0$，于是 $\dfrac{1}{x}$ 当 $x \to \infty$ 时为无穷小量。所以函数 $f(x)$ 当 $x \to \infty$ 时是 2 与无穷小量 $\dfrac{1}{x}$ 之和。

三、无穷小量的比较

在自变量的同一变化过程中的两个无穷小量,虽然都趋于 0,但它们趋于 0 的速度可能不同,甚至差别很大。例如,函数 x,$3x$,x^2,当 $x \to 0$ 时都是无穷小量,但趋于 0 的速度却不一样。列表(如表 1.3 所示)比较如下。

表 1.3   函数值表

x	± 0.5	± 0.1	± 0.01	± 0.001	$\pm 0.000\,1$	$\cdots$	$\to$	0
$3x$	± 1.5	± 0.3	± 0.03	± 0.003	$\pm 0.000\,3$	$\cdots$	$\to$	0
x^2	0.25	0.01	0.000\,1	0.000\,001	0.000\,000\,01	$\cdots$	$\to$	0

由表 1.3 可知,x^2 比 x 与 $3x$ 趋于零的速度快得多。对于无穷小量趋于 0 的快慢比较有如下定义。

定义 4　设函数 α,β 当 $x \to x_0$(或 $x \to \infty$)时为两个无穷小量。

如果 $\lim\limits_{\substack{x \to x_0 \\ (x \to \infty)}} \dfrac{\alpha}{\beta} = 0$,则称 α 是比 β **高阶的无穷小量**,记为 $\alpha = o(\beta)$。

如果 $\lim\limits_{\substack{x \to x_0 \\ (x \to \infty)}} \dfrac{\alpha}{\beta} = c \neq 0$($c$ 为常数),则称 α 与 β 是**同阶无穷小量**。特别地,当 $c = 1$ 时,则称 α 与 β 是**等价无穷小量**,记为 $\alpha \sim \beta$。

如果 $\lim\limits_{\substack{x \to x_0 \\ (x \to \infty)}} \dfrac{\alpha}{\beta} = \infty$,则称 α 是比 β **低阶的无穷小量**。

因为 $\lim\limits_{x \to 0} \dfrac{x^2}{3x} = 0$,所以当 $x \to 0$ 时,x^2 是比 $3x$ 高阶的无穷小量,可记为 $x^2 = o(3x)$(当 $x \to 0$)。而 $\lim\limits_{x \to 0} \dfrac{3x}{x^2} = \infty$,所以当 $x \to 0$ 时,$3x$ 是比 x^2 低阶的无穷小量。

由 $\lim\limits_{x \to 0} \dfrac{2x}{x} = 2$,可得当 $x \to 0$ 时 $2x$ 与 x 是同阶无穷小量。

习 题　1-4

1. 下列函数对于给定的 x 趋向,哪些是无穷小量? 哪些是无穷大量? 哪些既不是无穷小量也不是无穷大量?

(1) $f(x) = x^2 + 0.9x$,当 $x \to 0$ 时;

(2) $f(x) = 3\sin x$，当 $x \to 0$ 时；

(3) $f(n) = (-1)^{n+1} \dfrac{1}{2^n}$，当 $n \to \infty$ 时；

(4) $f(x) = \dfrac{1+2x}{x-1}$，当 $x \to 1$ 时；

(5) $f(x) = 4\ln x$，当 $x \to +\infty$ 时；

(6) $f(x) = \dfrac{x-1}{x^2-1}$，当 $x \to 1$ 时；

(7) $f(x) = \dfrac{x^2-x}{x}$，当 $x \to 0$ 时；

(8) $f(x) = \dfrac{x}{x}$，当 $x \to 0$ 时。

2. 下列函数 $f(x)$ 在 x 的何种趋势时是无穷小量？在 x 的何种趋势时是无穷大量？

(1) $f(x) = \dfrac{x+2}{x-1}$；

(2) $f(x) = \lg x$；

(3) $f(x) = \dfrac{2x+2}{x}$；

(4) $f(x) = \sqrt{x+1}$。

3. 利用无穷小量的性质，求下列函数的极限。

(1) $\lim\limits_{x \to 0} x^2 \sin \dfrac{1}{x}$；

(2) $\lim\limits_{x \to \infty} \dfrac{1}{x} \arctan x$；

(3) $\lim\limits_{x \to 1} \dfrac{x+1}{x-1}$；

(4) $\lim\limits_{x \to -1} \dfrac{1+x^2}{x+1}$。

第五节　极限的运算法则

本节首先介绍极限的四则运算法则。这些法则，对于函数的极限与数列的极限都成立。其次本节还给出未定式的概念，初步讨论未定式极限计算问题。为叙述简便，我们用"lim"代表 $\lim\limits_{x \to x_0}$ 或 $\lim\limits_{x \to \infty}$ 或其他趋向下的极限。

一、极限的四则运算法则

定理 6　如果 $\lim f(x) = A$，$\lim g(x) = B$，则

(1) $\lim[f(x) \pm g(x)]$ 存在，且

$$\lim[f(x)\pm g(x)]=A\pm B=\lim f(x)\pm\lim g(x);$$

(2) $\lim[f(x)g(x)]$ 存在,且

$$\lim[f(x)g(x)]=AB=\lim f(x)\lim g(x);$$

(3) $\lim\dfrac{f(x)}{g(x)}$ 存在,且

$$\lim\frac{f(x)}{g(x)}=\frac{A}{B}=\frac{\lim f(x)}{\lim g(x)}(B\neq 0)。$$

证明 仅证明当 $x\to x_0$ 时的情况(1)、(2)。

因为 $\lim\limits_{x\to x_0}f(x)=A$,$\lim\limits_{x\to x_0}g(x)=B$,则由极限与无穷小量的关系(第四节性质3)得

$$f(x)=A+\alpha(x),\ g(x)=B+\beta(x),$$

其中函数 $\alpha(x)$、$\beta(x)$ 当 $x\to x_0$ 时都是无穷小量。

(1) $f(x)\pm g(x)=[A+\alpha(x)]\pm[B+\beta(x)]=(A\pm B)\pm[\alpha(x)\pm\beta(x)]$

由无穷小量的性质知,函数 $\alpha(x)\pm\beta(x)$ 当 $x\to x_0$ 时仍是无穷小量,由极限与无穷小量的关系,得

$$\lim_{x\to x_0}[f(x)\pm g(x)]=A\pm B=\lim_{x\to x_0}f(x)\pm\lim_{x\to x_0}g(x)。$$

(2) $f(x)g(x)=[A+\alpha(x)]\cdot[B+\beta(x)]$
$$=AB+A\beta(x)+B\alpha(x)+\alpha(x)\beta(x)。$$

由无穷小量的性质知,函数 $A\beta(x)$,$B\alpha(x)$,$\alpha(x)\beta(x)$ 当 $x\to x_0$ 时仍是无穷小量,从而 $A\beta(x)+B\alpha(x)+\alpha(x)\beta(x)$ 当 $x\to x_0$ 时是无穷小量,由此,得

$$\lim_{x\to x_0}f(x)g(x)=AB=\lim_{x\to x_0}f(x)\cdot\lim_{x\to x_0}g(x)。$$

推论 (1)定理的结论(1)可推广到有限多个函数代数和的情况。例如,

$$\lim[f(x)\pm g(x)\pm h(x)]=\lim f(x)\pm\lim g(x)\pm\lim h(x);$$

(2)设 c 为常数,$\lim f(x)$ 存在,则

$$\lim[cf(x)]=c\lim f(x);$$

(3)如果 $\lim f(x)$ 存在,n 为正整数,则 $\lim[f(x)]^n=[\lim f(x)]^n$。

因为 $\lim\limits_{x \to x_0} x = x_0$，根据上述推论可得

$$\lim\limits_{x \to x_0} x^n = x_0^n \quad (n \text{ 为正整数})。$$

【例1】 求 $\lim\limits_{x \to 1}(4x^3 - 3x + 2)$。

解 $\lim\limits_{x \to 1}(4x^3 - 3x + 2) = \lim\limits_{x \to 1} 4x^3 - \lim\limits_{x \to 1} 3x + \lim\limits_{x \to 1} 2 = 4\lim\limits_{x \to 1} x^3 - 3\lim\limits_{x \to 1} x + 2$
$$= 4 - 3 + 2 = 3。$$

【例2】 求 $\lim\limits_{x \to 2} \dfrac{3x^2 - 6x + 7}{4x + 9}$。

解 因为

$$\lim\limits_{x \to 2}(3x^2 - 6x + 7) = 3\lim\limits_{x \to 2} x^2 - 6\lim\limits_{x \to 2} x + \lim\limits_{x \to 2} 7 = 7$$

$$\lim\limits_{x \to 2}(4x + 9) = 4\lim\limits_{x \to 2} x + \lim\limits_{x \to 2} 9 = 17 \neq 0,$$

所以

$$\lim\limits_{x \to 2} \frac{3x^2 - 6x + 7}{4x + 9} = \frac{\lim\limits_{x \to 2}(3x^2 - 6x + 7)}{\lim\limits_{x \to 2}(4x + 9)} = \frac{7}{17}。$$

从上面两个例子可得如下结论。

(1) 如果 $P(x)$ 为多项式函数，则 $\lim\limits_{x \to x_0} P(x) = P(x_0)$。

(2) 如果 $P(x)$，$Q(x)$ 是多项式函数，$\dfrac{P(x)}{Q(x)}$ 称为有理函数。当 $\lim\limits_{x \to x_0} Q(x) = Q(x_0) \neq 0$ 时，则

$$\lim\limits_{x \to x_0} \frac{P(x)}{Q(x)} = \frac{\lim\limits_{x \to x_0} P(x)}{\lim\limits_{x \to x_0} Q(x)} = \frac{P(x_0)}{Q(x_0)}。$$

对于有理函数 $\dfrac{P(x)}{Q(x)}$，如果 $\lim\limits_{x \to x_0} Q(x) = Q(x_0) = 0$，我们不能应用商的极限的运算法则，而需要进行特别处理。下面举两例加以说明。

【例3】 求 $\lim\limits_{x \to 4} \dfrac{x^2 - 7x + 12}{x^2 - 5x + 4}$。

解 分子与分母当 $x \to 4$ 时的极限都为 0，于是不能应用商的极限运算法则。因为分子及分母有公因式 $(x - 4)$，而 $x \to 4$ 时，$x - 4 \neq 0$，可约去这个公因式。所以

$$\lim\limits_{x \to 4} \frac{x^2 - 7x + 12}{x^2 - 5x + 4} = \lim\limits_{x \to 4} \frac{(x-3)(x-4)}{(x-1)(x-4)} = \lim\limits_{x \to 4} \frac{x-3}{x-1} = \frac{1}{3}。$$

【例4】 求 $\lim\limits_{x \to 1} \dfrac{4x+1}{x^2-2x+1}$。

解 因为分母极限 $\lim\limits_{x \to 1}(x^2-2x+1)=0$，不能应用商的极限的运算法则，又因分子极限 $\lim\limits_{x \to 1}(4x+1)=5 \neq 0$，所以又不能应用[例3]所提供的方法。但因为

$$\lim_{x \to 1} \frac{x^2-2x+1}{4x+1}=\frac{0}{5}=0,$$

故由无穷小量与无穷大量的关系可得

$$\lim_{x \to 1} \frac{4x+1}{x^2-2x+1}=\infty。$$

【例5】 求 $\lim\limits_{x \to 2} \dfrac{x^2-5x+6}{x^2-4x+4}$。

解 因为 $\lim\limits_{x \to 2}(x^2-5x+6)=0$，$\lim\limits_{x \to 2}(x^2-4x+4)=0$，可应用解[例3]的方法，得

$$\lim_{x \to 2} \frac{x^2-5x+6}{x^2-4x+4}=\lim_{x \to 2} \frac{(x-2)(x-3)}{(x-2)^2}=\lim_{x \to 2} \frac{x-3}{x-2}=\infty。$$

【例6】 求 $\lim\limits_{x \to \infty}(x^4-3x^3-2x^2+10)$。

解 这个极限不能应用极限的四则运算法则。因为

$$x^4-3x^3-2x^2+10=x^4\left(1-\frac{3}{x}-\frac{2}{x^2}+\frac{10}{x^4}\right)$$

而

$$\lim_{x \to \infty}\left(1-\frac{3}{x}-\frac{2}{x^2}+\frac{10}{x^4}\right)=1$$

$$\lim_{x \to \infty}x^4=\infty$$

考虑 $x^4-3x^3-2x^2+10$ 的倒数的极限，得

$$\lim_{x \to \infty} \frac{1}{x^4-3x^3-2x^2+10}=\lim_{x \to \infty} \frac{1}{x^4\left(1-\dfrac{3}{x}-\dfrac{2}{x^2}+\dfrac{10}{x^4}\right)}$$

$$=\lim_{x \to \infty} \frac{1}{x^4} \cdot \lim_{x \to \infty} \frac{1}{1-\dfrac{3}{x}-\dfrac{2}{x^2}+\dfrac{10}{x^4}}=0,$$

所以

$$\lim_{x \to \infty} (x^4 - 3x^3 - 2x^2 + 10) = \infty。$$

一般来说,对于多项式函数 $P(x)$,有 $\lim\limits_{x \to \infty} P(x) = \infty$。

二、未定式的极限

如果两个函数 $f(x)$,$g(x)$ 当 $x \to x_0$(或 $x \to \infty$)时都趋向于 0 或者都是无穷大量,那么对于极限 $\lim\limits_{x \to x_0} \dfrac{f(x)}{g(x)} \left(\text{或} \lim\limits_{x \to \infty} \dfrac{f(x)}{g(x)} \right)$,显然不能用极限的四则运算法则来计算。通常称这种极限为未定式的极限,分别简记为 $\dfrac{0}{0}$ 或 $\dfrac{\infty}{\infty}$。例如,本节[例3]、[例5]极限都是 $\dfrac{0}{0}$ 型。因为多项式函数当 $x \to \infty$ 时是无穷大量,所以多项式 $P(x)$,$Q(x)$ 的商 $\dfrac{P(x)}{Q(x)}$ 当 $x \to \infty$ 时的极限为 $\dfrac{\infty}{\infty}$ 型。

未定式除 $\dfrac{0}{0}$ 与 $\dfrac{\infty}{\infty}$ 型外,还有 $0 \cdot \infty$、$\infty - \infty$、0^0、1^∞、∞^0 型等情形。例如,如果 $\lim\limits_{x \to x_0} f(x) = 0$,$\lim\limits_{x \to x_0} g(x) = \infty$,$\lim\limits_{x \to x_0} h(x) = \infty$,那么 $\lim\limits_{x \to x_0} f(x)g(x)$ 是 $0 \cdot \infty$ 型,$\lim\limits_{x \to x_0} [g(x) - h(x)]$ 是 $\infty - \infty$ 型。

求未定式的极限,显然不能应用极限的四则运算法则,但是,[例3]、[例4]已提供了一些方法,下面再介绍一些方法。在第三章我们将推出一种求解未定式极限的更好的法则——洛必达法则。

【例7】 求 $\lim\limits_{x \to \infty} \dfrac{x^2 + x - 4}{2x^3 + x + 1}$。

解 当 $x \to \infty$ 时,此极限是 $\dfrac{\infty}{\infty}$ 型。用 x^3 除分子、分母,然后求极限,得

$$\lim_{x \to \infty} \frac{x^2 + x - 4}{2x^3 + x + 1} = \lim_{x \to \infty} \frac{\dfrac{1}{x} + \dfrac{1}{x^2} - \dfrac{4}{x^3}}{2 + \dfrac{1}{x^2} + \dfrac{1}{x^3}} = \frac{0}{2} = 0。$$

【例8】 求 $\lim\limits_{x \to \infty} \dfrac{2x^3 + x + 8}{x^2 - x - 6}$。

解 当 $x \to \infty$ 时,此极限为 $\dfrac{\infty}{\infty}$ 型。用 x^3 除分子、分母,然后求极限,得

$$\lim_{x \to \infty} \frac{2x^3 + x + 8}{x^2 - x - 6} = \lim_{x \to \infty} \frac{2 + \dfrac{1}{x^2} + \dfrac{8}{x^3}}{\dfrac{1}{x} - \dfrac{1}{x^2} - \dfrac{6}{x^3}},$$

分子当 $x \to \infty$ 时的极限为 2,而分母当 $x \to \infty$ 时的极限为 0,于是

$$\lim_{x \to \infty} \frac{\dfrac{1}{x} - \dfrac{1}{x^2} - \dfrac{6}{x^3}}{2 + \dfrac{1}{x^2} + \dfrac{8}{x^3}} = 0,$$

根据无穷小量与无穷大量的关系得

$$\lim_{x \to \infty} \frac{2x^3 + x + 8}{x^2 - x - 6} = \infty。$$

【例 9】 求 $\lim\limits_{x \to \infty} \dfrac{3x^3 - x - 8}{4x^3 + x^2 + x}$。

解 当 $x \to \infty$ 时,此极限为 $\dfrac{\infty}{\infty}$ 型。用 x^3 除分子、分母,然后求极限,得

$$\lim_{x \to \infty} \frac{3x^3 - x - 8}{4x^3 + x^2 + x} = \lim_{x \to \infty} \frac{3 - \dfrac{1}{x^2} - \dfrac{8}{x^3}}{4 + \dfrac{1}{x} + \dfrac{1}{x^2}} = \frac{3}{4}。$$

综合[例 7]、[例 8]、[例 9]的结果,得到如下规律:

$$\lim_{x \to \infty} \frac{a_0 x^n + a_1 x^{n-1} + \cdots + a_{n-1}x + a_n}{b_0 x^m + b_1 x^{m-1} + \cdots + b_{m-1}x + b_m} = \begin{cases} \dfrac{a_0}{b_0} & n = m, \\ 0 & n < m, \\ \infty & n > m, \end{cases} \tag{1-1}$$

其中 $a_0, a_1, \cdots, a_n, b_0, b_1, \cdots, b_m$ 为常数,且 $a_0 \neq 0$,$b_0 \neq 0$,m, n 为正整数。

【例 10】 求 $\lim\limits_{x \to 0} \dfrac{x}{2 - \sqrt{4 + x}}$。

解 该题为 $\dfrac{0}{0}$ 型。分母有理化得

$$\lim_{x \to 0} \frac{x}{2 - \sqrt{4+x}} = \lim_{x \to 0} \frac{x(2 + \sqrt{4+x})}{(2 - \sqrt{4+x})(2 + \sqrt{4+x})}$$

$$= \lim_{x \to 0} \frac{x(2 + \sqrt{4+x})}{-x}$$

$$= \lim_{x \to 0} (-1) \cdot (2 + \sqrt{4+x}) = -4.$$

【例11】 求 $\lim\limits_{x \to 1} \left(\dfrac{x}{1-x} - \dfrac{2}{1-x^2} \right)$。

解 因为 $\lim\limits_{x \to 1} \dfrac{x}{1-x} = \infty, \lim\limits_{x \to 1} \dfrac{2}{1-x^2} = \infty$，所以该题为 $\infty - \infty$ 型。我们可以先通分，再求极限，得

$$\lim_{x \to 1} \left(\frac{x}{1-x} - \frac{2}{1-x^2} \right) = \lim_{x \to 1} \frac{x(1+x) - 2}{1-x^2} = \lim_{x \to 1} \frac{x^2 + x - 2}{1-x^2}$$

$$= \lim_{x \to 1} \frac{-(1-x)(x+2)}{(1-x)(1+x)} = \lim_{x \to 1} \frac{-(x+2)}{1+x} = -\frac{3}{2}.$$

习 题 1-5

1. 求下列极限。

(1) $\lim\limits_{x \to 2} (4x^2 - 3x + 7)$；

(2) $\lim\limits_{x \to 2} \dfrac{x^2+1}{2x+4}$；

(3) $\lim\limits_{x \to 0} \left(1 - \dfrac{2}{4x-3} \right)$；

(4) $\lim\limits_{x \to \infty} \left(1 + \dfrac{1}{x} \right)\left(2 - \dfrac{1}{x^2} \right)$。

2. 求下列极限。

(1) $\lim\limits_{x \to -3} \dfrac{x^2+5x+6}{x^2+6x+9}$；

(2) $\lim\limits_{h \to 0} \dfrac{(x+h)^2 - x^2}{h}$；

(3) $\lim\limits_{x \to 1} \dfrac{x^2-3x+2}{1-x^2}$；

(4) $\lim\limits_{x \to 2} \dfrac{x^2-x-2}{x^2+x-6}$；

(5) $\lim\limits_{x \to 0} \dfrac{1-\sqrt{1-x}}{x}$；

(6) $\lim\limits_{x \to 4} \dfrac{x-4}{\sqrt{x}-2}$；

(7) $\lim\limits_{x \to 0} \dfrac{x^2}{1-\sqrt{1+x^2}}$；

(8) $\lim\limits_{x \to 4} \dfrac{\sqrt{2x+1}-3}{\sqrt{x-2}-\sqrt{2}}$。

39

3. 求下列极限。

(1) $\lim\limits_{x \to \infty} \dfrac{3x^2 + x}{x^4 + 2x^2 + 8}$;

(2) $\lim\limits_{n \to \infty} \dfrac{2n^2 - n + 7}{(n+1)^2}$;

(3) $\lim\limits_{x \to \infty} \dfrac{x + 3}{\sqrt[3]{x^2 + x}}$;

(4) $\lim\limits_{x \to +\infty} \dfrac{\sqrt[4]{x^3 + x}}{x - 1}$;

(5) $\lim\limits_{x \to \infty} \dfrac{(2x-1)^8 (3x-2)^2}{(2x+3)^{10}}$;

(6) $\lim\limits_{x \to +\infty} \dfrac{(\sqrt{x^2 + 1} + 2x)^2}{3x^2 - x + 1}$。

4. 求下列极限。

(1) $\lim\limits_{x \to 1} \left(\dfrac{1}{1-x} - \dfrac{3}{1-x^3} \right)$;

(2) $\lim\limits_{x \to -1} \left(\dfrac{1}{x+1} - \dfrac{1}{x^2 - 1} \right)$;

(3) $\lim\limits_{n \to \infty} \left(\dfrac{1}{n^2} + \dfrac{2}{n^2} + \cdots + \dfrac{n}{n^2} \right)$;

(4) $\lim\limits_{x \to +\infty} (\sqrt{x^2 + x} - \sqrt{x^2 + 1})$。

第六节　极限存在准则与两个重要极限

一、极限存在准则

定理 7 (夹逼准则)　如果函数 $f(x)$, $g(x)$, $h(x)$ 在 x_0 的某一去心邻域内满足条件：

(1) $g(x) \leqslant f(x) \leqslant h(x)$,

(2) $\lim\limits_{x \to x_0} g(x) = A$, $\lim\limits_{x \to x_0} h(x) = A$,

则 $\lim\limits_{x \to x_0} f(x)$ 存在, 且 $\lim\limits_{x \to x_0} f(x) = A$。

证明　因为 $\lim\limits_{x \to x_0} g(x) = A$, 从而对于任意给定的正数 ε, 总存在一个正数 δ_1, 使得 $0 < |x - x_0| < \delta_1$ 时一切 x 所对应的函数值 $g(x)$ 恒有

$$|g(x) - A| < \varepsilon, \quad 即 \quad A - \varepsilon < g(x) < A + \varepsilon,$$

又因为 $\lim\limits_{x \to x_0} h(x) = A$, 所以对上述正数 ε, 总存在一个正数 δ_2, 使得 $0 < |x - x_0| < \delta_2$ 时, 一切 x 所对应的函数值 $h(x)$ 恒有

$$|h(x) - A| < \varepsilon, \quad 即 \quad A - \varepsilon < h(x) < A + \varepsilon,$$

取 $\delta = \min\{\delta_1, \delta_2\}$, 于是, 当 $0 < |x - x_0| < \delta$ 时, 一切 x 所对应的函数值 $g(x)$, $h(x)$ 恒有

$$|g(x)-A|<\varepsilon, \quad |h(x)-A|<\varepsilon,$$

由于 $g(x)\leqslant f(x)\leqslant h(x)$，当 $0<|x-x_0|<\delta$ 时，一切 x 所对应的函数值 $g(x),h(x),f(x)$ 恒有

$$A-\varepsilon<g(x)\leqslant f(x)\leqslant h(x)<A+\varepsilon,$$

得

$$A-\varepsilon<f(x)<A+\varepsilon, \quad 即 \quad |f(x)-A|<\varepsilon,$$

故

$$\lim_{x\to x_0}f(x)=A。$$

【例1】 证明 $\lim\limits_{x\to 0}\sin x=0$。

证明 设 $\overset{\frown}{AB}$ 为圆心在 O 的单位圆的圆弧，$BD\perp OA$。$\angle AOB=x$
$\left(弧度,0<x<\dfrac{\pi}{2}\right)$。如图 1.28 所示。

因为 $|DB|=\sin x$，$|\overset{\frown}{AB}|=x$，由

$$|BD|<|\overset{\frown}{AB}|,$$

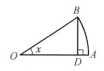

图 1.28 单位圆弧 $\overset{\frown}{AB}$

得 $\qquad \sin x<x,$

而角在第 Ⅰ 象限，所以

$$0<\sin x<x,$$

又因为 $\lim\limits_{x\to 0^+}0=0$，$\lim\limits_{x\to 0^+}x=0$，由夹逼准则得

$$\lim_{x\to 0^+}\sin x=0。$$

令 $x=-t$，当 $x\to 0^-$ 时，则 $t\to 0^+$，从而

$$\lim_{x\to 0^-}\sin x=\lim_{t\to 0^+}\sin(-t)=-\lim_{t\to 0^+}\sin t=0,$$

于是，左、右极限存在且相等，所以

$$\lim_{x\to 0}\sin x=0。$$

【例2】 证明 $\lim\limits_{x\to 0}\cos x=1$。

41

证明 因为在 $0 < x < \dfrac{\pi}{2}$ 时,$1 - \cos x = 2\sin^2 \dfrac{x}{2} < 2 \cdot \left(\dfrac{x}{2}\right)^2 = \dfrac{x^2}{2}$,从而

$$0 < 1 - \cos x < \dfrac{x^2}{2}。$$

又因为 $\lim\limits_{x \to 0^+} 0 = 0$,$\lim\limits_{x \to 0^+} \dfrac{x^2}{2} = 0$,由夹逼准则得 $\lim\limits_{x \to 0^+}(1 - \cos x) = 0$,

故
$$\lim\limits_{x \to 0^+} \cos x = 1。$$

令 $x = -t$,当 $x \to 0^-$ 时,$t \to 0^+$,并且 $\lim\limits_{x \to 0^-} \cos x = \lim\limits_{t \to 0^+} \cos(-t) = \lim\limits_{t \to 0^+} \cos t = 1$,

所以
$$\lim\limits_{x \to 0} \cos x = 1。$$

定义 1 如果数列 $\{f(n)\}$ 满足条件:

$$f(1) \leqslant f(2) \leqslant f(3) \leqslant \cdots \leqslant f(n) \leqslant f(n+1) \leqslant \cdots,$$

则称数列 $\{f(n)\}$ 是单调增加数列。

如果数列 $\{f(n)\}$ 满足条件:

$$f(1) \geqslant f(2) \geqslant f(3) \geqslant \cdots \geqslant f(n) \geqslant f(n+1) \geqslant \cdots,$$

则称数列 $\{f(n)\}$ 是单调减少数列。

单调增加数列、单调减少数列统称为**单调数列**。

设数列 $\{f(n)\}$,如果存在正常数 M,对于所有项满足 $|f(n)| \leqslant M$ $(n = 1,$ $2, \cdots)$,则称数列 $\{f(n)\}$ 有界。

定理 8(单调有界准则) 如果数列 $\{f(n)\}$ 是单调有界的,则 $\lim\limits_{n \to \infty} f(n)$ 存在。

二、两个重要的极限

(1) $\lim\limits_{x \to 0} \dfrac{\sin x}{x} = 1$。 $\hspace{4cm}$ (1-2)

证明 函数 $\dfrac{\sin x}{x}$ 对于一切 $x \neq 0$ 都有定义。

设 $0 < x < \dfrac{\pi}{2}$,在图 1.29 所示的单位圆中,令 $\angle AOB = x$(弧度),点 A 处的切线 AD 与 OB 的延长线相交于 D,又 $BC \perp OA$,则

$$\sin x = |BC|, \quad x = \overset{\frown}{AB}, \quad \tan x = |AD|,$$

因为

$\triangle AOB$ 的面积 $<$ 圆扇形 AOB 的面积 $<$ $\triangle AOD$ 的面积

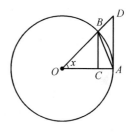

图 1.29　单位圆 O

所以

$$\frac{1}{2}\sin x < \frac{1}{2}x < \frac{1}{2}\tan x,$$

即

$$\sin x < x < \tan x。$$

除以 $\sin x$，得

$$1 < \frac{x}{\sin x} < \frac{1}{\cos x},$$

从而有

$$\cos x < \frac{\sin x}{x} < 1,$$

因为当 x 用 $-x$ 代替时，$\cos x$ 与 $\dfrac{\sin x}{x}$ 都不变，所以上述不等式对于满足 $-\dfrac{\pi}{2} <$ $x < 0$ 的一切 x 也是成立的。

由于 $\lim\limits_{x\to 0}\cos x = 1$，$\lim\limits_{x\to 0}1 = 1$，根据夹逼准则得

$$\lim_{x\to 0}\frac{\sin x}{x} = 1。$$

【例 3】　求 $\lim\limits_{x\to 0}\dfrac{\tan x}{x}$。

解　$\lim\limits_{x\to 0}\dfrac{\tan x}{x} = \lim\limits_{x\to 0}\dfrac{\sin x}{x}\cdot\dfrac{1}{\cos x} = \lim\limits_{x\to 0}\dfrac{\sin x}{x}\cdot\lim\limits_{x\to 0}\dfrac{1}{\cos x} = 1。$

【例 4】　求 $\lim\limits_{x\to 0}\dfrac{\sin kx}{x}$（$k$ 为非零常数）。

解　令 $u = kx$，则当 $x\to 0$ 时，有 $u\to 0$，于是有

$$\lim_{x\to 0}\frac{\sin kx}{x} = k\lim_{u\to 0}\frac{\sin u}{u} = k,$$

同理可得

$$\lim_{x\to 0}\frac{\tan kx}{x} = k\quad（k \text{ 为非零常数}）。$$

上式及［例3］、［例4］的结论可当公式使用。

【例5】 求 $\lim\limits_{x\to 0}\dfrac{\sin 3x}{\tan 5x}$。

解
$$\lim_{x\to 0}\frac{\sin 3x}{\tan 5x}=\lim_{x\to 0}\frac{\sin 3x}{x}\cdot\frac{1}{\dfrac{\tan 5x}{x}}=\frac{3}{5}。$$

【例6】 求 $\lim\limits_{x\to 0}\dfrac{1-\cos x}{x^2}$。

解
$$\lim_{x\to 0}\frac{1-\cos x}{x^2}=\lim_{x\to 0}\frac{2\sin^2\dfrac{x}{2}}{x^2}=2\lim_{x\to 0}\left(\frac{\sin\dfrac{x}{2}}{x}\right)^2$$
$$=2\times\left(\frac{1}{2}\right)^2=\frac{1}{2}。$$

【例7】 求 $\lim\limits_{x\to\infty}x\sin\dfrac{1}{x}$。

解 令 $u=\dfrac{1}{x}$，则当 $x\to\infty$ 时，$u\to 0$，所以
$$\lim_{x\to\infty}x\cdot\sin\frac{1}{x}=\lim_{u\to 0}\frac{\sin u}{u}=1。$$

(2) $\lim\limits_{n\to\infty}\left(1+\dfrac{1}{n}\right)^n=\mathrm{e}$。 $\qquad\qquad\qquad(1\text{-}3)$

我们先看一个实际问题。

【例8】 某顾客向银行存入本金 A_0 元，设银行规定年利率为 r。如果每年结算一次，第一年后存款的本利和为 $A_0(1+r)$，第二年后存款的本利和为 $A_0(1+r)^2$。根据这种递推关系可知，第 t 年后顾客的存款本利和为
$$A_0(1+r)^t，$$

如果每年结算 m 次，利率为 $\dfrac{r}{m}$，到第 t 年共结算 mt 次，第 t 年后存款的本利和记为 A_m，则
$$A_m=A_0\left(1+\frac{r}{m}\right)^{mt}，$$

当 $m\to\infty$ 时，结算周期变为无穷小，这意味着银行连续不断地结算利息，这种计

息方式称为连续复利方式。因此在连续复利情况下,第 t 年后存款的本利和为

$$\lim_{m \to \infty} A_0 \left(1 + \frac{r}{m}\right)^{mt} \text{。}$$

为了简化问题,令 $n = \dfrac{m}{r}$,则当 $m \to \infty$ 时 $n \to \infty$,得

$$\lim_{m \to \infty} A_0 \left(1 + \frac{r}{m}\right)^{mt} = A_0 \lim_{n \to \infty} \left(1 + \frac{1}{n}\right)^{nrt} = A_0 \left[\lim_{n \to \infty} \left(1 + \frac{1}{n}\right)^{n}\right]^{rt},$$

于是最终问题归结为求极限

$$\lim_{n \to \infty} \left(1 + \frac{1}{n}\right)^{n} \text{。}$$

我们将数列 $\left\{\left(1 + \dfrac{1}{n}\right)^{n}\right\}$ 的项列表,如表 1.4 所示。

表 1.4 数值表

n	1	2	3	4	5	10	100	1 000	10 000	$\cdots$
$\left(1 + \dfrac{1}{n}\right)^{n}$	2	2.250	2.370	2.441	2.488	2.594	2.705	2.717	2.718	$\cdots$

由表 1.4 可以看出,当 $n \to \infty$ 时,数列 $\left\{\left(1 + \dfrac{1}{n}\right)^{n}\right\}$ 的变化趋势是稳定的,可以

证明数列 $\left\{\left(1 + \dfrac{1}{n}\right)^{n}\right\}$ 是单调有界数列。 由定理 8(单调有界准则) 得极限

$\lim\limits_{x \to \infty} \left(1 + \dfrac{1}{n}\right)$ 存在,这个极限值为 e,即

$$\lim_{n \to \infty} \left(1 + \frac{1}{n}\right)^{n} = e,$$

e 是自然对数 $\ln x$ 的底。

当 x 取实数,而 x 趋于无穷大时,仍有

$$\lim_{x \to \infty} \left(1 + \frac{1}{x}\right)^{x} = e \text{。} \tag{1-4}$$

根据公式(1-3),在连续复利的情况下第 t 年后存款的本利和为

$$\lim_{m \to \infty} A_0 \left(1 + \frac{r}{m}\right)^{mt} = A_0 \left[\lim_{n \to \infty} \left(1 + \frac{1}{n}\right)^n\right]^{rt} = A_0 e^{rt}。$$

【例 9】 求 $\lim\limits_{x \to \infty} \left(1 - \dfrac{1}{x}\right)^x$。

解 令 $u = -x$，则当 $x \to \infty$ 时，$u \to \infty$，所以

$$\lim_{x \to \infty} \left(1 - \frac{1}{x}\right)^x = \lim_{u \to \infty} \left(1 + \frac{1}{u}\right)^{-u} = \lim_{u \to \infty} \frac{1}{\left(1 + \dfrac{1}{u}\right)^u} = \frac{1}{e}。$$

【例 10】 求 $\lim\limits_{x \to \infty} \left(1 + \dfrac{2}{x}\right)^{5x}$。

解 令 $u = \dfrac{x}{2}$，则当 $x \to \infty$ 时，$u \to \infty$，于是

$$\lim_{x \to \infty} \left(1 + \frac{2}{x}\right)^{5x} = \lim_{u \to \infty} \left(1 + \frac{1}{u}\right)^{10u} = \lim_{u \to \infty} \left[\left(1 + \frac{1}{u}\right)^u\right]^{10}$$

$$= \left[\lim_{u \to \infty} \left(1 + \frac{1}{u}\right)^u\right]^{10} = e^{10}。$$

【例 11】 求 $\lim\limits_{x \to 0} (1 + x)^{\frac{1}{x}}$。 (1-5)

解 令 $u = \dfrac{1}{x}$，则当 $x \to 0$ 时，$u \to \infty$，于是

$$\lim_{x \to 0} (1 + x)^{\frac{1}{x}} = \lim_{u \to \infty} \left(1 + \frac{1}{u}\right)^u = e。$$

本例结果可以作为公式应用。

【例 12】 求 $\lim\limits_{x \to 0} (1 - 8x)^{\frac{1}{x}}$。

解 令 $u = -8x$，则当 $x \to 0$ 时，$u \to 0$，所以

$$\lim_{x \to 0} (1 - 8x)^{\frac{1}{x}} = \lim_{u \to 0} (1 + u)^{\frac{1}{u} \cdot (-8)} = \lim_{u \to 0} \left[(1 + u)^{\frac{1}{u}}\right]^{-8}$$

$$= \left[\lim_{u \to 0} (1 + u)^{\frac{1}{u}}\right]^{-8} = e^{-8}。$$

上述[例 9]至[例 12]4 个例题，也可以不设变量 u 进行计算。例如，对于[例 10]可以如下表述

$$\lim_{x \to \infty} \left(1 + \frac{2}{x}\right)^{5x} = \lim_{x \to \infty} \left[\left(1 + \frac{1}{\frac{x}{2}}\right)^{\frac{x}{2}}\right]^{10} = e^{10}。$$

【例 13】 求 $\lim\limits_{x \to \infty} \left(\dfrac{x-3}{x}\right)^{2x}$。

解 $\lim\limits_{x \to \infty} \left(\dfrac{x-3}{x}\right)^{2x} = \lim\limits_{x \to \infty} \left[\left(1 + \dfrac{1}{-\dfrac{x}{3}}\right)^{-\frac{x}{3}}\right]^{-6} = e^{-6}$。

三、用等价无穷小量代换计算极限

等价无穷小量可用于简化某些极限的计算,有如下定理。

定理 9 如果在自变量的同一变化过程中,$\alpha \sim \alpha'$,$\beta \sim \beta'$,且 $\lim \dfrac{\beta'}{\alpha'}$ 存在(或 ∞),则

$$\lim \frac{\beta}{\alpha} = \lim \frac{\beta'}{\alpha'}。 \tag{1-6}$$

证明 $\lim \dfrac{\beta}{\alpha} = \lim \left(\dfrac{\beta}{\beta'} \cdot \dfrac{\beta'}{\alpha'} \cdot \dfrac{\alpha'}{\alpha}\right) = \lim \dfrac{\beta}{\beta'} \cdot \lim \dfrac{\beta'}{\alpha'} \cdot \lim \dfrac{\alpha'}{\alpha} = \lim \dfrac{\beta'}{\alpha'}$,

这个定理说明,在求极限时,分子及分母中的无穷小量因子,可用等价无穷小量代替。因此,如果用来代替的无穷小量选得适当的话,可以使计算简化。

我们已经知道

$$\lim_{x \to 0} \frac{\sin x}{x} = 1, \quad \lim_{x \to 0} \frac{\tan x}{x} = 1,$$

所以 $x \to 0$ 时,$\sin x \sim x$,$\tan x \sim x$。

当 $x \to 0$ 时,还有下列等价无穷小量:

$$1 - \cos x \sim \frac{x^2}{2}, \quad \sqrt[n]{1+x} - 1 \sim \frac{x}{n}, \quad e^x - 1 \sim x,$$

$$\ln(1+x) \sim x, \quad \arcsin x \sim x, \quad \arctan x \sim x。$$

【例 14】 求 $\lim\limits_{x \to 0} \dfrac{\sin 3x}{\tan 5x}$。

解 当 $x \to 0$ 时,$\sin 3x \sim 3x$,$\tan 5x \sim 5x$,所以

47

$$\lim_{x \to 0} \frac{\sin 3x}{\sin 5x} = \lim_{x \to 0} \frac{3x}{5x} = \frac{3}{5}。$$

【例 15】 求 $\lim\limits_{x \to 0} \dfrac{\sin x}{2x^3 + 5x}$。

解 当 $x \to 0$ 时，$\sin x \sim x$，无穷小量 $2x^3 + 5x$ 与自己等价，所以

$$\lim_{x \to 0} \frac{\sin x}{2x^3 + 5x} = \lim_{x \to 0} \frac{x}{2x^3 + 5x} = \lim_{x \to 0} \frac{1}{2x^2 + 5} = \frac{1}{5}。$$

【例 16】 求 $\lim\limits_{x \to 0} \dfrac{x \ln(1 + 3x)}{1 - \cos x}$。

解 当 $x \to 0$ 时，$\ln(1 + 3x) \sim 3x$，$1 - \cos x \sim \dfrac{x^2}{2}$，所以

$$\lim_{x \to 0} \frac{x \ln(1 + 3x)}{1 - \cos x} = \lim_{x \to 0} \frac{x \cdot 3x}{\dfrac{x^2}{2}} = 6。$$

【例 17】 求 $\lim\limits_{x \to 0} \dfrac{\sqrt{1 + 3x + x^2} - 1}{\sin 2x}$。

解 当 $x \to 0$ 时 $\sqrt{1 + 3x + x^2} - 1 \sim \dfrac{1}{2}(3x + x^2)$，$\sin 2x \sim 2x$，所以

$$\lim_{x \to 0} \frac{\sqrt{1 + 3x + x^2} - 1}{\sin 2x} = \lim_{x \to 0} \frac{\dfrac{1}{2}(3x + x^2)}{2x} = \frac{3}{4}。$$

习 题 1-6

1. 求下列极限。

(1) $\lim\limits_{x \to 0} \dfrac{\sin 5x}{2x}$；

(2) $\lim\limits_{x \to 0} \dfrac{\tan 5x}{6x}$；

(3) $\lim\limits_{x \to 0} \dfrac{\sin 3x}{\sin 7x}$；

(4) $\lim\limits_{x \to 0} \dfrac{\arcsin x}{3x}$；

(5) $\lim\limits_{x \to \infty} x \tan \dfrac{4}{x}$；

(6) $\lim\limits_{x \to 0} \dfrac{x^2}{\sin^2 \dfrac{x}{3}}$；

(7) $\lim\limits_{x \to 0} x \cot 3x$;

(8) $\lim\limits_{x \to 0} \dfrac{1 - \cos 2x}{x \sin x}$。

2. 求下列极限。

(1) $\lim\limits_{x \to \infty} \left(1 - \dfrac{3}{x}\right)^{2x}$;

(2) $\lim\limits_{x \to \infty} \left(\dfrac{x+3}{x}\right)^{x}$;

(3) $\lim\limits_{x \to 0} (1-x)^{\frac{3}{x}}$;

(4) $\lim\limits_{x \to 0} (1-2x)^{\frac{1}{x}}$;

(5) $\lim\limits_{x \to \infty} \left(1 + \dfrac{1}{x+1}\right)^{x}$;

(6) $\lim\limits_{x \to \infty} \left(\dfrac{x-1}{x+1}\right)^{x}$。

3. 用等价无穷小量代换,求下列极限。

(1) $\lim\limits_{x \to 0} \dfrac{\sin 3x}{2x}$;

(2) $\lim\limits_{x \to 0} \dfrac{\arcsin x}{\tan 2x}$;

(3) $\lim\limits_{x \to 0} \dfrac{1 - \cos^2 x}{x^2}$;

(4) $\lim\limits_{x \to 0} \dfrac{x \ln(1+4x)}{\tan(x^2)}$;

(5) $\lim\limits_{x \to 0} \dfrac{\sin(2x^2)}{x \sin x}$;

(6) $\lim\limits_{x \to 0} \dfrac{\tan x - \sin x}{\sin^3 x}$。

第七节 函数的连续性

在自然界中许多变量是连绵不断地变化着的,如气温、气压随着时间的变化而连绵不断地变化着,这种连绵不断发展变化的现象在量的方面反映到数学上,就是函数的连续性。

一、函数连续的概念

在给出函数连续的定义之前,先介绍函数改变量(或增量)的概念。

定义 1 设函数 $y = f(x)$ 在点 x_0 的某邻域内有定义,当自变量 x 由初值 x_0 变到终值 x_1(x_1 属于该邻域)时,则称 $x_1 - x_0$ 为自变量 x 在点 x_0 的改变量(或增量),记为 Δx,即 $\Delta x = x_1 - x_0$,相应地,函数 $f(x)$ 由初值 $f(x_0)$ 变到终值 $f(x_1) = f(x_0 + \Delta x)$,则称 $f(x_0 + \Delta x) - f(x_0)$ 为函数 y 相应的改变量(或增量),记为 Δy,即

$$\Delta y = f(x_0 + \Delta x) - f(x_0)。$$

必须注意,Δx,Δy 都可能为正,也可能为负,Δy 可能为零,但是 Δx 不能为零。

【例 1】 设函数 $f(x) = 3x^2 - 1$,当自变量 x:(1)从 1 变到 1.5,(2)从 1 变到0.5,(3)从 0.25 变到 −0.25 时,求自变量 x 的改变量 Δx 和相应的函数 $f(x)$ 的改变量 Δy。

解 (1) $\Delta x = 1.5 - 1 = 0.5$,

$\quad \Delta y = f(1.5) - f(1) = (3 \times 1.5^2 - 1) - (3 \times 1^2 - 1) = 3.75$。

(2) $\Delta x = 0.5 - 1 = -0.5$,

$\quad \Delta y = f(0.5) - f(1) = (3 \times 0.5^2 - 1) - (3 \times 1^2 - 1) = -2.25$。

(3) $\Delta x = 0.25 - (-0.25) = 0.5$,

$\quad \Delta y = f(-0.25) - f(0.25) = [3 \times (-0.25^2) - 1] - (3 \times 0.25^2 - 1) = 0$。

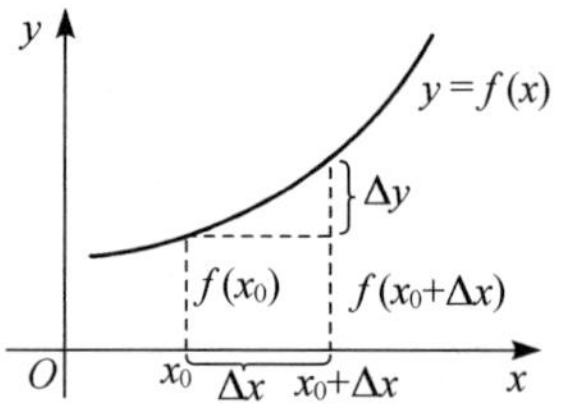

图 1.30 改变量 Δx、Δy

在几何上,函数的改变量表示当自变量从 x_0 变到 $x_0 + \Delta x$ 时,曲线上对应点的纵坐标的改变量,如图 1.30 所示。

定义 1 设函数 $y = f(x)$ 在点 x_0 的某个邻域内有定义。自变量 x 于该邻域内,在 x_0 处取得改变量 Δx(即 x 在这个邻域内从 x_0 变到 $x_0 + \Delta x$),如果 $\Delta x \to 0$ 时,相应的函数 $f(x)$ 的改变量 $\Delta y = f(x_0 + \Delta x) - f(x_0)$ 也趋于 0,即

$$\lim_{\Delta x \to 0} \Delta y = \lim_{\Delta x \to 0} [f(x_0 + \Delta x) - f(x_0)] = 0,$$

则称函数 $y = f(x)$ 在点 x_0 处连续,点 x_0 称为函数 $y = f(x)$ 的**连续点**。

在定义 1 中,令 $x = x_0 + \Delta x$,即 $\Delta x = x - x_0$,则 $\Delta x \to 0$ 时,必有 $x \to x_0$,且 $\Delta y = f(x_0 + \Delta x) - f(x_0) = f(x) - f(x_0)$,因而 $\lim\limits_{\Delta x \to 0} \Delta y = 0$ 可以改写为

$$\lim_{x \to x_0} [f(x) - f(x_0)] = 0,$$

即

$$\lim_{x \to x_0} f(x) = f(x_0)。$$

所以,函数在 x_0 处连续的定义,也可以叙述如下:

定义 1′ 设函数 $y = f(x)$ 在点 x_0 的某个邻域内有定义,如果函数 $f(x)$ 当 $x \to x_0$ 时的极限存在,且等于函数 $f(x)$ 在 x_0 处的函数值,即

$$\lim_{x \to x_0} f(x) = f(x_0),$$

则称函数 $y = f(x)$ 在点 x_0 处连续。

【例 1】 证明函数 $y = 1 - x^2$ 在给定点 $x = 2$ 处连续。

证明 设自变量 x 在 2 处取得改变量 Δx 时,相应地函数取得改变量为

$$\Delta y = [1 - (2 + \Delta x)^2] - (1 - 2^2) = -4\Delta x - (\Delta x)^2,$$

又

$$\lim_{\Delta x \to 0} \Delta y = \lim_{\Delta x \to 0} [-4\Delta x - (\Delta x)^2] = 0,$$

所以函数 $y = 1 - x^2$ 在点 $x = 2$ 处是连续的。

由于函数 $f(x)$ 在 $x \to x_0$ 时有左极限和右极限的概念,那么对于函数 $f(x)$ 在点 x_0 的连续性也有左连续、右连续的概念。

定义 2 设函数 $y = f(x)$ 在 x_0 的某区间 $(x_0 - \delta, x_0]$(实数 $\delta > 0$)内有定义,如果左极限

$$\lim_{x \to x_0^-} f(x) = f(x_0),$$

则称函数 $f(x)$ 在 x_0 处是**左连续**。

设函数 $f(x)$ 在 x_0 的某区间 $[x_0, x_0 + \delta)$(实数 $\delta > 0$)内有定义,如果右极限

$$\lim_{x \to x_0^+} f(x) = f(x_0),$$

则称函数 $f(x)$ 在 x_0 处是**右连续**。

直接从定义得如下定理。

定理 10 函数 $f(x)$ 在点 x_0 处连续的充分必要条件是函数 $f(x)$ 在点 x_0 处既左连续又右连续。

【例 2】 已知函数 $f(x) = \begin{cases} 2x + 4, & x < 1, \\ 3x^2 - k, & x \geqslant 1, \end{cases}$ 在点 $x = 1$ 处连续,求 k 的值。

解 因为 $\lim\limits_{x \to 1^-} f(x) = \lim\limits_{x \to 1^-} (2x + 4) = 6$,$\lim\limits_{x \to 1^+} f(x) = \lim\limits_{x \to 1^+} (3x^2 - k) = 3 - k$ 而 $f(x)$ 在点 $x = 1$ 处连续,所以

$$\lim_{x \to 1^-} f(x) = \lim_{x \to 1^+} f(x),$$

得 $6 = 3 - k$,即 $k = -3$。

如果函数 $f(x)$ 在开区间 (a, b) 内每一点都连续,则称函数 $f(x)$ 在开区间 (a, b) 内连续。如果函数 $f(x)$ 在 (a, b) 内连续,且在 $x = a$ 处右连续,在 $x = b$ 处左连续,则称函数 $f(x)$ 在闭区间 $[a, b]$ 上连续。

【例 3】 证明函数 $f(x) = x^2 - 2x + 2$ 在 $(-\infty, +\infty)$ 内连续。

证明 设 x 为 $(-\infty, +\infty)$ 内任意取定的一点,当自变量在 x 处取得改变量 Δx 时,函数 $f(x)$ 取得相应的改变量为

$$\Delta y = [(x + \Delta x)^2 - 2(x + \Delta x) + 2] - (x^2 - 2x + 2) = (2x - 2)\Delta x + (\Delta x)^2,$$

$$\lim_{\Delta x \to 0} \Delta y = \lim_{\Delta x \to 0} [(2x - 2)\Delta x + (\Delta x)^2] = 0,$$

所以函数 $f(x) = x^2 - 2x + 2$ 在点 x 处是连续的,又因为 x 是 $(-\infty, +\infty)$ 内任意

一点,从而函数 $f(x) = x^2 - 2x + 2$ 在 $(-\infty, +\infty)$ 内连续。

[例2]也可利用函数连续的第二种定义,即定义 $1'$,进行证明。

二、函数的间断点

由函数 $f(x)$ 在 x_0 处连续的定义可知,函数 $f(x)$ 在 x_0 处连续必须同时满足下列三个条件。

(1) $f(x)$ 在 x_0 处有定义。

(2) $\lim\limits_{x \to x_0} f(x)$ 存在。

(3) $\lim\limits_{x \to x_0} f(x) = f(x_0)$。

上述三个条件中至少有一个不满足,则函数 $f(x)$ 在点 x_0 不满足函数连续的条件,称函数在点 x_0 处不连续或 x_0 是函数 $f(x)$ 的间断点,得如下定义。

定义 3 如果函数 $y = f(x)$ 在 x_0 处不满足函数连续的定义,则称函数 $f(x)$ 在点 x_0 处不连续,或称函数 $f(x)$ 在点 x_0 处间断,点 x_0 称为函数 $f(x)$ 的**间断点**。

【例4】 讨论函数 $f(x) = \dfrac{1}{x-1}$ 在点 $x = 1$ 处的连续性。

解 因为函数 $f(x)$ 在点 $x = 1$ 处没有定义,所以点 $x = 1$ 是函数 $f(x) = \dfrac{1}{x-1}$ 的间断点。

下面讨论函数的间断点的类型。

(1) 可去间断点。

定义 4 如果函数 $f(x)$ 当 $x \to x_0$ 时的极限存在,$\lim\limits_{x \to x_0} f(x) = A$,但是函数 $f(x)$ 在点 x_0 处没有定义,或函数 $f(x)$ 在点 x_0 处有定义,而 $f(x_0) \neq A$,则称点 x_0 为函数 $f(x)$ 的**可去间断点**。

如果点 x_0 是函数 $f(x)$ 的可去间断点,那么我们可以补充定义或修改定义,令 $f(x_0) = \lim\limits_{x \to x_0} f(x)$,从而使函数 $f(x)$ 在点 x_0 处连续。

【例5】 试考察函数 $f(x) = \begin{cases} \dfrac{\sin x}{x} & x \neq 0, \\ 0 & x = 0, \end{cases}$ 在 $x = 0$ 处的连续性。

解 因为在点 $x = 0$ 处,函数 $f(x)$ 有定义,又

$$\lim_{x \to 0} f(x) = \lim_{x \to 0} \frac{\sin x}{x} = 1,$$

但是 $\lim\limits_{x \to 0} f(x) = 1 \neq f(0) = 0$,

所以点 $x = 0$ 是 $f(x)$ 的可去间断点。我们修改 $f(x)$ 在 $x = 0$ 的定义,令 $f(0) = 1$,那么函数 $f(x)$ 在点 $x = 0$ 处连续。

（2）跳跃间断点。

定义 5　如果函数 $f(x)$ 当 $x \to x_0$ 时的左、右极限存在但不相等,则称点 x_0 为函数 $f(x)$ 的**跳跃间断点**。

【例 6】　设函数 $f(x) = \begin{cases} 2x + 4 & x \geqslant 0, \\ x^2 + x & x < 0, \end{cases}$,问:点 $x = 0$ 是否为函数 $f(x)$ 的间断点? 若是,则指出间断点的类型。

解　函数 $f(x)$ 在 $x = 0$ 处有定义,且 $f(0) = 4$,但是

$$\lim\limits_{x \to 0^-} f(x) = \lim\limits_{x \to 0^-} (x^2 + x) = 0,$$

$$\lim\limits_{x \to 0^+} f(x) = \lim\limits_{x \to 0^+} (2x + 4) = 4,$$

因此　$\lim\limits_{x \to 0^-} f(x) \neq \lim\limits_{x \to 0^+} f(x)$,所以点 $x = 0$ 是函数 $f(x)$ 的间断点,并且点 $x = 0$ 是函数 $f(x)$ 的跳跃间断点。

可去间断点、跳跃间断点统称为**第一类间断点**。

（3）第二类间断点。

定义 6　如果函数 $f(x)$ 当 $x \to x_0$ 时的左、右极限中至少有一个不存在,则称点 x_0 为函数 $f(x)$ 的**第二类间断点**。

例如,对于[例 4],我们已经知道 $x = 1$ 是间断点,因为

$$\lim\limits_{x \to 1} \frac{1}{x - 1} = \infty,$$

所以点 $x = 1$ 是函数 $f(x) = \dfrac{1}{x - 1}$ 的第二类间断点。对于该例来说,间断点 $x = 1$ 又称为无穷间断点。

三、连续函数的运算法则

定理 11　如果函数 $f(x)$,$g(x)$ 在点 x_0 处连续,则

$$f(x) \pm g(x), \quad f(x) \cdot g(x), \quad \frac{f(x)}{g(x)} (g(x_0) \neq 0),$$

在点 x_0 处也连续。

证明　我们只证明两函数的和 $f(x)+g(x)$ 在点 x_0 处连续，其他情形可类似地证明。

因为函数 $f(x)$ 与 $g(x)$ 在点 x_0 处连续，所以有

$$\lim_{x \to x_0} f(x) = f(x_0) \text{ 及 } \lim_{x \to x_0} g(x) = g(x_0),$$

因此，根据极限运算法则有

$$\lim_{x \to x_0} \left[f(x) + g(x) \right] = \lim_{x \to x_0} f(x) + \lim_{x \to x_0} g(x)$$
$$= f(x_0) + g(x_0),$$

所以，函数 $f(x)+g(x)$ 在点 x_0 处连续。

利用定理 11 可以证明下列函数的连续性。

(1) 多项式函数　$y = a_0 x^n + a_1 x^{n-1} + \cdots + a_{n-1} x + a_n$ 在 $(-\infty, +\infty)$ 内连续。

(2) 有理函数

$$y = \frac{a_0 x^n + a_1 x^{n-1} + \cdots + a_{n-1} x + a_n}{b_0 x^m + b_1 x^{m-1} + \cdots + b_{m-1} x + b_m}$$

除分母为 0 的点不连续外，在其他点处都连续。

对于基本初等函数的连续性有如下定理。

定理 12　基本初等函数在其定义域内都是连续的。

定理 13　设复合函数 $y = f[\varphi(x)]$ 由 $y = f(u)$，$u = \varphi(x)$ 复合而成，如果 $\lim\limits_{x \to x_0} \varphi(x) = a$，函数 $f(u)$ 在点 $u = a$ 处连续，则有

$$\lim_{x \to x_0} f[\varphi(x)] = f(a) = f\left[\lim_{x \to x_0} \varphi(x) \right]。$$

定理 13 指出：如果满足定理 13 的条件，求复合函数 $f[\varphi(x)]$ 的极限时，极限符号与函数符号 f 可以交换次序。

【例 7】　求 $\lim\limits_{x \to 0} \dfrac{\ln(1+x)}{x}$。

解　函数 $\dfrac{\ln(1+x)}{x} = \ln(1+x)^{\frac{1}{x}}$，是由 $y = \ln u$，$u = \varphi(x) = (1+x)^{\frac{1}{x}}$ 复合而成，且 $\lim\limits_{x \to 0} \varphi(x) = \lim\limits_{x \to 0} (1+x)^{\frac{1}{x}} = \mathrm{e}$，$y = \ln u$ 在 $u = \mathrm{e}$ 连续，由定理 13 得

$$\lim_{x \to 0} \frac{\ln(1+x)}{x} = \lim_{x \to 0} \ln(1+x)^{\frac{1}{x}} = \ln\left[\lim_{x \to 0} (1+x)^{\frac{1}{x}} \right] = \ln \mathrm{e} = 1。$$

【例8】 求 $\lim\limits_{x \to +\infty} \cos(\sqrt{x+1} - \sqrt{x})$。

解 函数 $\cos(\sqrt{x+1} - \sqrt{x})$ 是由 $y = \cos u$，$u = \varphi(x) = \sqrt{x+1} - \sqrt{x}$ 复合，应用定理13，得：

$$\lim_{x \to +\infty} \cos(\sqrt{x+1} - \sqrt{x}) = \lim_{x \to +\infty} \cos\left[\frac{(\sqrt{x+1} - \sqrt{x})(\sqrt{x+1} + \sqrt{x})}{\sqrt{x+1} + \sqrt{x}}\right]$$

$$= \lim_{x \to +\infty} \cos\frac{1}{\sqrt{x+1} + \sqrt{x}} = \cos\left(\lim_{x \to +\infty} \frac{1}{\sqrt{x+1} + \sqrt{x}}\right)$$

$$= \cos 0 = 1。$$

如果在定理13的条件下，当函数 $\varphi(x)$ 在点 x_0 处连续时，即 $\lim\limits_{x \to x_0} \varphi(x) = \varphi(x_0)$。于是得如下复合函数连续性定理。

定理14 设复合函数 $y = f[\varphi(x)]$ 由 $y = f(u)$、$u = \varphi(x)$ 复合而成 $u(x_0) \subset D_{fog}$。如果函数 $u = \varphi(x)$ 在点 x_0 处连续，且 $\varphi(x_0) = u_0$，而函数 $y = f(u)$ 在点 $u = u_0$ 处连续，则复合函数 $f[\varphi(x)]$ 在点 $x = x_0$ 处也连续。

由于初等函数是由基本初等函数经过有限次四则运算和复合运算所构成的，根据上述几个定理可得如下定理。

定理15 初等函数在其定义区间内都是连续的。

注：所谓定义区间，就是包含在定义域内的区间。

由于初等函数是我们讨论的主要对象，据定理15可知，函数的连续性的条件总是满足的。

定理15也给出一种求极限的方法。如果 $f(x)$ 是初等函数，且 x_0 属于函数 $f(x)$ 的定义区间，则

$$\lim_{x \to x_0} f(x) = f(x_0)。$$

【例9】 求 $\lim\limits_{x \to 2} \dfrac{\sqrt{6x-4} - \sqrt{x}}{\sqrt{x} \ln x}$。

解 函数 $\dfrac{\sqrt{6x-4} - \sqrt{x}}{\sqrt{x} \ln x}$ 是初等函数，$x_0 = 2$ 是定义区间内的点，于是

$$\lim_{x \to 2} \frac{\sqrt{6x-4} - \sqrt{x}}{\sqrt{x} \ln x} = \frac{\sqrt{6 \times 2 - 4} - \sqrt{2}}{\sqrt{2} \ln 2} = \frac{1}{\ln 2}。$$

55

四、闭区间上连续函数的性质

下面介绍闭区间上连续函数的几个性质。先给出最大值、最小值的概念。

定义 7 设函数 $f(x)$ 在区间 I 上有定义,如果存在 $x_0 \in I$,使得对于任意 $x \in I$ 都有

$$f(x) \leqslant f(x_0)(f(x) \geqslant f(x_0)),$$

则称 $f(x_0)$ 是函数 $f(x)$ 在区间 I 上的最大值(最小值)。

例如,函数 $f(x) = 1 + \sin x$ 在区间 $[0, 2\pi]$ 上有最大值 $f\left(\dfrac{\pi}{2}\right) = 2$,最小值 $f\left(-\dfrac{\pi}{2}\right) = 0$。

定理 16(最大值与最小值定理) 如果函数 $y = f(x)$ 在闭区间 $[a, b]$ 上连续,则函数 $y = f(x)$ 在闭区间 $[a, b]$ 上必有最大值和最小值。

由定理 16 可得如下结论。

定理 17(有界性定理) 如果函数 $y = f(x)$ 在闭区间 $[a, b]$ 上连续,则函数 $y = f(x)$ 在闭区间 $[a, b]$ 上有界。

定理 18(介值定理) 如果函数 $y = f(x)$ 在闭区间 $[a, b]$ 上连续,M, m 分别是函数 $y = f(x)$ 在区间 $[a, b]$ 上的最大值和最小值,则对于任意 $c \in [m, M]$,至少存在一点 $x_0 \in [a, b]$,使 $f(x_0) = c$。如图 1.31 所示。

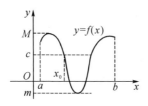

图 1.31 介值定理

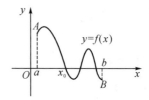

图 1.32 零点定理

推论(零点定理) 如果函数 $y = f(x)$ 在闭区间 $[a, b]$ 上连续,且 $f(a) \cdot f(b) < 0$,则在开区间 (a, b) 内至少存在一点 x_0,使 $f(x_0) = 0$ 成立,或方程 $f(x) = 0$ 在 (a, b) 内至少有一实根 x_0。如图 1.32 所示。

【例 10】 证明四次代数方程 $2x^4 + 3 = 6x^2 + x$ 在区间 $(0, 1)$ 内至少有一个实根。

证明 设函数 $f(x) = 2x^4 - 6x^2 - x + 3$。显然函数 $f(x)$ 在闭区间 $[0, 1]$ 上连续,又

$$f(0) = 3, \quad f(1) = -2,$$
$$f(0) \cdot f(1) < 0,$$

根据零点定理知道,至少存在一点 $x_0 \in (0, 1)$,使 $f(x_0) = 0$,即

$$2x_0^4 - 6x_0^2 - x_0 + 3 = 0,$$

因此,方程 $2x^4 + 3 = 6x^2 + x$ 在区间 $(0, 1)$ 内至少有一个实根 x_0。

习 题 1-7

1. 利用函数连续的定义,证明下列函数在 $(-\infty, +\infty)$ 内连续。

(1) $y = 3x^2 + x$；
(2) $y = x^3$。

2. 设函数 $f(x) = \begin{cases} \dfrac{\sin 2x}{x}, & x < 0, \\ 3x^2 - 2x + k, & x \geqslant 0, \end{cases}$ 在点 $x = 0$ 处连续,求 k 的值。

3. 设函数 $f(x) = \begin{cases} (1+x)^{\frac{1}{x}}, & x < 0, \\ k + 3e^x + x^2, & x \geqslant 0, \end{cases}$ 试问 k 为何值时,函数 $f(x)$ 在点 $x = 0$

处连续?

4. 下列函数 $f(x)$ 在点 $x = 0$ 处是否连续(说明理由)?

(1) $f(x) = \begin{cases} e^x, & x \geqslant 0, \\ 2x, & x < 0; \end{cases}$
(2) $f(x) = \begin{cases} x^2 \sin \dfrac{1}{x}, & x \neq 0, \\ 0, & x = 0; \end{cases}$

(3) $f(x) = \begin{cases} x^2 - x + 1, & x \leqslant 0, \\ \dfrac{\sin x}{x}, & x > 0; \end{cases}$
(4) $f(x) = \begin{cases} e^x + e - 1, & x \leqslant 0, \\ \left(1 + \dfrac{1}{x}\right)^x, & x > 0。 \end{cases}$

5. 求下列函数的间断点,并判断其类型。

(1) $y = \dfrac{\sin 5x}{x}$；
(2) $y = \dfrac{x^2 - 1}{x^2 - 3x + 2}$；

(3) $y = \dfrac{1}{x - 1}$；
(4) $y = x \cos \dfrac{1}{x}$；

(5) $y = \begin{cases} \dfrac{x^2 - x - 2}{x - 2}, & x \neq 2, \\ 0, & x = 2; \end{cases}$
(6) $y = \begin{cases} \dfrac{x + 1}{3 - x}, & x < 0, \\ 4 + 3x^2, & x \geqslant 0。 \end{cases}$

57

6. 求下列极限。

(1) $\lim\limits_{x \to 0} \dfrac{\sqrt{x + e^x} + \cos 2x}{\sqrt{\ln(x+1) + (x+3)^2}}$;

(2) $\lim\limits_{x \to \frac{\pi}{2}} \dfrac{\sin^2 x + \cos x}{\sqrt{\ln\left(\dfrac{2}{\pi} x\right) + 1}}$。

7. 证明方程 $x^3 - 2x = 3$ 在 1 与 2 之间至少存在一个实根。

8. 证明曲线 $y = x^4 - 2x^3 + 8x - 1$ 与 x 轴至少有一个交点 x_0, 且 $0 < x_0 < 1$。

复 习 题 一

1. 单项选择题。

(1) 下列数列中收敛的是(　　)。

a. $\left\{(-1)^n \dfrac{n+1}{n}\right\}$;

b. $\left\{\dfrac{\sin n}{n}\right\}$;

c. $\left\{\sin \dfrac{n\pi}{2}\right\}$;

d. $\left\{\dfrac{1+(-1)^n}{2}\right\}$。

(2) 下列极限存在的是(　　)。

a. $\lim\limits_{x \to \infty} (x^2 + 2)$;

b. $\lim\limits_{x \to 0} \dfrac{1}{2^x - 1}$;

c. $\lim\limits_{x \to 0} \sin \dfrac{1}{x}$;

d. $\lim\limits_{x \to \infty} \dfrac{x(x+1)}{x^2}$。

(3) 若 $\lim\limits_{x \to 3} \dfrac{x^2 - 2x + k}{x - 3} = 4$, 则 $k = ($　　$)$。

a. 3

b. -3

c. 1

d. -1

(4) 当 $x \to 0$ 时, 下列函数中与 $\sin^2 x$ 为等价无穷小量的是(　　)。

a. $\sqrt{x}$

b. x

c. x^2

d. x^3

(5) 函数 $y = f(x)$ 在点 $x = a$ 有定义是函数 $f(x)$ 当 $x \to a$ 时有极限的(　　)。

a. 必要条件

b. 充分条件

c. 必要充分条件

d. 无关条件

2. 填空题。

(1) $\lim\limits_{n \to \infty} \left(\sqrt{n^2 + n} - n\right) = $ _____。

(2) $\lim\limits_{x \to \infty} \left(1 + \dfrac{k}{x}\right)^x = \sqrt{e}$，则 $k =$ _____。

(3) 函数 $f(x) = e^x$ 在 $x \to 0$ 时极限为 _____。

(4) $f(x) = \dfrac{2x-1}{x^2+x}$ 的间断点是 $x =$ _____。

(5) 设函数 $f(x) = \begin{cases} 5e^{2x} & x < 0, \\ 3x + a & x \geqslant 0, \end{cases}$ 如果 $f(x)$ 在点 $x = 0$ 处连续，则

$a =$ _____。

3. 求下列极限。

(1) $\lim\limits_{x \to -2} \dfrac{\sqrt{x^2 - 2x + 8}\cos(x+2)}{2^x(x^2+4)}$

(2) $\lim\limits_{x \to 0} \dfrac{x^2 + 3x - 4}{x^2 + x}$

(3) $\lim\limits_{x \to 1} \dfrac{x^2 - 1}{2x^2 - x - 1}$

(4) $\lim\limits_{x \to 0} \dfrac{x^2}{1 - \sqrt{1+x^2}}$

(5) $\lim\limits_{x \to \infty} \dfrac{(x+2)^2 - (x+1)^2}{5x + 2}$

(6) $\lim\limits_{n \to \infty} \left[\sqrt{n(n+2)} - \sqrt{n^2 - 2n + 3}\right]$

4. 求下列极限。

(1) $\lim\limits_{x \to 0} \dfrac{2x - \sin x}{3x + \sin x}$

(2) $\lim\limits_{x \to 0} \dfrac{\sin 15x}{\tan 17x}$

(3) $\lim\limits_{x \to 0} \dfrac{2\arcsin x}{3x}$

(4) $\lim\limits_{x \to \infty} \left(1 + \dfrac{2}{x}\right)^{2x}$

(5) $\lim\limits_{x \to \infty} \left(1 - \dfrac{3}{x}\right)^{2x}$

(6) $\lim\limits_{n \to \infty} \left\{n\left[\ln(n+2) - \ln n\right]\right\}$

5. 下列函数 $f(x)$ 当 $x \to \infty$ 时是否为无穷小量？

(1) $f(x) = \dfrac{x\sin(1-x^2)}{1 - x^2}$

(2) $f(x) = \dfrac{(1-x^2)}{x}\sin\dfrac{1}{1-x^2}$

6. 利用等价无穷小量代换求下列极限。

(1) $\lim\limits_{x \to 0} \dfrac{\ln(1+x)}{\sin 2x}$

(2) $\lim\limits_{x \to 0} \dfrac{\sqrt{1+x} - 1}{\tan 2x}$

(3) $\lim\limits_{x \to 0} \dfrac{1 - \cos x}{\sqrt{x^2 + 2}\ln(1 + 2x^2)}$

(4) $\lim\limits_{x \to 0} \dfrac{1 - e^{x^2}}{x\sin 3x}$

7. 设函数 $f(x) = \begin{cases} 2x + k & x \leqslant 0 \\ \cos x & x > 0 \end{cases}$ (k 为常数),问 k 为何值时,$\lim\limits_{x \to 0} f(x)$ 存在?

8. 设函数 $f(x) = \begin{cases} x^2 - 1 & -\infty \leqslant x < 0 \\ x & 0 \leqslant x < 1 \\ 2 - x & 1 \leqslant x < +\infty \end{cases}$

分别讨论在点 $x = 0$,$x = 1$ 处函数 $f(x)$ 的连续性。

9. 证明题。

(1) 证明 $\lim\limits_{x \to 1} \dfrac{|x - 1|}{x - 1}$ 不存在。

(2) 证明方程 $x^5 - 5x = 10$ 在 1 与 2 之间至少存在一个实根。

10. 按供电部门规定,当每月用电不超过 2 000 度时,每度电按 k_1 元收费;当每月用电超过 2 000 度但不超过 4 000 度时,超过部分每度电按 k_2 元收费;当每月用电超过 4 000 度时,超过部分每度电按 k_3 元收费。这里 $k_1 < k_2 < k_3$。

试建立每月电费 G(元)与用电量 W(度)之间的函数关系 $G = f(W)$,并写出此函数的定义域。

第二章　导 数 与 微 分

数学中研究导数、微分及其应用的部分称为微分学,研究不定积分、定积分及其应用的部分称为积分学。微分学与积分学统称为微积分学。

微积分学(或称为数学分析)是高等数学最基本最重要的组成部分,是现代数学很多分支的基础,有助于人们认识客观世界。

本章从实际问题出发引入导数、微分两个基本概念,然后讨论它们的计算方法。

第一节　导 数 的 概 念

一、几个涉及变化率的实际问题

为了给出导数概念,我们先讨论几个实际问题。

【例 1】　变速直线运动的速度问题。

设某物体作变速直线运动,其所经过的路程 s 是时间 t 的函数,即 $s=s(t)=t^3+2t-3$,求该物体在时刻 $t=3$ 时的瞬时速度。

解　由于物体作变速直线运动,那么物体的速度不能用"经过的路程除以所用的时间"来计算。

设 $t=3$ 时刻物体处在直线上的 A 点处,A 点距离出发点 O 的距离为 $s(3)$,经过时间 Δt(即为自变量 t 在 3 处取得的改变量 Δt,$\Delta t>0$),物体运动到距出发点 O 的 B 点。B 点距离出发点 O 的距离为 $s(3+\Delta t)$,如图 2.1 所示。于是物体在 Δt 这段时间内所经过的路程为 AB,即

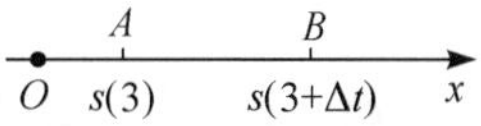

图 2.1　运动的路程

$$\Delta s = s(3+\Delta t)-s(3)=(3+\Delta t)^3+2(3+\Delta t)-3-(3^3+6-3)$$
$$=29\Delta t+9(\Delta t)^2+(\Delta t)^3 。$$

于是该物体从 $t=3$ 到 $3+\Delta t$ 这段时间内的平均速度为

$$\bar{v}=\frac{\Delta s}{\Delta t}=29+9\Delta t+(\Delta t)^2 。$$

我们考察对于 Δt 的不同取值,平均速度的变化,如表 2.1 所示。

表 2.1 　　　　　　　　　　　平均速度变化表

Δt	0.1	0.01	0.001	0.000 1	0.000 01	$\rightarrow 0$
$\bar{v}$	29.91	29.090 1	29.009 001	29.000 900 01	29.000 090 000 1	$\rightarrow 29$

从表 2.1 可见,时间间隔 Δt 越小,物体的运动速度变化越小,平均速度 $\bar{v}$ 也就越趋于稳定,也越接近时刻 3 的瞬时速度,于是瞬时速度 $v(3)$ 就是平均速度的极限

$$v(3) = \lim_{\Delta t \to 0} \bar{v} = \lim_{\Delta t \to 0} \frac{\Delta s}{\Delta t} = \lim_{\Delta t \to 0} [29 + 9\Delta t + (\Delta t)^2] = 29。$$

一般地,如果物体作变速直线运动,经过的路程 s 是时间的函数:$s = s(t)$。按上述方法研究物体在 t_0 时的瞬时速度,先考虑在时刻 t。到 $t_0 + \Delta t$ 这段时间经过的路程 $\Delta s = s(t_0 + \Delta t) - s(t_0)$,再讨论这段时间 Δt 内的平均速度

$$\bar{v} = \frac{\Delta s}{\Delta t} = \frac{s(t_0 + \Delta t) - s(t_0)}{\Delta t}。$$

时间间隔 Δt 越小,物体运动的速度变化越小,平均速度 $\bar{v}$ 也就越接近时刻 t_0 时的瞬时速度,当 $\Delta t \to 0$ 时,如果 $\bar{v}$ 的极限存在,则此极限就是物体在时刻 t_0 的速度,即

$$v(t_0) = \lim_{\Delta t \to 0} \frac{\Delta s}{\Delta t} = \lim_{\Delta t \to 0} \frac{s(t_0 + \Delta t) - s(t_0)}{\Delta t}。$$

【例 2】　曲线切线的斜率问题。

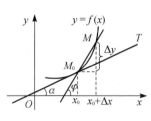

图 2.2　切线 $M_0 T$

设函数 $y = f(x)$,其图形为曲线 L,如图 2.2 所示,点 $M_0(x_0, y_0)$ 为曲线 L 上一定点,求 M_0 处切线的斜率。

对于一般的曲线 $y = f(x)$,这样定义它的切线:在曲线 L 上点 M_0 附近取一点 M,过 M_0、M 作直线 $M_0 M$,称为曲线 L 的割线,当点 M 沿曲线 L 向 M_0 移动时,割线 $M_0 M$ 就绕着点 M_0 移动,当 M 无限趋向 M_0 时,割线 $M_0 M$ 的极限位置 $M_0 T$ 称为曲线 L 在点 M_0 处的切线。下面我们来求点 M_0 处切线的斜率。

解 设自变量 x 在 x_0 处取得改变量 Δx,相应地函数 $f(x)$ 取得改变量 $\Delta y = f(x_0 + \Delta x) - f(x_0)$,点 M 的横坐标为 $x_0 + \Delta x$,纵坐标为 $f(x_0 + \Delta x)$,则割线 M_0M 的斜率为

$$\tan \varphi = \frac{\Delta y}{\Delta x} = \frac{f(x_0 + \Delta x) - f(x_0)}{\Delta x}。$$

其中 φ 是割线 M_0M 与 x 轴正向的倾角,如图 2.2 所示。

当 $\Delta x \to 0$ 时,点 M 将沿着曲线 L 趋向于定点 M_0,从而割线 M_0M 也随之变动而趋向于极限位置——直线 M_0T。此时倾角 φ 趋向于切线 M_0T 的倾角 α,即切线 M_0T 的斜率为

$$\tan \alpha = \lim_{\Delta x \to 0} \tan \varphi = \lim_{\Delta x \to 0} \frac{\Delta y}{\Delta x} = \lim_{\Delta x \to 0} \frac{f(x_0 + \Delta x) - f(x_0)}{\Delta x} \quad \left(\varphi \neq \frac{\pi}{2}\right)。$$

【例 3】 产品成本的变化率问题。

在生产过程中,某产品的成本 C 是产量 Q 的函数,即 $C = C(Q)$,求产量为 Q_0 时成本的变化率(在第七节,此变化率称为边际成本)。

解 当产量 Q 在 Q_0 处取得改变量 ΔQ 时,成本 C 取得相应的改变量为 $\Delta C = C(Q_0 + \Delta Q) - C(Q_0)$,于是,成本的平均变化率为

$$\frac{\Delta C}{\Delta Q} = \frac{C(Q_0 + \Delta Q) - C(Q_0)}{\Delta Q}。$$

当 ΔQ 很小时,可以用平均变化率 $\dfrac{\Delta C}{\Delta Q}$ 近似地表示成本 C 在 $Q = Q_0$ 时的变化率,ΔQ 越小,近似程度就越好;当 $\Delta Q \to 0$ 时,如果 $\dfrac{\Delta C}{\Delta Q}$ 的极限存在,则此极限值为成本 C 在 $Q = Q_0$ 时的变化率,即

$$\lim_{\Delta Q \to 0} \frac{\Delta C}{\Delta Q} = \lim_{\Delta Q \to 0} \frac{C(Q_0 + \Delta Q) - C(Q_0)}{\Delta Q}。$$

上述三个实际问题所涉及的量的具体意义不一样,但从抽象的数量关系来看,它们的实质是一样的,都可归结为:计算函数改变量与自变量改变量的比值,当自变量的改变量趋于零时的极限。如果摒弃问题的实际意义,从数学上抽象地看待这种特定的极限,得到导数的定义。

二、导数的定义

定义 1 设函数 $y=f(x)$ 在点 x_0 的某个邻域 $U(x_0,\delta)$ 内有定义,当自变量 x 在点 x_0 处取得改变量 Δx,$x_0+\Delta x_0 \in U(x_0,\delta)$,相应地函数 $f(x)$ 取得改变量 $\Delta y = f(x_0+\Delta x)-f(x_0)$。当 $\Delta x \to 0$ 时,如果极限

$$\lim_{\Delta x \to 0} \frac{\Delta y}{\Delta x} = \lim_{\Delta x \to 0} \frac{f(x_0+\Delta x)-f(x_0)}{\Delta x}$$

存在,则称函数 $y=f(x)$ 在点 x_0 处**可导**,并称此极限值为函数 $y=f(x)$ 在点 x_0 处的**导数**或称为函数 $y=f(x)$ 在 x_0 处的**变化率**,记为

$$f'(x_0),\ y'\mid_{x=x_0},\ \frac{\mathrm{d}y}{\mathrm{d}x}\bigg|_{x=x_0},或\frac{\mathrm{d}f(x)}{\mathrm{d}x}\bigg|_{x=x_0},$$

即

$$f'(x_0) = \lim_{\Delta x \to 0} \frac{f(x_0+\Delta x)-f(x_0)}{\Delta x}。 \tag{2-1}$$

如果式(2-1)极限不存在,就称函数 $f(x)$ 在点 x_0 处不可导或导数不存在。

若令 $x=x_0+\Delta x$,则 $\Delta x=x-x_0$,当 $\Delta x \to 0$ 时,$x \to x_0$,所以函数 $y=f(x)$ 在点 x_0 处导数定义式(2-1)也可写成:

$$f'(x_0) = \lim_{x \to x_0} \frac{f(x)-f(x_0)}{x-x_0}。 \tag{2-2}$$

根据导数的定义,上述三个实际问题可以叙述为:

(1) 作变速直线运动的物体,在时刻 t_0 的瞬时速度就是路程函数 $s=s(t)$ 在 t_0 处的导数,即

$$v(t_0) = \frac{\mathrm{d}s}{\mathrm{d}t}\bigg|_{t=t_0}。$$

(2) 曲线 $y=f(x)$ 在点 $M_0(x_0,y_0)$ 处切线斜率就是函数 $f(x)$ 在点 x_0 处的导数 $f'(x_0)$,即

$$k = \tan \alpha = f'(x_0)。$$

(3) 产品成本函数 $C=C(Q)$ 在产量 Q_0 时的变化率,就是成本函数 $C(Q)$ 在 Q_0 时的导数 $C'(Q_0)$。

【例4】 求函数 $y = x^2$ 在点 $x = 2$ 处的导数。

解 设自变量 x 在 2 取得改变量 Δx，相应地函数取得改变量为

$$\Delta y = (2 + \Delta x)^2 - 2^2 = 4\Delta x + (\Delta x)^2。$$

因此 $$\frac{\Delta y}{\Delta x} = 4 + \Delta x,$$

从而

$$f'(2) = \lim_{\Delta x \to 0} \frac{\Delta y}{\Delta x} = \lim_{\Delta x \to 0} (4 + \Delta x) = 4。$$

设函数 $y = f(x)$ 在 x_0 的某邻域有定义，自变量 x 在 x_0 处取得改变量 Δx。当 x 从 x_0 的左侧趋向 x_0 时，即 $x \to x_0^-$，$\Delta x \to 0^-$；当 x 从 x_0 的右侧趋向 x_0 时，即 $x \to x_0^+$，$\Delta x \to 0^+$。

由于导数是比值 $\dfrac{\Delta y}{\Delta x}$ 当 $\Delta x \to 0$ 时的极限，借助于左极限、右极限的概念引入左导数、右导数的概念。

定义 2 设函数 $y = f(x)$ 在 x_0 及其某一左邻域 $(x_0 - \delta, x_0)$ 有定义，自变量 x 在 x_0 处取得改变量 $\Delta x [x_0 + \Delta x \in (x_0 - \delta, x_0)]$ 时，相应地函数 $f(x)$ 取得改变量 Δy。当 $\Delta x \to 0^-$，如果极限

$$\lim_{\Delta x \to 0^-} \frac{\Delta y}{\Delta x} = \lim_{\Delta x \to 0^-} \frac{f(x_0 + \Delta x) - f(x_0)}{\Delta x} = \lim_{x \to x_0^-} \frac{f(x) - f(x_0)}{x - x_0}$$

存在，则称此极限为函数 $y = f(x)$ 在点 x_0 处的左导数，记为 $f'_-(x_0)$。类似地，我们定义函数 $y = f(x)$ 在点 x_0 处的右导数 $f'_+(x_0)$ 为

$$f'_+(x_0) = \lim_{\Delta x \to 0^+} \frac{\Delta y}{\Delta x} = \lim_{\Delta x \to 0^+} \frac{f(x_0 + \Delta x) - f(x_0)}{\Delta x}$$

$$= \lim_{x \to x_0^+} \frac{f(x) - f(x_0)}{x - x_0}。$$

根据导数的定义和左、右极限的性质，有如下定理：

定理 1 函数 $y = f(x)$ 在点 x_0 处可导的充分必要条件是 $f(x)$ 在点 x_0 处的左、右导数都存在且相等。

定理 1 常用于判定分段函数在分界点处是否可导。

65

【**例 5**】 设函数 $f(x)=\begin{cases}\sin x\,, & x<0\\ x\,, & x\geqslant 0\end{cases}$，求 $f'(0)$。

解 设自变量 x 在 $x=0$ 处取得改变量 Δx，相应地函数的改变量为 Δy。

当 $\Delta x<0$ 时

$$\Delta y=f(0+\Delta x)-f(0)=\sin \Delta x-0=\sin \Delta x\,,$$

$$f'_-(0)=\lim_{\Delta x\to 0^-}\frac{\Delta y}{\Delta x}=\lim_{\Delta x\to 0^-}\frac{\sin \Delta x}{\Delta x}=1。$$

当 $\Delta x>0$ 时

$$\Delta y=f(0+\Delta x)-f(0)=\Delta x-0=\Delta x\,,$$

$$f'_+(0)=\lim_{\Delta x\to 0^+}\frac{\Delta y}{\Delta x}=1。$$

因为 $f'_-(0)=f'_+(0)=1$，所以 $f'(0)=1$。

如果函数 $f(x)$ 在区间 (a,b) 内每一点处都可导，则称函数 $f(x)$ 在区间 (a,b) 内可导。这样，对于区间 (a,b) 内每一个确定的 x 值，都有一个确定的导数值 $f'(x)$ 与之对应，这就构成了一个新的函数，这个函数称为函数 $f(x)$ 的**导函数**，简称**导数**，记为

$$f'(x)\,,\ y'\,,\ \frac{dy}{dx}\quad \text{或}\quad \frac{df(x)}{dx}$$

由定义，函数 $f(x)$ 在点 x_0 处的导数 $f'(x_0)$，就是函数 $f(x)$ 的导函数 $f'(x)$ 在点 x_0 处的函数值。

三、求导数举例

由导数定义求导函数的方法，一般概括为以下三个步骤：

（1）自变量在 x 取得改变量 Δx 后，求函数相应的改变量 $\Delta y=f(x+\Delta x)-f(x)$

（2）算比值

$$\frac{\Delta y}{\Delta x}=\frac{f(x+\Delta x)-f(x)}{\Delta x}$$

（3）求极限

$$\lim_{\Delta x\to 0}\frac{\Delta y}{\Delta x}=\lim_{\Delta x\to 0}\frac{f(x+\Delta x)-f(x)}{\Delta x}$$

【**例 6**】 求线性函数 $y=ax+b$ 的导数。

解 设自变量在 x 取得改变量 Δx，函数相应的改变量为 Δy。

(1) $\Delta y = [a(x+\Delta x)+b]-(ax+b)=a \cdot \Delta x$。

(2) $\dfrac{\Delta y}{\Delta x}=\dfrac{a \cdot \Delta x}{\Delta x}=a$。

(3) $y'=\lim\limits_{\Delta x \to 0}\dfrac{\Delta y}{\Delta x}=a$。

即 $$(ax+b)'=a。$$

特别地，(1) $a=1$，$b=0$ 时 $\qquad (x)'=1$。

(2) $a=0$ 时 $\qquad (b)'=0$（b 为常数），即常数的导数等于 0。

【例 7】 求函数 $f(x)=x^n$ 的导数（n 为正整数）。

解 设自变量在 x 取得改变量 Δx，函数相应的改变量为 Δy。

由二项式定理，得

$$\Delta y = (x+\Delta x)^n-x^n$$

$$=nx^{n-1}\Delta x+\frac{n(n-1)}{2}x^{n-2}(\Delta x)^2+\cdots+(\Delta x)^n；$$

于是 $$\frac{\Delta y}{\Delta x}=nx^{n-1}+\frac{n(n-1)}{2}x^{n-2}\Delta x+\cdots+(\Delta x)^{n-1}；$$

所以 $$y'=\lim\limits_{\Delta x \to 0}\frac{\Delta y}{\Delta x}$$

$$=\lim\limits_{\Delta x \to 0}\left[nx^{n-1}+\frac{n(n-1)}{2}x^{n-2}\Delta x+\cdots+(\Delta x)^{n-1}\right]$$

$$=nx^{n-1}，$$

即 $$(x^n)'=nx^{n-1}。$$

一般地，对幂函数 $y=x^\alpha$（α 是实数），有

$$(x^\alpha)'=\alpha x^{\alpha-1}。$$

例如，应用上述公式，函数 $y=\sqrt{x}$ 的导数是

$$y'=(x^{\frac{1}{2}})'=\frac{1}{2}x^{\frac{1}{2}-1}=\frac{1}{2\sqrt{x}}。$$

又如，函数 $y=\dfrac{1}{x}$ 的导数是

$$y' = (x^{-1})' = (-1) \cdot x^{-1-1} = -\frac{1}{x^2}。$$

【例 8】 求函数 $y = \sin x$ 的导数。

解 设自变量在 x 取得改变量 Δx,得

$$y' = \lim_{\Delta x \to 0} \frac{\sin(x + \Delta x) - \sin x}{\Delta x} = \lim_{\Delta x \to 0} \frac{1}{\Delta x} \cdot 2\cos\left(x + \frac{\Delta x}{2}\right)\sin\frac{\Delta x}{2}$$

$$= \lim_{\Delta x \to 0} \cos\left(x + \frac{\Delta x}{2}\right) \cdot \frac{\sin\frac{\Delta x}{2}}{\frac{\Delta x}{2}} = \cos x,$$

即
$$(\sin x)' = \cos x。$$

同理可得
$$(\cos x)' = -\sin x。$$

【例 9】 求函数 $y = \log_a x \, (a > 0, a \neq 1)$ 的导数。

解 设自变量在 x 取得改变量 Δx,得

$$y' = \lim_{\Delta x \to 0} \frac{\log_a(x + \Delta x) - \log_a x}{\Delta x} = \lim_{\Delta x \to 0} \frac{1}{\Delta x} \log_a\left(1 + \frac{\Delta x}{x}\right)$$

$$= \lim_{\Delta x \to 0} \log_a\left(1 + \frac{\Delta x}{x}\right)^{\frac{1}{\Delta x}} = \log_a \lim_{\Delta x \to 0}\left[\left(1 + \frac{\Delta x}{x}\right)^{\frac{x}{\Delta x}}\right]^{\frac{1}{x}}$$

$$= \log_a \mathrm{e}^{\frac{1}{x}} = \frac{1}{x}\log_a e = \frac{1}{x \ln a},$$

即
$$(\log_a x)' = \frac{1}{x \ln a}。$$

特别地,当 $a = \mathrm{e}$ 时,得自然对数函数的导数

$$(\ln x)' = \frac{1}{x}。$$

【例 10】 求函数 $y = a^x \, (a > 0, a \neq 1)$ 的导数。

解 设自变量在 x 取得改变量 Δx,得

$$y' = \lim_{\Delta x \to 0} \frac{a^{x + \Delta x} - a^x}{\Delta x} = a^x \lim_{\Delta x \to 0} \frac{a^{\Delta x} - 1}{\Delta x} = a^x \lim_{\Delta x \to 0} \frac{\mathrm{e}^{\Delta x \ln a} - 1}{\Delta x} = a^x \ln a。$$

其中应用：$x \to 0$ 时 $e^x - 1 \sim x$，得　　$(a^x)' = a^x \ln a$。

特别地，当 $a = e$ 时，有

$$(e^x)' = e^x。$$

四、导数的几何意义

由［例 2］可知，导数的几何意义是：如果函数 $y = f(x)$ 在点 x_0 处可导，则 $f'(x_0)$ 就是曲线 $y = f(x)$ 在点 $M_0(x_0, y_0)$ 处切线的斜率，见图 2.2。

$$k = \tan \alpha = f'(x_0) \left(\alpha \neq \frac{\pi}{2} \right)。$$

据直线的点斜式方程，可得曲线 $f(x)$ 在点 $M_0(x_0, y_0)$ 处的切线方程为

$$y - y_0 = f'(x_0)(x - x_0)。$$

过切点 M_0 且与过 M_0 的切线垂直的直线称为曲线 $y = f(x)$ 在点 M_0 处的**法线**。如果 $f'(x_0) \neq 0$，那么此法线的斜率为 $-\dfrac{1}{f(x_0)}$，于是法线方程为

$$y - y_0 = -\frac{1}{f'(x_0)} (x - x_0)。$$

【例 11】　求曲线 $y = x^2$ 在点 $(2, 4)$ 处的切线方程。

解　因为 $y' = (x^2)' = 2x$，由导数的几何意义，曲线 $y = x^2$ 在点 $(2, 4)$ 处的切线斜率为 $y'|_{x=2} = 4$，所以在点 $(2, 4)$ 处的切线方程为

$$y - 4 = 4(x - 2)，$$

即　　　　　　　　　　　　　　$4x - y - 4 = 0。$

上述例题给出了一些基本初等函数的导数，作为公式应用。现汇总如下。

$(C)' = 0$　（C 为常数）；　　　　　　$(x^\alpha)' = \alpha x^{\alpha-1}$　（α 为实数）；

$(\sin x)' = \cos x$；　　　　　　　　　$(\cos x)' = -\sin x$；

$(\log_a x)' = \dfrac{1}{x \ln a}$　（$a > 0$，$a \neq 1$）；　　$(\ln x)' = \dfrac{1}{x}$；

$(a^x)' = a^x \ln a$　（$a > 0$，$a \neq 1$）；　　　$(e^x)' = e^x$。

五、可导与连续的关系

函数的连续与可导是微分学中两个重要概念，两者的关系有如下定理。

69

定理 2 如果函数 $y = f(x)$ 在点 x_0 处可导,则函数 $f(x)$ 在点 x_0 处连续。

证明 设自变量 x 在 x_0 处取得改变量 Δx,相应地函数 $f(x)$ 取得改变量 Δy。因为 $y = f(x)$ 在点 x_0 处可导,所以有

$$f'(x_0) = \lim_{\Delta x \to 0} \frac{\Delta y}{\Delta x},$$

又

$$\Delta y = \frac{\Delta y}{\Delta x} \cdot \Delta x$$

得

$$\lim_{\Delta x \to 0} \Delta y = \lim_{\Delta x \to 0} \left(\frac{\Delta y}{\Delta x} \cdot \Delta x \right) = \lim_{\Delta x \to 0} \frac{\Delta y}{\Delta x} \cdot \lim_{\Delta x \to 0} \Delta x$$

$$= f'(x_0) \cdot 0 = 0。$$

从而证明了函数 $f(x)$ 在点 x_0 处连续。

注:该定理的逆定理不成立。即,函数 $y = f(x)$ 在点 x_0 处连续,然而函数 $f(x)$ 在点 x_0 不一定可导。下面举例说明。

【例 12】 讨论函数 $f(x) = |x|$ 在点 $x = 0$ 处是否连续与可导。

解 设自变量 x 在 $x = 0$ 处取得改变量 Δx,相应地,函数 $f(x)$ 取得改变量为

$$\Delta y = f(0 + \Delta x) - f(0) = |\Delta x| = \begin{cases} \Delta x, & \Delta x > 0; \\ -\Delta x, & \Delta x < 0; \end{cases}$$

从而

$$\lim_{\Delta x \to 0^+} \Delta y = 0, \lim_{\Delta x \to 0^-} \Delta y = 0$$

得 $\lim_{\Delta x \to 0} \Delta y = 0$,所以 $f(x)$ 在 $x = 0$ 处连续。

又

$$\frac{\Delta y}{\Delta x} = \begin{cases} 1, & \Delta x > 0; \\ -1, & \Delta x < 0, \end{cases}$$

得

$$\lim_{\Delta x \to 0^-} \frac{\Delta y}{\Delta x} = -1, \quad \lim_{\Delta x \to 0^+} \frac{\Delta y}{\Delta x} = 1。$$

于是 $f'_-(0) \neq f'_+(0)$,所以函数 $y = |x|$ 在 $x = 0$ 处不可导。

从图 2.3 可知,曲线 $y = |x|$ 在原点处连续但没有切线。

由[例 12]可知,函数在某点连续是函数在该点可导的必要条件,但不是充分条件。

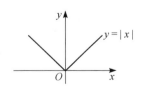

图 2.3 $y = |x|$ 图形

习 题 2-1

1. 设 $f'(x_0) = -2$，求下列各式的值：

(1) $\lim\limits_{\Delta x \to 0} \dfrac{f(x_0 + \Delta x) - f(x_0)}{3\Delta x}$；

(2) $\lim\limits_{\Delta x \to 0} \dfrac{f(x_0 - \Delta x) - f(x_0)}{3\Delta x}$；

(3) $\lim\limits_{\Delta x \to 0} \dfrac{f(x_0 + 3\Delta x) - f(x_0)}{5\Delta x}$；

(4) $\lim\limits_{\Delta x \to 0} \dfrac{f(x_0 + \Delta x) - f(x_0 - 2\Delta x)}{4\Delta x}$。

2. 根据导数定义，求下列函数的导数：

(1) $y = \dfrac{1}{x}$；

(2) $y = \sqrt[3]{x^2}$。

3. 求曲线 $y = \dfrac{1}{x}$ 在点 $(1, 1)$ 处的切线方程。

4. 求抛物线 $y = x^2$ 在点 $x = 3$ 处的切线方程。

5. 问 a, b 取何值时，才能使函数

$$f(x) = \begin{cases} x^2, & x \leqslant 2, \\ ax + b, & x > 2, \end{cases}$$

在 $x = 2$ 处连续且可导？

6. 讨论函数

$$f(x) = \begin{cases} x^2 + 1, & x \leqslant 2, \\ \dfrac{1}{2}x + 4, & x > 2, \end{cases}$$

在 $x = 2$ 处的连续性和可导性。

7. 设函数 $\varphi(x)$ 在 $x = 2$ 处连续，函数 $f(x) = (x^2 - 4)\varphi(x)$，证明函数 $f(x)$ 在 $x = 2$ 处可导。

第二节 导数四则运算法则

用导数的定义只能计算一些简单的函数的导数，从本节起讨论求函数导数的法则。本节给出导数基本运算法则，即函数的和、差、积、商的求导法则。

定理 3 设函数 $u = u(x)$、$v = v(x)$ 在点 x 处可导，则函数 $u \pm v$、uv、$\dfrac{u}{v}$ $(v \neq$

0)在点 x 处也可导,且有:

(1) $(u \pm v)' = u' \pm v'$;

(2) $(u \cdot v)' = u' \cdot v + u \cdot v'$;

(3) $\left(\dfrac{u}{v}\right)' = \dfrac{u' \cdot v - u \cdot v'}{v^2} (v \neq 0)$。

下面仅给出(2)的证明。

证明　设自变量在 x 取得改变量 Δx,函数 $u(x)$, $v(x)$ 相应地分别取得改变量 Δu, Δv。

$$\Delta u = u(x + \Delta x) - u(x),$$

$$\Delta v = v(x + \Delta x) - v(x),$$

于是

$$u(x + \Delta x) = \Delta u + u(x),$$

$$v(x + \Delta x) = \Delta v + v(x),$$

从而函数 $y = uv$ 取得改变量

$$\begin{aligned}
\Delta y &= u(x + \Delta x) v(x + \Delta x) - u(x) v(x) \\
&= [u(x) + \Delta u][v(x) + \Delta v] - u(x) v(x) \\
&= \Delta u \cdot v(x) + u(x) \Delta v + \Delta u \cdot \Delta v,
\end{aligned}$$

所以

$$\begin{aligned}
\frac{\Delta y}{\Delta x} &= \frac{\Delta u \cdot v(x) + u(x) \Delta v + \Delta u \cdot \Delta v}{\Delta x} \\
&= \frac{\Delta u}{\Delta x} v(x) + u(x) \frac{\Delta v}{\Delta x} + \frac{\Delta u}{\Delta x} \Delta v。
\end{aligned}$$

因为函数 $u(x)$, $v(x)$ 是 x 的可导函数,可导函数一定是连续函数,所以

$$\begin{aligned}
y' &= \lim_{\Delta x \to 0} \left(\frac{\Delta u}{\Delta x} v + u \frac{\Delta v}{\Delta x} + \frac{\Delta u}{\Delta x} \cdot \Delta v \right) \\
&= \lim_{\Delta x \to 0} \frac{\Delta u}{\Delta x} \cdot v + u \lim_{\Delta x \to 0} \frac{\Delta v}{\Delta x} + \lim_{\Delta x \to 0} \frac{\Delta u}{\Delta x} \cdot \lim_{\Delta x \to 0} \Delta v \\
&= u' \cdot v + u \cdot v' + u' \cdot 0 = u' \cdot v + u \cdot v',
\end{aligned}$$

即

$$(uv)' = u' \cdot v + u \cdot v'。$$

显然,定理 1 中的(1)、(2)可推广到有限多个函数的情况。例如,设 $u(x)$, $v(x)$, $w(x)$ 都在点 x 处可导,则 $(u \pm v \pm w)$, uvw 也在 x 处可导,且

$$(u \pm v \pm w)' = u' \pm v' \pm w';$$
$$(uvw)' = u'vw + uv'w + uvw'。$$

特别地,C 为任意常数,有

$$(Cu)' = Cu';$$
$$\left(\frac{C}{v}\right)' = -\frac{Cv'}{v^2}(v \neq 0)。$$

【例1】 求函数 $y = x^4 + \sqrt[3]{x} - 2\cos x + \ln x + 5$ 的导数。

解 $y' = (x^4 + \sqrt[3]{x} - 2\cos x + \ln x + 5)'$

$= (x^4)' + (\sqrt[3]{x})' - (2\cos x)' + (\ln x)' + (5)'$

$= 4x^3 + \dfrac{1}{3\sqrt[3]{x^2}} + 2\sin x + \dfrac{1}{x}。$

【例2】 求函数 $y = 5\sqrt{x}\sin x$ 的导数。

解 $y' = (5\sqrt{x}\sin x)' = 5(\sqrt{x}\sin x)'$

$= 5[(\sqrt{x})'\sin x + \sqrt{x}(\sin x)']$

$= 5\left(\dfrac{\sin x}{2\sqrt{x}} + \sqrt{x}\cos x\right)。$

【例3】 求函数 $y = \sin 2x \cdot \ln x$ 的导数。

解 $y = \sin 2x \cdot \ln x = 2\sin x \cdot \cos x \cdot \ln x,$

$y' = 2(\sin x \cos x \ln x)'$

$= 2[(\sin x)'\cos x \ln x + \sin x(\cos x)'\ln x + \sin x \cos x(\ln x)']$

$= 2\left(\cos^2 x \ln x - \sin^2 x \ln x + \dfrac{1}{x}\sin x \cos x\right)$

$= 2\cos 2x \ln x + \dfrac{\sin 2x}{x}。$

【例4】 $f(x) = e^x(\sin x + \cos x)$,求 $f'(0)$。

解 $f(x) = (e^x)'(\sin x + \cos x) + e^x(\sin x + \cos x)'$

$= e^x(\sin x + \cos x) + e^x(\cos x - \sin x)$

$= 2e^x\cos x,$

$f(0) = 2。$

【例5】 求函数 $y = \tan x$ 的导数。

73

解　$y' = (\tan x)' = \left(\dfrac{\sin x}{\cos x}\right)' = \dfrac{(\sin x)' \cos x - \sin x (\cos x)'}{\cos^2 x}$

$$= \dfrac{\cos^2 x + \sin^2 x}{\cos^2 x} = \dfrac{1}{\cos^2 x} = \sec^2 x ,$$

即　　　　　　　　　　　　　　$(\tan x)' = \sec^2 x 。$

同理可得

$(\cot x)' = -\csc^2 x , \quad (\sec x)' = \sec x \, \tan x , \quad (\csc x)' = -\csc x \, \cot x 。$

【例6】　求函数 $y = \dfrac{x \sin x}{1 + \cos x}$ 的导数。

解　$y' = \dfrac{(x \sin x)'(1 + \cos x) - x \sin x (1 + \cos x)'}{(1 + \cos x)^2}$

$$= \dfrac{(\sin x + x \cos x)(1 + \cos x) - x \sin x \cdot (-\sin x)}{(1 + \cos x)^2}$$

$$= \dfrac{x + \sin x}{1 + \cos x} 。$$

【例7】　求函数 $f(x) = \begin{cases} 2x , & x \leqslant 1, \\ x^2 + 1, & x > 1, \end{cases}$ 的导数。

解　函数 $f(x)$ 在 $x = 1$ 处的左、右导数分别是

$$f'_-(1) = \lim_{\Delta x \to 0^-} \dfrac{f(1 + \Delta x) - f(1)}{\Delta x} = \lim_{\Delta x \to 0^-} \dfrac{2(1 + \Delta x) - 2}{\Delta x} = 2,$$

$$f'_+(1) = \lim_{\Delta x \to 0^+} \dfrac{f(1 + \Delta x) - f(1)}{\Delta x} = \lim_{\Delta x \to 0^+} \dfrac{[(1 + \Delta x)^2 + 1] - 2}{\Delta x}$$

$$= \lim_{\Delta x \to 0^+} \dfrac{2\Delta x + (\Delta x)^2}{\Delta x} = 2,$$

由 $f'_-(1) = f'_+(1) = 2$ 知，$f'(1) = 2$。

当 $x < 1$ 时，$f'(x) = (2x)' = 2$；当 $x > 1$ 时，$f'(x) = (x^2 + 1)' = 2x$，所以

$$f'(x) = \begin{cases} 2, & x \leqslant 1, \\ 2x, & x > 1。 \end{cases}$$

习 题 2-2

1. 求下列函数的导数。

(1) $y = \dfrac{x^5}{5} + \dfrac{5}{x^5} + \cos\dfrac{\pi}{3}$;

(2) $y = 2\sqrt{x} - 3\sqrt[3]{x} + 2\sqrt{x^3}$;

(3) $y = x^2 \cdot \sqrt[3]{x^2}$;

(4) $y = x^2(2x - 1)$;

(5) $y = \dfrac{1 - x^2}{\sqrt{x}}$;

(6) $y = \dfrac{5x - 2\sqrt{x}}{x^2}$。

2. 求下列各函数的导数。

(1) $y = x^2 \sin x$;

(2) $y = x^n \ln x$;

(3) $y = \dfrac{1 - \ln x}{1 + \ln x}$;

(4) $y = \dfrac{\ln x}{x^2}$;

(5) $y = \dfrac{\sin x}{1 + \cos x}$;

(6) $y = \dfrac{\sin x}{x}$;

(7) $y = (x + 1)(x + 2)(x + 3)$;

(8) $y = x \sin x \ln x$。

3. 求下列函数在指定点处的导数:

(1) $f(x) = \sin x - \cos x$，求 $y'|_{x = \frac{\pi}{4}}$，$y'|_{x = \frac{\pi}{2}}$;

(2) $f(x) = \ln x - 2x^3$，求 $y'|_{x = 1}$。

4. 求曲线 $y = \sin x$ 在点 $x = \pi$ 处的切线方程。

5. 在曲线 $y = \dfrac{1}{1 + x}$ 上求一点，使通过该点的切线平行于直线 $y = -x + 1$。

6. 设函数 $f(x) = \begin{cases} 2x - 3, & x < 1 \\ 3x^2 - 4x, & x \geq 1 \end{cases}$，求 $f'(x)$。

第三节   复合函数的求导法则

我们先讨论函数 $y = \sin 2x$ 的求导问题。

因为函数 $y = \sin 2x = 2\sin x \cdot \cos x$，于是由导数的四则运算法则得

$$\dfrac{\mathrm{d}y}{\mathrm{d}x} = (\sin 2x)' = 2(\sin x \cdot \cos x)'$$

$$= 2\big[(\sin x)'\cos x + \sin x (\cos x)'\big]$$

$$= 2(\cos^2 x - \sin^2 x) = 2\cos 2x。$$

另一方面，函数 $y = \sin 2x$ 是由函数 $y = \sin u$，$u = 2x$ 复合而成，而 $\dfrac{\mathrm{d}y}{\mathrm{d}u} = \cos u$，

$\dfrac{\mathrm{d}u}{\mathrm{d}x} = 2$，于是有

$$\frac{\mathrm{d}y}{\mathrm{d}u} \cdot \frac{\mathrm{d}u}{\mathrm{d}x} = 2\cos u = 2\cos 2x。$$

从而得到如下等式：

$$\frac{\mathrm{d}y}{\mathrm{d}x} = \frac{\mathrm{d}y}{\mathrm{d}u} \cdot \frac{\mathrm{d}u}{\mathrm{d}x}。$$

上述等式反映了复合函数的一般求导规律，有如下定理。

定理 4　设函数 $u = \varphi(x)$ 在点 x 处可导，函数 $y = f(u)$ 在对应点 u 处可导，则复合函数 $y = f\big[\varphi(x)\big]$ 在点 x 处可导，且

$$\frac{\mathrm{d}y}{\mathrm{d}x} = f'(u)\varphi'(x) \ 或 \frac{\mathrm{d}y}{\mathrm{d}x} = \frac{\mathrm{d}y}{\mathrm{d}u} \cdot \frac{\mathrm{d}u}{\mathrm{d}x}。 \tag{2-3}$$

证明　设自变量在点 x 处取得改变量 Δx，则中间变量 u 取得相应的改变量 Δu，从而复合函数 y 也取得相应的改变量 Δy。

$$\Delta u = \varphi(x + \Delta x) - \varphi(x)$$
$$\Delta y = f(u + \Delta u) - f(u)。$$

当 $\Delta u \neq 0$ 时，则有

$$\frac{\Delta y}{\Delta x} = \frac{\Delta y}{\Delta u} \cdot \frac{\Delta u}{\Delta x}。$$

因为函数 $u = \varphi(x)$ 可导，从而函数 $\varphi(x)$ 必连续，所以当 $\Delta x \to 0$ 时，有 $\Delta u \to 0$。因此，有

$$\lim_{\Delta x \to 0} \frac{\Delta y}{\Delta x} = \lim_{\Delta x \to 0} \frac{\Delta y}{\Delta u} \cdot \lim_{\Delta x \to 0} \frac{\Delta u}{\Delta x} = \lim_{\Delta u \to 0} \frac{\Delta y}{\Delta u} \cdot \lim_{\Delta x \to 0} \frac{\Delta u}{\Delta x}。$$

于是可得

$$\frac{\mathrm{d}y}{\mathrm{d}x} = f'(u) \cdot \varphi'(x)。$$

当 $\Delta u = 0$ 时,也可以证明公式(2-3)仍然成立。

公式(2-3)指出,复合函数的导数等于复合函数对中间变量的导数乘以中间变量对自变量的导数。

显然,重复运用式(2-3),可将此公式推广到多个中间变量的情况。

例如,设函数 $y = f(u)$, $u = \varphi(v)$, $v = \psi(x)$ 都可导,则复合函数 $y = f\{\varphi[\psi(x)]\}$ 可导,且导数为

$$\frac{dy}{dx} = f'(u)\varphi'(v)\psi'(x), \quad 或 \quad \frac{dy}{dx} = \frac{dy}{du} \cdot \frac{du}{dv} \cdot \frac{dv}{dx}。$$

【例1】 求函数 $y = (2x^2 + 7)^{10}$ 的导数。

解 复合函数 $y = (2x^2 + 7)^{10}$ 是由函数 $y = u^{10}$ 与 $u = 2x^2 + 7$ 复合而成,由复合函数求导法则式(2-3)得

$$y' = (u^{10})' \cdot (2x^2 + 7)' = 10u^9(4x) = 40x(2x^2 + 7)^9。$$

【例2】 求函数 $y = \sin^5 x$ 的导数。

解 函数 $y = \sin^5 x$ 是由 $y = u^5$, $u = \sin x$ 复合而成,所以

$$y' = (u^5)'(\sin x)' = 5u^4 \cdot \cos x = 5\sin^4 x \cos x。$$

【例3】 求函数 $y = \ln(3x^2 + x)$ 的导数。

解 函数 $y = \ln(3x^2 + x)$ 是由 $y = \ln u$, $u = 3x^2 + x$ 复合而成,所以

$$y' = (\ln u)'(3x^2 + x)' = \frac{1}{u} \cdot (6x + 1) = \frac{6x + 1}{3x^2 + x}。$$

对复合函数的分解熟练掌握后,在运算过程中可以不再写出中间变量,只要记住复合过程,按照复合的前后次序,由外向里逐层求导,直接得出最后结果。例如,对于[例2]可以有如下的解法:

$$y' = 5\sin^4 x \cdot (\sin x)' = 5\sin^4 x \cos x。$$

【例4】 求函数 $y = \sqrt{12 - x^2}$ 的导数。

解 $y' = [(12 - x^2)^{\frac{1}{2}}]' = \frac{1}{2}(12 - x^2)^{-\frac{1}{2}}(12 - x^2)' = -\frac{x}{\sqrt{12 - x^2}}。$

【例5】 求函数 $y = \ln(x + \sqrt{x^2 + 1})$ 的导数。

解　$y' = \dfrac{1}{x + \sqrt{x^2+1}}(x + \sqrt{x^2+1})' = \dfrac{1}{x + \sqrt{x^2+1}}\left[1 + \dfrac{(x^2+1)'}{2\sqrt{x^2+1}}\right]$

$\qquad = \dfrac{1}{x + \sqrt{x^2+1}} \cdot \left(1 + \dfrac{2x}{2\sqrt{x^2+1}}\right) = \dfrac{1}{\sqrt{x^2+1}}$。

【例 6】　求函数 $y = \ln\sin(x^2+1)$ 的导数。

解　$y' = \dfrac{1}{\sin(x^2+1)} \cdot [\sin(x^2+1)]'$

$\qquad = \dfrac{1}{\sin(x^2+1)} \cdot \cos(x^2+1) \cdot (x^2+1)' = 2x\cot(x^2+1)$。

【例 7】　求函数 $y = (x + e^{\sin x})^2$ 的导数。

解　$y' = 2(x + e^{\sin x})(x + e^{\sin x})'$

$\qquad = 2(x + e^{\sin x})[1 + e^{\sin x} \cdot (\sin x)'] = 2(x + e^{\sin x})(1 + e^{\sin x}\cos x)$。

【例 8】　求 $y = e^{2x} + e^{-\frac{1}{x}}$ 的导数。

解　$y' = e^{2x}(2x)' + e^{-\frac{1}{x}}\left(-\dfrac{1}{x}\right)' = 2e^{2x} + \dfrac{1}{x^2}e^{-\frac{1}{x}}$。

最后,我们用复合函数求导法则,推导幂函数的导数公式。

【例 9】　求函数 $y = x^\alpha$（α 为实数）的导数。

解　因为函数 $y = x^\alpha = e^{\alpha\ln x}$ 可以看成由指数函数 $y = e^u$ 与对数函数 $u = \alpha\ln x$ 复合而成。由复合函数求导法则,得

$$y' = (e^u)'(\alpha\ln x)' = e^u \cdot \dfrac{\alpha}{x} = e^{\alpha\ln x} \cdot \dfrac{\alpha}{x} = \alpha x^{\alpha-1}。$$

习　题　2-3

1. 求下列各函数的导数。

(1) $y = (1 + 2x)^{30}$；

(2) $y = \sqrt{x^4+1}$；

(3) $y = 4\sin(2x - 1)$；

(4) $y = \tan^2 x$；

(5) $y = e^{\sqrt{x}}$；

(6) $y = \ln(4 - x^2)$；

(7) $y = \cos x^2$；

(8) $y = \log_2(x^3 - x)$；

(9) $y = (3x + 5)^3(5x + 4)^5$；

(10) $y = (2 + 3x^2)\sqrt{1 + 5x^2}$；

（11）$y = \dfrac{x}{\sqrt{1-x^2}}$；

（12）$y = \left(\dfrac{1+x^2}{1+x}\right)^5$。

2. 求下列各函数的导数。

（1）$y = \mathrm{e}^{x^2} + \mathrm{e}^{-2x}$；

（2）$y = \ln \dfrac{1+\sqrt{x}}{1-\sqrt{x}}$；

（3）$y = \cos^3 \dfrac{x}{2}$；

（4）$y = \sin^2(\cos x)$；

（5）$y = \cos[\ln(x+1)]$；

（6）$y = \mathrm{e}^{x^2} \sin \dfrac{1}{x}$。

3. 设函数 $y = f(\sin^2 x) + f(\cos^2 x)$，且 $f'(x)$ 存在，求 $\dfrac{\mathrm{d}y}{\mathrm{d}x}$。

第四节 其他求导法则

一、反函数的求导法则

前面已经给出一些基本初等函数的导数公式，现在我们要解决求反三角函数的导数问题。为此先利用复合函数的求导法则来推导一般的反函数的求导法则。

定理 5 如果单调函数 $x = \varphi(y)$ 在某区间内可导，并且 $\varphi'(y) \neq 0$，则它的反函数 $y = f(x)$ 在对应区间内也可导，且

$$f'(x) = \frac{1}{\varphi'(y)} \quad \text{或} \quad \frac{\mathrm{d}y}{\mathrm{d}x} = \frac{1}{\dfrac{\mathrm{d}x}{\mathrm{d}y}}。 \tag{2-4}$$

证明 因为函数 $y = f(x)$ 是 $x = \varphi(y)$ 的反函数，所以有

$$x = \varphi(y) = \varphi[f(x)]。$$

上式可以看作中间变量 y 的复合函数，在等式的两端对 x 求导，得

$$1 = \varphi'(y) f'(x) \quad \text{或} \quad 1 = \frac{\mathrm{d}x}{\mathrm{d}y} \cdot \frac{\mathrm{d}y}{\mathrm{d}x},$$

所以

$$f'(x) = \frac{1}{\varphi'(y)} \quad \text{或} \quad \frac{\mathrm{d}y}{\mathrm{d}x} = \frac{1}{\dfrac{\mathrm{d}x}{\mathrm{d}y}}。$$

【例1】 求函数 $y = \arcsin x$ 的导数。

解 函数 $y = \arcsin x$ 是 $x = \sin y$ 的反函数，$x = \sin y$ 在区间 $\left(-\dfrac{\pi}{2}, \dfrac{\pi}{2} \right)$ 内单调、可导，且 $\dfrac{dx}{dy} = \cos y > 0$，由公式(2-4)得

$$y' = \frac{1}{\dfrac{dx}{dy}} = \frac{1}{\cos y} = \frac{1}{\sqrt{1 - \sin^2 y}} = \frac{1}{\sqrt{1 - x^2}},$$

即

$$(\arcsin x)' = \frac{1}{\sqrt{1 - x^2}}.$$

类似地有

$$(\arccos x)' = -\frac{1}{\sqrt{1 - x^2}};$$

$$(\arctan x)' = \frac{1}{1 + x^2};$$

$$(\text{arccot} x)' = -\frac{1}{1 + x^2}.$$

80

【例2】 求函数 $y = \arcsin \sqrt{x}$ 的导数。

解 $y' = (\arcsin \sqrt{x})' = \dfrac{1}{\sqrt{1 - (\sqrt{x})^2}} \cdot (\sqrt{x})' = \dfrac{1}{\sqrt{1 - x}} \cdot \dfrac{1}{2\sqrt{x}} = \dfrac{1}{2\sqrt{x - x^2}}$

二、隐函数的求导法则

前面讨论求导法则时，所涉及的因变量 y 与自变量 x 之间的函数关系的解析式为 $y = f(x)$，称这种函数为显函数。如果变量 x，y 之间的函数关系是由某一个方程 $F(x, y) = 0$ 所确定，那么这种函数称为由方程 $F(x, y) = 0$ 所确定的**隐函数**。有的隐函数可以化成显函数，称为显化。例如，由 $2x + 3y - 1 = 0$ 所确定的隐函数可以显化，化为 $y = -\dfrac{2}{3}x + \dfrac{1}{3}$；有的隐函数不易或无法化成显函数，例如，由 $e^y - xy - e^x = 0$ 所确定的隐函数就不能化成显函数。下面我们介绍隐函数的求导法则。

如果方程 $F(x, y) = 0$ 确定了 y 是 x 的函数，直接在方程的两端对 x 求导，将 y

视作中间变量,然后解出 $\dfrac{dy}{dx}$,这就是隐函数的求导法则。要指出的是,y 的表达式 $G(y)$ 对 x 求导时,y 是 x 的函数,y 作为中间变量,所以 $\dfrac{dG(y)}{dx} = G'(y) \cdot \dfrac{dy}{dx}$。下面举例说明。

【例3】 由方程 $e^y - xy - e^x = 0$ 确定 y 是 x 的隐函数,求 $\dfrac{dy}{dx}$。

解 方程的两端对 x 求导

$$\frac{d(e^y - xy - e^x)}{dx} = \frac{d(0)}{dx}。$$

将 e^y 看作是以 y 为中间变量的函数,xy 求 x 求导时,应用积的求导法则,得

$$e^y \cdot \frac{dy}{dx} - \left(y + x\frac{dy}{dx}\right) - e^x = 0$$

所以

$$y' = \frac{y + e^x}{e^y - x} \quad (\text{当 } e^y - x \neq 0)。$$

注:用隐函数求导法则所得的导数 $\dfrac{dy}{dx}$ 中允许含有变量 y。

【例4】 由方程 $y = x\ln y + \ln x$ 确定 y 是 x 的隐函数,求 $\dfrac{dy}{dx}$。

解 方程的两端对 x 求导数,

$$d(y) = \frac{d(x\ln y + \ln x)}{dx}。$$

$\ln y$ 是以 y 为中间变量的复合函数,则得

$$y' = \ln y + x \cdot \frac{1}{y} \cdot y' + \frac{1}{x},$$

解出 y',得

$$y' = \frac{xy\ln y + y}{xy - x^2} \quad (\text{当 } xy - x^2 \neq 0)。$$

【例5】 求曲线 $y^3 + x^3 = 2xy$ 上点 $(1,1)$ 处的切线方程。

解 方程的两端对 x 求导数,y^3 是以 y 为中间变量的复合函数,则得

$$3y^2 \cdot y' + 3x^2 = 2y + 2xy',$$

解出 y',得

$$y' = \frac{2y - 3x^2}{3y^2 - 2x} \quad (当\ 3y^2 - 2x \neq 0),$$

$$y'\big|_{(1,\,1)} = -1。$$

于是所求的切线方程为 $\qquad y - 1 = (-1)(x - 1),$

即

$$x + y - 2 = 0。$$

三、取对数求导法则

函数 $y = f(x)^{g(x)}$ $(f(x) \neq 1,\ f(x) > 0)$ 既不是幂函数,也不是指数函数,称为**幂指函数**。为求它的导数,可将函数表达式的两边取对数,化成隐函数形式,应用隐函数求导方法,求出幂指函数的导数。这种方法称为**取对数求导法则**。取对数求导法也可以应用于多个因式的积、商、乘方、开方而成的函数的求导。下面举例说明这个方法。

【例 7】 求幂指函数 $y = x^x$ $(x > 0)$ 的导数。

解 两端取对数,得

$$\ln y = x \ln x,$$

等式的两端对 x 求导,得

$$\frac{1}{y} \cdot y' = \ln x + 1,$$

于是 $\qquad y' = y(\ln x + 1) = x^x(\ln x + 1)。$

【例 8】 求函数 $y = (x^2 + 3)^{\sin x}$ 的导数。

解 两端取对数,得

$$\ln y = \sin x \cdot \ln(x^2 + 3)。$$

等式的两端对 x 求导,得

$$\frac{1}{y} \cdot y' = \cos x \cdot \ln(x^2 + 3) + \sin x \cdot \frac{2x}{x^2 + 3},$$

于是

$$y' = (x^2 + 3)^{\sin x}\left[\cos x \cdot \ln(x^2 + 3) + \frac{2x \sin x}{x^2 + 3}\right]。$$

【例9】 求函数 $y = \sqrt[3]{\dfrac{(x-1)(x-2)}{(x-3)(x-4)}}$ 的导数。

解 两端取对数,得

$$\ln y = \frac{1}{3}\big[\ln(x-1)+\ln(x-2)-\ln(x-3)-\ln(x-4)\big]。$$

等式的两端对 x 求导,得

$$\frac{1}{y} \cdot y' = \frac{1}{3}\left(\frac{1}{x-1}+\frac{1}{x-2}-\frac{1}{x-3}-\frac{1}{x-4}\right)。$$

解出 y',得 $y' = \dfrac{1}{3}y\left(\dfrac{1}{x-1}+\dfrac{1}{x-2}-\dfrac{1}{x-3}-\dfrac{1}{x-4}\right)$,即有

$$y' = \frac{1}{3}\sqrt[3]{\frac{(x-1)(x-2)}{(x-3)(x-4)}}\left(\frac{1}{x-1}+\frac{1}{x-2}-\frac{1}{x-3}-\frac{1}{x-4}\right)。$$

为了便于查阅,现将基本初等函数的导数公式汇总如下:

(1) $C' = 0(C$ 为常数$)$;

(2) $(x^{\alpha})' = \alpha x^{\alpha-1}$ $(\alpha$ 为实数$)$;

(3) $(\log_a x)' = \dfrac{1}{x\ln a}$ $(a>0, a\neq 1)$;

(4) $(\ln x)' = \dfrac{1}{x}$;

(5) $(a^x)' = a^x\ln a$ $(a>0, a\neq 1)$;

(6) $(e^x)' = e^x$;

(7) $(\sin x)' = \cos x$;

(8) $(\cos x)' = -\sin x$;

(9) $(\tan x)' = \sec^2 x$;

(10) $(\cot x)' = -\csc^2 x$;

(11) $(\sec x)' = \sec x\tan x$;

(12) $(\csc x)' = -\csc x\cot x$;

(13) $(\arcsin x)' = \dfrac{1}{\sqrt{1-x^2}}$;

(14) $(\arccos x)' = -\dfrac{1}{\sqrt{1-x^2}}$;

(15) $(\arctan x)' = \dfrac{1}{1+x^2}$;

(16) $(\operatorname{arccot} x)' = -\dfrac{1}{1+x^2}$。

83

习 题 2-4

1. 求下列函数的导数:

(1) $y = \arcsin\dfrac{x}{2}$;

(2) $y = \arctan\dfrac{1}{x}$;

(3) $y = \arccos \sqrt{x}$;   (4) $y = (1 + x^2) \arctan x$ 。

2. 求下列隐函数的导数 $\dfrac{\mathrm{d}y}{\mathrm{d}x}$

(1) $y = 1 + x\, \mathrm{e}^y$;   (2) $x^2 + y^2 = 1$;

(3) $x^2 + y^2 - xy = 1$;   (4) $y = x^2 + x \sin y$;

(5) $xy + \ln y = 1$;   (6) $y \sin x - \cos(x - y) = 0$ 。

3. 用对数求导法求下列各函数的导数：

(1) $y = x\sqrt{\dfrac{1-x}{1+x}}$;   (2) $y = x^2 \sqrt{\dfrac{2x-1}{x+1}}$;

(3) $y = \dfrac{(x+1)\sqrt[3]{x-1}}{(x+4)^2 \mathrm{e}^x}$;   (4) $y = x^{\sin x}$ $(x > 0)$ ；

(5) $y = x^{1+x}$ $(x > 0)$;   (6) $(\cos y)^x = (\sin x)^y$ 。

第五节   高 阶 导 数

我们已经知道，如果物体的运动方程为 $s = s(t)$，则物体在时刻 t 的速度 v 为 $s(t)$ 对时间 t 的导数，即 $v = \dfrac{\mathrm{d}s}{\mathrm{d}t}$。速度 $v = s'(t)$ 也是时间 t 的函数，它对时间 t 的导数为物体在时间 t 的加速度 a，即

$$a = \frac{\mathrm{d}v}{\mathrm{d}t},$$

因为 $v = \dfrac{\mathrm{d}s}{\mathrm{d}t}$，所以

$$a = \frac{\mathrm{d}v}{\mathrm{d}t} = \frac{\mathrm{d}}{\mathrm{d}t}\left(\frac{\mathrm{d}s}{\mathrm{d}t}\right) \quad 或 \quad a = (s')',$$

这种导数 $\dfrac{\mathrm{d}}{\mathrm{d}t}\left(\dfrac{\mathrm{d}s}{\mathrm{d}t}\right)$ 或 $(s')'$ 称为 s 对 t 的**二阶导数**。一般地，有如下定义。

定义 1   如果函数 $y = f(x)$ 的导数 $f'(x)$ 在点 x 处可导，则称 $f'(x)$ 在点 x 处的导数 $[f'(x)]'$ 为函数 $f(x)$ 在点 x 处的**二阶导数**，记为

$$f''(x) \quad 或 \quad y'' \quad 或 \quad \frac{\mathrm{d}^2 y}{\mathrm{d}x^2} \quad 或 \quad \frac{\mathrm{d}^2 f(x)}{\mathrm{d}x^2}。$$

类似地,函数 $y=f(x)$ 的二阶导数 $f''(x)$ 的导数称为函数 $f(x)$ 的**三阶导数**,记为

$$f'''(x) \quad \text{或} \quad y''' \quad \text{或} \quad \frac{\mathrm{d}^3 y}{\mathrm{d}x^3} \quad \text{或} \quad \frac{\mathrm{d}^3 f(x)}{\mathrm{d}x^3}。$$

由此递推定义,函数 $f(x)$ 的 $n-1$ 阶导数 $f^{(n-1)}(x)$ 的导数称为 $f(x)$ 的 ***n* 阶导数**,记为

$$f^{(n)}(x) \quad \text{或} \quad y^{(n)} \quad \text{或} \quad \frac{\mathrm{d}^n y}{\mathrm{d}x^n} \quad \text{或} \quad \frac{\mathrm{d}^n f(x)}{\mathrm{d}x^n}。$$

二阶及二阶以上的导数统称为**高阶导数**。

高阶导数的计算可应用已学过的方法,逐阶求导即可。

【例1】 求函数 $y=\mathrm{e}^{-x}\cos x$ 的二阶及三阶导数。

解 $y'=-\mathrm{e}^{-x}\cos x+\mathrm{e}^{-x}(-\sin x)=-\mathrm{e}^{-x}(\cos x+\sin x)$,

$y''=\mathrm{e}^{-x}(\cos x+\sin x)-\mathrm{e}^{-x}(-\sin x+\cos x)=2\mathrm{e}^{-x}\sin x$,

$y'''=-2\mathrm{e}^{-x}\sin x+2\mathrm{e}^{-x}\cos x=2\mathrm{e}^{-x}(\cos x-\sin x)$。

【例2】 求函数 $y=\mathrm{e}^x$ 的 n 阶导数。

解 因为 $(\mathrm{e}^x)'=\mathrm{e}^x$,即函数求导后不变,所以

$$y^{(n)}=\mathrm{e}^x。$$

【例3】 求函数 $y=a^x$ 的 n 阶导数。

解 $y'=a^x\ln a$,$y''=a^x\ln^2 a$,$y'''=a^x\ln^3 a$,依次类推,由教学归纳法得

$$y^{(n)}=a^x\ln^n a。$$

【例4】 求函数 $y=\ln(1+x)$ 的 n 阶导数。

解 $y'=\dfrac{1}{1+x}=(1+x)^{-1}$。

$y''=-1 \cdot (1+x)^{-2}$。

$y'''=(-1) \cdot (-2)(1+x)^{-3}=(-1)^2 2!\,(1+x)^{-3}$。

$y^{(4)}=(-1)^2 2!\, \cdot (-3)(1+x)^{-4}=(-1)^3 3!\,(1+x)^{-4}$。

依次类推,由数学归纳法得

$$y^{(n)}=(-1)^{n-1}\frac{(n-1)!}{(1+x)^n}。$$

【例5】 求由方程 $x-y+\sin y=0$ 所确定的隐函数 y 的二阶导数 $\dfrac{\mathrm{d}^2 y}{\mathrm{d}x^2}$。

解 应用隐函数的求导方法,得

$$1-\frac{\mathrm{d}y}{\mathrm{d}x}+\cos y \cdot \frac{\mathrm{d}y}{\mathrm{d}x}=0,$$

于是

$$\frac{\mathrm{d}y}{\mathrm{d}x}=\frac{1}{1-\cos y}。$$

上式两端再对 x 求导,得

$$\frac{\mathrm{d}^2 y}{\mathrm{d}x^2}=\frac{-1}{(1-\cos y)^2} \cdot \frac{\mathrm{d}}{\mathrm{d}x}(1-\cos y)=-\frac{\sin y}{(1-\cos y)^2} \cdot \frac{\mathrm{d}y}{\mathrm{d}x}$$

$$=-\frac{\sin y}{(1-\cos y)^3}。$$

习 题 2-5

1. 求下列函数的二阶导数。

(1) $y=(x^4+1)^2$; (2) $y=\sqrt{1-x^2}$;

(3) $y=\ln(1-x^2)$; (4) $y=x^2\sin x$;

(5) $y=\mathrm{e}^{-x}\sin x$; (6) $y=\dfrac{\mathrm{e}^x}{x}$;

(7) $y=\dfrac{x}{\sqrt{1+x^2}}$; (8) $y=\dfrac{x^2}{1-x^2}$。

2. 设函数 $f(x)=(3x+1)^{10}$,求 $f'''(0)$。

3. 试证函数 $y=3\mathrm{e}^{2x}-\mathrm{e}^{-2x}$ 满足方程 $y''-4y=0$。

4. 设函数 $y=\mathrm{e}^{f(x)}$,且 $f''(x)$ 存在,求 $\dfrac{\mathrm{d}^2 y}{\mathrm{d}x^2}$。

5. 求下列函数的 n 阶导数:

(1) $y=\mathrm{e}^{-x}$; (2) $y=x\ln x$。

6. 已知一质点作变速直线运动,其运动规律为 $s=\mathrm{e}^t-\mathrm{e}^{-t}$,求它的速度和加速度,并求 $s'(0)$,$s''(0)$。

第六节　函数的微分

本节我们要讨论微分学中另一个基本概念——微分。

一、微分的定义

先分析一个具体问题。

【例1】　一块正方形金属薄片受温度变化影响,其边长由 x_0 变到 $x_0+\Delta x$,求薄片的面积 S 的改变量,如图 2.4 所示。

解　设此薄片的边长为 x,面积为 S,则 $S=x^2$。薄片受温度变化影响时,自变量 x 取得改变量 Δx,面积的改变量为函数 S 相应的改变量,即

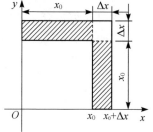

图 2.4　面积改变量

$$\Delta S = (x_0+\Delta x)^2 - x_0^2 = 2x_0\Delta x + (\Delta x)^2$$

显然,面积改变量 ΔS 由两部分组成。

第一部分 $2x_0\Delta x$ 是 Δx 的线性函数,称为 Δs 的线性主部,如图 2.4 中阴影部分。

第二部分是 $(\Delta x)^2$,即图 2.4 中右上角正方形面积,当 $\Delta x \to 0$ 时,第二部分 $(\Delta x)^2$ 是比 Δx 高阶的无穷小量。

因此,当 Δx 很小时,可用第一部分 $2x_0\Delta x$ 作为 ΔS 的近似值,而将第二部分忽略掉

我们将 $2x_0\Delta x$ 称为面积 $S=x^2$ 在 x_0 处的微分,记为 $\Delta S \approx 2x_0\Delta x$

$$dS\mid_{x=x_0} = 2x_0\Delta x$$

一般地,给出如下微分的定义。

定义1　设函数 $y=f(x)$ 在点 x_0 的某邻域 $U(x_0,\delta)$ 内有定义,自变量 x 在 x_0 处取得改变量 Δx, $x_0+\Delta x \in U(x_0,\delta)$,如果函数 $f(x)$ 相应的改变量 $\Delta y = f(x_0+\Delta x) - f(x_0)$ 可以表示为

$$\Delta y = A\Delta x + o(\Delta x)。 \tag{2-5}$$

其中 A 不依赖于 Δx,当 $\Delta x \to 0$ 时 $o(\Delta x)$ 是比 Δx 高阶的无穷小量,则称函数 $y=f(x)$ 在点 x_0 处**可微**, $A\Delta x$ 称为函数 $f(x)$ 在点 x_0 处的**微分**,记为 $dy\mid_{x=x_0}$ 或 $df(x)\mid_{x=x_0}$,即

$$\mathrm{d}y\mid_{x=x_0}\ =A\Delta x。$$

由定义 1 可知，当 $\Delta x \to 0$ 时，函数在点 x_0 处的微分 $\mathrm{d}y\mid_{x=x_0}=A\Delta x$ 与函数改变量 Δy 只差一个比 Δx 高阶的无穷小量。当 $A\neq 0$ 时，它是 Δy 的主要部分，所以称微分是改变量 Δy 的线性主部，于是，微分 $\mathrm{d}y\mid_{x=x_0}$ 可以近似代替函数改变量 Δy，其误差为 $o(\Delta x)$。当 $|\Delta x|$ 很小时，有近似等式

$$\Delta y = f(x_0 + \Delta x) - f(x) \approx \mathrm{d}y\mid_{x=x_0}。$$

下面我们讨论函数 $y=f(x)$ 在点 x_0 处可微与可导的关系。

设自变量 x 在 x_0 取得改变量 Δx，相应地函数 $f(x)$ 取得改变量 Δy。如果函数 $y=f(x)$ 在点 x_0 处可微，则由定义 1 知：

$$\Delta y = A\Delta x + o(\Delta x)，$$

由于 $\Delta x \neq 0$，用 Δx 除等式两端，得

$$\frac{\Delta y}{\Delta x} = A + \frac{o(\Delta x)}{\Delta x}。$$

而

$$\lim_{\Delta x \to 0} \frac{o(\Delta x)}{\Delta x} = 0，$$

因此

$$f'(x_0) = \lim_{\Delta x \to 0} \frac{\Delta y}{\Delta x} = A。$$

由此可见，如果函数 $y=f(x)$ 在点 x_0 处可微，则它在点 x_0 处可导，且 $\mathrm{d}y\mid_{x=x_0}=f'(x_0)\Delta x$。

反之，如果函数 $y=f(x)$ 在点 x_0 处可导，即

$$\lim_{\Delta x \to 0} \frac{\Delta y}{\Delta x} = f'(x_0)。$$

根据极限与无穷小量的关系，上式可写成：

$$\frac{\Delta y}{\Delta x} = f'(x_0) + \alpha，$$

其中 α 是当 $\Delta x \to 0$ 时的无穷小量，所以

$$\Delta y = f'(x_0) \cdot \Delta x + \alpha \cdot \Delta x。$$

这里,$f'(x_0) \cdot \Delta x$ 是 Δx 的线性部分,当 $\Delta x \to 0$ 时 $\alpha \cdot \Delta x$ 是比 Δx 高阶的无穷小量,由此可得函数 $y = f(x)$ 在点 x_0 处可微,且微分为

$$dy \mid_{x=x_0} = f'(x_0) \cdot \Delta x。$$

综合上述讨论,得到如下定理:

定理 6 函数 $f(x)$ 在点 x_0 处可微的充分必要条件是函数 $f(x)$ 在点 x_0 处可导,并且当 $f(x)$ 在点 x_0 处可微时,其微分是

$$dy \mid_{x=x_0} = f'(x_0)\Delta x。$$

【**例2**】 求函数 $y = x^3 + x$ 当 $x_0 = 2$,$\Delta x = -0.01$ 时函数的改变量 Δy 及微分。

解 $\Delta y = f(x_0 + \Delta x) - f(x_0)$

$= [2 + (-0.01)]^3 + [2 + (-0.01)] - (2^3 + 2)$

$= -0.129\,401,$

又 $$y' = (x^3 + x)' = 3x^2 + 1,$$

$$y' \mid_{x=2} = 3 \times 2^2 + 1 = 13,$$

所以

$$dy \mid_{x=2} = y' \mid_{x=2} \cdot \Delta x = 13 \times (-0.01) = -0.13。$$

如果函数 $f(x)$ 在某开区间内每一点都可微,则称 $f(x)$ 是该区间内的**可微函数**。函数 $f(x)$ 在区间内任一点 x 的微分,称为函数的**微分**,记为 dy 或 $df(x)$,即有

$$dy = f'(x)\Delta x。$$

如果将自变量 x 当作自己的函数,即 $y = x$,则得

$$dx = x'\Delta x = \Delta x。$$

因此自变量的微分就是它的改变量。于是,函数的微分可写成

$$dy = f'(x)dx$$

从而导数 $\dfrac{dy}{dx} = f'(x)$ 就是函数的微分与自变量微分的商。因此,导数也称为**微商**。

【**例3**】 求函数 $y = x^4 - 3x^2 - 1$ 的微分 dy。

89

解　因为 $y' = 4x^3 - 6x$，所以微分为

$$\mathrm{d}y = y'\mathrm{d}x = (4x^3 - 6x)\mathrm{d}x。$$

二、微分的几何意义

设函数 $y = f(x)$ 的图形如图 2.5 所示，$M_0 T$ 是曲线 $y = f(x)$ 上点

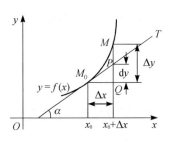

$M_0(x_0, y_0)$ 处的切线。设 $M_0 T$ 的倾角为 α，自变量在 x_0 处取得改变量 Δx，相应地函数 $f(x)$ 取得改变量 Δy，得到曲线上另一点 $M(x_0 + \Delta x, y_0 + \Delta y)$。从图 2.5 可知，$M_0 Q = \Delta x$，$QM = \Delta y$，则

$$QP = M_0 Q \tan\alpha = f'(x_0)\Delta x，$$

即

$$\mathrm{d}y = QP。$$

图 2.5　微分的几何意义

由此可知，当自变量在 x_0 取得改变量 Δx 时，微分 $\mathrm{d}y \mid_{x=x_0} = f'(x_0)\Delta x$ 是曲线 $y = f(x)$ 在点 (x_0, y_0) 处的切线的纵坐标的改变量。用 $\mathrm{d}y$ 近似代替 Δy 就是用点 $M_0(x_0, y_0)$ 处的切线纵坐标的改变量 QP 来近似代替曲线 $y = f(x)$ 的纵坐标的改变量 QM，并且有 $\mid \Delta y - \mathrm{d}y \mid = PM$。

三、微分的运算法则

因为函数 $y = f(x)$ 的微分等于导数 $f'(x)$ 乘以 $\mathrm{d}x$，所以根据导数公式和导数运算法则，就能得到相应的基本初等函数的微分公式和微分运算法则。

（一）基本初等函数的微分公式

(1) $\mathrm{d}C = 0$（C 为常数）;

(2) $\mathrm{d}x^\alpha = \alpha x^{\alpha-1}\mathrm{d}x$（$\alpha$ 为实数）;

(3) $\mathrm{d}\log_a x = \dfrac{1}{x\ln a}\mathrm{d}x$（$a > 0$，$a \neq 1$）;

(4) $\mathrm{d}\ln x = \dfrac{1}{x}\mathrm{d}x$;

(5) $\mathrm{d}a^x = a^x \ln a\, \mathrm{d}x$（$a > 0$，$a \neq 1$）;

(6) $\mathrm{d}e^x = e^x \mathrm{d}x$;

(7) $\mathrm{d}\sin x = \cos x\, \mathrm{d}x$;

(8) $\mathrm{d}\cos x = -\sin x\, \mathrm{d}x$;

(9) $\mathrm{d}\tan x = \sec^2 x\, \mathrm{d}x$;

(10) $\mathrm{d}\cot x = -\csc^2 x\, \mathrm{d}x$;

(11) $\mathrm{d}\sec x = \sec x \tan x\, \mathrm{d}x$;

(12) $\mathrm{d}\csc x = -\csc x \cot x\, \mathrm{d}x$;

(13) $\mathrm{d}\arcsin x = \dfrac{1}{\sqrt{1-x^2}}\mathrm{d}x$;

(14) $\mathrm{d}\arccos x = -\dfrac{1}{\sqrt{1-x^2}}\mathrm{d}x$;

(15) $\mathrm{d}\arctan x = \dfrac{1}{1+x^2}\mathrm{d}x$;

(16) $\mathrm{d}\operatorname{arccot} x = -\dfrac{1}{1+x^2}\mathrm{d}x。$

（二）函数的和、差、积、商的微分运算法则

(1) $d(u(x) \pm v(x)) = du(x) \pm dv(x)$；

(2) $d(u(x)v(x)) = v(x)du(x) + u(x)dv(x)$；

(3) $d(Cu(x)) = Cdu(x)$ （C 为常数）；

(4) $d\left(\dfrac{u(x)}{v(x)}\right) = \dfrac{v(x)du(x) - u(x)dv(x)}{v^2(x)}$　（$v(x) \neq 0$）。

（三）复合函数的微分法则

设函数 $y = f(u)$，u 为自变量，如果 $f(u)$ 可导，那么函数 y 的微分为

$$dy = f'(u)du。$$

如果 u 中间变量，$u = \varphi(x)$ 为 x 的可导函数，则复合函数 $y = f[\varphi(x)]$ 的微分为

$$dy = f'(u)\varphi'(x)dx。$$

由于　　　　　　　　　　　　$du = \varphi'(x)dx$，

所以　　　　　　　　　　　　$dy = f'(u)du。$

由此可见，不论 u 是自变量还是中间变量，函数 $y = f(u)$ 的微分总保持同一形式 $dy = f'(u)du$。这一性质称为一阶微分形式不变性。有时，我们利用一阶微分形式不变性求复合函数的微分比较方便。

【例 4】　求函数 $y = \cos\sqrt{x}$ 的微分。

解　令 $u = \sqrt{x}$，则 $y = \cos u$，应用一阶微分形式不变性，得

$$dy = (\cos u)'du = -\sin u du = -\sin\sqrt{x}\, d(\sqrt{x})$$

$$= -\sin\sqrt{x} \cdot \frac{1}{2\sqrt{x}}dx = -\frac{\sin\sqrt{x}}{2\sqrt{x}}dx。$$

在求复合函数的导数时，可以不写出中间变量。在求复合函数的微分时，类似地也可以不写出中间变量。应用一阶微分形式不变性求复合函数的微分，下面举例说明。

【例 5】　求函数 $y = \sqrt{\sin e^x}$ 的微分。

解　应用一阶微分形式不变性，有

$$dy = \frac{1}{2\sqrt{\sin e^x}}d(\sin e^x) = \frac{\cos e^x}{2\sqrt{\sin e^x}}d(e^x) = \frac{e^x\cos e^x}{2\sqrt{\sin e^x}}dx。$$

91

【例6】 求函数 $y = \mathrm{e}^{-2x} \cos 3x$ 的微分。

解 由积的微分法则,应用一阶微分形式不变性,有

$$\mathrm{d}y = \cos 3x \, \mathrm{d}(\mathrm{e}^{-2x}) + \mathrm{e}^{-2x} \mathrm{d}(\cos 3x) = \mathrm{e}^{-2x} \cos 3x \, \mathrm{d}(-2x) - \mathrm{e}^{-2x} \sin 3x \, \mathrm{d}(3x)$$

$$= -\mathrm{e}^{-2x}(2\cos 3x + 3\sin 3x)\mathrm{d}x。$$

【例7】 求由方程 $y \sin x = \cos(x - y)$ 所确定的隐函数 $y = f(x)$ 的微分 $\mathrm{d}y$。

解 对方程两边求微分,得

$$\mathrm{d}(y \sin x) = \mathrm{d}[\cos(x - y)],$$

$$\sin x \, \mathrm{d}y + y \cos x \, \mathrm{d}x = -\sin(x - y) \cdot (\mathrm{d}x - \mathrm{d}y),$$

于是
$$\mathrm{d}y = \frac{y \cos x + \sin(x - y)}{\sin(x - y) - \sin x} \mathrm{d}x。$$

四、微分在近似计算中的应用

我们已经知道,当函数 $y = f(x)$ 在 x_0 处可微,且 $|\Delta x|$ 较小时,我们有

$$\Delta y = f(x_0 + \Delta x) - f(x_0) \approx \mathrm{d}y \mid_{x=x_0} = f'(x_0)\Delta x, \tag{2-6}$$

上式也可表示为

$$f(x_0 + \Delta x) \approx f(x_0) + f'(x_0)\Delta x。 \tag{2-7}$$

如果 $f(x_0)$ 和 $f'(x_0)$ 都容易计算,那么可利用公式(2-6)和公式(2-7)进行近似计算。

【例8】 利用微分计算 $\arctan 1.05$ 的近似值。

解 设函数 $f(x) = \arctan x$,$f'(x) = \dfrac{1}{1 + x^2}$,当 $|\Delta x|$ 很小时,据公式(2-7),有

$$\arctan(x_0 + \Delta x) \approx \arctan x_0 + \frac{1}{1 + x_0^2}\Delta x。$$

取 $x_0 = 1$,$\Delta x = 0.05$,则有

$$\arctan 1.05 = \arctan(1 + 0.05) \approx \arctan 1 + \frac{1}{1 + 1^2} \times 0.05$$

$$= \frac{\pi}{4} + \frac{0.05}{2} \approx 0.810\ 4。$$

【例9】 计算函数 $y=x^3-x$ 在 $x=2$ 处,当 $\Delta x=0.01$ 时,改变量的近似值。

解 因为 $y'=3x^2-1$,所以 $\mathrm{d}y=y'\mathrm{d}x=(3x^2-1)\mathrm{d}x$。

取 $x_0=2$,$\Delta x=0.01$,据公式(2-6),函数改变量

$$\Delta y\approx\mathrm{d}y\mid_{x=2}=(3\times2^2-1)\times0.01=0.11。$$

【例10】 半径为 10 cm 的金属圆片加热后,半径伸长 0.05 cm,试问面积增大了多少?

解 设圆片的半径为 r,则面积 $A=\pi r^2$。令 $r_0=10$,$\Delta r=0.05$,由于 $|\Delta r|$ 较小,所以

$$\Delta A\approx\mathrm{d}A\mid_{r=10},$$
$$\mathrm{d}A=(\pi r^2)'\Delta r=2\pi r\Delta r,$$

得
$$\Delta A\approx2\pi\times10\times0.05=\pi(\mathrm{cm}^2)。$$

习 题 2-6

1. 求函数 $y=x(x^2-1)$ 在 $x=2$ 处,当 Δx 分别为 0.1 和 0.01 时的 Δy 及 $\mathrm{d}y$。

2. 求下列函数的微分:

(1) $y=\dfrac{1}{x}+\sqrt{x}$;   (2) $y=x\sin x$;

(3) $y=\dfrac{\cos x}{1-x^2}$;   (4) $y=(1+x-x^2)^3$;

(5) $y=\cos^2 x$;   (6) $y=\mathrm{e}^{-\frac{1}{x}}$;

(7) $y=x^2\sin 2x$;   (8) $y=\ln(1+\sqrt[3]{x^2})$;

(9) $y=\sqrt{1-x^2}$;   (10) $y=\mathrm{e}^x\sin^2 x$。

3. 求由下列方程所确定的隐函数 $y=f(x)$ 的微分 $\mathrm{d}y$:

(1) $xy=\mathrm{e}^{x+y}$;   (2) $\mathrm{e}^{xy}=2x+3y^3$;

(3) $2y-x=(x-y)\ln(x-y)$。

4. 利用微分,计算下列各式的近似值。

(1) $\sqrt[3]{8.02}$;   (2) $\ln 1.01$。

第七节　导数概念在经济中的应用

边际分析与弹性分析是经济学中研究市场供给、需求、消费行为和利益等问题的重要方法。利用边际与弹性的概念，可以描述和解释一些经济规律和经济现象。本节介绍边际分析与弹性分析的概念，并对经济学中的有关问题进行分析。

一、边际分析

（一）边际函数

定义 1　设函数 $y=f(x)$ 在点 x 处可导，则称导函数 $f'(x)$ 为函数 $f(x)$ 的**边际函数**。

边际函数反映了函数 $f(x)$ 在点 x 处的变化率。函数 $y=f(x)$ 在点 $x=x_0$ 处的导数 $f'(x_0)$ 也称为函数 $y=f(x)$ 在点 x_0 处的**边际函数值**。

由于 $\Delta y=f(x+\Delta x)-f(x)\approx \mathrm{d}y=f'(x)\Delta x$，所以当 $x=x_0$，$\Delta x=1$ 时，有

$$\Delta y=f(x_0+1)-f(x_0)\approx f'(x_0)。$$

因此，函数 $y=f(x)$ 在点 x_0 处的边际函数值的具体意义是：当 x 在点 x_0 处改变一个单位时，函数 $f(x)$ 近似地改变 $f'(x_0)$ 个单位。在应用问题中解释边际函数值的具体意义时，我们略去"近似"两个字。

【例 1】　求函数 $y=x^3+x-1$ 在 $x=2$ 处的边际函数值。

解　$y'=3x^2+1$，$y'|_{x=2}=13$，即 $x=2$ 处边际函数值为 13。它表示函数 y 在 $x=2$ 处，当 x 改变 1 个单位时，函数 y（近似）改变 13 个单位。

（二）边际需求与边际供给

定义 2　设需求函数 $Q=f(P)$ 可导，称其边际函数 $Q'=f'(P)$ 为**边际需求函数**，简称边际需求。

当 $\Delta P=1$ 时，$\Delta Q=f(P+1)-f(P)\approx f'(P)$。由于需求函数 $f(P)$ 是单调减少函数，所以 $f'(P)<0$。$f'(P_0)$ 是当价格为 P_0 时的边际需求，其经济意义为：当价格达到 P_0 时，如果价格上涨（下跌）1 个单位，需求将减少（增加）$|f'(P_0)|$ 个单位。

【例 2】　已知需求函数 $Q=15-\dfrac{P^2}{4}$，求边际需求和价格 $P=10$ 时的边际需求。

解　边际需求为 $Q'=-\dfrac{P}{2}$，当 $P=10$ 时，$Q'(10)=-5$。它表示当 $P=10$ 时，价格上涨（下跌）1 个单位，需求将减少（增加）5 个单位。

定义 3 设供给函数 $Q = \varphi(P)$ 可导, 称其边际函数 $Q' = \varphi'(P)$ 为**边际供给函数**, 简称**边际供给**。

当 $\Delta P = 1$ 时, $\Delta Q = \varphi(P+1) - \varphi(P) \approx \varphi'(P)$。 由于供给函数 $\varphi(P)$ 是价格的单调增加函数, 所以 $\varphi'(P) > 0$。$\varphi'(P_0)$ 是当价格为 P_0 时的边际供给, 其经济意义为: 当价格达到 P_0 时, 如果价格上涨(下跌)1 个单位, 供给将增加(减少)$\varphi'(P_0)$ 个单位。

【例 3】 已知供给函数 $Q = \dfrac{P^2}{6}$, 求边际供给 Q' 和价格 $P = 6$ 时的边际供给 $Q'(6)$。

解 边际供给为 $Q' = \dfrac{P}{3}$, 当 $P = 6$ 时, $Q'(6) = 2$。它表示当 $P = 6$ 时, 价格上涨(下跌)1 个单位, 供给将增加(减少)2 个单位。

(三)边际成本、边际收益和边际利润

定义 4 设成本函数 $C = C(Q)$ 可导, 称其边际函数 $C' = C'(Q)$ 为**边际成本函数**, 简称**边际成本**。

因为当 $\Delta Q = 1$ 时, $\Delta C = C(Q+1) - C(Q) \approx C'(Q)$, 所以 $C'(Q_0)$ 是当产量为 Q_0 时的边际成本, 其经济意义为: 当产量达到 Q_0 时, 如果产量增加(减少)1 个单位产品, 则成本将增加(减少)$C'(Q_0)$ 个单位。

设收益函数 $R = R(Q)$ 可导, 称其边际函数 $R' = R'(Q)$ 为**边际收益函数**, 简称**边际收益**。

因为当 $\Delta Q = 1$ 时, $\Delta R = R(Q+1) - R(Q) \approx R'(Q)$, 所以 $R'(Q_0)$ 为当商品销售量为 Q_0 时的边际收益, 其经济意义为: 当销售量达到 Q_0 时, 如果商品销售量增加(减少)1 个单位, 则收益将增加(减少)$R'(Q_0)$ 个单位。

设利润函数 $L = L(Q)$ 可导, 称其边际函数 $L' = L'(Q)$ 为**边际利润函数**, 简称**边际利润**。

因为当 $\Delta Q = 1$ 时, $\Delta L = L(Q+1) - L(Q) \approx L'(Q)$, 所以 $L'(Q_0)$ 是当产量为 Q_0 时的边际利润, 其经济意义为: 当产量达到 Q_0 时, 如果产量增加(减少)1 个单位产品, 则利润将增加(减少)$L'(Q_0)$ 个单位。

在产销平衡时, 成本、收益和利润之间关系为:

$$L(Q) = R(Q) - C(Q),$$

所以有

$$L'(Q) = R'(Q) - C'(Q),$$

即边际利润等于边际收益与边际成本之差。

【例 4】 已知某商品的收益函数 $R(Q)=75Q-Q^2$，成本函数 $C(Q)=100+2Q^2$，求当 $Q=10$ 时的边际收益、边际成本和边际利润，并说明其经济意义。

解 边际收益：$R'(Q)=75-2Q$，

边际成本：$C'(Q)=4Q$，

边际利润：$L'(Q)=R'(Q)-C'(Q)=75-6Q$。

$R'(10)=75-2\times10=55$，其经济意义是：当销售量 $Q=10$ 时，销售量增加（减少）1 个单位，则收益将增加（减少）55 个单位。

$C'(10)=4\times10=40$，其经济意义是：当产量 $Q=10$ 时，产量增加（减少）1 个单位，则成本将增加（减少）40 个单位。

$L'(10)=75-6\times10=15$，其经济意义是：当产量 $Q=10$ 时，产量增加（减少）1 个单位，则利润将增加（减少）15 个单位。

二、弹性分析

(一) 弹性函数

边际分析中考虑的函数改变量与函数变化率是绝对增量与绝对变化率。实践告诉我们，仅仅研究函数的绝对增量与绝对变化率是不够的。例如，商品甲每单位价格 10 元，涨价 1 元；商品乙每单位价格 1 000 元，也涨价 1 元。此时，两种商品价格的绝对增量都是 1 元，但与其原价相比，两者涨价的百分比却有很大的不同，商品甲涨价了 10%，而商品乙涨了 0.1%。因此，我们有必要研究函数的相对增量与相对变化率。

定义 5 设函数 $y=f(x)$ 是在区间 (a,b) 内可导，且在 (a,b) 内 $f(x)\neq0$，函数的相对增量 $\dfrac{\Delta y}{y}=\dfrac{f(x+\Delta x)-f(x)}{f(x)}$ 与自变量的相对增量 $\dfrac{\Delta x}{x}$ 之比，当 $\Delta x\to0$ 时的极限，称为函数 $f(x)$ 的**弹性函数**，记为 $E(x)$，即

$$E(x)=\lim_{\Delta x\to0}\left[\frac{f(x+\Delta x)-f(x)}{f(x)}\Big/\frac{\Delta x}{x}\right]=\lim_{\Delta x\to0}\left[\frac{f(x+\Delta x)-f(x)}{\Delta x}\cdot\frac{x}{f(x)}\right]$$

$$=f'(x)\cdot\frac{x}{f(x)}。$$

弹性函数反映了函数 $f(x)$ 在点 x 处的相对变化率，即 $E(x)$ 反映了随 x 的变化，函数 $f(x)$ 变化幅度的大小，也就是 $f(x)$ 对 x 变化反应的敏感程度。

在 $x=x_0$ 时，弹性函数值 $E(x_0)=f'(x_0)\cdot\dfrac{x_0}{f(x_0)}$ 称为 **$f(x)$ 在 x_0 处的弹性值**，简称弹性。

$E(x_0)$ 表示在点 x_0 处,当 x 变动 1% 时,函数 $f(x)$ 的值近似地变动 $E(x_0)\%$。在应用问题中解释弹性的具体意义时,我们也略去"近似"两个字。

【例 5】 求函数 $y = 2e^{3x}$ 的弹性函数 $E(x)$ 及 $x = 2$ 时的弹性 $E(2)$。

解 $y' = 6e^{3x}$,

$$E(x) = x \cdot \frac{f'(x)}{f(x)} = x \cdot \frac{6e^{3x}}{2e^{3x}} = 3x,$$

$$E(2) = 3 \times 2 = 6,$$

它表示在 $x = 2$ 处,当 x 变动 1% 时,函数 y 的值近似地变动 6%。

(二)需求弹性和供给弹性

下面讨论需求与供给对价格的弹性。

定义 6 设某商品需求函数 $Q = f(P)$ 在 P 处可导,则称需求函数的弹性函数 $f'(P) \cdot \dfrac{P}{f(P)}$ 为商品在价格 P 处的**需求弹性**,就为 $\eta(P)$ 或 η,即

$$\eta = \eta(P) = f'(P) \cdot \frac{P}{f(P)}。$$

注:由于需求函数 $Q = f(P)$ 是价格 P 的单调减少函数,于是 $\eta(P) \leqslant 0$。

需求弹性的经济意义为:当价格 $P = P_0$ 时,如果价格上涨(下跌)1%,则需求将减少(增加)$|\eta(P_0)|\%$。当 $|\eta(P_0)| > 1$ 时,称需求是高弹性;$|\eta(P_0)| < 1$ 时,称需求是低弹性;当 $|\eta(P_0)| = 1$ 时,表明商品价格 P 与需求量的变动是同步的。

【例 6】 设市场需求 Q 是价格 P 的函数,$Q = e^{-\frac{P}{5}}$,求需求弹性及 $P = 3$,$P = 5$,$P = 8$ 时的需求弹性,并说明其经济意义。

解 $Q' = -\dfrac{1}{5}e^{-\frac{P}{5}}$,$\eta(P) = f'(P) \cdot \dfrac{P}{f(P)} = -\dfrac{1}{5}e^{-\frac{P}{5}} \cdot \dfrac{P}{e^{-\frac{P}{5}}} = -\dfrac{P}{5}$。

又 $\eta(3) = -\dfrac{3}{5} = -0.6$,$\eta(5) = -\dfrac{5}{5} = -1$,$\eta(8) = -\dfrac{8}{5} = -1.6$。

$\eta(3) = -0.6$,说明 $P = 3$ 时,价格上涨(下跌)1%,则需求将减少(上涨)0.6%。

$\eta(5) = -1$,说明 $P = 5$ 时,价格上涨(下跌)1%,则需求将减少(上涨)1%。

$\eta(8) = -1.6$,说明价格上涨(下跌)1%,则需求将减少(上涨)1.6%。

定义 7 设某商品供给函数 $Q = \varphi(P)$ 在 P 处可导,则称供给函数的弹性函数 $\varphi'(P) \cdot \dfrac{P}{\varphi(P)}$ 为该商品在 P 处的**供给弹性**。记作 $\varepsilon(P)$ 或 ε,即

$$\varepsilon = \varepsilon(P) = \varphi'(P) \cdot \frac{P_0}{\varphi(P)}。$$

注：由于供给函数 $Q = \varphi(P)$ 是价格 P 的单调增加函数，于是 $\varepsilon(P) \geqslant 0$。

供给弹性的经济意义为：当价格 $P = P_0$ 时，如果价格上涨（下跌）1%，则供给将增加（减少）$\varepsilon(P_0)\%$。

【例 7】 设某商品供给函数 $Q = 5 + 2P$，求供给弹性函数及 $P = 3$ 时的供给弹性，并说明其经济意义。

解 $\varepsilon(P) = \varphi'(P) \cdot \dfrac{P}{\varphi(P)} = 2 \cdot \dfrac{P}{5 + 2P} = \dfrac{2P}{5 + 2P}$，

$\varepsilon(3) = \dfrac{6}{11} \approx 0.545\ 5$，说明当 $P = 3$ 时，价格上涨（下降）1%，供给将增加（减少）$0.545\ 5\%$。

（三）收益弹性及其与需求弹性的关系

定义 8 设商品的收益函数 $R(P)$ 在 P 处可导，则称收益函数的弹性函数，$R'(P) \cdot \dfrac{P}{R(P)}$ 为该商品在价格 P 处的**收益弹性**，记为 $E(P)$，即

$$E(P) = R'(P) \cdot \frac{P}{R(P)}。$$

设需求函数为 $Q = f(P)$，而收益 R 是商品价格 P 与销售量 Q 的乘积，即

$$R = P \cdot Q = Pf(P)$$

于是 $R' = f(P) + Pf'(P) = f(P)\left[1 + f'(P)\dfrac{P}{f(P)}\right] = f(P)(1 + \eta)$

所以，收益弹性为

$$E(P) = R'(P) \cdot \frac{P}{R(P)} = f(P)(1 + \eta) \cdot \frac{P}{Pf(P)} = 1 + \eta$$

由此，我们就得到了收益弹性与需求弹性的如下关系：在任何价格下，收益弹性与需求弹性之差等于 1，即

$$E(P) - \eta = 1$$

那么，就可利用需求弹性来分析收益的变化。

⑴ 若 $|\eta| < 1$，需求变动的幅度小于价格变动幅度。此时，收益弹性 $E(P) > 0$，则价格上涨（下跌）1%，收益增加（减少）$(1 + \eta)\%$。

(2) 若 $|\eta|>1$，需求变动的幅度大于价格变动幅度。此时，收益弹性 $E(P)<0$，则价格上涨(下跌)1%，收益减少(增加) $|1+\eta|$%。

(3) 若 $|\eta|=1$，需求变动的幅度等于价格变动幅度。此时，收益弹性 $E(P)=0$，则价格上涨(下跌)1%，而收益不变。

【例8】 设某商品需求函数 $Q=16-\dfrac{P}{3}$，求：(1) 需求弹性函数；(2) $P=8$ 时的需求弹性；(3) $P=8$ 时，若价格上涨 1%，收益增加还是减少？将变化百分之几？

解 (1) $\eta(P)=Q'\cdot\dfrac{P}{Q}=-\dfrac{1}{3}\cdot\dfrac{P}{16-\dfrac{P}{3}}=-\dfrac{P}{48-P}$。

(2) $\eta(8)=-\dfrac{8}{48-8}=-\dfrac{1}{5}$。

(3) 因为 $|\eta(8)|=\dfrac{1}{5}<1$，所以价格上涨 1%，收益将增加。

由需求弹性可得收益弹性为

$$E(8)=1+\eta(8)=1-\dfrac{1}{5}=0.8,$$

所以当 $P=8$ 时，价格上涨 1%，收益将增加 0.8%。

习 题 2-7

1. 某产品的成本函数 $C=C(Q)=1\,100+\dfrac{1}{1\,200}Q^2$，求生产 900 个单位产品时的边际成本，并说明其经济意义。

2. 生产某产品 Q 单位的收益函数为 $R=R(Q)=200Q-\dfrac{1}{100}Q^2$，求生产 50 个单位产品时的边际收益，并说明其经济意义。

3. 某工厂生产某种产品，每天的收益 R(单位：元)与产量 Q(单位：吨)的函数关系为 $R(Q)=250Q$，而成本函数 $C(Q)=5Q^2+100$。分别求生产 20 吨、25 吨和 30 吨时边际利润，并说明其经济意义。

4. 设某商品需求量 Q 与价格 P 的函数关系为 $Q=1\,600\left(\dfrac{1}{4}\right)^P$，求需求弹性函数

及 $P=2$ 时的需求弹性,并说明其经济意义。

5. 设某商品的供给函数 $Q=2+3P$,求供给弹性函数及 $P=3$ 时的供给弹性,并说明其经济意义。

6. 设某商品的需求函数 $Q=45+2P-P^2$,求

(1) $P=4$ 时的边际需求、需求弹性,并说明其经济意义。

(2) $P=4$ 时的收益弹性。价格 $P=4$ 时价格上涨 1%,收益增加还是减少? 将变化百分之几?

复 习 题 二

1. 单项选择题。

(1) 函数 $f(x)$ 在点 x_0 处连续,是它在 x_0 处可导的(　　　)。

    a. 必要条件;   b. 充分条件;

    c. 充要条件;   d. 无关条件。

(2) 函数 $f(x)=x\arcsin x$,则 $f'(0)=($　　　$)$。

    a. -1;   b. 0;

    c. $\dfrac{\pi}{2}$;   d. π。

(3) 若 $f(x)$ 为可微函数,设自变量在 x 取得改变量 Δx,相应地函数 $f(x)$ 取得变理 Δy,当 $\Delta x \to 0$ 时,则在点 x 处的 $\Delta y - \mathrm{d}y$ 是关于 Δx 的(　　　)。

    a. 高阶无穷小;   b. 等价无穷小;

    c. 低阶无穷小;   d. 不可以比较。

(4) 下列函数中,在 $x=0$ 处可导的是(　　　)。

    a. $f(x)=|x|$;   b. $f(x)=|x+1|$;

    c. $f(x)=|\sin x|$;   d. $f(x)=\begin{cases} x^2 & x \leqslant 0, \\ x & x>0. \end{cases}$

(5) 设函数 $y=x(x-1)(x-2)(x-3)(x-4)(x-5)$,$y'|_{x=0}=($　　　$)$。

    a. 0;   b. $-5!$;

    c. -5;   d. -15。

2. 填空题。

(1) $\lim\limits_{\Delta x \to 0} \dfrac{(2+\Delta x)^2 - 4}{\Delta x} = $ _____。

（2）函数 $f(x)$ 在 x_0 处可导，则 $f(x)$ 在点 x_0 处的左、右导数_____。

（3）函数 $f(x)=|x|+8$ 在 $x=0$ 处的导数_____。

（4）如果 $y=ax^2+bx(a、b$ 为常数），自变量在 x 处取得改变量为 Δx，相应地函数取得改变量 $\Delta y=$ _____。

（5）曲线 $y=\tan x$ 在 $\left(\dfrac{\pi}{4},1\right)$ 点处的切线斜率为_____。

3. 根据导数的定义，求函数 $y=x^2+3x-1$ 的导数。

4. 一质点作直线运动，它所经过的路程和时间的关系是 $s=3t^2+1$，求 $t=2$ 时的瞬时速度。

5. 在曲线 $y=x^3$ 上哪一点处的切线平行于直线 $y=3x-1$？

6. 讨论函数

$$f(x)=\begin{cases}2x-3, & x\leqslant 1,\\ x^2-2x, & x>1。\end{cases}$$

在 $x=1$ 处的连续性和可导性。

7. 如果 $f(x)$ 为偶函数，且 $f'(0)$ 存在，证明 $f'(0)=0$。

8. 设函数 $y=(1+x^3)\left(5-\dfrac{1}{x^2}\right)$，试求 $y'(1)$。

9. 求下列函数的导数。

（1）$y=\sqrt{2}(x^2-\sqrt{x}+4)$；

（2）$y=x^2\ln x$；

（3）$y=\dfrac{e^x}{x^2+x}$；

（4）$y=e^{ax}\cdot\sin bx$ （a,b 为常数）；

（5）$y=\sin(\ln x)$；

（6）$y=\ln^2\cos x$；

（7）$y=(\ln x)^x,(x>1)$；

（8）$y=(\sin x)^{\cos x}$。

10. 求下列隐函数的导数 $\dfrac{\mathrm{d}y}{\mathrm{d}x}\Big|_{\substack{x=0\\y=1}}$。

（1）$x^2+y^2-xy=1$；

（2）$e^y+xy-e=0$。

11. 求下列函数的二阶导数。

（1）$y=xe^x$；

（2）$y=\dfrac{1}{x^3+1}$。

12. 求下列各函数的微分 dy。

(1) $y = x\sqrt{1-x^2}$；

(2) $y = 3^{\sin x}$。

13. 求下列隐函数的微分 dy。

(1) $x + y = e^{xy}$；

(2) $x^2 y^2 = \cos(xy)$。

14. 设某产品的售价为 200 元/件，成本函数为

$$C(Q) = 5\,000 - 60Q + \frac{1}{20}Q^2$$

求(1) 边际成本。(2) 利润函数。(3) 边际利润。

15. 设某商品需求函数为 $Q = e^{-\frac{P}{4}}$，求需求弹性函数及 $P = 3$，$P = 4$，$P = 5$ 时的需求弹性。

16. 某商品需求函数为

$$Q(P) = 75 - P^2,$$

求 $P = 4$ 时的边际需求、需求弹性、收益弹性，并说明其经济意义。

第三章　微分中值定理与导数的应用

微分中值定理是微分学的理论基础,揭示了函数与导数之间的关系,是利用导数的局部性研究函数在区间上整体性的主要工具,是导数应用的理论基础。本章在介绍微分中值定理后,讨论应用导数求未定式极限的洛必达法则,应用导数来研究函数及曲线的某些性态:函数的单调性、极值及曲线的凹凸与拐点,函数图形的描绘,并介绍极值在经济效益最优化方面的应用。

第一节　微分中值定理

微分中值定理包括罗尔定理、拉格朗日中值定理、柯西中值定理,本节介绍这三个中值定理。

一、罗尔定理

我们首先看一个几何事实。

设函数 $y=f(x)$ 在区间 $[a,b]$ 上的图形是一条连续曲线,在区间 (a,b) 上每点处都有不垂直 x 轴的切线,且在区间 $[a,b]$ 的两个端点的函数值相等,即 $f(a)=f(b)$。如图 3.1 所示。我们发现在曲线的最高点或最低点处,曲线有水平的切线,即点 C 处的导数 $f'(\xi)=0$。如果用数学语言描述这个几何事实,就得如下的罗尔定理。

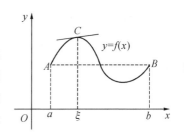

图 3.1　一个几何事实

定理 1(罗尔定理)　如果函数 $f(x)$ 满足:在闭区间 $[a,b]$ 上连续,在开区间 (a,b) 内可导,且 $f(a)=f(b)$。则在 (a,b) 内至少存在一点 $\xi(a<\xi<b)$,使得 $f'(\xi)=0$。

证明　因为函数 $f(x)$ 在闭区间 $[a,b]$ 上连续,所以函数 $f(x)$ 在该区间上必有最大值 M 和最小值 m。对此可有如下两种情况:

(1) 如果 $m<M$,则在 m 和 M 中至少有一个不等于端点处的函数值 $f(a)=f(b)$。不妨设 $M\neq f(a)$,那么在开区间 (a,b) 内至少存在一点 ξ,使得 $f(\xi)=M$,自

变量 x 在点 ξ 处取得改变量 Δx，于是恒有

$$f(\xi + \Delta x) \leqslant f(\xi) \quad \xi + \Delta x \in (a, b)。$$

当 $\Delta x > 0$ 时，$\dfrac{f(\xi + \Delta x) - f(\xi)}{\Delta x} \leqslant 0$。

由 $f'(\xi)$ 的存在及函数极限的保号性，有

$$f'_{+}(\xi) = \lim_{\Delta x \to 0^{+}} \frac{f(\xi + \Delta x) - f(\xi)}{\Delta x} \leqslant 0。$$

同理，当 $\Delta x < 0$ 时，$\dfrac{f(\xi + \Delta x) - f(\xi)}{\Delta x} \geqslant 0$，有

$$f'_{-}(\xi) = \lim_{\Delta x \to 0^{-}} \frac{f(\xi + \Delta x) - f(\xi)}{\Delta x} \geqslant 0。$$

因为 $f'(\xi)$ 存在，$f'(\xi) = f'_{+}(\xi) = f'_{-}(\xi)$，故

$$f'(\xi) = 0。$$

(2) 如果 $m = M$，则函数 $f(x)$ 在区间 $[a, b]$ 上恒等于常数 M，而常数的导数为零，故此时区间 (a, b) 内任意一点都可作为 ξ，使得 $f'(\xi) = 0$。

【例1】 函数 $f(x) = x^2 - 2x + 3$ 在 $[-1, 3]$ 上是否满足罗尔定理的所有条件？如果满足，求出定理结论中的数值 ξ。

解 函数 $f(x)$ 在 $[-1, 3]$ 上连续，函数 $f(x)$ 在 $(-1, 3)$ 内可导，且 $f'(x) = 2x - 2$，又 $f(-1) = f(3) = 0$，所以函数 $f(x)$ 在 $[-1, 3]$ 上满足罗尔定理的三个条件，且存在 $\xi = 1$，$1 \in (-1, 3)$，使 $f'(\xi) = 0$。

应当注意，罗尔定理的三个条件是充分的，即如果满足罗尔定理的三个条件，则定理的结论一定成立。但如果罗尔定理的三个条件不完全满足的话，则定理的结论不一定成立。

二、拉格朗日中值定理

如果函数 $y = f(x)$ 不满足罗尔定理中条件 $f(a) = f(b)$，其余的条件满足，从图 3.2 显示的几何事实可知，当 $f(a) \neq f(b)$ 时，弦 AB 是斜线，此时连续曲线 $y = f(x)$ 上存在点 C，曲线在点 C 的切线平行于弦 AB，由于曲线在点 C 处切线的斜率为 $f'(\xi)$，弦 AB 的斜率为 $\dfrac{f(b) - f(a)}{b - a}$，因此

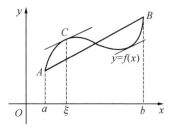

图 3.2 一个几何事实

$$f'(\xi) = \frac{f(b)-f(a)}{b-a}$$

由此得如下定理。

定理 2(拉格朗日中值定理) 如果函数 $f(x)$ 在闭区间 $[a,b]$ 上连续,在开区间 (a,b) 内可导,则在 (a,b) 内至少存在一点 ξ $(a<\xi<b)$,使得

$$f'(\xi) = \frac{f(b)-f(a)}{b-a} \tag{3-1}$$

或 $$f(b)-f(a)=f'(\xi)(b-a)。$$

拉格朗日中值定理比罗尔定理少了端点处函数值相等的条件,可见罗尔定理是拉格朗日中值定理的特殊情况。

由于罗尔定理与拉格朗日中值定理之间的关系,我们考虑应用罗尔定理来证明拉格朗日中值定理。弦 AB 的端点与曲线 $y=f(x)$ 的端点处重合,那么对任意 $x\in[a,b]$,曲线 $y=f(x)$ 上对应点的纵坐标与弦 AB 上对应点的纵坐标之差是 x 的函数,记为 $F(x)$。

弦 AB 的方程为

$$y-f(a) = \frac{f(b)-f(a)}{b-a}(x-a),$$

即

$$y = f(a) + \frac{f(b)-f(a)}{b-a}(x-a),$$

从而函数 $F(x)$ 为

$$F(x) = f(x) - \left[f(a) + \frac{f(b)-f(a)}{b-a}(x-a) \right]。$$

显然,$F(x)$ 满足 $F(a)=F(b)=0$,由此利用辅助函数 $F(x)$ 来证明拉格朗日中值定理。

证明 作辅助函数

$$F(x) = f(x) - f(a) - \frac{f(b)-f(a)}{b-a}(x-a)。$$

容易验证函数 $F(x)$ 满足罗尔定理的条件:$F(x)$ 在 $[a,b]$ 上连续;$F(a)=F(b)=0$;在 (a,b) 内可导,且

$$F'(x) = f'(x) - \frac{f(b)-f(a)}{b-a},$$

根据罗尔定理,可知至少存在一点 $\xi \in (a, b)$,使 $F'(\xi) = 0$,即

$$f'(\xi) - \frac{f(b)-f(a)}{b-a} = 0。$$

从而

$$f'(\xi) = \frac{f(b)-f(a)}{b-a},$$

或

$$f(b) - f(a) = f'(\xi)(b-a)。$$

拉格朗日中值定理又称为微分学基本定理,是微积分中最重要的定理之一。

由拉格朗日中值定理可以得到如下两个推论。

推论 1 如果函数 $f(x)$ 在区间 (a, b) 内任意点 x 处的导数 $f'(x)$ 都等于零,则 $f(x)$ 在区间 (a, b) 内是一个常数。

证明 设 x_1,x_2 是区间 (a, b) 内任意两点,并且 $x_1 < x_2$,则函数 $f(x)$ 在区间 $[x_1, x_2]$ 上满足拉格朗日中值定理的条件,故有

$$f(x_2) - f(x_1) = f'(\xi)(x_2 - x_1), \quad \xi \in (x_1, x_2)。$$

由假设可知,$f'(\xi) = 0$,所以 $f(x_1) = f(x_2)$。这表明区间 (a, b) 内任意两点的函数值都相等,所以函数 $f(x)$ 在区间 (a, b) 内是一个常数。

推论 2 如果函数 $f(x)$ 与 $g(x)$ 在区间 (a, b) 内每一点的导数都相等,则函数 $f(x)$ 与 $g(x)$ 在 (a, b) 内至多相差一个常数,即 $f(x) = g(x) + C$(C 是常数)。

证明 根据条件,在区间 (a, b) 内有 $f'(x) = g'(x)$,于是

$$[f(x) - g(x)]' = f'(x) - g'(x) = 0。$$

由推论 1 可知,在区间 (a, b) 内有 $f(x) - g(x) = C$(C 为常数)。

【例 2】 验证拉格朗日中值定理对函数 $f(x) = x + \sin x$ 在区间 $\left[0, \dfrac{\pi}{2}\right]$ 上的正确性。

解 因为函数 $f(x)$ 连续,在 $\left(0, \dfrac{\pi}{2}\right)$ 上可导,且 $f'(x) = 1 + \cos x$,所以在 $\left[0, \dfrac{\pi}{2}\right]$ 上函数 $f(x)$ 满足拉格朗日中值定理的条件,又 $f(0) = 0$,$f\left(\dfrac{\pi}{2}\right) = \dfrac{\pi}{2} + 1$。

106

由中值定理,有

$$\left(\frac{\pi}{2}+1\right)-0=(1+\cos\xi)\left(\frac{\pi}{2}-0\right),$$

即

$$\cos\xi=\frac{2}{\pi}。$$

于是

$$\xi=\arccos\frac{2}{\pi}\in\left(0,\frac{\pi}{2}\right),$$

【例3】 证明恒等式 $\arcsin x + \arccos x = \frac{\pi}{2}$ 成立($x\in[-1,1]$)。

证明 设函数 $f(x)=\arcsin x + \arccos x$,则导数

$$f'(x)=\frac{1}{\sqrt{1-x^2}}-\frac{1}{\sqrt{1-x^2}}=0 \quad x\in(-1,1)。$$

根据推论1可知,在区间$(-1,1)$内有

$$f(x)=\arcsin x + \arccos x = C。$$

令$x=0$,可得 $f(0)=\arcsin 0 + \arccos 0 = 0 + \frac{\pi}{2} = C$,即 $C=\frac{\pi}{2}$,于是

$$\arcsin x + \arccos x = \frac{\pi}{2} \quad x\in(-1,1),$$

又因为当 $x=-1$ 和 $x=1$ 时,上式也成立,故有

$$\arcsin x + \arccos x = \frac{\pi}{2} \quad x\in[-1,1]。$$

【例4】 证明不等式 $\ln(1+x)-\ln x > \frac{1}{1+x}$($x>0$)成立。

证明 设函数 $f(x)=\ln x$,$x>0$。函数 $f(x)$ 在$[x,1+x]$上满足拉格朗日中值定理的条件,因此存在 $\xi\in(x,1+x)$,使得

$$f(1+x)-f(x)=f'(\xi)(1+x-x),\xi\in(x,1+x),$$

即

$$\ln(1+x)-\ln x = \frac{1}{\xi}。$$

又因为 $0<x<\xi<1+x$,于是得

$$\ln(1+x)-\ln x > \frac{1}{1+x},x>0。$$

107

三、柯西中值定理

定理 3(柯西中值定理) 如果函数 $f(x)$ 及 $g(x)$ 在闭区间 $[a,b]$ 上连续,在开区间 (a,b) 内可导,且在 (a,b) 内每一点处 $g'(x) \neq 0$,则在 (a,b) 内至少存在一点 ξ $(a < \xi < b)$,使得

$$\frac{f(b)-f(a)}{g(b)-g(a)} = \frac{f'(\xi)}{g'(\xi)}. \tag{3-2}$$

证明 由假设,(a,b) 内每一点处 $g'(x) \neq 0$,可以判定 $g(a) \neq g(b)$。否则,如果 $g(a) = g(b)$,则函数 $g(x)$ 满足罗尔定理的条件,从而存在一点 ξ,$\xi \in (a,b)$,使 $g'(\xi) = 0$,于是与 $g'(x) \neq 0$ 矛盾。

作辅助函数

$$F(x) = f(x) - f(a) - \frac{f(b)-f(a)}{g(b)-g(a)}[g(x)-g(a)].$$

容易验证函数 $F(x)$ 满足罗尔定理的条件,从而在 (a,b) 内至少存在一点 ξ,使 $F'(\xi) = 0$,即

$$F'(\xi) = f'(\xi) - \frac{f(b)-f(a)}{g(b)-g(a)} \cdot g'(\xi) = 0,$$

从而

$$\frac{f(b)-f(a)}{g(b)-g(a)} = \frac{f'(\xi)}{g'(\xi)}.$$

说明: 在拉格朗日中值定理和柯西中值定理的证明中,根据命题的特征与需求,都构造了一个辅助函数,在数学命题的证明中这是一种常用的方法。

显然,若取函数 $g(x) = x$,则 $g(b) - g(a) = b - a$,$g'(x) = 1$,因而,柯西中值定理就变成拉格朗日中值定理了,所以柯西中值定理是拉格朗日中值定理的推广。

【例 5】 设函数 $f(x)$ 在 $[0,1]$ 上连续,在 $(0,1)$ 内可导。试证明至少存在一点 $\xi \in (0,1)$ 使

$$f'(\xi) = 2\xi[f(1)-f(0)],$$

分析 题设结论可变形为

$$\frac{f(1)-f(0)}{1-0} = \frac{f'(\xi)}{2\xi} = \frac{f'(x)}{(x^2)'}\bigg|_{x=\xi}.$$

这是关于函数 $f(x)$,$g(x) = x^2$ 在区间 $[0,1]$ 上柯西中值定理的结论。

证明　设函数 $g(x)=x^2$,则函数 $f(x)$, $g(x)$ 在 $[0,1]$ 上满足柯西中值定理的条件,所以在 $(0,1)$ 内至少存在一点 ξ,使

$$\frac{f(1)-f(0)}{1-0}=\frac{f'(\xi)}{2\xi}。$$

即
$$f'(\xi)=2\xi[f(1)-f(0)]。$$

习　题　3-1

1. 下列函数在给定的区间上是否满足罗尔定理的条件? 如果满足就求出定理中的 ξ 值。

(1) $f(x)=2x^2-2x$ 　　　　　$[0,1]$;

(2) $f(x)=(x-4)^2$ 　　　　　$[-2,4]$;

(3) $f(x)=x\sqrt{3-x}$ 　　　　　$[0,3]$;

(4) $f(x)=\sin x$ 　　　　　$[-\pi,\pi]$。

2. 下列函数在给定区间上是否满足拉格朗日中值定理的条件? 如果满足,就求出定理中的 ξ 值。

(1) $f(x)=\ln x$ 　　　　　$[1,2]$;

(2) $f(x)=\sqrt{x}$ 　　　　　$[1,4]$;

(3) $f(x)=\arctan x$ 　　　　　$[0,1]$;

(4) $f(x)=x^3-5x^2+x-2$ 　　　$[-1,0]$。

3. 函数 $f(x)=x^3$ 与 $g(x)=x^2+1$ 在区间 $[1,2]$ 上是否满足柯西中值定理的所有条件? 如满足,请求出满足定理的数值 ξ。

4. 设函数 $f(x)$ 在 $[0,1]$ 上连续,在 $(0,1)$ 内可导,且 $f(1)=0$。求证:存在 $\xi\in(0,1)$,使

$$f'(\xi)=-\frac{f(\xi)}{\xi}。$$

5. 证明下列不等式。

(1) $|\arctan x_2-\arctan x_1|\leqslant|x_2-x_1|$;

(2) $\dfrac{x}{1+x}<\ln(1+x)<x \quad (x>0)$。

6. 设函数 $f(x)=(x-1)(x-2)(x-3)(x-4)$，不求导数，判断方程 $f'(x)=0$ 有几个实根，以及实根所在的区间。

第二节　洛必达法则

在第一章，我们曾给出一些求未定式极限的方法，本节我们应用微分中值定理给出一个以导数为工具求未定式极限的法则——洛必达法则。

一、$\dfrac{0}{0}$型未定式

定理 4(洛必达法则 I)　如果函数 $f(x)$ 与 $g(x)$ 满足下列条件：

(1) $\lim\limits_{x\to a}f(x)=0,\lim\limits_{x\to a}g(x)=0$。

(2) 在点 a 的某个去心邻域内，$f'(x)$ 及 $g'(x)$ 都存在，且 $g'(x)\neq 0$。

(3) $\lim\limits_{x\to a}\dfrac{f'(x)}{g'(x)}=A$（或 ∞）。

则

$$\lim_{x\to a}\frac{f(x)}{g(x)}=\lim_{x\to a}\frac{f'(x)}{g'(x)}=A\quad（\text{或}\,\infty）。$$

证明　因为极限 $\lim\limits_{x\to a}\dfrac{f(x)}{g(x)}$ 是否存在与 $f(a)$ 和 $g(a)$ 取何值无关，故可补充定义

$$f(a)=g(a)=0。$$

于是，由(1)，(2)可知，函数 $f(x)$ 及 $g(x)$ 在点 a 的某一邻域内是连续的。设 x 是该邻域内任意一点($x\neq a$)，则 $f(x)$ 及 $g(x)$ 在以 x 及 a 为端点的区间上，满足柯西中值定理的条件，从而存在 ξ(ξ 介于 x 与 a 之间)，使得

$$\frac{f(x)}{g(x)}=\frac{f(x)-f(a)}{g(x)-g(a)}=\frac{f'(\xi)}{g'(\xi)}。$$

当 $x\to a$ 时，有 $\xi\to a$，所以

$$\lim_{x\to a}\frac{f(x)}{g(x)}=\lim_{\xi\to a}\frac{f'(\xi)}{g'(\xi)}=A\quad（\text{或}\,\infty）。$$

【例 1】　求 $\lim\limits_{x\to 0}\dfrac{e^x-\cos x}{2x}$。

解　此例是 $\dfrac{0}{0}$ 型未定式，应用洛必达法则 I，求得

$$\lim_{x \to 0} \frac{e^x - \cos x}{2x} \overset{\frac{0}{0}}{=\!=} \lim_{x \to 0} \frac{(e^x - \cos x)'}{(2x)'} = \lim_{x \to 0} \frac{e^x + \sin x}{2} = \frac{1}{2}。$$

【例 2】 求 $\lim\limits_{x \to 4} \dfrac{x^2 - 16}{x^2 + x - 20}$。

解 $\lim\limits_{x \to 4} \dfrac{x^2 - 16}{x^2 + x - 20} \overset{\frac{0}{0}}{=\!=} \lim\limits_{x \to 4} \dfrac{2x}{2x + 1} = \dfrac{8}{9}$。

【例 3】 求 $\lim\limits_{x \to 0} \dfrac{\ln(1 + x) + x}{x^2}$。

解 $\lim\limits_{x \to 0} \dfrac{\ln(1 + x) + x}{x^2} \overset{\frac{0}{0}}{=\!=} \lim\limits_{x \to 0} \dfrac{\dfrac{1}{1 + x} + 1}{2x} = \lim\limits_{x \to 0} \dfrac{2 + x}{2x(1 + x)} = \infty$。

如果 $\lim\limits_{x \to a} \dfrac{f'(x)}{g'(x)}$ 还是 $\dfrac{0}{0}$ 型未定式,且 $f'(x)$,$g'(x)$ 仍满足洛必达法则 I 的条件,那么可以继续应用洛必达法则求解,即

$$\lim_{x \to a} \frac{f(x)}{g(x)} \overset{\frac{0}{0}}{=\!=} \lim_{x \to a} \frac{f'(x)}{g'(x)} \overset{\frac{0}{0}}{=\!=} \lim_{x \to a} \frac{f''(x)}{g''(x)} = \cdots$$

【例 4】 求 $\lim\limits_{x \to 0} \dfrac{e^x - e^{-x} - 2x}{x - \sin x}$。

解 $\lim\limits_{x \to 0} \dfrac{e^x - e^{-x} - 2x}{x - \sin x} \overset{\frac{0}{0}}{=\!=} \lim\limits_{x \to 0} \dfrac{e^x + e^{-x} - 2}{1 - \cos x} \overset{\frac{0}{0}}{=\!=} \lim\limits_{x \to 0} \dfrac{e^x - e^{-x}}{\sin x}$

$$\overset{\frac{0}{0}}{=\!=} \lim_{x \to 0} \frac{e^x + e^{-x}}{\cos x} = 2。$$

对于 $x \to \infty$ 时的 $\dfrac{0}{0}$ 型未定式,也有相应的洛必达法则。

【例 5】 求 $\lim\limits_{x \to +\infty} \dfrac{\ln\left(1 + \dfrac{1}{x}\right)}{\operatorname{arccot} x}$。

解 $\lim\limits_{x \to +\infty} \dfrac{\ln\left(1 + \dfrac{1}{x}\right)}{\operatorname{arccot} x} \overset{\frac{0}{0}}{=\!=} \lim\limits_{x \to +\infty} \dfrac{\dfrac{1}{1 + \dfrac{1}{x}}\left(-\dfrac{1}{x^2}\right)}{-\dfrac{1}{1 + x^2}} = \lim\limits_{x \to +\infty} \dfrac{1 + x^2}{x + x^2} = 1$。

111

二、$\dfrac{\infty}{\infty}$ 型未定式

定理 5　洛必达法则 Ⅱ　如果函数 $f(x)$ 与 $g(x)$ 满足下列条件：

(1) $\lim\limits_{x\to a} f(x) = \infty, \lim\limits_{x\to a} g(x) = \infty$。

(2) 在点 a 的某个去心邻域内，$f'(x)$ 及 $g'(x)$ 都存在，且 $g'(x) \neq 0$。

(3) $\lim\limits_{x\to a} \dfrac{f'(x)}{g'(x)} = A$（或 ∞）。

则
$$\lim_{x\to a} \frac{f(x)}{g(x)} = \lim_{x\to a} \frac{f'(x)}{g'(x)} = A \ （或 \infty）。$$

证明　略。

【例 6】　求 $\lim\limits_{x\to 0^+} \dfrac{\ln \cot x}{\ln x}$。

解　此例是 $\dfrac{\infty}{\infty}$ 型未定式，应用洛必达法则 Ⅱ，求得

$$\lim_{x\to 0^+} \frac{\ln \cot x}{\ln x} \overset{\frac{\infty}{\infty}}{=\!=\!=} \lim_{x\to 0^+} \frac{\dfrac{1}{\cot x}(-\csc^2 x)}{\dfrac{1}{x}} = \lim_{x\to 0^+} \frac{x}{\sin x} \cdot \frac{-1}{\cos x} = -1。$$

对于 $x \to \infty$ 时的 $\dfrac{\infty}{\infty}$ 型未定式，也有相应的洛必达法则。

【例 7】　求 $\lim\limits_{x\to +\infty} \dfrac{\ln x}{x^2}$。

解　$\lim\limits_{x\to +\infty} \dfrac{\ln x}{x^2} \overset{\frac{\infty}{\infty}}{=\!=\!=} \lim\limits_{x\to +\infty} \dfrac{\dfrac{1}{x}}{2x} = \lim\limits_{x\to +\infty} \dfrac{1}{2x^2} = 0$。

对于 $x \to a^+$ 或 $x \to a^-$ 时的 $\dfrac{0}{0}$ 型未定式与 $\dfrac{\infty}{\infty}$ 型未定式，也有相应的洛必达法则。

【例 8】　求 $\lim\limits_{x\to 0^+} \dfrac{\ln \sin 3x}{\ln \sin x}$。

解　$\lim\limits_{x\to 0^+} \dfrac{\ln \sin 3x}{\ln \sin x} \overset{\frac{\infty}{\infty}}{=\!=\!=} \lim\limits_{x\to 0^+} \dfrac{\dfrac{3\cos 3x}{\sin 3x}}{\dfrac{\cos x}{\sin x}} = \lim\limits_{x\to 0^+} \dfrac{3\cos 3x \cdot \sin x}{\sin 3x \cos x} = 1$。

三、其他未定式

除了上述 $\dfrac{0}{0}$ 型和 $\dfrac{\infty}{\infty}$ 型未定式之外,还有 $0 \cdot \infty$ 型、$\infty - \infty$ 型、0^0 型、1^∞ 型、∞^0 型

等未定式。对于这些类型的未定式,均可通过适当变形转化为 $\dfrac{0}{0}$ 型或 $\dfrac{\infty}{\infty}$ 型未定式,

然后应用洛必达法则求解。下面分别予以说明。

【例 9】 求 $\lim\limits_{x \to 0^+} x \mathrm{e}^{\frac{1}{x}}$。

解 此例是 $0 \cdot \infty$ 型未定式,选取 x 变形为分母,求得

$$\lim_{x \to 0^+} x\,\mathrm{e}^{\frac{1}{x}} \xlongequal{0 \cdot \infty} \lim_{x \to 0^+} \frac{\mathrm{e}^{\frac{1}{x}}}{\frac{1}{x}} \xlongequal{\frac{\infty}{\infty}} \lim_{x \to 0^+} \frac{\mathrm{e}^{\frac{1}{x}} \cdot \left(-\dfrac{1}{x^2}\right)}{-\dfrac{1}{x^2}} = \lim_{x \to 0^+} \mathrm{e}^{\frac{1}{x}} = \infty。$$

对于 $\infty - \infty$ 型未定式,可利用通分运算等方法转化为 $\dfrac{0}{0}$ 型未定式。

【例 10】 求 $\lim\limits_{x \to 1}\left(\dfrac{1}{\ln x} - \dfrac{x}{x-1}\right)$。

解 此例是 $\infty - \infty$ 型未定式,通分变形后求得

$$\lim_{x \to 1}\left(\frac{1}{\ln x} - \frac{x}{x-1}\right) \xlongequal{\infty - \infty} \lim_{x \to 1} \frac{x - 1 - x\ln x}{(x-1)\ln x} \xlongequal{\frac{0}{0}} \lim_{x \to 1} \frac{1 - \ln x - 1}{\ln x + \dfrac{x-1}{x}}$$

$$= \lim_{x \to 1} \frac{-x\ln x}{x\ln x + x - 1} \xlongequal{\frac{0}{0}} \lim_{x \to 1} \frac{-\ln x - 1}{\ln x + 1 + 1}$$

$$= -\frac{1}{2}。$$

对于 0^0 型、1^∞ 型和 ∞^0 型未定式,可通过恒等变形转化为关于指数的 $0 \cdot \infty$ 型极限。然后利用指数函数的连续性求原问题的极限。

【例 11】 求 $\lim\limits_{x \to 0^+} x^{\sin x}$。

解 此例是 0^0 型未定式,恒等变形为

$$x^{\sin x} = (\mathrm{e}^{\ln x})^{\sin x} = \mathrm{e}^{\sin x \ln x}。$$

由
$$\lim_{x \to 0^+} \sin x \ln x \overset{0 \cdot \infty}{=\!=} \lim_{x \to 0^+} \frac{\ln x}{\csc x} \overset{\frac{\infty}{\infty}}{=\!=} \lim_{x \to 0^+} \frac{\dfrac{1}{x}}{-\csc x \cot x}$$

$$= -\lim_{x \to 0^+} \frac{\sin x}{x} \cdot \tan x = 0。$$

得
$$\lim_{x \to 0^+} x^{\sin x} = \lim_{x \to 0^+} \mathrm{e}^{\sin x \ln x} = \mathrm{e}^0 = 1。$$

【例 12】 求 $\lim\limits_{x \to 0} (\cos x)^{\frac{1}{x}}$。

解 此例是 1^∞ 型未定式,恒等变形为

$$(\cos x)^{\frac{1}{x}} = \mathrm{e}^{\frac{1}{x} \ln \cos x}$$

$$\lim_{x \to 0} \frac{1}{x} \ln \cos x \overset{\frac{0}{0}}{=\!=} \lim_{x \to 0} \frac{(\ln \cos x)'}{x'} = \lim_{x \to 0} -\frac{\sin x}{\cos x} = 0。$$

得
$$\lim_{x \to 0} (\cos x)^{\frac{1}{x}} = \lim_{x \to 0} \mathrm{e}^{\frac{1}{x} \ln \cos x} = \mathrm{e}^0 = 1。$$

【例 13】 求 $\lim\limits_{x \to 0^+} \left(\dfrac{1}{x}\right)^{\tan x}$。

解 此例是 ∞^0 型未定式,恒等变形为

$$\left(\frac{1}{x}\right)^{\tan x} = \mathrm{e}^{\tan x \ln \frac{1}{x}} = \mathrm{e}^{-\tan x \ln x}。$$

由
$$\lim_{x \to 0^+} -\tan x \ln x \overset{0 \cdot \infty}{=\!=} \lim_{x \to 0^+} \frac{-\ln x}{\cot x} \overset{\frac{\infty}{\infty}}{=\!=} \lim_{x \to 0^+} \frac{-\dfrac{1}{x}}{-\csc^2 x}$$

$$= \lim_{x \to 0^+} \frac{\sin x}{x} \cdot \sin x = 0。$$

求得
$$\lim_{x \to 0^+} \left(\frac{1}{x}\right)^{\tan x} = \lim_{x \to 0^+} \mathrm{e}^{-\tan x \ln x} = \mathrm{e}^0 = 1。$$

洛必达法则是求各类未定式极限的有效方法,但在应用中需要注意以下几点:

(1) 洛必达法则仅可以直接应用于 $\dfrac{0}{0}$ 型和 $\dfrac{\infty}{\infty}$ 型未定式,其他类型的未定式均需

转化为 $\dfrac{0}{0}$ 型或 $\dfrac{\infty}{\infty}$ 型未定式后,才能应用洛必达法则。

（2）如果对极限 $\lim\limits_{\substack{x \to a \\ (x \to \infty)}} \dfrac{f(x)}{g(x)}$ 满足洛必达法则的"（1）""（2）"两个条件，而 $\dfrac{f'(x)}{g'(x)}$

不是无穷大量，但 $\lim\limits_{\substack{x \to a \\ (x \to \infty)}} \dfrac{f'(x)}{g'(x)}$ 不存在，则洛必达法则失效。此时原问题的极限可能

存在，也可能不存在，需要通过其他的方法来判定。

下面举例说明洛必达法则失效的情况。

【例 14】 求 $\lim\limits_{x \to 0} \dfrac{x^2 \sin \dfrac{1}{x}}{\sin x}$。

解 此例是 $\dfrac{0}{0}$ 型未定式，应用洛必达法则，得

$$\lim_{x \to 0} \frac{\left(x^2 \sin \dfrac{1}{x}\right)'}{(\sin x)'} = \lim_{x \to 0} \frac{2x \sin \dfrac{1}{x} - \cos \dfrac{1}{x}}{\cos x}。$$

上式极限不存在，洛必达法则失效。但是此例的极限是存在的，可以通过如下方法
求得：

$$\lim_{x \to 0} \frac{x^2 \sin \dfrac{1}{x}}{\sin x} = \lim_{x \to 0} \frac{x}{\sin x} \left(x \sin \dfrac{1}{x}\right)$$

$$= \lim_{x \to 0} \frac{x}{\sin x} \cdot \lim_{x \to 0} x \sin \frac{1}{x} = 0。$$

【例 15】 求 $\lim\limits_{x \to +\infty} \dfrac{e^x + e^{-x}}{e^x - e^{-x}}$。

解 此例是 $\dfrac{\infty}{\infty}$ 型未定式，应用洛必达法则，得

$$\lim_{x \to +\infty} \frac{e^x + e^{-x}}{e^x - e^{-x}} \overset{\frac{\infty}{\infty}}{=\!=} \lim_{x \to +\infty} \frac{e^x - e^{-x}}{e^x + e^{-x}} \overset{\frac{\infty}{\infty}}{=\!=} \lim_{x \to +\infty} \frac{e^x + e^{-x}}{e^x - e^{-x}} = \cdots$$

上式出现循环而无法判定极限情况，洛必达法则失效。但是，此例的极限是存在的，
可以通过如下方法求得：

$$\lim_{x \to +\infty} \frac{e^x + e^{-x}}{e^x - e^{-x}} = \lim_{x \to +\infty} \frac{1 + e^{-2x}}{1 - e^{-2x}} = 1。$$

习 题 3-2

1. 利用洛必达法则求下列极限。

(1) $\lim\limits_{x \to 0} \dfrac{\sin ax}{\sin bx}$ $(b \neq 0)$;

(2) $\lim\limits_{x \to 0} \dfrac{e^x - \cos x}{x \sin x}$;

(3) $\lim\limits_{x \to 0} \dfrac{\tan x - x}{x - \sin x}$;

(4) $\lim\limits_{x \to 1} \dfrac{x^3 - 3x^2 + 2}{x^3 - x^2 - x + 1}$;

(5) $\lim\limits_{x \to 0} \dfrac{2 - 2\cos x}{\sin x^2}$;

(6) $\lim\limits_{x \to 0} \dfrac{\ln(1 + \sin x)}{\sin x}$;

(7) $\lim\limits_{x \to \frac{\pi}{2}^+} \dfrac{\ln\left(x - \dfrac{\pi}{2}\right)}{\tan x}$;

(8) $\lim\limits_{x \to 0^+} \dfrac{\ln x}{\cot x}$;

(9) $\lim\limits_{x \to \frac{\pi}{2}} \dfrac{\tan x}{\tan 3x}$;

(10) $\lim\limits_{x \to +\infty} \dfrac{x^3}{e^{2x}}$。

2. 利用洛必达法则求下列极限。

(1) $\lim\limits_{x \to 0^+} \sin x \ln x$;

(2) $\lim\limits_{x \to 1} (1 - x)\tan \dfrac{\pi}{2} x$;

(3) $\lim\limits_{x \to \infty} x \sin \dfrac{h}{x}$ (h 为常数);

(4) $\lim\limits_{x \to \infty} x(e^{\frac{1}{x}} - 1)$;

(5) $\lim\limits_{x \to 0} \left(\dfrac{1}{x} - \dfrac{1}{e^x - 1}\right)$;

(6) $\lim\limits_{x \to \frac{\pi}{2}} (\sec x - \tan x)$;

(7) $\lim\limits_{x \to 0^+} (\tan x)^{\sin x}$;

(8) $\lim\limits_{x \to 1} x^{\frac{1}{1-x}}$;

(9) $\lim\limits_{x \to 0^+} \left(\dfrac{1}{x}\right)^x$;

(10) $\lim\limits_{x \to \infty} (x + \sqrt{1 + x^2})^{\frac{1}{x}}$。

3. 验证极限 $\lim\limits_{x \to +\infty} \dfrac{x - \sin x}{x + \sin x}$ 存在,但不能应用洛必达法则。

第三节　函数的单调性与极值

一、函数的单调性

第一章中给出了关于函数单调性的定义,但直接根据定义判定函数的单调性是比较复杂和困难的,现在介绍应用导数判定函数单调性的方法。

我们先看具体的例子。

函数 $y = \ln x$ 的图形在区间 $(0, +\infty)$ 上单调增加,如图 3.3 所示.因为 $y' = \dfrac{1}{x}$,所以函数 $y = \ln x$ 在区间 $(0, +\infty)$ 上每点的导数均大于零.

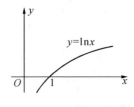

图 3.3 $y = \ln x$ 图形

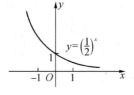

图 3.4 $y = \left(\dfrac{1}{2}\right)^x$ 图形

函数 $y = \left(\dfrac{1}{2}\right)^x$ 的图形在区间 $(-\infty, +\infty)$ 上单调减少,如图 3.4 所示.因为 $y' = \left(\dfrac{1}{2}\right)^x \ln \dfrac{1}{2} = -\left(\dfrac{1}{2}\right)^x \ln 2$,所以函数 $y = \left(\dfrac{1}{2}\right)^x$ 在区间 $(-\infty, +\infty)$ 上每点的导数均小于零.

由此可见,可导函数的单调性与导数的符号有着密切的联系。我们就探想,能否用导数的正负符号来判定函数的单调性呢? 下面我们给出可导函数单调性的判定法。

定理 6 设函数 $f(x)$ 在 $[a, b]$ 上连续,在 (a, b) 内可导。

(1) 如果 $x \in (a, b)$ 时,恒有 $f'(x) > 0$,则函数 $f(x)$ 在区间 $[a, b]$ 内单调增加。

(2) 如果 $x \in (a, b)$ 时,恒有 $f'(x) < 0$,则函数 $f(x)$ 在区间 $[a, b]$ 内单调减少。

证明 对于任意两点 $x_1, x_2 \in [a, b]$,设 $x_1 < x_2$,则 $f(x)$ 在区间 $[x_1, x_2]$ 上满足拉格朗日中值定理的条件,故存在 $\xi \in (x_1, x_2)$,使得

$$f(x_2) - f(x_1) = f'(\xi)(x_2 - x_1)。$$

在(1)所设条件下,上式右端 $f'(\xi) > 0$,且 $x_2 - x_1 > 0$,于是恒有

$$f(x_1) < f(x_2), \quad a < x_1 < x_2 < b,$$

所以 $f(x)$ 在区间 $[a, b]$ 内单调增加。

同理可证(2)。

【例 1】 讨论函数 $f(x) = 3x - x^3$ 的单调性。

解 函数 $f(x) = 3x - x^3$ 的定义域为 $(-\infty, +\infty)$,导数为

117

$$f'(x)=3-3x^2=3(1-x)(1+x)。$$

令 $f'(x)=0$，得 $x=\pm 1$。据此，对定义域 $(-\infty,+\infty)$ 分成三个部分区间，在每个部分区间内确定 $f'(x)$ 的符号，判定函数的单调性。现列表讨论如下（见表3.1）。

表3.1　　　　　　　　　　　　　判定函数单调性表

x	$(-\infty,-1)$	-1	$(-1,1)$	1	$(1,+\infty)$
$f'(x)$	$-$	0	$+$	0	$-$
$y=f(x)$	↘		↗		↘

所以，函数 $f(x)$ 在区间 $(-\infty,-1]$ 及 $[1,+\infty)$ 内单调减少，在区间 $[-1,1]$ 内单调增加。并称 $(-\infty,-1]$，$[1,+\infty)$ 为单调减少区间，$[-1,1]$ 为单调增加区间，统称单调区间。

表3.1中符号"↘"表示函数 $f(x)$ 单调减少，"↗"表示函数 $f(x)$ 单调增加。

注：列表讨论时，各个小区间内导数的符号可由代点的方法判定。例如，对于例 1，$(-\infty,-1)$ 区间中可任意选取一点，如 -2，代入 $f'(x)=3-3x^2$，得 $f'(-2)=-9<0$，则该区间内导数的符号取"$-$"。

从［例1］可知，函数 $f(x)=3x-x^3$ 在其定义域内并不具有单调性，但是将定义域适当划分，在各部分区间上函数是单调的。

通常称满足导数 $f'(x)=0$ 的点为函数 $f(x)$ 的**驻点**。

【例2】　确定函数 $f(x)=\sqrt[3]{x^2}$ 的单调区间。

解　函数 $f(x)=\sqrt[3]{x^2}$ 的定义域为 $(-\infty,+\infty)$，导数为 $f'(x)=\dfrac{2}{3\sqrt[3]{x}}$。

在 $x=0$ 处，$f'(x)$ 不存在。据此对定义域 $(-\infty,+\infty)$ 分段讨论，列表如下（见表3.2）。

表3.2　　　　　　　　　　　　　判定函数单调性表

x	$(-\infty,0)$	0	$(0,+\infty)$
$f'(x)$	$-$	不存在	$+$
$y=f(x)$	↘		↗

所以 $(-\infty,0]$ 是函数 $f(x)$ 的单调减少区间，$[0,+\infty)$ 是函数 $f(x)$ 的单调增加区间。

通常将函数 $f(x)$ 在定义域内的驻点及使导数 $f'(x)$ 不存在的点统称为函数 $f(x)$ 的可疑点。由［例1］及［例2］知道，可疑点可能是函数单调区间的分界点。

应该指出:如果函数在定义区间上连续,除去有限个导数不存在点外导数存在且连续,那么只要用可疑点来划分函数的定义域,就能保证导函数 $f'(x)$ 在各部分区间内保持固定符号,即 $f'(x)>0$ 或 $f'(x)<0$。

【例3】 证明当 $x>0$ 时,$\ln(1+x)>x-\dfrac{1}{2}x^2$。

证明 设函数 $f(x)=\ln(1+x)-x+\dfrac{1}{2}x^2$,取定义域为 $[0,+\infty)$。$f(x)$ 在 $[0,+\infty)$ 上连续,在 $[0,+\infty)$ 内可导,且

$$f'(x)=\frac{1}{1+x}-1+x=\frac{x^2}{1+x}。$$

当 $x>0$ 时,$f'(x)>0$,所以 $f(x)$ 在 $[0,+\infty)$ 上单调增加,因此 $x>0$ 时 $f(x)>f(0)=0$,即

$$\ln(1+x)-x+\frac{1}{2}x^2>0。$$

于是,当 $x>0$ 时,$\ln(1+x)>x-\dfrac{1}{2}x^2$。

二、函数极值的概念与极值存在的必要条件

观察函数 $y=f(x)=2x^3-9x^2+12x-3\ (0\leqslant x\leqslant3)$ 的图形(见图 3.5),函数值 $f(1)=2$ 在整个区间 $[0,3]$ 上不是函数 $f(x)$ 的最大值,但是对于 $x=1$ 的某去心邻域 $\left[\text{如}\ \mathring{U}\left(1,\dfrac{1}{2}\right)\right]$ 内的任意点 x,恒有 $f(x)<f(1)$。同样地,在 $x=2$ 的某去心邻域内任意一点 x,函数值 $f(x)$ 与 $f(2)$ 相比,$f(2)$ 是最小的,即 $f(x)>f(2)$。

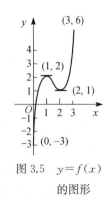

图 3.5 $y=f(x)$ 的图形

为了描述这种点的性质,引进函数极值的概念。

定义1 设函数 $f(x)$ 在 x_0 的某邻域内有定义,如果对该邻域内任意一点 $x\ (x\neq x_0)$,恒有 $f(x)<f(x_0)$,则称 $f(x_0)$ 是函数 $f(x)$ 的**极大值**,点 x_0 称为函数 $f(x)$ 的**极大值点**;如果对该邻域内任意一点 $x\ (x\neq x_0)$,均有 $f(x)>f(x_0)$,则称 $f(x_0)$ 是函数 $f(x)$ 的**极小值**,点 x_0 称为函数 $f(x)$ 的**极小值点**。

函数的极大值与极小值统称为函数的**极值**,极大值点与极小值点统称为**极值点**。

由此可见,$f(1)=2$ 是函数 $f(x)=2x^3-9x^2+12x-3$ 的极大值,$f(2)=1$ 是

119

函数 $f(x)$ 的极小值。从图 3.5 还可以看出,函数在极值点处,曲线上的切线是水平的,即 $f'(1)=0$, $f'(2)=0$,由此给出函数取得极值的必要条件。

定理 7(极值存在的必要条件) 如果函数 $f(x)$ 在点 x_0 处可导,且在点 x_0 处取得极值,则 $f'(x_0)=0$。

证明 不妨设 $f(x_0)$ 是极大值,于是存在点 x_0 的某个邻域,在该邻域内任意点 $x_0+\Delta x$(Δx 为自变量 x 在 x_0 处取得的改变量)恒有

$$f(x_0+\Delta x) < f(x_0)。$$

当 $\Delta x > 0$ 时,有

$$\frac{f(x_0+\Delta x)-f(x_0)}{\Delta x} < 0。$$

因此

$$f'_+(x_0) = \lim_{\Delta x \to 0^+} \frac{f(x_0+\Delta x)-f(x_0)}{\Delta x} \leqslant 0。$$

当 $\Delta x < 0$ 时,有

$$\frac{f(x_0+\Delta x)-f(x_0)}{\Delta x} > 0,$$

因此

$$f'_-(x_0) = \lim_{\Delta x \to 0^-} \frac{f(x_0+\Delta x)-f(x_0)}{\Delta x} \geqslant 0。$$

由定理所设条件知 $f'(x_0)$ 存在,则应有 $f'(x_0)=f'_-(x_0)=f'_+(x_0)$,所以 $f'(x_0)=0$。

同理可证极小值的情形。

三、极值存在的充分条件

上述定理表明,可导函数 $f(x)$ 的极值点必是它的驻点。但应注意,驻点未必就是函数的极值点。例如,$x=0$ 是函数 $f(x)=x^3$ 的驻点,但是 $x=0$ 不是函数 $y=x^3$ 的极值点。

另外,函数的极值点也可能是不可导点,但不可导点也未必就是函数的极值点。例如,函数 $f(x)=x^{\frac{2}{3}}$ 在不可导点 $x=0$ 处取得极小值,如图 3.6 所示;而函数 $f(x)=x^{\frac{1}{3}}$ 在不可导点 $x=0$ 处没有取得极值,如图 3.7 所示。

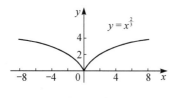

图 3.6　$y=x^{\frac{2}{3}}$ 的图形

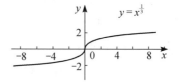

图 3.7　$y=x^{\frac{1}{3}}$ 的图形

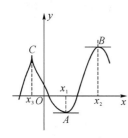

图 3.8　$y=f(x)$

由以上分析可知，函数的极值点只可能是驻点或不可导点，即可疑点，但可疑点究竟是不是函数的极值点，还需作进一步的判别，在给出极值存在的第一充分条件前，先看由图3.8显示的几何事实。x_1，x_2 是函数 $f(x)$ 的驻点，函数 $f(x)$ 在点 x_3 处的导数不存在，点 A 是曲线 $y=f(x)$ 单调减少与单调增加的分界点，则函数 $f(x)$ 在 $x=x_1$ 取得极小值；点 B 是曲线 $y=f(x)$ 单调增加与单调减少的分界点，则函数 $f(x)$ 在 $x=x_2$ 取得极大值；同样地，函数 $f(x)$ 在 $x=x_3$ 取得极大值。

所以，如果函数在极值可疑点 x_0 的左、右两侧具有不同的单调性，则 x_0 是极值点。由单调性与导数符号的关系，可得下面定理。

定理 8（极值存在的第一充分条件）　设函数 $f(x)$ 在点 x_0 的某个 δ 邻域内可导，且 $f'(x_0)=0$，或 $f(x)$ 在点 x_0 处连续，在 x_0 的某去心 δ 邻域可导，$\delta>0$，且 $f'(x_0)$ 不存在，x_0 是可疑点。对于该邻域内异于点 x_0 的任何点 x，有如下几种情况。

（1）如果当 $x\in(x_0-\delta,x_0)$ 时 $f'(x)>0$；当 $x\in(x_0,x_0+\delta)$ 时 $f'(x)<0$，则函数 $f(x)$ 在点 x_0 处取得极大值。

（2）如果当 $x\in(x_0-\delta,x_0)$ 时 $f'(x)<0$；当 $x\in(x_0,x_0+\delta)$ 时 $f'(x)>0$，则函数 $f(x)$ 在点 x_0 处取得极小值。

（3）如果当 $x\in\overset{\circ}{U}(x_0,\delta)$ 时，恒有 $f'(x)>0$ 或 $f'(x)<0$，则函数 $f(x)$ 在点 x_0 处没有极值。

证明　设 x 为 x_0 的该邻域内任意点（$x\neq x_0$）。在以 x 与 x_0 为端点的闭区间上应用拉格朗日中值定理，可得

$$f(x)-f(x_0)=f'(\xi)(x-x_0)\quad(\xi\text{ 介于 }x\text{ 与 }x_0\text{ 之间})$$

在（1）所设条件下，

当 $x<\xi<x_0$ 时,有 $f'(\xi)>0$ 及 $x-x_0<0$。

当 $x_0<\xi<x$ 时,有 $f'(\xi)<0$ 及 $x-x_0>0$。

于是当 $x\neq x_0$ 时,恒有

$$f(x)-f(x_0)=f'(\xi)(x-x_0)<0。$$

即 $f(x)<f(x_0)$,故函数 $f(x)$ 在点 x_0 处取得极大值。

类似地可以证明其他两种情形。

根据上述定理,如果函数 $f(x)$ 在所讨论的区间内连续,除个别点外处处可导,则可按如下方法与步骤来求函数的极值点和极值。

(1) 确定函数 $f(x)$ 的定义域。

(2) 求函数 $f(x)$ 的导数 $f'(x)$。

(3) 解方程 $f'(x)=0$,求出 $f(x)$ 的全部驻点与不可导点,即可疑点。

(4) 列表讨论。

用第(3)步所得的可疑点将定义域分成若干小区间,确定 $f'(x)$ 在每一个小区间上的符号,然后判定可疑点是否为极值点,并求出各极值点的函数值。

【例4】 求函数 $f(x)=x^3-3x^2-9x+5$ 的极值。

解 (1) 函数 $f(x)=x^3-3x^2-9x+5$ 的定义域为 $(-\infty,+\infty)$。

(2) 求导数。$f'(x)=3x^2-6x-9=3(x+1)(x-3)$。

(3) 求可疑点。令 $f'(x)=0$,得驻点 $x=-1$ 和 $x=3$。

(4) 列表讨论。对定义域 $(-\infty,+\infty)$ 分段讨论,列表如下(见表 3.3)。

表 3.3　　　　　　　　　　判定函数单调性表

x	$(-\infty,-1)$	-1	$(-1,3)$	3	$(3,+\infty)$
$f'(x)$	$+$	0	$-$	0	$+$
$f(x)$	↗	极大值 10	↘	极小值 -22	↗

由表 3.3 可知,函数 $f(x)$ 在 $x=-1$ 处取得极大值 $f(-1)=10$,在 $x=3$ 处取得极小值 $f(3)=-22$。

【例5】 求函数 $f(x)=x-\dfrac{3}{2}x^{\frac{2}{3}}$ 的极值。

解 (1) 函数的定义域为 $(-\infty,+\infty)$。

(2) 求导数。$f'(x)=1-x^{-\frac{1}{3}}=\dfrac{\sqrt[3]{x}-1}{\sqrt[3]{x}}$。

（3）求可疑点。驻点 $x=1$，不可导点 $x=0$。

（4）列表讨论。对定义域 $(-\infty,+\infty)$ 分段讨论，列表如下（见表 3.4）。

表 3.4   判定函数单调性表

x	$(-\infty,-1)$	0	$(0,1)$	1	$(1,+\infty)$
$f'(x)$	$+$	不存在	$-$	0	$+$
$f(x)$	↗	极大值 0	↘	极小值 $-\dfrac{1}{2}$	↗

由表 3.4 可知，函数 $f(x)$ 在 $x=0$ 处取得极大值 $f(0)=0$，在 $x=1$ 处取得极小值 $f(1)=-\dfrac{1}{2}$。

当函数在驻点处存在二阶导数且不为零时，有如下判别定理。

定理 9（极值存在的第二充分条件）   设函数 $f(x)$ 在点 x_0 处的一阶导数 $f'(x_0)=0$，二阶导数存在且 $f''(x_0)\neq 0$。

（1）如果 $f''(x_0)<0$，则函数 $f(x)$ 在点 x_0 处取得极大值；

（2）如果 $f''(x_0)>0$，则函数 $f(x)$ 在点 x_0 处取得极小值。

证明   对情形（1），由于 $f''(x_0)<0$，按二阶导数的定义

$$f''(x_0)=\lim_{\Delta x\to 0}\frac{f'(x_0+\Delta x)-f'(x_0)}{\Delta x}<0$$

根据函数极限的保号性，当 x 在 x_0 的足够小的去心邻域内时，有

$$\frac{f'(x_0+\Delta x)-f'(x_0)}{\Delta x}<0,$$

即 $f'(x_0+\Delta x)-f'(x_0)$ 与 Δx 异号，故

当 $\Delta x<0$ 时，有

$$f'(x_0+\Delta x)>f'(x_0)=0。$$

当 $\Delta x>0$ 时，有

$$f'(x_0+\Delta x)<f'(x_0)=0。$$

所以，函数 $f(x)$ 在 x_0 处取得极大值。

同理可证（2）。

【例6】 求函数 $f(x)=x^3-x^2-x+1$ 的极值。

解 函数 $f(x)$ 的定义域为 $(-\infty,+\infty)$。

求导数 $f'(x)=3x^2-2x-1$，$f''(x)=6x-2$。

令 $f'(x)=0$，得驻点 $x=-\dfrac{1}{3}$，$x=1$。

有
$$f''\left(-\frac{1}{3}\right)=-4<0,\ f''(1)=4>0。$$

所以 $f(x)$ 在 $x=-\dfrac{1}{3}$ 处取得极大值，$f\left(-\dfrac{1}{3}\right)=\dfrac{32}{27}$；在 $x=1$ 处取得极小值，$f(1)=0$。

注：当函数在驻点处的二阶导数等于零时，定理9失效。此时，函数在驻点处可能取得极值，也可能没有极值。例如，函数 $f(x)=x^4$ 在其驻点 $x=0$ 处有 $f''(0)=0$，并在该点处取得极小值 $f(0)=0$；而函数 $f(x)=x^3$ 在其驻点 $x=0$ 处也有 $f''(0)=0$，但在该点处没有极值。

四、函数的最大值与最小值

我们已经知道，如果函数 $f(x)$ 在闭区间 $[a,b]$ 上连续，那么函数 $f(x)$ 在闭区间 $[a,b]$ 上一定存在最大值和最小值。现在讨论如何应用导数求最大值、最小值。

设函数 $f(x)$ 在 x_0 处取得最大值（或最小值）。如果 $x_0\in(a,b)$，那么 $f(x_0)$ 也是 $f(x)$ 的极大值（或极小值），故 x_0 必是 $f(x)$ 的可疑点；另一种可能是 x_0 为区间的端点 a 或 b。例如，在 $[a,b]$ 上单调增加的函数 $f(x)$，$f(a)$ 是最小值，$f(b)$ 是最大值。因此，对于闭区间 $[a,b]$ 上的连续函数，只要算出可疑点及端点处的函数值，比较这些值的大小，即可求得函数的最大值和最小值。由此得求 $[a,b]$ 上连续函数 $f(x)$ 的最大值、最小值的方法与步骤如下。

（1）求出 $f(x)$ 在 (a,b) 上所有驻点和导数不存在的点。

（2）求出驻点、导数不存在点以及端点的函数值。

（3）比较上述函数值，找出其中的最大值和最小值。

【例7】 求函数 $f(x)=2x^3+3x^2-12x+14$ 在区间 $[-3,4]$ 上的最大值与最小值。

解 求函数 $f(x)$ 的导数
$$f'(x)=6x^2+6x-12。$$

得驻点 $x=-2$，$x=1$。计算驻点及区间端点处的函数值，有
$$f(-2)=34,\ f(1)=7,\ f(-3)=23,\ f(4)=142。$$

所以 $f(x)$ 在区间 $[-3,4]$ 上的最大值为 $f(4)=142$，最小值为 $f(1)=7$。

在求实际问题的最大值或最小值时，我们首先应根据实际问题确定所要解决问题的目标，建立函数关系，通常称此函数为**目标函数**，然后确定目标函数 $f(x)$ 的定义域，求函数 $f(x)$ 的驻点。在很多实际问题中，根据问题的性质可以判定目标函数 $f(x)$ 确有最大值或最小值，并且在定义域内取得。这时如果目标函数 $f(x)$ 是可导函数，且在定义域内只有一个驻点 x_0，那么可以判定 $f(x_0)$ 就是最大值或最小值。

【例8】 制造一个容积为 v 的无盖圆柱形容器，如何设计可使所用材料最省？

解 要使所用材料最省，就是要使容器的表面积最小。

为了使讨论的问题简单化，假设容积表面材料的厚度从略，即仅考虑为圆柱形几何体。设容器的半径为 r，高为 h，如图 3.9 所示。则容器的表面积为

$$s=\pi r^2+2\pi rh。$$

根据容积 $v=\pi r^2h$，有 $h=\dfrac{v}{\pi r^2}$，得目标函数

$$s(r)=\pi r^2+\frac{2v}{r}, \quad r\in(0,+\infty)。$$

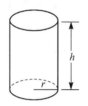

图 3.9 圆柱形容器

对目标函数求导，得

$$s'(r)=2\pi r-\frac{2v}{r^2}=\frac{2(\pi r^3-v)}{r^2}。$$

由 $s'(r)=0$，得驻点 $r_0=\sqrt[3]{\dfrac{v}{\pi}}$。

由于 r_0 是区间 $(0,+\infty)$ 内唯一的驻点，且实际问题存在最小值，故 $s(r)$ 在点 r_0 处取得最小值。此时相应的高为

$$h_0=\frac{v}{\pi r_0^2}=\sqrt[3]{\frac{v}{\pi}}。$$

因此，当 $r=h=\sqrt[3]{\dfrac{v}{\pi}}$，即容器的半径与高相等时，可使所用材料最省。

【例9】 铁路线上 AB 段的距离为 100 千米，工厂 C 距点 A 处为 20 千米，AC 垂直于 AB，如图 3.10 所示。今要 AB 上选定一点 D，向工厂修筑一条公路。已知铁路每千米货运的运费与公路上每千米货运的运费之比为 3∶5。

图 3.10 运行图

125

为了使货物从供应站 B 运到工厂 C 的运费最小,问点 D 应选在何处?

解 设 $AD = x$ 千米,则 $DB = (100 - x)$ 千米, $CD = \sqrt{20^2 + x^2}$ 千米。由于铁路每千米货运的运费与公路上每千米货运的运费之比为 $3 : 5$,所以我们可设铁路上的运费为 $3k/$千米,公路上的运费为 $5k/$千米,并设从点 B 运到点 C 需要的总运费为 y,则

$$y = 5k \cdot CD + 3k \cdot DB。$$

得目标函数 $\qquad y = 5k\sqrt{400 + x^2} + 3k(100 - x), \quad (0 \leqslant x \leqslant 100)。$

求导 $\qquad y' = \dfrac{5kx}{\sqrt{400 + x^2}} - 3k。$

令 $y' = 0$,解得驻点 $x = 15$。

由于这个问题有最小值,且只有一个驻点,所以,当 $x = 15$ 千米时,目标函数 y 在 $[0, 100]$ 上取得最小值 $y(15) = 380k$。因此,点 D 应该选在 A 为 15 千米处,总运费最省。

习 题 3-3

1. 求下列函数的单调区间。

(1) $y = 3x^2 + 6x + 5$;

(2) $y = x - e^x$;

(3) $y = 2x^2 - \ln x$;

(4) $y = \dfrac{x}{1 + x^2}$;

(5) $y = \sqrt{2x - x^2}$;

(6) $y = \dfrac{\sqrt{x}}{x + 100}$。

2. 求下列函数的极值。

(1) $y = 2x^3 - 6x^2 - 18x + 7$;

(2) $y = \dfrac{2x}{1 + x^2}$;

(3) $y = 1 - (x - 2)^{\frac{2}{3}}$;

(4) $y = (x - 1)\sqrt[3]{x^2}$;

(5) $y = 2x - \ln(4x)^2$;

(6) $y = 2e^x + e^{-x}$;

(7) $y = \dfrac{x}{\ln x}$;

(8) $y = \dfrac{x^3}{(x - 1)^2}$;

(9) $y = (x - 3)^2(x - 2)$;

(10) $y = \dfrac{\ln^2 x}{x}$。

3. 设函数 $f(x) = a\ln x + bx^2 + x$ 分别在 $x=1$，$x=2$ 处取得极值，试确定 a，b 的值，并说明 $f(1)$，$f(2)$ 是极大值还是极小值。

4. 求下列函数在给定区间上的最大值与最小值。

(1) $y = x^4 - 2x^2 + 5$　　　　$[-2, 2]$；

(2) $y = x + \sqrt{x}$　　　　　　$[0, 4]$；

(3) $y = \dfrac{x-1}{x+1}$　　　　　　$[0, 4]$；

(4) $y = \sin 2x - x$　　　　　$\left[-\dfrac{\pi}{2}, \dfrac{\pi}{2}\right]$；

(5) $y = \ln(x^2 + 1)$　　　　$[-1, 2]$。

5. 将边长为 a 的一块正方形铁皮的四角各截去相同的小正方形，把四边折起来做成一个无盖的方盒，问截去的小正方形边长为多少时，可使盒子的容积最大？

6. 利用函数的单调性证明下列不等式。

(1) 当 $x > 0$ 时，$\ln(x+1) > \dfrac{x}{x+1}$；

(2) 当 $x > 1$ 时，$2\sqrt{x} > 3 - \dfrac{1}{x}$。

第四节　极值在经济中的应用

经济效益最优化是经济管理中的一个重要问题。例如，在一定的条件下，使成本最低，利润最大或费用最小等等。本节介绍函数极值在经济效益最优化方面的若干应用。为了方便起见，以下假定有关的函数均在给定的区间内可导。

一、最小平均成本

在一定的生产条件下，产品的平均成本与产品的产量有关，现讨论使平均成本达到最小的条件。

设产品的成本函数为 $C = C(Q)$，则平均成本函数为

$$\overline{C}(Q) = \frac{C(Q)}{Q}, \quad Q \in (0, +\infty),$$

由平均成本函数 $\overline{C}(Q)$ 的导数

$$\overline{C}'(Q) = \frac{C'(Q)Q - C(Q)}{Q^2}。$$

可知在 $\overline{C}(Q)$ 的驻点 Q_0 处有

$$C'(Q_0) = \frac{C(Q_0)}{Q_0} = \overline{C}(Q_0)。$$

因此,在平均成本的驻点处,产品的边际成本等于平均成本。

$\overline{C}(Q)$ 的二阶导数为

$$\overline{C}''(Q) = \frac{C''(Q)Q^2 - 2[C'(Q)Q - C(Q)]}{Q^3}。$$

因为 Q_0 是 $\overline{C}(Q)$ 的驻点,所以

$$\overline{C}''(Q_0) = \frac{C''(Q_0)}{Q_0}。$$

如果 Q_0 是唯一的驻点,且 $C''(Q_0) > 0$,则 $\overline{C}(Q)$ 在点 Q_0 处取得最小值。此时产品的平均成本确实达到最小。

【例 1】 设某产品的成本函数为

$$C(Q) = 0.5Q^2 + 20Q + 3\,200 \text{（元）}。$$

求当产量为多少时,该产品的平均成本最小,并求最小平均成本。

解 该产品的平均成本函数为

$$\overline{C}(Q) = \frac{C(Q)}{Q} = 0.5Q + 20 + \frac{3\,200}{Q}, \quad Q \in (0, +\infty)。$$

令 $\overline{C}(Q)$ 的导数

$$\overline{C}'(Q) = 0.5 - \frac{3\,200}{Q^2} = 0。$$

求得唯一的驻点 $Q = 80 \in (0, +\infty)$,再由 $\overline{C}(Q)$ 的二阶导数

$$\overline{C}''(Q) = \frac{6\,400}{Q^3} > 0, \quad Q \in (0, +\infty)。$$

可知 $\overline{C}(Q)$ 在 $Q=80$ 处取得最小值

$$\overline{C}(80)=0.5\times 80+20+\frac{3\,200}{80}=100(元)。$$

因此,当产量为 80 单位时,该产品的平均成本最小,最小平均成本为 100 元/单位。

二、最大利润

在一定的生产和需求条件下,产品的利润与产品的产量及价格有关。现讨论使利润达到最大的条件。

设产品的需求函数为

$$Q=f(P) \quad 或 \quad P=\tilde{f}(Q)。$$

其中,$P=\tilde{f}(Q)$ 为 $Q=f(P)$ 的反函数,成本函数为

$$C=C(Q)。$$

假定产品可以全部售出,则产品的收益函数为

$$R=R(Q)=Q\tilde{f}(Q),$$

利润函数为 $\qquad L=L(Q)=R(Q)-C(Q)。$

由利润函数 $L(Q)$ 的导数

$$L'(Q)=R'(Q)-C'(Q),$$

可知在 $L(Q)$ 的驻点 Q_0 处有

$$R'(Q_0)=C'(Q_0),$$

此时,产品的边际收益应等于边际成本。

$L(Q)$ 的二阶导数为

$$L''(Q)=R''(Q)-C''(Q)。$$

如果 Q_0 是 $L(Q)$ 的唯一的驻点,且 $L''(Q_0)<0$,则 $L(Q)$ 在点 Q_0 处取得最大值。即此时产品的利润达到最大。

根据需求函数 $P=\tilde{f}(Q)$ 以及使利润达到最大的产量 Q_0,即可相应确定使利润

129

达到最大的价格为

$$P_0 = \tilde{f}(Q_0)。$$

【例2】 设某产品的需求函数为

$$P = 240 - 0.2Q,$$

成本函数为 $C(Q) = 80Q + 2\,000(元)。$

求当产量和价格分别为多少时,该产品的利润最大,并求最大利润。

解 根据题意,该产品的收益函数为

$$R(Q) = Q(240 - 0.2Q) = 240Q - 0.2Q^2,$$

利润函数为 $L(Q) = (240Q - 0.2Q^2) - (80Q + 2\,000)$

$$= 160Q - 0.2Q^2 - 2\,000。$$

求 $L(Q)$ 的导数,得

$$L'(Q) = 160 - 0.4Q。$$

令 $L'(Q) = 0$,得唯一的驻点 $Q = 400$,再由 $L(Q)$ 的二阶导数

$$L''(Q) = -0.4 < 0。$$

可知 $L(Q)$ 在 $Q = 400$ 处取得最大值

$$L(400) = 160 \times 400 - 0.2 \times 400^2 - 2\,000 = 30\,000,$$

此时 $P = 240 - 0.2 \times 400 = 160(元)。$

因此,当产量为 400 单位,价格为 160 元/单位时,该产品的利润最大,最大利润为 30 000 元。

习 题 3-4

1. 设某产品的成本函数为 $C(Q) = \dfrac{1}{4}Q^2 + 3Q + 400(万元)$,问产量为多少时,该产品的平均成本最小?

2. 设某产品产量为 Q（百台）时的成本为 $C(Q) = Q^3 - 6Q^2 + 15Q$（万元），问产量为多少时，该产品的平均成本最小？并求最小平均成本。

3. 设某产品的成本函数为 $C(Q) = 1\,600 + 65Q - 2Q^2$（百元），收益函数为 $R(Q) = 305Q - 5Q^2$，问产量为多少时，该产品的利润最大？

4. 设某产品的需求函数为 $P = 10 - 0.01Q$（元），生产该产品的固定成本为 200 元，每生产一个单位产品，成本增加 5 元。问产量为多少时，该产品的利润最大？并求最大利润。

5. 某厂生产某种产品，固定成本为 20 000 元，可变成本为每单位产品 100 元。已知产品收益 R 是年产量 Q 的函数

$$R = R(Q) = \begin{cases} 400Q - \dfrac{1}{2}Q^2, & 0 \leqslant Q \leqslant 400; \\ 80\,000, & Q > 400, \end{cases}$$

问每年生产多少单位产品时，该厂所获利润最大？

第五节　曲线的凹凸及函数图形的描绘

一、曲线的凹凸与拐点

为了从直观上了解函数的性质和变化规律，需要对于给定的函数作出其图形。我们已经利用导数研究了函数的单调性和极值，但这还不足以全面反映函数的几何特性。

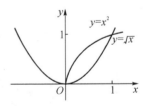

图 3.11　函数的凹凸

例如，函数 $y = x^2$ 和 $y = \sqrt{x}$，当 $x \geqslant 0$ 时都是单调增加的，但是曲线的 $y = x^2 (x \geqslant 0)$ 是凹的，而曲线弧 $y = \sqrt{x}$ 是凸的，如图 3.11 所示。因此还须讨论曲线的凹凸。

从图 3.11 可见，凹的曲线弧 $y = x^2 (x \geqslant 0)$ 的实质是曲线弧位于其上每一点处的切线上方，而凸的曲线弧 $y = \sqrt{x}$ 的实质是曲线弧位于其上每一点切线的下方。

综合以上分析，我们给出如下曲线凹凸的定义：

定义 1　设函数 $f(x)$ 在区间 (a, b) 内各点都有不垂直于 x 轴的切线，如果曲线 $y = f(x)$ 上任意一点的切线都位于该曲线的下方，则称曲线 $y = f(x)$ 在区间 (a, b)

上是(向上)凹的,称区间(a,b)为该曲线的**凹区间**,如图 3.12 所示。如果曲线 $y=f(x)$ 上任意一点的切线都位于该曲线的上方,则称曲线 $y=f(x)$ 在区间 (a,b) 上是(向上)凸的,称区间 (a,b) 为该曲线的**凸区间**。如图 3.13 所示。

从曲线凹凸的几何意义看,由图 3.12 可知,当曲线弧向上凹时,其上每一点的切线斜率随 x 的增大而变大,即导函数 $f'(x)$ 是单调增加函数;由图 3.13 可知,当曲线弧向上凸时,其上每一点的切线斜率随 x 的增大而变小,即导函数 $f'(x)$ 是单调减少函数。我们已经知道一阶导数可以判定函数的单调性,同样地,二阶导数可以判定一阶导数的单调性。由此得到关于曲线凹凸的如下判别法。

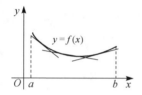

图 3.12　向上凹的几何意义

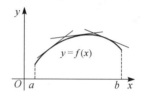

图 3.13　向上凸的几何意义

定理 10　设函数 $f(x)$ 在区间 $[a,b]$ 上连续,且在 (a,b) 内具有二阶导数。

（1）如果 $x\in(a,b)$ 时,恒有 $f''(x)>0$,则曲线 $y=f(x)$ 在区间 $[a,b]$ 上的图形是凹的。

（2）如果 $x\in(a,b)$ 时,恒有 $f''(x)<0$,则曲线 $y=f(x)$ 在区间 $[a,b]$ 上的图形是凸的。

【例 1】　判定曲线 $y=3x^4-4x^3+1$ 的凹凸。

解　（1）函数 $y=3x^4-4x^3+1$ 的定义域为 $(-\infty,+\infty)$。

（2）求导数　　$y'=12x^3-12x^2$,$y''=36x^2-24x=12x(3x-2)$。

（3）令 $y''=0$,得 $x=0$,$x=\dfrac{2}{3}$。

（4）列表讨论。对定义域 $(-\infty,+\infty)$ 分段讨论,列表如表 3.5 所示。

表 3.5　　　　　　　　　　判定曲线的凹凸表

x	$(-\infty,0)$	0	$\left(0,\dfrac{2}{3}\right)$	$\dfrac{2}{3}$	$\left(\dfrac{2}{3},+\infty\right)$
y''	$+$	0	$-$	0	$+$
y	$\cup$		$\cap$		$\cup$

由表 3.5 可知,曲线在区间 $(-\infty, 0]$,$\left[\dfrac{2}{3}, +\infty\right)$ 内是凹的,在区间 $\left[0, \dfrac{2}{3}\right]$ 内是凸的。

符号"$\cup$"表示曲线弧在该区间是向上凹的,"$\cap$"表示曲线弧在该区间是向上凸的。

由[例 1]又可知,点 $\left(\dfrac{2}{3}, \dfrac{11}{27}\right)$ 是曲线 $y = 3x^4 - 4x^3 + 1$ 的凹与凸的分界点,这种点称为**拐点**。一般地,有如下定义。

定义 2 设函数 $y = f(x)$ 在区间 (a, b) 内连续,其对应的曲线 $y = f(x)$ 上每一点都有切线,$x_0 \in (a, b)$,点 $(x_0, f(x_0))$ 是曲线 $y = f(x)$ 的凹与凸的分界点,则称点 $(x_0, f(x_0))$ 为曲线 $y = f(x)$ 的**拐点**。

由于拐点处左、右两侧的二阶导数异号,故在拐点处必有二阶导数等于零或二阶导数不存在。

【例 2】 判定曲线 $y = \sqrt[3]{x}$ 的凹凸,并求其拐点。

解 (1)函数 $y = \sqrt[3]{x}$ 的定义域为 $(-\infty, +\infty)$。

(2)求导数 $\qquad y' = \dfrac{1}{3}x^{-\frac{2}{3}}$,$y'' = -\dfrac{2}{9}x^{-\frac{5}{3}}$。

(3)在 $x = 0$ 处,y'' 不存在。

(4)列表讨论。对定义域 $(-\infty, +\infty)$ 分段讨论,列表如下表 3.6 所示。

表 3.6   判定曲线凹凸表

x	$(-\infty, 0)$	0	$(0, +\infty)$
y''	$+$	不存在	$-$
y	$\cup$	0	$\cap$

由表 3.6 可知,曲线在区间 $(-\infty, 0]$ 内是凹的,在区间 $[0, +\infty)$ 内是凸的。曲线的拐点为 $(0, 0)$。

综上所述,判定曲线 $y = f(x)$ 的凹凸及求曲线的拐点的方法与步骤如下:

(1)求函数 $f(x)$ 的定义域。

(2)求一阶导数 $f'(x)$、二阶导数 $f''(x)$。

(3)求出所有二阶导数 $f''(x)$ 等于零的点及二阶导数不存在的点。

(4)列表讨论。用第(3)步所得的点将定义域分成若干小区间,列表讨论 $f''(x)$ 的符号,判定曲线在各小区间的凹凸,求出拐点。

【例 3】 判定曲线 $y = \dfrac{1}{3}x^3 - x^2 + 2$ 的凹凸,并求其拐点。

解 (1) 函数 $y = \dfrac{1}{3}x^3 - x^2 + 2$ 的定义域为 $(-\infty, +\infty)$。

(2) 求导数。$y' = x^2 - 2x$,$y'' = 2x - 2$。

(3) 令 $y'' = 0$,得 $x = 1$。

(4) 列表讨论。对定义域 $(-\infty, +\infty)$ 分段讨论,列表如表 3.7 所示。

表 3.7　　　　　　　　　　判定曲线凹凸表

x	$(-\infty, 1)$	1	$(1, +\infty)$
y''	$-$	0	$+$
y	$\cap$	$\dfrac{4}{3}$	$\cup$

由表 3.7 可知,曲线在区间 $(-\infty, 1]$ 上是凸的,在区间 $[1, +\infty)$ 上是凹的,曲线的拐点为 $\left(1, \dfrac{4}{3}\right)$。

二、曲线的渐近线

对于函数 $y = \dfrac{1}{x}$ 的图形,容易看出曲线 $y = \dfrac{1}{x}$ 延伸到无穷远时的变化情况:它越来越接近直线 $x = 0$ 及 $y = 0$。这些直线称为曲线的**渐近线**。对一般曲线,我们希望知道曲线上的点延伸到无穷远时的变化情况,则可借助于渐近线来描绘。

定义 3 如果曲线上的点沿曲线趋于无穷远时,该点与某一直线 L 的距离趋于零,则称此直线 L 为曲线的渐近线。

渐近线可按其所处位置分为水平渐近线,垂直渐近线和斜渐近线。下面介绍渐近线的求法。

1. 水平渐近线

如果函数 $y = f(x)$ 的定义域为无限区间,并且有

$$\lim_{x \to -\infty} f(x) = c \quad \text{或} \quad \lim_{x \to +\infty} f(x) = c,$$

则直线 $y = c$ 称为曲线 $y = f(x)$ 的**水平渐近线**。

例如,对于函数 $y = \arctan x$,有

$$\lim_{x \to -\infty} \arctan x = -\frac{\pi}{2}, \quad \lim_{x \to +\infty} \arctan x = \frac{\pi}{2}。$$

故直线 $y = -\dfrac{\pi}{2}$ 和 $y = \dfrac{\pi}{2}$ 是曲线 $y = \arctan x$ 的水平渐近线。

2. 垂直渐近线

如果函数 $y = f(x)$ 在点 c 处间断,并且有

$$\lim_{x \to c^-} f(x) = \infty \quad \text{或} \quad \lim_{x \to c^+} f(x) = \infty。$$

则直线 $x = c$ 称为曲线 $y = f(x)$ 的**垂直渐近线**。

例如,对于函数 $y = \ln x$,有

$$\lim_{x \to 0^+} \ln x = \infty,$$

故直线 $x = 0$ 是曲线 $y = \ln x$ 的垂直渐近线。

3. 斜渐近线

设函数 $y = f(x)$,如果

$$\lim_{x \to \infty} \left[f(x) - (ax + b) \right] = 0,$$

则称直线 $y = ax + b$ 为 $y = f(x)$ 的**斜渐近线**,其中

$$a = \lim_{x \to \infty} \frac{f(x)}{x} \quad (a \neq 0), \tag{3-3}$$

$$b = \lim_{x \to \infty} \left[f(x) - ax \right]。 \tag{3-4}$$

类似地,可以定义 $x \to +\infty$ 或 $x \to -\infty$ 时的斜渐近线。

注:如果 $\lim\limits_{x \to \infty} \dfrac{f(x)}{x}$ 不存在,或虽然它存在但 $\lim\limits_{x \to \infty} [f(x) - ax]$ 不存在,则可以断定 $y = f(x)$ 不存在斜渐近线。

【例4】 求曲线 $y = \dfrac{1}{x-2}$ 的渐近线。

解 由于

$$\lim_{x \to \infty} \frac{1}{x-2} = 0,$$

故直线 $y = 0$ 是该曲线的一条水平渐近线。

135

又由于
$$\lim_{x \to 2} \frac{1}{x-2} = \infty,$$

故直线 $x=2$ 是该曲线的一条垂直渐近线。

【例5】 求曲线 $y = \dfrac{x^2}{x+1}$ 的渐近线。

解 （1）由 $\lim\limits_{x \to -1} \dfrac{x^2}{x+1} = \infty$ 可知 $x = -1$ 是曲线的垂直渐近线。

（2）由式(3-3)和式(3-4)得 $a = \lim\limits_{x \to \infty} \dfrac{f(x)}{x} = \lim\limits_{x \to \infty} \dfrac{x}{x+1} = 1$

和
$$b = \lim_{x \to \infty} [f(x) - ax] = \lim_{x \to \infty} \left(\frac{x^2}{x+1} - x \right)$$

$$= \lim_{x \to \infty} \frac{-x}{x+1} = -1,$$

可知 $y = x-1$ 是曲线的斜渐近线。

三、函数图形的描绘

以上介绍了研究函数性态的有关方法：利用一阶导数判定函数的单调性与极值；利用二阶导数判定曲线的凹凸与拐点；利用极限确定曲线的渐近线。综合运用这些方法，并结合函数的奇偶性、周期性等几何特征，就可以较为全面地掌握函数的性态，并把函数的图形画得比较准确。

作函数 $f(x)$ 图形的方法与步骤如下。

（1）确定函数 $f(x)$ 的定义域，讨论函数 $f(x)$ 的奇偶性与周期性。

（2）求出函数的一阶导数 $f'(x)$ 和二阶导数 $f''(x)$。

（3）求出方程 $f'(x) = 0$，$f''(x) = 0$ 在函数定义域内的全部实根，并求使 $f'(x)$、$f''(x)$ 不存在的点 x。

（4）用第(3)步所得的点，把定义域划分成几个部分区间，列表讨论函数的单调性、极值及曲线的凹凸，并求出拐点。

（5）确定曲线的渐近线。

（6）求出函数图形上一些点的坐标，特别是曲线与坐标轴的交点坐标，然后结合第(3)、第(4)步中得到的结果，联结这些点画出函数 $y = f(x)$ 的图形。

【例6】 作函数 $y = \dfrac{2x-1}{(x-1)^2}$ 的图形。

解 （1）定义域为 $(-\infty, 1) \bigcup (1, +\infty)$。

（2）求导数 $y' = -\dfrac{2x}{(x-1)^3}$，$y'' = \dfrac{4x+2}{(x-1)^4}$。

（3）令 $y'=0$，得驻点 $x=0$。令 $y''=0$，得 $x=-\dfrac{1}{2}$。

（4）列表讨论。对定义域分段讨论，列表如表 3.8 所示。

表 3.8　　　　　　　　　　函数性态判定表

x	$\left(-\infty, -\dfrac{1}{2}\right)$	$-\dfrac{1}{2}$	$\left(-\dfrac{1}{2}, 0\right)$	0	$(0, 1)$	1	$(1, +\infty)$
y'	$-$	$-$	$-$	0	$+$		$-$
y''	$-$	0	$+$	$+$	$+$		$+$
y	↘	$-\dfrac{8}{9}$	↘	-1 极小值	↗	无定义	↘

曲线上极小值点为 $x=0$，拐点为 $\left(-\dfrac{1}{2}, -\dfrac{8}{9}\right)$。

其中，符号"↗"表示曲线弧单调增加且是凸的，"↘"表示曲线弧单调减少且是凸的，"↗"表示曲线弧单调增加且是凹的，"↘"表示曲线弧单调减少且是凹的。

（5）求渐近线。

因为
$$\lim_{x \to \infty} \frac{2x-1}{(x-1)^2} = 0$$

所以 $y=0$ 是曲线的水平渐近线。

又因为
$$\lim_{x \to 1} \frac{2x-1}{(x-1)^2} = \infty$$

所以 $x=1$ 是曲线的垂直渐近线。

（6）曲线与 x 轴的交点坐标为 $\left(\dfrac{1}{2}, 0\right)$，曲

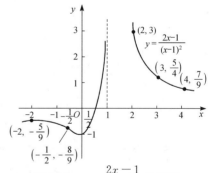

图 3.14　$y = \dfrac{2x-1}{(x-1)^2}$ 的图形

线与 y 轴的交点坐标为 $(0, -1)$。再补充几点，$\left(-2, -\dfrac{5}{9}\right)$、$(2, 3)$、

$\left(3, \dfrac{5}{4}\right)$、$\left(4, \dfrac{7}{9}\right)$。

根据以上分析结果，作出函数的图形，如图 3.14 所示。

【例7】 作函数 $y = \dfrac{1}{\sqrt{2\pi}} e^{-\frac{x^2}{2}}$ 的图形。

解 (1)定义域为 $(-\infty, +\infty)$,此函数为偶函数,其图形关于 y 轴对称。

(2)求导数: $y' = -\dfrac{1}{\sqrt{2\pi}} x e^{-\frac{x^2}{2}}$, $y'' = \dfrac{1}{\sqrt{2\pi}} (x^2 - 1) e^{-\frac{x^2}{2}}$。

(3)令 $y' = 0$,得驻点 $x = 0$;令 $y'' = 0$,得 $x = -1$, $x = 1$。

(4)列表讨论。对定义域分段讨论,列表如表 3.9 所示。

表 3.9 函数性态判定表

x	$(-\infty, -1)$	-1	$(-1, 0)$	0	$(0, 1)$	1	$(1, +\infty)$
y'	$+$	$+$	$+$	0	$-$	$-$	$-$
y''	$+$	0	$-$		$-$	0	$+$
y	↗	$\dfrac{1}{\sqrt{2\pi e}}$	↗	$\dfrac{1}{\sqrt{2\pi}}$ 极大值	↘	$\dfrac{1}{\sqrt{2\pi e}}$	↘

曲线上极大值点为 $x = 0$,拐点为 $\left(-1, \dfrac{1}{\sqrt{2\pi e}}\right)$ 和 $\left(1, \dfrac{1}{\sqrt{2\pi e}}\right)$。

(5)求渐近线。

因为 $\lim\limits_{x \to \infty} \dfrac{1}{\sqrt{2\pi}} e^{-\frac{x^2}{2}} = 0$,

所以 $y = 0$ 是曲线的水平渐近线。

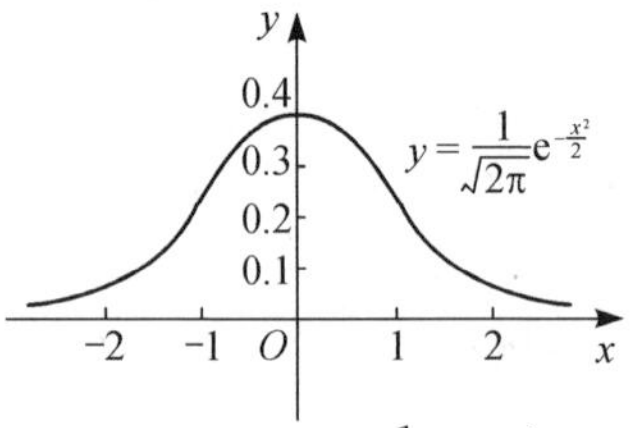

图 3.15 $y = \dfrac{1}{\sqrt{2\pi}} e^{-\frac{x^2}{2}}$ 图形

(6)根据以上分析结果,作出函数的图形,如图 3.15所示。此函数图形在概率论与数理统计中有很重要的应用。

【例8】 作函数 $y = \dfrac{x^2}{x+1}$ 的图形。

解 (1)定义域为 $(-\infty, -1) \cup (-1, +\infty)$。

(2)求导数 $y' = \dfrac{x^2 + 2x}{(x+1)^2}$, $y'' = \dfrac{2}{(x+1)^3}$。

(3)令 $y' = 0$,得 $x = 0$ 和 $x = -2$。

(4)列表讨论。对定义域分段讨论,列表如表 3.10 所示。

表 3.10 函数性态判定表

x	$(-\infty, -2)$	-2	$(-2, -1)$	$(-1, 0)$	0	$(0, +\infty)$
y'	$+$	0	$-$	$-$	0	$+$
y''	$-$		$-$	$+$		$+$
y	↗	-4 极大值	↘	↘	0 极小值	↗

极大值点是 $x=-2$,极小值点是 $x=0$。

(5) 因为
$$\lim_{x \to -1} \frac{x^2}{x+1} = \infty,$$

所以 $x=-1$ 是曲线的垂直渐近线。

又因为 $\lim_{x \to \infty} \frac{f(x)}{x} = \lim_{x \to \infty} \frac{x}{x+1} = 1$,

$$\lim_{x \to \infty} \left(\frac{x^2}{x+1} - x \right) = \lim_{x \to \infty} \left(-\frac{x}{x+1} \right) = -1,$$

所以 $y = x - 1$ 是曲线的斜渐近线。

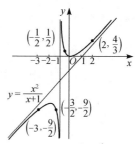

图 3.16 $y = \dfrac{x^2}{1+x}$ 的图形

(6) 补充几点:$\left(-\dfrac{1}{2}, \dfrac{1}{2} \right)$,$\left(2, \dfrac{4}{3} \right)$,$\left(-\dfrac{3}{2}, -\dfrac{9}{2} \right)$,$\left(-3, -\dfrac{9}{2} \right)$。

根据以上分析法,绘制函数的图形,如图 3.16 所示。

习 题 3-5

1. 判定下列曲线的凹凸,并求其拐点。

(1) $y = x^3 - 5x^2 + 3x - 5$;　　　　(2) $y = x + x^{\frac{5}{3}}$;

(3) $y = x e^x$;　　　　(4) $y = \ln(1 + x^2)$;

(5) $y = (x+2)^4 + 2x + 1$;　　　　(6) $y = \dfrac{1}{1+x^2}$。

2. 试确定 a,b,c 的值,使曲线 $y = ax^3 + bx^2 + cx$ 上的拐点为 $(1, 2)$,并且该点处的切线斜率为 -1。

3. 求下列曲线的渐近线。

(1) $y = \dfrac{1}{(x+2)^3}$;　　　　(2) $y = 1 + \dfrac{8}{(x-2)^2}$;

(3) $y = \dfrac{e^x}{1+x}$;　　　　(4) $y = x + \ln x$。

4. 作下列函数的图形。

(1) $y = x^3 - x^2 - x + 1$;

(2) $y = \dfrac{1-2x}{x^2} + 1 \ (x > 0)$;

(3) $y = \dfrac{x}{1+x^2}$;

(4) $y = x e^{-x}$。

复 习 题 三

1. 单项选择题。

(1) 下列函数中,在区间 $[-1, 1]$ 上满足罗尔定理条件的是( )。

a. $\dfrac{1}{x}$;

b. $|x|$;

c. $1 - x^2$;

d. $x - 1$。

(2) 函数 $y = x^3$ 在区间 $[0, 1]$ 上满足拉格朗日中值定理的条件,则定理结论中的 $\xi = ($)。

a. $-\sqrt{3}$;

b. $\sqrt{3}$;

c. $\dfrac{\sqrt{3}}{3}$;

d. $-\dfrac{\sqrt{3}}{3}$。

(3) 如果函数 $f(x)$ 与 $g(x)$ 在区间 (a, b) 内各点的导数都相等,则这两函数在区间 (a, b) 内( )。

a. 不相等;

b. 相等;

c. 仅相差一个常数;

d. 均为常数。

(4) 函数 $y = \dfrac{1}{2}(e^x + e^{-x})$ 在区间 $(-1, 1)$ 内( )。

a. 单调减少;

b. 单调增加;

c. 不增不减;

d. 有增有减。

(5) 当( )时,曲线 $y = \dfrac{1}{f(x)}$ 有水平或垂直渐近线。

a. $\lim\limits_{x \to \infty} f(x) = 0$;

b. $\lim\limits_{x \to \infty} \dfrac{1}{f(x)} = k$ 或 $\lim\limits_{x \to c} f(x) = 0$;

c. $\lim\limits_{x \to 0} f(x) = 1$;

d. $\lim\limits_{x \to c} f(x) = \infty$。

2. 填空题。

(1) 对函数 $f(x) = px^2 + qx + r$,在区间 $[a, b]$ 上应用拉格朗日中值定理时,所

求的拉格朗日中值定理结论中的 $\xi=$ _____。

(2) $\lim\limits_{x\to+\infty}\dfrac{\ln(1+\mathrm{e}^x)}{x}=$ _____。

(3) 函数 $y=\dfrac{1}{9}x^3-\dfrac{1}{3}x^2-x$，在 _____ 处取得极大值，在 _____ 处取得极小值，点 _____ 是拐点。

(4) 函数 $f(x)$ 在 (a,b) 内有二阶导数，且对任意 $x\in(a、b)$，$f''(x)<0$，则 $f(x)$ 在 (a,b) 上的图形的凹凸是 _____。

(5) 曲线 $y=\mathrm{e}^{-\frac{1}{x}}$ 的水平渐近线是 _____。

3. 求下列极限。

(1) $\lim\limits_{x\to0}\dfrac{x-\arcsin x}{x^3}$；

(2) $\lim\limits_{x\to0}\dfrac{\tan x-\sin x}{x^2\sin x}$；

(3) $\lim\limits_{x\to+\infty}\dfrac{x^{10}}{\mathrm{e}^x}$；

(4) $\lim\limits_{x\to0^+}\dfrac{\ln\sin 3x}{\ln\sin x}$；

(5) $\lim\limits_{x\to1}\left(\dfrac{x}{x-1}-\dfrac{1}{\ln x}\right)$；

(6) $\lim\limits_{x\to0^+}(\tan x)^{\sin x}$；

(7) $\lim\limits_{x\to+\infty}x^{\frac{1}{x}}$；

(8) $\lim\limits_{x\to\infty}\left(\cos\dfrac{1}{x}\right)^x$。

4. 证明下列不等式。

(1) 当 $x>0$ 时，$1+x\ln(x+\sqrt{1+x^2})>\sqrt{1+x^2}$；

(2) 当 $x>0$ 时，$x-\dfrac{1}{3}x^3<\sin x<x$。

5. 求函数 $y=x\sqrt{1-x^2}$ 的单调区间与极值。

6. a 取何值时，函数 $f(x)=a\sin x+\dfrac{1}{3}\sin 3x$ 在 $x=\dfrac{\pi}{3}$ 处有极值，并确定它是极大值还是极小值。

7. 判定曲线 $y=3x^4-4x^3+1$ 的凹凸，并求其拐点。

8. 要做一个容积为 $300(\mathrm{m}^3)$ 的无盖圆柱形蓄水池，已知柱底单位造价是圆柱周围单位造价的 2 倍，问蓄水池的尺寸应为多少时才能使总造价最低？

第四章 不 定 积 分

已知一个函数 $F(x)$，求它的导数 $F'(x)=f(x)$，这是微分学所研究的问题，但是，在许多科技、经济问题中经常要讨论它的逆问题，即已知一个函数 $f(x)$，求函数 $F(x)$，使得 $F'(x)=f(x)$。这是积分学所讨论的基本问题之一，求不定积分。

第一节 不定积分的概念

一、原函数的概念

我们先看一个简单的例子。

已知函数 $F(x)=\sin x$，求 $F(x)$ 的导数，得到

$$F'(x)=\cos x.$$

现在考虑这个问题的逆问题，也就是导数运算的逆运算：已知函数 $f(x)=\cos x$，求函数 $F(x)$，使 $F'(x)=\cos x$，即完成这个填空题

$$(\qquad)'=\cos x,$$

显然，在 $(-\infty,+\infty)$ 区间上可填函数 $\sin x$，即 $F(x)=\sin x$。这个函数 $F(x)=\sin x$ 称为函数 $\cos x$ 在 $(-\infty,+\infty)$ 区间上的一个原函数。

一般地，我们给出如下定义：

定义 1 设 $f(x)$ 是定义在区间 I 上的一个函数，如果存在一个函数 $F(x)$，对于该区间 I 上的任意一点 x，都满足

$$F'(x)=f(x) \quad 或 \quad \mathrm{d}F(x)=f(x)\mathrm{d}x$$

则称 $F(x)$ 为函数 $f(x)$ 在区间 I 上的一个**原函数**。

由定义求函数 $f(x)$ 的原函数，就是要找出一个函数 $F(x)$，使得它的导数 $F'(x)$ 等于 $f(x)$。

例如，在区间 $(-\infty,+\infty)$ 上，因为 $(x^2)'=2x$，所以 x^2 是函数 $2x$ 在区间 $(-\infty,+\infty)$ 上的一个原函数。除了 x^2 以外，函数 x^2+1，$x^2-\sqrt{3}$，$x^2+\pi$ 也是函

数 $2x$ 在区间$(-\infty,+\infty)$上的原函数。一般地,设 C 为任意常数,则 x^2+C 也是函数 $2x$ 在区间$(-\infty,+\infty)$上的原函数。

由此可见,函数 $2x$ 有无穷多个原函数。然而除了形如 x^2+C 的原函数之外,还有其他原函数吗? 有如下定理。

定理 1 如果函数 $f(x)$ 在区间 I 上有一个原函数 $F(x)$,则对于任意常数 C, $F(x)+C$ 也是 $f(x)$ 在区间 I 上的原函数,且 $f(x)$ 在区间 I 上的任意一个原函数都可以表示成 $F(x)+C$ 的形式。

证明 因为 $F(x)$ 是 $f(x)$ 的原函数,故有 $F'(x)=f(x)$,对于任意常数 C,因为

$$[F(x)+C]'=F'(x)=f(x)$$

所以 $F(x)+C$ 也为 $f(x)$ 的原函数。

又设 $G(x)$ 是 $f(x)$ 在区间 I 上的任意一个原函数,即有

$$G'(x)=f(x)。$$

由于 $\qquad [G(x)-F(x)]'=G'(x)-F'(x)=f(x)-f(x)=0$

据拉格朗日定理的推论得 $G(x)-F(x)=C_1$

即 $\qquad\qquad G(x)=F(x)+C_1(C_1$ 为常数$)$

也就是说,函数 $f(x)$ 的任意一个原函数与 $F(x)$ 相差一个常数,故函数 $f(x)$ 任意一个原函数都可表示成 $F(x)+C$ 的形式。

二、不定积分的定义

根据上述定理 1,如果 $F(x)$ 是 $f(x)$ 的一个原函数,则 $F(x)+C$ (C 为任意常数)是 $f(x)$ 的所有原函数。我们有如下定义。

定义 2 设 $F(x)$ 是 $f(x)$ 的在区间 I 上的一个原函数,则称 $f(x)$ 的所有原函数 $F(x)+C$ (C 为任意常数)为 $f(x)$ 的**不定积分**,记为 $\int f(x)\mathrm{d}x$,即

$$\int f(x)\mathrm{d}x=F(x)+C \qquad\qquad (4-1)$$

其中,符号"$\int$"称为**积分号**,$f(x)$ 称为**被积函数**,x 称为**积分变量**,$f(x)\mathrm{d}x$ 称为**被积表达式**,C 称为**积分常数**。

例如,在区间$(-\infty,+\infty)$上因为 $(\sin x)'=\cos x$,所以 $\sin x$ 是 $\cos x$ 在$(-\infty,+\infty)$上的一个原函数,从而 $\cos x$ 的不定积分为 $\sin x+C$,即 $\int \cos x\,\mathrm{d}x=\sin x+C$。

在区间 $(-\infty, +\infty)$ 上又因为 $(x^2)' = 2x$，所以，x^2 是 $2x$ 在 $(-\infty, +\infty)$ 上的一个原函数，从而 $2x$ 的不定积分为 $x^2 + C$，即 $\int 2x \,\mathrm{d}x = x^2 + C$。

一个函数 $f(x)$ 满足什么条件才存在原函数呢？关于这个问题我们将在第五章讨论，这里我们先给出结论：

定理 2　如果函数 $f(x)$ 在某区间 I 上连续，则在区间 I 上 $f(x)$ 必有原函数。

由于初等函数在其定义区间上都是连续的，所以初等函数在其定义区间上都有原函数。

求已知函数的原函数的方法称为**不定积分法**，简称**积分法**。由定义可知，求已知函数的不定积分，只要先求出它的一个原函数，然后再加上任意常数 C 即可。

【例 1】　求 $\int x^\alpha \,\mathrm{d}x \ (\alpha \neq -1, \ x > 0)$。

解　因为 $(x^{\alpha+1})' = (\alpha+1)x^\alpha$，而

$$\left(\frac{1}{\alpha+1} x^{\alpha+1} \right)' = x^\alpha,$$

即 $\dfrac{1}{\alpha+1} x^{\alpha+1}$ 是 x^α 的一个原函数，所以

$$\int x^\alpha \,\mathrm{d}x = \frac{1}{\alpha+1} x^{\alpha+1} + C。$$

【例 2】　求 $\int \dfrac{1}{x} \,\mathrm{d}x$。

解　当 $x > 0$ 时，$(\ln x)' = \dfrac{1}{x}$。又当 $x < 0$，即 $-x > 0$ 时，

$$[\ln(-x)]' = \frac{1}{-x} \cdot (-1) = \frac{1}{x},$$

从而，$\ln x$ 为 $\dfrac{1}{x}$ 在 $(0, +\infty)$ 内的一个原函数；$\ln(-x)$ 为 $\dfrac{1}{x}$ 在 $(-\infty, 0)$ 内的一个原函数。所以，当 $x \neq 0$ 时，$\ln|x|$ 为 $\dfrac{1}{x}$ 的一个原函数。得

$$\int \frac{1}{x} \,\mathrm{d}x = \ln|x| + C \ (x \neq 0)。$$

根据不定积分的定义，我们可以从基本导数公式得到相应的基本积分公式，如

表 4.1 所示,请务必熟记。

为了进一步说明原函数与被积函数之间的关系,我们在表4.1中列出**基本积分公式**与相应的求导公式。

表 4.1 基本积分公式与相应的求导公式

$\int f(x)\mathrm{d}x = F(x) + C$	$F'(x) = f(x)$
(1) $\int x^a \mathrm{d}x = \dfrac{1}{a+1}x^{a+1} + C(a \neq -1)$	$\left(\dfrac{1}{a+1}x^{a+1}\right)' = x^a\,(a \neq -1)$
(2) $\int \dfrac{1}{x}\mathrm{d}x = \ln\mid x \mid + C$	$(\ln\mid x \mid)' = \dfrac{1}{x}$
(3) $\int a^x \mathrm{d}x = \dfrac{1}{\ln a}a^x + C(a > 0,\, a \neq 1)$	$\left(\dfrac{1}{\ln a}a^x\right)' = a^x$
(4) $\int \mathrm{e}^x \mathrm{d}x = \mathrm{e}^x + C$	$(\mathrm{e}^x)' = \mathrm{e}^x$
(5) $\int \sin x\, \mathrm{d}x = -\cos x + C$	$(-\cos x)' = \sin x$
(6) $\int \cos x\, \mathrm{d}x = \sin x + C$	$(\sin x)' = \cos x$
(7) $\int \sec^2 x\, \mathrm{d}x = \tan x + C$	$(\tan x)' = \sec^2 x$
(8) $\int \csc^2 x\, \mathrm{d}x = -\cot x + C$	$(-\cot x)' = \csc^2 x$
(9) $\int \sec x\, \tan x\, \mathrm{d}x = \sec x + C$	$(\sec x)' = \sec x\, \tan x$
(10) $\int \csc x\, \cot x\, \mathrm{d}x = -\csc x + C$	$(-\csc x)' = \csc x\, \cot x$
(11) $\int \dfrac{1}{\sqrt{1-x^2}}\mathrm{d}x = \arcsin x + C$	$(\arcsin x)' = \dfrac{1}{\sqrt{1-x^2}}$
$= -\arccos x + C$	$(-\arccos x)' = \dfrac{1}{\sqrt{1-x^2}}$
(12) $\int \dfrac{1}{1+x^2}\mathrm{d}x = \arctan x + C$	$(\arctan x)' = \dfrac{1}{1+x^2}$
$= -\text{arccot}\, x + C$	$(-\text{arccot}\, x)' = \dfrac{1}{1+x^2}$

注:$\int 1 \cdot \mathrm{d}x = \int \mathrm{d}x$,被积函数"1"可略。

145

【例3】 求 $\displaystyle\int \frac{1}{x^2}\mathrm{d}x$。

解 $\displaystyle\int \frac{1}{x^2}\mathrm{d}x = \int x^{-2}\mathrm{d}x = \frac{x^{-2+1}}{-2+1} + C = -\frac{1}{x} + C$。

【例4】 求 $\displaystyle\int x^2 \sqrt{x}\,\mathrm{d}x$。

解 $\displaystyle\int x^2 \sqrt{x}\,\mathrm{d}x = \int x^{\frac{5}{2}}\mathrm{d}x = \frac{x^{\frac{5}{2}+1}}{\frac{5}{2}+1} + C = \frac{2}{7}x^{\frac{7}{2}} + C = \frac{2}{7}x^3\sqrt{x} + C$。

【例5】 已知物体在 t 时刻的运动速度为 t^3，且当 $t=2$ 时，$s=10$，试求物体的运动方程 $s(t)$。

解 因为 $s'(t) = v(t)$，所以运动方程 $s(t)$ 为速度 $v(t)$ 的原函数，得

$$s(t) = \int v(t)\mathrm{d}t = \int t^3\mathrm{d}t = \frac{1}{4}t^4 + C。$$

又因为 $t=2$ 时，$s=10$，故可解得 $C=6$。

所以，物体的运动方程为 $s(t) = \frac{1}{4}t^4 + 6$。

【例6】 设曲线上任意点 x 处的切线的斜率为 $3x^2$，且经过点 $(1,5)$，求曲线方程。

解 设所求曲线方程为 $y = f(x)$，它在点 x 处切线的斜率为 $f'(x) = 3x^2$，所以 $f(x)$ 为 $3x^2$ 的原函数，于是

$$f(x) = \int 3x^2\mathrm{d}x = x^3 + C。$$

又因为曲线经过点 $(1,5)$，将 $x=1$，$y=5$ 代入曲线方程，可得 $C=4$。故所求曲线方程为

$$y = x^3 + 4。$$

习 题 4-1

1. 填空题。

(1) $(\quad)' = 16$，$\displaystyle\int 16\mathrm{d}x = (\quad)$；

146

(2) d( ) $=5x^4 dx$, $\qquad$ $\int 5x^4 dx = ($ $)$；

(3) d( ) $=\sin x\, dx$, $\qquad$ $\int \sin x\, dx = ($ $)$；

(4) ($)' = \dfrac{1}{\sqrt{1-x^2}}$, $\qquad$ $\int \dfrac{1}{\sqrt{1-x^2}} dx = ($ $)$。

2. 计算下列不定积分。

(1) $\int x^7 dx$；$\qquad\qquad$ (2) $\int x^3 \sqrt[4]{x^3}\, dx$；

(3) $\int \dfrac{1}{x\sqrt{x}} dx$；$\qquad\qquad$ (4) $\int (5e)^x dx$；

(5) $\int (1+\tan^2\theta) d\theta$；$\qquad$ (6) $\int \dfrac{\sin x}{\cos^2 x} dx$。

3. 根据不定积分定义，验证下列等式。

(1) $\int \dfrac{1}{x^5} dx = -\dfrac{1}{4} x^{-4} + C$；

(2) $\int (\sin x + \cos x) dx = -\cos x + \sin x + C$；

(3) $\int (5^x + e^x) dx = \dfrac{5^x}{\ln 5} + e^x + C$；

(4) $\int \left(\csc^2 x + 2\sec^2 x + \dfrac{1}{1+x^2} \right) dx = -\cot x + 2\tan x + \arctan x + C$。

第二节　不定积分的性质

根据不定积分的定义直接可以推出以下性质：

性质 1 $\qquad\qquad \left(\int f(x) dx \right)' = f(x),$ $\qquad\qquad$ (4-2)

或 $\qquad\qquad d\int f(x) dx = f(x) dx。$ $\qquad\qquad$ (4-2′)

性质 2 $\qquad\qquad \int F'(x) dx = F(x) + C,$ $\qquad\qquad$ (4-3)

或 $\qquad\qquad \int dF(x) = F(x) + C。$ $\qquad\qquad$ (4-3′)

147

性质 1、性质 2 表明:如果对函数 $f(x)$ 先求不定积分后再求导数,那么两者的作用相互抵消,结果仍为 $f(x)$;如果对函数先求导数后再求不定积分,那么作用相互抵消后结果与原来的函数相差一个任意常数。从这里也可以看出,求不定积分与求导数两者互为逆运算。

性质 3 两个函数代数和的积分,等于各个函数积分的代数和,即

$$\int [f(x) \pm g(x)] \mathrm{d}x = \int f(x) \mathrm{d}x \pm \int g(x) \mathrm{d}x。 \tag{4-4}$$

证明
$$\left[\int f(x) \mathrm{d}x \pm \int g(x) \mathrm{d}x\right]' = \left[\int f(x) \mathrm{d}x\right]' \pm \left[\int g(x) \mathrm{d}x\right]'$$
$$= f(x) \pm g(x)。$$

由不定积分的定义可得

$$\int [f(x) \pm g(x)] \mathrm{d}x = \int f(x) \mathrm{d}x \pm \int g(x) \mathrm{d}x。$$

这个公式可以推广到有限多个函数的代数和的情况,即有限多个函数的代数和的不定积分等于各个函数的不定积分的代数和。

类似地,可以证明下面的性质。

性质 4 被积函数中不为零的常数因子可以移到积分号外面,即

$$\int k f(x) \mathrm{d}x = k \int f(x) \mathrm{d}x \quad (k \neq 0, k \text{ 为常数})。 \tag{4-5}$$

注:性质 3 和性质 4,称为不定积分的线性性质。

【例 1】 求 $\int (1 + x^2 - 3\cos x + \mathrm{e}^x) \mathrm{d}x$。

解 $\int (1 + x^2 - 3\cos x + \mathrm{e}^x) \mathrm{d}x = \int \mathrm{d}x + \int x^2 \mathrm{d}x - 3\int \cos x \mathrm{d}x + \int \mathrm{e}^x \mathrm{d}x$

$$= x + \frac{1}{3} x^3 - 3\sin x + \mathrm{e}^x + C。$$

注:在各项积分后,每个不定积分的结果都含有一个任意常数,但由于任意常数之和仍是任意常数,故只写一个任意常数即可。

【例 2】 求 $\int \left(\dfrac{4}{x} - \sin x + 2^x + 2\sqrt{x^3}\right) \mathrm{d}x$。

解 $\int \left(\dfrac{4}{x} - \sin x + 2^x + 2\sqrt{x^3}\right) \mathrm{d}x = 4\int \dfrac{1}{x} \mathrm{d}x - \int \sin x \mathrm{d}x + \int 2^x \mathrm{d}x + 2\int x^{\frac{3}{2}} \mathrm{d}x$

$$= 4\ln |x| + \cos x + \frac{2^x}{\ln 2} + \frac{4}{5} x^{\frac{5}{2}} + C。$$

【例3】 求 $\displaystyle\int \frac{x^2}{1+x^2}\mathrm{d}x$。

解 由于 $\displaystyle\frac{x^2}{1+x^2}=\frac{x^2+1-1}{1+x^2}=1-\frac{1}{1+x^2}$,

所以 $\displaystyle\int \frac{x^2}{1+x^2}\mathrm{d}x=\int\Big(1-\frac{1}{1+x^2}\Big)\mathrm{d}x=\int \mathrm{d}x-\int \frac{1}{1+x^2}\mathrm{d}x$

$$=x-\arctan x+C。$$

【例4】 求 $\displaystyle\int \frac{x^3-2x^2+4x-1}{x^2}\mathrm{d}x$。

解 $\displaystyle\int \frac{x^3-2x^2+4x-1}{x^2}\mathrm{d}x=\int\Big(x-2+\frac{4}{x}-\frac{1}{x^2}\Big)\mathrm{d}x$

$$=\int x\,\mathrm{d}x-2\int \mathrm{d}x+4\int \frac{1}{x}\mathrm{d}x-\int \frac{1}{x^2}\mathrm{d}x$$

$$=\frac{1}{2}x^2-2x+4\ln|x|+\frac{1}{x}+C。$$

【例5】 求 $\displaystyle\int \frac{1}{\sin^2 x \cos^2 x}\mathrm{d}x$。

解 $\displaystyle\int \frac{1}{\sin^2 x \cos^2 x}\mathrm{d}x=\int \frac{\cos^2 x+\sin^2 x}{\sin^2 x \cos^2 x}\mathrm{d}x=\int \frac{1}{\sin^2 x}\mathrm{d}x+\int \frac{1}{\cos^2 x}\mathrm{d}x$

$$=\int \csc^2 x\,\mathrm{d}x+\int \sec^2 x\,\mathrm{d}x$$

$$=-\cot x+\tan x+C。$$

【例6】 求 $\displaystyle\int \tan^2 x\,\mathrm{d}x$。

解 $\displaystyle\int \tan^2 x\,\mathrm{d}x=\int(\sec^2 x-1)\mathrm{d}x=\int \sec^2 x\,\mathrm{d}x-\int \mathrm{d}x$

$$=\tan x-x+C。$$

【例7】 求 $\displaystyle\int \sin^2 \frac{x}{2}\mathrm{d}x$。

解 $\displaystyle\int \sin^2 \frac{x}{2}\mathrm{d}x=\int \frac{1}{2}(1-\cos x)\mathrm{d}x$

$$=\frac{1}{2}\int(1-\cos x)\mathrm{d}x$$

$$=\frac{1}{2}\left(\int \mathrm{d}x - \int \cos x\,\mathrm{d}x\right)$$

$$=\frac{1}{2}(x - \sin x) + C。$$

【例8】　某产品的边际成本为 $C'(Q)=Q^2-4Q+6$，且固定成本为 2，求成本 C 与日产量 Q 的函数关系。

解　因为 $C'(Q)=Q^2-4Q+6$，

所以　$C(Q)=\displaystyle\int(Q^2-4Q+6)\mathrm{d}Q=\frac{1}{3}Q^3-2Q^2+6Q+C_0$

已知固定成本为 2，即当 $Q=0$ 时，$C(0)=2$，因此有 $C_0=2$。故成本 C 与日产量 Q 的函数关系为

$$C(Q)=\frac{1}{3}Q^3-2Q^2+6Q+2。$$

【例9】　已知产品产量的变化率为 $f(t)=50t+200$（t 为时间），求产品在时刻 t 的产量 $Q(t)$（假设 $t=0$ 时，产量为 0）。

解　因为　$Q'(t)=f(t)=50t+200$，

所以　　　　　$Q(t)=\displaystyle\int f(t)\mathrm{d}t=\int(50t+200)\mathrm{d}t$

$$=25t^2+200t+C。$$

已知 $Q(0)=0$，所以 $C=0$，故产品在 t 时刻的产量为

$$Q(t)=25t^2+200t。$$

从以上各例可知，求某些函数的不定积分时，有时经过简单的恒等变形，直接运用不定积分的性质与基本积分公式就可求出结果，这种积分方法称为**直接积分法**。但在求一般函数的不定积分时，还必须采用其他的积分方法。下面两节将介绍两种最常用的积分方法。

习　题　4-2

1. 填空题。

(1) $\dfrac{\mathrm{d}}{\mathrm{d}x}\displaystyle\int \sin x^2\,\mathrm{d}x=$ ＿＿＿＿＿＿＿＿＿。

(2) $\int (\sec x)' \mathrm{d}x = $ _____。

(3) $\int f(x) \mathrm{d}x = x^3 \mathrm{e}^x + C$，则 $\left(\int f(x) \mathrm{d}x \right)' = $ _____。

(4) 若函数 $f(x)$ 的一个原函数是 $\sin x$，则 $\int f'(x) \mathrm{d}x = $ _____。

(5) $\int f(x) \mathrm{d}x = 2\sin \dfrac{x}{2} + C$，则 $f(x) = $ _____。

2. 计算下列不定积分。

(1) $\int \left(\dfrac{1}{x} + 3\mathrm{e}^x + \sec^2 x \right) \mathrm{d}x$；

(2) $\int \left(3\sqrt{x} - \dfrac{1}{x^2} \right) \mathrm{d}x$；

(3) $\int \left(\dfrac{1}{x} + \dfrac{2}{x^2} + \dfrac{3}{x^3} \right) \mathrm{d}x$；

(4) $\int \left(\dfrac{1}{x^2} + \dfrac{1}{\cos^2 x} + \dfrac{1}{3\sqrt{x}} \right) \mathrm{d}x$；

(5) $\int x(\sqrt{x} - 1) \mathrm{d}x$；

(6) $\int \dfrac{(x-1)^3}{x^2} \mathrm{d}x$；

(7) $\int \dfrac{\sqrt{x} - \sqrt[3]{x^2} + 3}{\sqrt[4]{x}} \mathrm{d}x$；

(8) $\int (3 - x^2)^2 \mathrm{d}x$；

(9) $\int \dfrac{x^2 + 3}{x^2 + 1} \mathrm{d}x$；

(10) $\int \dfrac{2 \cdot 3^x - 5 \cdot 2^x}{3^x} \mathrm{d}x$；

(11) $\int (2^x + 3^x)^2 \mathrm{d}x$；

(12) $\int \dfrac{\mathrm{e}^{2x} - 1}{\mathrm{e}^x + 1} \mathrm{d}x$；

(13) $\int \cos^2 \dfrac{x}{2} \mathrm{d}x$；

(14) $\int \cot^2 x \, \mathrm{d}x$；

(15) $\int \dfrac{\cos^2 x - \sin^2 x}{\sin x + \cos x} \mathrm{d}x$；

(16) $\int \dfrac{\cos 2x}{\cos x - \sin x} \mathrm{d}x$；

(17) $\int \dfrac{1 + x + x^2}{x(1 + x^2)} \mathrm{d}x$；

(18) $\int \dfrac{1}{x^2(1 + x^2)} \mathrm{d}x$。

3. 已知边际收益为 $R'(Q) = 100 - 0.01Q$，其中 Q 为产量，求收益函数（$Q = 0$ 时，收益 $R(0) = 0$）。

4. 设曲线上任点 x 处的切线斜率为 $3x^2 - \dfrac{1}{x}$，且曲线过点 $(1, 1)$，求该曲线的方程。

5. 已知物体在 t 时刻的运动速度为 $4t^3 + 3t^2 + 1$，其中 t 为时间。当 $t = 0$ 时，距

离 $s=2$，试求此物体的运动方程。

第三节 换元积分法

把复合函数的求导法则反过来用于求不定积分，利用中间变量的代换，得到不定积分的换元积分法。换元积分法分为两类，下面先讲第一类换元积分法。

一、第一类换元积分法

先分析一个例子。

【例 1】 求 $\int \sin^2 x \, \cos x \, \mathrm{d}x$。

解 若将被积表达式 $\sin^2 x \cos x \, \mathrm{d}x$ 看成是函数微分式，那么

$$\sin^2 x \, \cos x \, \mathrm{d}x = \sin^2 x \, (\sin x)' \mathrm{d}x = \sin^2 x \, \mathrm{d}(\sin x)。$$

令 $u = \sin x$，则 $\sin^2 x \, \mathrm{d}(\sin x) = u^2 \mathrm{d}u$，于是形式上有如下计算过程：

$$\int \sin^2 x \, \cos x \, \mathrm{d}x = \int \sin^2 x \, (\sin x)' \mathrm{d}x = \int \sin^2 x \, \mathrm{d}(\sin x) \xlongequal{u = \sin x} \int u^2 \mathrm{d}u$$

$$= \frac{1}{3} u^3 + C \xlongequal{\text{回代} = \sin x} \frac{1}{3} \sin^3 x + C。$$

由于 $\left(\dfrac{1}{3} \sin^3 x + C \right)' = \sin^2 x \cos x$。所以 $\dfrac{1}{3} \sin^3 x + C$ 是 $\sin^2 x \, \cos x$ 的不定积分，这说明上述计算方法是正确的。

[例 1]的解题过程的特点是引入新的变量 $u = \varphi(x)$，把原来积分变量 x 的积分化为积分变量 u 的积分，再利用基本积分公式，进行计算，最后回代 $u = \varphi(x)$，得到结果。

一般地，给出如下定理。

定理 3(第一类换元积分法) 设 $F(u)$ 为函数 $f(u)$ 的一个原函数，即

$$\int f(u) \mathrm{d}u = F(u) + C,$$

而函数 $u = \varphi(x)$ 可导，则有

$$\int f[\varphi(x)] \varphi'(x) \mathrm{d}x = F[\varphi(x)] + C \tag{4-6}$$

或

$$\int f[\varphi(x)] \mathrm{d}[\varphi(x)] = F[\varphi(x)] + C。$$

证明 只需证明式(4-6)右端的导数等于左端的被积函数。

由于 $F'(u) = f(u)$,由复合函数的求导法则,得

$$\frac{\mathrm{d}}{\mathrm{d}x}\{F[\varphi(x)] + C\} \overset{u=\varphi(x)}{=\!=\!=} \frac{\mathrm{d}F(u)}{\mathrm{d}u} \cdot \frac{\mathrm{d}u}{\mathrm{d}x} = F'(u) \cdot \varphi'(x)$$

$$= f(u) \cdot \varphi'(x) = f[\varphi(x)] \cdot \varphi'(x),$$

所以 $F[\varphi(x)]$ 为 $f[\varphi(x)] \cdot \varphi'(x)$ 的一个原函数,因此

$$\int f[\varphi(x)]\varphi'(x)\mathrm{d}x = F[\varphi(x)] + C,$$

或写成

$$\int f[\varphi(x)]\mathrm{d}\varphi(x) = F[\varphi(x)] + C。$$

应用定理3时,我们将定理改写成如下便于应用的形式(如[例1]那样):

$$\int g(x)\mathrm{d}x \overset{凑微分}{=\!=\!=} \int f[\varphi(x)]\varphi'(x)\mathrm{d}x \overset{}{=\!=\!=} \int f[\varphi(x)]\mathrm{d}[\varphi(x)]$$

$$\overset{换元u=\varphi(x)}{=\!=\!=\!=\!=} \int f(u)\mathrm{d}u \overset{积分}{=\!=\!=} F(u) + C$$

$$\overset{u=\varphi(x)回代}{=\!=\!=\!=\!=} F[\varphi(x)] + C。 \tag{4-7}$$

上述积分方法称为**第一类换元积分法**。上述积分法思路的关键是,当积分 $\int g(x)\mathrm{d}x$ 不易计算时,将被积表达式 $g(x)\mathrm{d}x$ 凑成 $f[\varphi(x)] \cdot \varphi'(x)\mathrm{d}x = f[\varphi(x)]\mathrm{d}[\varphi(x)]$ 形式,再换元,$u = \varphi(x)$,然后积分,所以上述积分法又称为**凑微分法**。

定理3还指出,如果把基本积分公式中的积分变量 x 换成可导函数 $u = \varphi(x)$,基本公式仍然成立,从而扩大了基本公式的应用范围。 例如,由基本公式 $\int x^a \mathrm{d}x = \frac{1}{a+1}x^{a+1} + C(a \neq -1)$,可推出 $\int \ln^2 x \, \mathrm{d}(\ln x) = \frac{1}{3}\ln^3 x + C$,$\int \sqrt{3x+1}\,\mathrm{d}(3x+1) = \frac{2}{3}(3x+1)^{\frac{3}{2}} + C$,等等。

【例2】 求 $\int (2+3x)^7 \mathrm{d}x$。

分析 对照基本积分公式 $\int x^a \mathrm{d}x = \frac{1}{a+1}x^{a+1} + C \ (\alpha \neq -1)$,如果 $\mathrm{d}x$ 能凑成

153

$d(2+3x)$, 对于积分 $\int(2+3x)^7 d(2+3x)$, 若取 $u=2+3x$, 则可应用上述基本积分

公式计算 $\int u^7 du$. 由于 $du=u'dx=(2+3x)'dx=3dx$, 于是 $\int(2+3x)^7 dx=\dfrac{1}{3}\int(2+$

$3x)^7 \cdot (2+3x)'dx$, 从而可应用第一类换元积分法来解.

解 令 $u=2+3x$, $du=(2+3x)'dx=3dx$, 于是

$$\int(2+3x)^7 dx=\frac{1}{3}\int(2+3x)^7 \cdot 3dx=\frac{1}{3}(2+3x)^7 \cdot (2+3x)'dx$$

$$=\frac{1}{3}\int(2+3x)^7 d(2+3x)$$

$$\xrightarrow{\text{换元 } u=2+3x} \frac{1}{3}\int u^7 du=\frac{1}{24}u^8+C$$

$$\xrightarrow{\text{回代 } u=2+3x} \frac{1}{24}(2+3x)^8+C。$$

【例3】 求 $\int\dfrac{1}{1-2x}dx$。

分析 对照基本积分公式 $\int\dfrac{1}{x}dx=\ln|x|+C$, 如果 dx 能凑成 $d(1-2x)$, 对于

积分 $\int\dfrac{1}{1-2x}d(1-2x)$, 若取 $u=1-2x$, 则可得 $\int\dfrac{1}{u}du=\ln|u|+C$, 由于 $du=$

$u'dx=-2dx$, 于是 $\int\dfrac{1}{1-2x}dx=-\dfrac{1}{2}\int\dfrac{1}{1-2x}\cdot(1-2x)'dx$, 从而可应用第一类

换元积分法求解。

解 令 $u=1-2x$, $du=(1-2x)'dx=-2dx$, 于是

$$\int\frac{1}{1-2x}dx=-\frac{1}{2}\int\frac{1}{1-2x}\cdot(1-2x)'dx=-\frac{1}{2}\int\frac{1}{1-2x}d(1-2x)$$

$$\xrightarrow{\text{换元 } u=1-2x} -\frac{1}{2}\int\frac{1}{u}du=-\frac{1}{2}\ln|u|+C$$

$$\xrightarrow{\text{回代 } u=1-2x} -\frac{1}{2}\ln|1-2x|+C。$$

以上两个例题说明的解题方法可描述如下:

$$\int f(ax+b)\mathrm{d}x \xlongequal{\text{凑微分}} \frac{1}{a}\int f(ax+b)\mathrm{d}(ax+b)$$

$$\xlongequal{\text{换元}\ u=ax+b} \frac{1}{a}\int f(u)\mathrm{d}u \xlongequal{\text{积分}} \frac{1}{a}F(u)+C$$

$$\xlongequal{\text{回代}\ u=ax+b} \frac{1}{a}F(ax+b)+C。$$

其中,函数 $f(ax+b)$ 是函数 $f(u)$ 与 $u=ax+b$ 的复合函数,且 $F'(u)=f(u)$。

【例 4】 求 $\displaystyle\int \sin x \sqrt{\cos x}\,\mathrm{d}x$。

分析 $(\cos x)'=-\sin x$,于是 $\sin x\sqrt{\cos x}\,\mathrm{d}x=-\sqrt{\cos x}\cdot(\cos x)'\mathrm{d}x$,可取 $u=\cos x$,应用第一类换元积分和基本积分公式 $\displaystyle\int\sqrt{u}\,\mathrm{d}u$ 求解。

解 $\displaystyle\int \sin x\sqrt{\cos x}\,\mathrm{d}x = -\int\sqrt{\cos x}\cdot(\cos x)'\mathrm{d}x = -\int\sqrt{\cos x}\,\mathrm{d}(\cos x)$

$$\xlongequal{\text{换元}\ u=\cos x} -\int\sqrt{u}\,\mathrm{d}u = -\frac{2}{3}u^{\frac{3}{2}}+C$$

$$\xlongequal{\text{回代}\ u=\cos x} -\frac{2}{3}\sqrt{\cos^3 x}+C。$$

说明:[例 1][例 4]的解题方法指出,如果不定积分的被积函数为 $f(\sin x)\cdot\cos x$、$f(\cos x)\cdot\sin x$ 时,可分别取 $u=\sin x$、$u=\cos x$,然后应用第一类换元积分法。例如,

$$\int f(\sin x)\cdot\cos x\,\mathrm{d}x = \int f(\sin x)\mathrm{d}(\sin x) \xlongequal{\text{换元}\ u=\sin x} \int f(u)\mathrm{d}u$$

$$= F(u)+C \xlongequal{\text{回代}\ u=\sin x} F(\sin x)+C,$$

其中函数 $f(\sin x)$ 是函数 $f(u)$ 与 $u=\sin x$ 的复合函数,$F'(u)=f(u)$。

【例 5】 求 $\displaystyle\int \frac{\ln x}{x}\mathrm{d}x$。

解 $\displaystyle\int\frac{\ln x}{x}\mathrm{d}x = \int\ln x\cdot\frac{1}{x}\mathrm{d}x = \int\ln x(\ln x)'\mathrm{d}x$

$$= \int\ln x\,\mathrm{d}(\ln x) = \frac{1}{2}\ln^2 x+C。$$

【例 6】 求 $\displaystyle\int x\cos x^2\,\mathrm{d}x$。

155

解　$\displaystyle\int x\cos x^2\mathrm{d}x=\frac{1}{2}\int\cos x^2\cdot(x^2)'\mathrm{d}x$

$\displaystyle\qquad\qquad\qquad=\frac{1}{2}\int\cos x^2\mathrm{d}(x^2)=\frac{1}{2}\sin x^2+C。$

【例 7】　求 $\displaystyle\int\mathrm{e}^x\cos\mathrm{e}^x\mathrm{d}x$。

解　$\displaystyle\int\mathrm{e}^x\cos\mathrm{e}^x\mathrm{d}x=\int\cos\mathrm{e}^x\cdot(\mathrm{e}^x)'\mathrm{d}x$

$\displaystyle\qquad\qquad\qquad=\int\cos\mathrm{e}^x\mathrm{d}(\mathrm{e}^x)=\sin\mathrm{e}^x+C。$

说明：以上 3 个例题的解题方法指出，当不定积分的被积函数分别为 $\dfrac{1}{x}f(\ln x)$，$xf(x^2)$，$\mathrm{e}^x f(\mathrm{e}^x)$ 时，可分别取 $u=\ln x$，$u=x^2$，$u=\mathrm{e}^x$，然后应用第一类换元积分法。例如：

$$\int xf(x^2)\mathrm{d}x=\frac{1}{2}\int f(x^2)\mathrm{d}(x^2)\xrightarrow{\text{换元}\,u=x^2}\frac{1}{2}\int f(u)\mathrm{d}u$$

$$=\frac{1}{2}F(u)+C\xrightarrow{\text{回代}\,u=x^2}\frac{1}{2}F(x^2)+C$$

或　　$\displaystyle\int xf(x^2)\mathrm{d}x=\frac{1}{2}\int f(x^2)\mathrm{d}(x^2)=\frac{1}{2}F(x^2)+C。$

其中函数 $f(\ln x)$，$f(x^2)$，$f(\mathrm{e}^x)$ 都是复合函数，$F'(u)=f(u)$。

不定积分第一类换元积分法公式简洁明了，为引领学生游弋于数学海洋，我们从所举的例题中适当归纳出几种类型不定积分的解题方法，这仅仅是沧海之一粟。"山重水复疑无路，柳暗花明又一村"，只要从所归纳的方法中汲取智慧，遇到困难不放弃，坚持不懈，必有收获。

以下几例是将[例 4]至[例 8]的方法与[例 3]的方法相结合，求解不定积分。

【例 8】　求 $\displaystyle\int x\sqrt{4-x^2}\,\mathrm{d}x$。

解　$\displaystyle\int x\sqrt{4-x^2}\,\mathrm{d}x=-\frac{1}{2}\int(4-x^2)^{\frac{1}{2}}(4-x^2)'\mathrm{d}x=-\frac{1}{2}\int(4-x^2)^{\frac{1}{2}}\mathrm{d}(4-x^2)$

$$\xrightarrow{\text{换元}\,u=4-x^2}-\frac{1}{2}\int u^{\frac{1}{2}}\mathrm{d}u=-\frac{1}{3}u^{\frac{3}{2}}+C$$

$$\xrightarrow{u=4-x^2\,\text{回代}}-\frac{1}{3}(4-x^2)^{\frac{3}{2}}+C。$$

【例 9】 求 $\displaystyle\int \frac{\mathrm{d}x}{x(1+\ln x)}$。

解 $\displaystyle\int \frac{\mathrm{d}x}{x(1+\ln x)} = \int \frac{1}{1+\ln x}\mathrm{d}(\ln x) = \int \frac{1}{1+\ln x}\mathrm{d}(1+\ln x)$

$\xrightarrow{\text{换元}\,u=1+\ln x} \displaystyle\int \frac{1}{u}\mathrm{d}u = \ln|u| + C$

$\xrightarrow{u=1+\ln x\ \text{回代}} \ln|1+\ln x| + C$。

【例 10】 求 $\displaystyle\int \frac{\cos\sqrt{x}}{\sqrt{x}}\mathrm{d}x$。

解 $\displaystyle\int \frac{\cos\sqrt{x}}{\sqrt{x}}\mathrm{d}x = 2\int \cos\sqrt{x}\ \mathrm{d}(\sqrt{x}) \xrightarrow{\text{换元}\,u=\sqrt{x}} 2\int \cos u\,\mathrm{d}u = 2\sin u + C$

$\xrightarrow{u=\sqrt{x}\ \text{回代}} 2\sin\sqrt{x} + C$

当我们对凑微分法的运算较为熟练后，可略去式(4-7)中带虚框这一换元步骤，直接凑微分，然后利用基本积分公式求出不定积分。

【例 11】 求 $\displaystyle\int \frac{1}{a^2+x^2}\mathrm{d}x\,(a$ 为常数$,a>0)$。

解 $\displaystyle\int \frac{1}{a^2+x^2}\mathrm{d}x = \frac{1}{a^2}\int \frac{1}{1+\left(\dfrac{x}{a}\right)^2}\mathrm{d}x = \frac{1}{a}\int \frac{1}{1+\left(\dfrac{x}{a}\right)^2}\mathrm{d}\left(\frac{x}{a}\right)$

$= \dfrac{1}{a}\arctan\left(\dfrac{x}{a}\right) + C$。

类似地可求得

$$\int \frac{1}{\sqrt{a^2-x^2}}\mathrm{d}x = \arcsin\frac{x}{a} + C。$$

【例 12】 求 $\displaystyle\int \frac{1}{a^2-x^2}\mathrm{d}x\,(a$ 为常数$,a>0)$。

解 $\displaystyle\int \frac{1}{a^2-x^2}\mathrm{d}x = \frac{1}{2a}\int\left(\frac{1}{a+x}+\frac{1}{a-x}\right)\mathrm{d}x$

$= \dfrac{1}{2a}\left(\displaystyle\int \frac{1}{a+x}\mathrm{d}x + \int \frac{1}{a-x}\mathrm{d}x\right)$

157

$$=\frac{1}{2a}\left[\int\frac{1}{a+x}\mathrm{d}(a+x)-\int\frac{1}{a-x}\mathrm{d}(a-x)\right]$$

$$=\frac{1}{2a}\left[\ln\mid a+x\mid-\ln\mid a-x\mid\right]+C$$

$$=\frac{1}{2a}\ln\left|\frac{a+x}{a-x}\right|+C=\frac{1}{2a}\ln\left|\frac{x+a}{x-a}\right|+C_\circ$$

类似地可求得

$$\int\frac{1}{x^2-a^2}\mathrm{d}x=\frac{1}{2a}\ln\left|\frac{x-a}{x+a}\right|+C_\circ$$

【例 13】 求 $\int\tan x\,\mathrm{d}x$。

解 $\int\tan x\,\mathrm{d}x=\int\frac{\sin x}{\cos x}\mathrm{d}x=-\int\frac{1}{\cos x}\mathrm{d}(\cos x)=-\ln\mid\cos x\mid+C_\circ$

类似地可求得

$$\int\cot x\,\mathrm{d}x=\ln\mid\sin x\mid+C_\circ$$

【例 14】 求 $\int\sec x\,\mathrm{d}x$。

解 $\int\sec x\,\mathrm{d}x=\int\frac{\cos x}{\cos^2 x}\mathrm{d}x=\int\frac{1}{1-\sin^2 x}\mathrm{d}(\sin x)$

$$=\frac{1}{2}\ln\left|\frac{1+\sin x}{1-\sin x}\right|+C$$

$$=\frac{1}{2}\ln\left|\frac{(1+\sin x)^2}{(1-\sin x)(1+\sin x)}\right|+C$$

$$=\frac{1}{2}\ln\left|\frac{(1+\sin x)^2}{\cos^2 x}\right|+C=\ln\left|\frac{1+\sin x}{\cos x}\right|+C$$

$$=\ln\mid\sec x+\tan x\mid+C_\circ$$

类似地可求得

$$\int\csc x\,\mathrm{d}x=\ln\mid\csc x-\cot x\mid+C_\circ$$

【例 15】 求 $\int\frac{2x+1}{x^2-x+1}\mathrm{d}x$。

解　$\displaystyle\int\frac{2x+1}{x^2-x+1}\mathrm{d}x=\int\frac{2x-1+2}{x^2-x+1}\mathrm{d}x$

$$=\int\frac{2x-1}{x^2-x+1}\mathrm{d}x+2\int\frac{1}{x^2-x+1}\mathrm{d}x$$

$$=\int\frac{\mathrm{d}(x^2-x+1)}{x^2-x+1}+2\int\frac{\mathrm{d}\left(x-\dfrac{1}{2}\right)}{\left(x-\dfrac{1}{2}\right)^2+\left(\dfrac{\sqrt{3}}{2}\right)^2}$$

$$=\ln\mid x^2-x+1\mid+2\times\frac{2}{\sqrt{3}}\arctan\frac{x-\dfrac{1}{2}}{\dfrac{\sqrt{3}}{2}}+C$$

$$=\ln\mid x^2-x+1\mid+\frac{4\sqrt{3}}{3}\arctan\frac{2x-1}{\sqrt{3}}+C。$$

二、第二类换元积分法

上面我们讨论了第一类换元积分法，它把一个比较复杂的积分 $\displaystyle\int f[\varphi(x)]\varphi'(x)\mathrm{d}x$ 化为可由基本积分公式计算的不定积分 $\displaystyle\int f(u)\mathrm{d}u$。但有时我们遇到相反的情况,需求的积分 $\displaystyle\int f(x)\mathrm{d}x$ 形式上简单,实际上却很难求。这时,可设 $x=\varphi(u)$,把积分 $\displaystyle\int f(x)\mathrm{d}x$ 化为 $\displaystyle\int f[\varphi(u)]\mathrm{d}[\varphi(u)]$,即化为较容易计算的形式 $\displaystyle\int f[\varphi(u)]\varphi'(u)\mathrm{d}u$。 这就是**第二类换元积分法**。我们先看一个例子。

【例 16】　求 $\displaystyle\int\frac{x}{\sqrt{x-3}}\mathrm{d}x$。

解　令 $u=\sqrt{x-3}$,则 $x=u^2+3$, $\mathrm{d}x=2u\mathrm{d}u$, 于是有

$$\int\frac{x}{\sqrt{x-3}}\mathrm{d}x=\int\frac{u^2+3}{u}\cdot 2u\mathrm{d}u=2\int(u^2+3)\mathrm{d}u$$

$$=\frac{2}{3}u^3+6u+C=\frac{2}{3}u(u^2+9)+C$$

$$\xlongequal{\text{回代}u=\sqrt{x-3}}\frac{2}{3}(x+6)(x-3)^{\frac{1}{2}}+C。$$

由于 $\left[\dfrac{2}{3}(x+6)(x-3)^{\frac{1}{2}}\right]' = \dfrac{x}{\sqrt{x-3}}$，所以 $\dfrac{2}{3}(x+6)(x-3)^{\frac{1}{2}}$ 是 $\dfrac{x}{\sqrt{x-3}}$ 的一个原函数，这说明上述计算方法是正确的。

一般地，给出如下定理。

定理 4(第二类换元积分法) 设函数 $x=\varphi(u)$ 可导，且 $\varphi'(u) \neq 0$，若

$$\int f[\varphi(u)]\varphi'(u)\mathrm{d}u = \Phi(u) + C,$$

则

$$\int f(x)\mathrm{d}x = \Phi[\widetilde{\varphi}(x)] + C. \tag{4-8}$$

其中，函数 $u=\widetilde{\varphi}(x)$ 为 $x=\varphi(u)$ 的反函数。

证明 只需证明式(4-8)右端对 x 的导数等于左端的被积函数。

由复合函数求导法则及反函数求导法则，得

$$\frac{\mathrm{d}}{\mathrm{d}x}\{\Phi[\widetilde{\varphi}(x)]+C\} \xlongequal{u=\widetilde{\varphi}(x)} \frac{\mathrm{d}\Phi}{\mathrm{d}u} \cdot \frac{\mathrm{d}u}{\mathrm{d}x}$$

$$= \Phi'(u) \cdot \frac{1}{\dfrac{\mathrm{d}x}{\mathrm{d}u}} = f[\varphi(u)] \cdot \varphi'(u) \cdot \frac{1}{\varphi'(u)}$$

$$= f[\varphi(u)] = f(x).$$

所以式(4-8)成立。

应用定理 4 时，我们将定理改写成如下便于应用的形式(如[例 12]那样)：

$$\int f(x)\mathrm{d}x \xlongequal{x=\varphi(u)} \int f[\varphi(u)]\varphi'(u)\mathrm{d}u$$

$$= \Phi(u) + C \xlongequal{u=\widetilde{\varphi}(x)} \Phi[\widetilde{\varphi}(x)] + C$$

【例 17】 求 $\displaystyle\int \frac{x}{\sqrt{x}+1}\mathrm{d}x$。

解 令 $u=\sqrt{x}$，则 $x=u^2$，$\mathrm{d}x=2u\mathrm{d}u$，于是

$$\int \frac{x}{\sqrt{x}+1}\mathrm{d}x = \int \frac{u^2}{u+1} \cdot 2u\mathrm{d}u = 2\int \frac{u^3}{u+1}\mathrm{d}u$$

$$= 2\int \frac{u^3+1-1}{u+1}\mathrm{d}u = 2\int \frac{u^3+1}{u+1}\mathrm{d}u - 2\int \frac{\mathrm{d}u}{u+1}$$

$$=2\int(u^2-u+1)\mathrm{d}u-2\int\frac{\mathrm{d}(u+1)}{u+1}$$

$$=\frac{2}{3}u^3-u^2+2u-2\ln|u+1|+C$$

$$\xxlongequal{u=\sqrt{x}}\frac{2}{3}x\sqrt{x}-x+2\sqrt{x}-2\ln(\sqrt{x}+1)+C。$$

上述代换也称根式代换,直接令根式等于某一个新变量,以消去根号,再求不定积分。

【例18】 求 $\displaystyle\int\sqrt{a^2-x^2}\,\mathrm{d}x$($a$ 为常数,$a>0$)。

解 此不定积分中含有根式 $\sqrt{a^2-x^2}$,因此考虑用三角公式进行变量代换,以消去根号。令 $x=a\sin u$,取 $u\in\left[-\dfrac{\pi}{2},\dfrac{\pi}{2}\right]$ 时,函数 $x=a\sin u$ 单调,存在反函数。$\mathrm{d}x=a\cos u\,\mathrm{d}u$,$\sqrt{a^2-x^2}=a\cos u$,于是

$$\int\sqrt{a^2-x^2}\,\mathrm{d}x=\int a\cos u\cdot a\cos u\,\mathrm{d}u$$

$$=a^2\int\cos^2u\,\mathrm{d}u=a^2\int\frac{1+\cos 2u}{2}\mathrm{d}u$$

$$=\frac{1}{2}a^2\int\mathrm{d}u+\frac{a^2}{4}\int\cos 2u\,\mathrm{d}(2u)$$

$$=\frac{1}{2}a^2u+\frac{1}{4}a^2\sin 2u+C$$

$$=\frac{1}{2}a^2u+\frac{1}{2}a^2\sin u\,\cos u+C。$$

为了便于直观理解和方便地写出最后表达式,我们可以构造辅助三角形,画出以 u 为锐角的直角三角形,如图 4.1 所示,则有

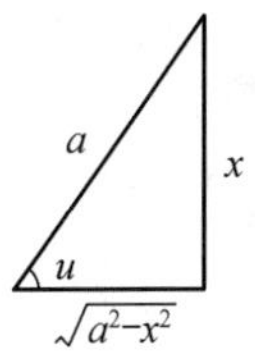

$$\sin u=\frac{x}{a},\ \cos u=\frac{\sqrt{a^2-x^2}}{a},$$

图 4.1 变换的
三角形

所以

$$\int \sqrt{a^2-x^2}\,\mathrm{d}x = \frac{1}{2}a^2 \cdot \arcsin\frac{x}{a} + \frac{1}{2}a^2 \cdot \frac{x}{a} \cdot \frac{\sqrt{a^2-x^2}}{a} + C$$

$$= \frac{a^2}{2}\arcsin\frac{x}{a} + \frac{x}{2}\sqrt{a^2-x^2} + C。$$

上述代换也称三角代换。

【例 19】 求 $\displaystyle\int \frac{1}{\sqrt{a^2+x^2}}\mathrm{d}x$（$a$ 为常数，$a>0$）。

解 令 $x = a\tan u(a>0)$，取 $u \in \left(-\dfrac{\pi}{2}, \dfrac{\pi}{2}\right)$，则 $\mathrm{d}x = a\sec^2 u\,\mathrm{d}u$

$$\int \frac{1}{\sqrt{a^2+x^2}}\mathrm{d}x = \int \frac{a\sec^2 u}{\sqrt{a^2 + a^2\tan^2 u}}\mathrm{d}u = \int \frac{a\sec^2 u}{a\sec u}\mathrm{d}u = \int \sec u\,\mathrm{d}u$$

$$= \ln \mid \sec u + \tan u \mid + C_1$$

$$= \ln \left| \frac{\sqrt{a^2+x^2}}{a} + \frac{x}{a} \right| + C_1$$

$$= \ln \mid x + \sqrt{a^2+x^2} \mid + C。$$

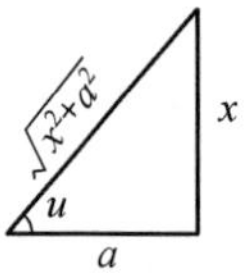

图 4.2 变换的
　　　三角形　　其中，由图 4.2 可得 $\tan u = \dfrac{x}{a}$，$\sec u = \dfrac{\sqrt{a^2+x^2}}{a}$。

【例 20】 求 $\displaystyle\int \frac{1}{\sqrt{x^2-a^2}}\mathrm{d}x$（$a$ 为常数，$a>0$）。

解 令 $x = a\sec u$，$u \in \left(0, \dfrac{\pi}{2}\right)$，则 $\mathrm{d}x = a\sec u\,\tan u\,\mathrm{d}u$

$$\int \frac{1}{\sqrt{x^2-a^2}}\mathrm{d}x = \int \frac{a\sec u}{a\tan u} \cdot \tan u\,\mathrm{d}u = \int \sec u\,\mathrm{d}u = \ln \mid \sec u + \tan u \mid + C_1$$

$$= \ln \left| \frac{x}{a} + \frac{\sqrt{x^2-a^2}}{a} \right| + C_1 = \ln \mid x + \sqrt{x^2-a^2} \mid + C。$$

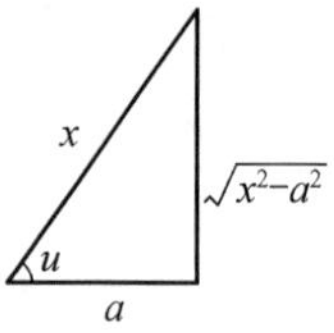

其中，由图 4.3 可得，$\sec u = \dfrac{x}{a}$，$\tan u = \dfrac{\sqrt{x^2-a^2}}{a}$。

第二类换元法中，除上述根式代换、三角代换外，还有其

图 4.3　变换的三角形　他的变量代换法，如下述［例 17］所采用的倒数代换方法。

【例 21】 求 $\displaystyle\int \frac{\sqrt{a^2-x^2}}{x^4}\,\mathrm{d}x$。

解 令 $x=\dfrac{1}{u}$，则 $\mathrm{d}x=-\dfrac{1}{u^2}\mathrm{d}u$

$$\int \frac{\sqrt{a^2-x^2}}{x^4}\,\mathrm{d}x = -\int \sqrt{a^2u^2-1}\cdot u\,\mathrm{d}u = -\frac{1}{2a^2}\int (a^2u^2-1)^{\frac{1}{2}}\,\mathrm{d}(a^2u^2-1)$$

$$= -\frac{1}{3a^2}(a^2u^2-1)^{\frac{3}{2}}+C = -\frac{1}{3a^2}\frac{(a^2-x^2)^{\frac{3}{2}}}{x^3}+C。$$

注:[例 17]也可用三角代换解题,读者可自行验证。

在上面的例题中有一些函数的积分今后经常用到,我们把它们作为公式使用。这样,在常用的积分公式中,除了基本积分公式外,再增加几个公式(其中常数 $a >0$,序号顺接表 4.1 中基本积分公式)。

(13) $\displaystyle\int \tan x\,\mathrm{d}x = -\ln|\cos x|+C$;

(14) $\displaystyle\int \cot x\,\mathrm{d}x = \ln|\sin x|+C$;

(15) $\displaystyle\int \sec x\,\mathrm{d}x = \ln|\sec x+\tan x|+C$;

(16) $\displaystyle\int \csc x\,\mathrm{d}x = \ln|\csc x-\cot x|+C$;

(17) $\displaystyle\int \frac{\mathrm{d}x}{x^2+a^2} = \frac{1}{a}\arctan\frac{x}{a}+C$;

(18) $\displaystyle\int \frac{\mathrm{d}x}{x^2-a^2} = \frac{1}{2a}\ln\left|\frac{x-a}{x+a}\right|+C$;

(19) $\displaystyle\int \frac{\mathrm{d}x}{a^2-x^2} = \frac{1}{2a}\ln\left|\frac{x+a}{x-a}\right|+C$;

(20) $\displaystyle\int \frac{\mathrm{d}x}{\sqrt{a^2-x^2}} = \arcsin\frac{x}{a}+C$;

(21) $\displaystyle\int \frac{\mathrm{d}x}{\sqrt{x^2+a^2}} = \ln\left|x+\sqrt{x^2+a^2}\right|+C$;

(22) $\displaystyle\int \frac{\mathrm{d}x}{\sqrt{x^2-a^2}} = \ln\left|x+\sqrt{x^2-a^2}\right|+C。$

【例 22】 求 $\int \dfrac{\mathrm{d}x}{\sqrt{9x^2+16}}$。

解 $\int \dfrac{\mathrm{d}x}{\sqrt{9x^2+16}} = \int \dfrac{\mathrm{d}x}{\sqrt{(3x)^2+4^2}} = \dfrac{1}{3}\int \dfrac{\mathrm{d}(3x)}{\sqrt{(3x)^2+4^2}}$

$\qquad\qquad = \dfrac{1}{3}\ln|3x+\sqrt{9x^2+16}|+C$。

习 题 4-3

1. 填空题。

(1) $\sin 3x\,\mathrm{d}x = $ _____ $\mathrm{d}\cos 3x$, $\int \cos^2 3x \sin 3x\,\mathrm{d}x = $ _____ 。

(2) $x\,\mathrm{d}x = $ _____ $\mathrm{d}(x^2+1)$, $\int \dfrac{x}{(x^2+1)^2}\mathrm{d}x = $ _____ 。

(3) $x\mathrm{e}^{-\frac{x^2}{2}}\mathrm{d}x = $ _____ $\mathrm{d}(\mathrm{e}^{-\frac{x^2}{2}}+1)$, $\int (\mathrm{e}^{-\frac{x^2}{2}}+1)x\mathrm{e}^{-\frac{x^2}{2}}\mathrm{d}x = $ _____ 。

(4) 已知 $\int f(x)\mathrm{d}x = \dfrac{x}{1-x^2}+C$ ，则 $\int \sin x f(\cos x)\mathrm{d}x = $ _____ 。

2. 计算下列不定积分。

(1) $\int (3x-2)^{50}\,\mathrm{d}x$;

(2) $\int \mathrm{e}^{2x-3}\,\mathrm{d}x$;

(3) $\int \dfrac{1}{\sqrt{2-5x}}\mathrm{d}x$;

(4) $\int \cos(5-3x)\,\mathrm{d}x$;

(5) $\int x\mathrm{e}^{x^2}\,\mathrm{d}x$;

(6) $\int \dfrac{x}{1+x^2}\mathrm{d}x$;

(7) $\int x\sqrt{1+x^2}\,\mathrm{d}x$;

(8) $\int \dfrac{x}{\sin^2(x^2+1)}\mathrm{d}x$;

(9) $\int \dfrac{x-1}{x^2+4}\mathrm{d}x$;

(10) $\int \dfrac{1-x}{\sqrt{9-4x^2}}\mathrm{d}x$ 。

3. 计算下列不定积分。

(1) $\int \mathrm{e}^x(\sin \mathrm{e}^x)\mathrm{d}x$;

(2) $\int \dfrac{\mathrm{e}^x}{\sqrt{3+2\mathrm{e}^x}}\mathrm{d}x$;

(3) $\int \dfrac{\mathrm{e}^x}{3\mathrm{e}^x+1}\mathrm{d}x$;

(4) $\int \dfrac{1}{\mathrm{e}^x+\mathrm{e}^{-x}}\mathrm{d}x$;

(5) $\int \sin x \, e^{\cos x} \, dx$;

(6) $\int \dfrac{\cos x}{2 - 3\sin x} dx$;

(7) $\int \sin^3 x \, dx$;

(8) $\int \cos x \sin 2x \, dx$;

(9) $\int \dfrac{(\arctan x)^2}{1 + x^2} dx$;

(10) $\int \dfrac{10^{2\arccos x}}{\sqrt{1 - x^2}} dx$;

(11) $\int \dfrac{\sec^2 x}{1 + \tan x} dx$;

(12) $\int \tan^3 x \, \sec^2 x \, dx$;

(13) $\int \tan^3 x \, \sec x \, dx$;

(14) $\int \cos^3 x \, dx$ 。

4. 计算下列不定积分。

(1) $\int \dfrac{\sqrt{\ln x}}{x} dx$;

(2) $\int \dfrac{1}{x \, \ln x} dx$;

(3) $\int \dfrac{1}{x(1 + \ln^2 x)} dx$;

(4) $\int \dfrac{1}{x^2} \tan \dfrac{1}{x} dx$;

(5) $\int \dfrac{1 + \ln x}{(x \, \ln x)^2} dx$;

(6) $\int \dfrac{\cos \sqrt{x}}{\sqrt{x}} dx$;

(7) $\int \dfrac{x^9}{\sqrt{2 - x^{10}}} dx$;

(8) $\int \dfrac{x^3}{\sqrt[3]{3x^4 + 1}} dx$;

(9) $\int \dfrac{1}{x^2 - 4x + 2} dx$;

(10) $\int \dfrac{1}{(x - 1)(x + 3)} dx$;

(11) $\int \dfrac{1}{x^2 + 2x} dx$;

(12) $\int \dfrac{2x}{x^2 + 6x + 12} dx$ 。

5. 计算下列不定积分。

(1) $\int \dfrac{x}{\sqrt{x - 2}} dx$;

(2) $\int x \sqrt{x + 1} \, dx$;

(3) $\int \dfrac{1}{1 + \sqrt{3x}} dx$;

(4) $\int \dfrac{1}{\sqrt{2x - 3} + 1} dx$;

(5) $\int \dfrac{1}{\sqrt{x} + \sqrt[3]{x}} dx$;

(6) $\int \dfrac{1}{\sqrt{e^x + 1}} dx$;

(7) $\int \dfrac{dx}{\sqrt{(1 - x^2)^3}}$;

(8) $\int \dfrac{dx}{x^2 \sqrt{x^2 - 4}}$ 。

第四节 分部积分法

在第三节中我们利用复合函数微分法得出了换元积分法,运用此方法已经能计算大量的不定积分,但是还有几类常用积分如 $\int x\sin x\,\mathrm{d}x$,$\int x\mathrm{e}^x\,\mathrm{d}x$,$\int x\ln x\,\mathrm{d}x$,$\int \mathrm{e}^{-x}\cos x\,\mathrm{d}x$,$\int \arcsin x\,\mathrm{d}x$,$\int \ln(x+\sqrt{1+x^2})\,\mathrm{d}x$ 等不能计算。为了计算这些积分,现在我们利用两个函数乘积的微分法则推导另一种积分方法——**分部积分法**。有下述定理。

定理 5(分部积分法) 设函数 $u=u(x)$,$v=v(x)$ 都有连续的导数,则有

$$\int u(x)v'(x)\,\mathrm{d}x = u(x)v(x) - \int v(x)u'(x)\,\mathrm{d}x,$$

或
$$\int u\,\mathrm{d}v = uv - \int v\,\mathrm{d}u。 \qquad (4\text{-}9)$$

证明 由微分公式

$$\mathrm{d}(uv) = v\,\mathrm{d}u + u\,\mathrm{d}v,$$

可得

$$u\,\mathrm{d}v = \mathrm{d}(uv) - v\,\mathrm{d}u,$$

两边积分得

$$\int u\,\mathrm{d}v = uv - \int v\,\mathrm{d}u。$$

公式(4-9)称为**分部积分公式**。用这个公式求不定积分的方法称为**分部积分法**。

使用公式(4-9)时,首先适当选取函数 u 及微分 $\mathrm{d}v$,把所求积分化为 $\int u\,\mathrm{d}v$ 的形式。这里应注意的是:公式中等号右端的积分 $\int v\,\mathrm{d}u$ 应比所求积分 $\int u\,\mathrm{d}v$ 容易计算。

【例 1】 求 $\int x\sin x\,\mathrm{d}x$。

解 设 $u=x$,$\sin x\,\mathrm{d}x = -\mathrm{d}(\cos x)$,即选择 $\sin x$ 进入微分 $\mathrm{d}x$,则 $v=\cos x$由分部积分公式(4-9),得

$$\int x\sin x\,\mathrm{d}x = -\int x\,\mathrm{d}(\cos x) = -\left(x\cos x - \int \cos x\,\mathrm{d}x\right)$$

$$= -x\cos x + \sin x + C。$$

对于初学者来说,也可能将积分 $\int x\sin x\,\mathrm{d}x$ 改写为 $\dfrac{1}{2}\int \sin x\,\mathrm{d}(x^2)$,即取 $u=\sin x$,$v=x^2$,由分部积分公式(4-9),得

$$\int x\sin x\,\mathrm{d}x = \frac{1}{2}\int \sin x\,\mathrm{d}(x^2) = \frac{1}{2}\left[x^2\sin x - \int x^2\,\mathrm{d}(\sin x)\right]$$

$$= \frac{x^2}{2}\sin x - \frac{1}{2}\int x^2\cos x\,\mathrm{d}x。$$

由于积分 $\int x^2\cos x\,\mathrm{d}x$ 比原来所求的积分 $\int x\sin x\,\mathrm{d}x$ 更为复杂,因此这种 u、v 的选取是不合适的。

[例1]告诉我们,在运用分部积分法时,关键在于正确选取 u 和 v,一般选取 u 和 v 时,要注意下面两点。

(1) 将不定积分 $\int f(x)\,\mathrm{d}x$ 化为 $\int u\,\mathrm{d}v$ 形式。

(2) $\int v\,\mathrm{d}u$ 要比 $\int u\,\mathrm{d}v$ 容易积分。

我们将通过下面的一些例子,归纳总结出选取 u 和 v 的某些规律。

【例2】 求 $\int x\mathrm{e}^x\,\mathrm{d}x$。

解 设 $u=x$,$\mathrm{d}v=\mathrm{e}^x\,\mathrm{d}=\mathrm{d}(\mathrm{e}^x)$,即选择 e^x 进行微分 $\mathrm{d}x$,则 $v=\mathrm{e}^x$,于是

$$\int x\mathrm{e}^x\,\mathrm{d}x = \int x\,\mathrm{d}(\mathrm{e}^x) = x\mathrm{e}^x - \int \mathrm{e}^x\,\mathrm{d}x$$

$$= x\mathrm{e}^x - \mathrm{e}^x + C。$$

一般地,当被积函数为 x^n 与正弦函数或余弦函数或指数函数相乘时,可取 $u=x^n$,而 $\sin x\,\mathrm{d}x = -\mathrm{d}(\cos x)$,取 $v=\cos x$;$\cos x\,\mathrm{d}x = \mathrm{d}(\sin x)$,取 $v=\sin x$;$a^x\,\mathrm{d}x = \dfrac{1}{\ln a}\mathrm{d}(a^x)$,取 $v=a^x$,然后应用分部积分公式。

【例3】 求 $\int x\ln x\,\mathrm{d}x$。

解 设 $u=\ln x$,$x\,\mathrm{d}x = \dfrac{1}{2}\mathrm{d}(x^2)$,则 $v=x^2$,于是

$$\int x\ln x\,\mathrm{d}x = \frac{1}{2}\int \ln x\,\mathrm{d}(x^2) = \frac{1}{2}\left[x^2\ln x - \int x^2\,\mathrm{d}(\ln x)\right]$$

$$= \frac{1}{2} \left(x^2 \ln x - \int x \, \mathrm{d}x \right)$$

$$= \frac{1}{2} \left(x^2 \ln x - \frac{1}{2} x^2 \right) + C$$

$$= \frac{1}{4} x^2 (2\ln x - 1) + C_。$$

注:用分部积分法计算不定积分较熟练后,将$\int f(x) \mathrm{d}x$ 化为$\int u \mathrm{d}v$ 形式,不必写出 u 或 v 的具体形式,直接应用分部积分公式。

【例4】　求$\int \arctan x \, \mathrm{d}x$。

解　$\int \arctan x \, \mathrm{d}x = x \arctan x - \int x \, \mathrm{d}(\arctan x)$

$$= x \arctan x - \int \frac{x}{1+x^2} \mathrm{d}x$$

$$= x \arctan x - \frac{1}{2} \int \frac{1}{1+x^2} \mathrm{d}(1+x^2)$$

$$= x \arctan x - \frac{1}{2} \ln(1+x^2) + C_。$$

一般地,当被积函数为 x^n 与对数函数或反三角函数相乘时,可取 u 为对数函数或反三角函数,让 x^n 进入 $\mathrm{d}x$, $x^n \mathrm{d}x = \frac{1}{n+1} \mathrm{d}(x^{n+1})$, 取 $v = x^{n+1}$ 然后应用分部积分公式。

【例5】　求$\int \mathrm{e}^x \sin x \, \mathrm{d}x$。

解　设 $u = \sin x$, $\mathrm{d}v = \mathrm{e}^x \mathrm{d}x = \mathrm{d}(\mathrm{e}^x)$, 则 $v = \mathrm{e}^x$,于是

$$\int \mathrm{e}^x \sin x \, \mathrm{d}x = \int \sin x \, \mathrm{d}(\mathrm{e}^x) = \mathrm{e}^x \sin x - \int \mathrm{e}^x \, \mathrm{d}(\sin x)$$

$$= \mathrm{e}^x \sin x - \int \mathrm{e}^x \cos x \, \mathrm{d}x_。$$

等式右端的积分与等式左端的积分是同一类型的,再取三角函数为 u ,对右端的积分再应用一次分部积分法,于是

$$\int e^x \sin x \, dx = e^x \sin x - \int \cos x \, d(e^x)$$

$$= e^x \sin x - e^x \cos x - \int e^x \sin x \, dx.$$

右端最后一项的积分为原来的不定积分,将它移到等号左端去,再两端除以2,得

$$\int e^x \sin x \, dx = \frac{1}{2} e^x (\sin x - \cos x) + C.$$

注:在[例5]中,第一次应用分部积分法时,取 $u = \sin x$,如果第二次应用分部积分法时,取 $u = e^x$,那么结果产生循环,回到原式。其次,本例也可以两次都取三角函数进入微分 dx,即两次都取 $u = e^x$ 来求解。

有些函数的不定积分需要连续应用多次分部积分法。

【例6】 求 $\int x^2 \sin x \, dx$。

解 设 $u = x^2$,$\sin x \, dx = -d(\sin x)$,则 $v = \cos x$,于是

$$\int x^2 \sin x \, dx = -\int x^2 \, d(\cos x) = -\left(x^2 \cos x - \int \cos x \, d(x^2) \right)$$

$$= -x^2 \cos x + 2 \int x \cos x \, dx$$

$$= -x^2 \cos x + 2 \int x \, d(\sin x) \quad (再次应用分部积分法)$$

$$= -x^2 \cos x + 2x \sin x - 2 \int \sin x \, dx$$

$$= (2 - x^2) \cos x + 2x \sin x + C.$$

在积分的过程中,有时需要兼用换元积分法和分部积分法,下面举一个例子。

【例7】 求 $\int \cos\sqrt{x+1} \, dx$。

分析 因为被积函数中含有根式 $\sqrt{x}$,所以考虑先用第二类换元积分法消去根式。

解 设 $u = \sqrt{x+1}$,$x = u^2 - 1(u > 0)$,则 $dx = 2u \, du$,于是

$$\int \cos\sqrt{x+1} \, dx = \int \cos u \cdot 2u \, du \xrightarrow{用分部积分公式} 2\int u \, d(\sin u)$$

$$= 2\left(u \sin u - \int \sin u \, du \right) = 2(u \sin u + \cos u) + C$$

$$= 2\left(\sqrt{x+1} \sin\sqrt{x+1} + \cos\sqrt{x+1} \right) + C.$$

以上所有的积分都可用初等函数表示。但是有些函数的不定积分虽然存在,但

不能用初等函数表示。例如，$\int \dfrac{\sin x}{x} dx$，$\int e^{-x^2} dx$，$\int \sqrt{x^3+1} dx$ 等。这类不定积分

可以用其他方法加以解决，如可将函数展开成幂级数的方法来处理。

习 题 4-4

1. 计算下列不定积分。

(1) $\int (x+1) e^x dx$；

(2) $\int x \cos x \, dx$；

(3) $\int x \cos \dfrac{x}{2} dx$；

(4) $\int x e^{2x} dx$；

(5) $\int (x+4) \sin 2x \, dx$；

(6) $\int x^2 e^{-x} dx$。

2. 计算下列不定积分。

(1) $\int \ln \dfrac{x}{2} dx$；

(2) $\int \dfrac{\ln x}{x^2} dx$；

(3) $\int \arcsin x \, dx$；

(4) $\int \operatorname{arccot} x \, dx$；

(5) $\int \ln(x^2+1) dx$；

(6) $\int x \arctan x \, dx$。

3. 计算下列不定积分。

(1) $\int x \sec^2 x \, dx$；

(2) $\int \dfrac{\ln \ln x}{x \ln x} dx$；

(3) $\int e^x \cos x \, dx$；

(4) $\int \sec^3 x \, dx$。

4. 计算下列不定积分。

(1) $\int e^{\sqrt{x}} dx$；

(2) $\int \sin \sqrt{x} \, dx$；

(3) $\int e^x \arctan e^x \, dx$；

(4) $\int \dfrac{\ln \ln x}{x} dx$。

复习题四

1. 单项选择题。

(1) 若 $\int f(x) dx = e^{2x} + e^{-2x} + C$，则 $f(x) = ($ $)$。

a. $e^{2x} + e^{-2x}$;

b. $e^{2x} - e^{-2x}$;

c. $2e^{2x} - 2e^{-2x}$;

d. $(e^x + e^{-x})^2$ 。

(2) 若函数 $f(x)$ 的一个原函数为 $\cos x$,则 $\int f'(x)\mathrm{d}x = ($ $)$ 。

a. $\sin x + C$;

b. $-\sin x + C$;

c. $\cos x + C$;

d. $-\cos x + C$ 。

(3) 若函数 $F(x)$ 为 $f(x)$ 的一个原函数,则 $\int f'(x)\mathrm{d}x = ($ $)$ 。

a. $F(x) + C$;

b. $f'(x) + C$;

c. $f(x)$;

d. $f(x) + C$ 。

(4) 若 $\int f(x)\mathrm{d}x = \dfrac{1}{2}x^2 + C$,则 $\int x^2 f(4x)\mathrm{d}x = ($ $)$ 。

a. $-x^4 + C$;

b. $x^4 + C$;

c. $\dfrac{1}{3}x^3 f(4x) + C$;

d. $\dfrac{1}{2}x^4 + C$ 。

(5) 设函数 $g(x)$ 在 $[1, 2]$ 上有一个原函数为 0 ,则在 $[1, 2]$ 上有( )。

a. $g(x)$ 的不定积分为 0 ;

b. $g(x)$ 的所有原函数为 0 ;

c. $g(x)$ 不恒为 0 ,但 $g'(x)$ 恒为 0 ;

d. $g(x)$ 恒为 0 。

(6) $\int x^2 \mathrm{d}(e^{-x}) = ($ $)$ 。

a. $x^2 e^{-x} + C$;

b. $-x^2 e^{-x} + C$;

c. $e^{-x}(2x + 2) + C$;

d. $e^{-x}(x^2 + 2x + 2) + C$ 。

(7) $\int \dfrac{x\,\mathrm{d}x}{\sqrt{1-x^2}} = ($ $)$ 。

a. $-(1-x^2)^{\frac{1}{2}} + C$;

b. $(1-x^2)^{\frac{1}{2}} + C$;

c. $x \arcsin x + C$;

d. $\ln\left| x + \sqrt{1-x^2} \right| + C$ 。

(8) $\int \dfrac{1}{\sqrt{1+4x^2}}\mathrm{d}x = ($ $)$ 。

a. $\ln\left| 2x + \sqrt{1+4x^2} \right| + C$;

b. $\ln\left| 2x - \sqrt{1+4x^2} \right| + C$;

c. $\dfrac{1}{2}\ln\left| x + \sqrt{1+4x^2} \right| + C$;

d. $\dfrac{1}{2}\ln\left| 2x + \sqrt{1+4x^2} \right| + C$ 。

(9) $\int \dfrac{2x}{x^2 - 2x + 10}\mathrm{d}x = \int \dfrac{2x - 2 + 2}{(x-1)^2 + 9}\mathrm{d}x = ($ $)$ 。

a. $\ln(x^2-2x+10)+\dfrac{2}{3}\arctan\dfrac{x-1}{3}+C$；

b. $\ln(x^2-2x+10)+\dfrac{2}{9}\arctan\dfrac{x-1}{3}+C$；

c. $\ln(x^2-2x+10)+\dfrac{2}{3}\arctan\dfrac{x-1}{9}+C$；

d. $\ln(x^2-2x+10)+\dfrac{2}{9}\arctan\dfrac{x-1}{9}+C$。

(10) 设 $f(x)=\mathrm{e}^{-x}$，则 $\displaystyle\int\dfrac{f'(\ln x)}{x}\mathrm{d}x=($　　　)。

a. $-\dfrac{1}{x}+C$； 　　　　　　　　　　　b. $\dfrac{1}{x}+C$；

c. $-\ln x+C$； 　　　　　　　　　　　　d. $\ln x+C$。

2. 填空题。

(1) $\dfrac{1}{\sqrt{x}}\mathrm{d}x=\mathrm{d}$ _____ ，$\dfrac{1}{x}\mathrm{d}x=$ _____ $\mathrm{d}(1-2\ln|x|)$。

(2) $\displaystyle\int\cos x\sin^2 x\,\mathrm{d}x=\int\sin^2 x\,\mathrm{d}$ _____ $=$ _____ 。

(3) $\dfrac{\mathrm{d}}{\mathrm{d}x}\displaystyle\int\cos x^2\,\mathrm{d}x=$ _____ 。

(4) 设函数 $f(x)$ 的导数 $f'(x)=3$，且 $f(0)=0$，则 $\displaystyle\int x f(x)\mathrm{d}x=$ _____ 。

(5) $\displaystyle\int\dfrac{1}{2-3x}\mathrm{d}x=$ _____ $\displaystyle\int\dfrac{1}{2-3x}\mathrm{d}(2-3x)=$ _____ 。

(6) $\displaystyle\int\dfrac{3\sqrt{x}+5}{\sqrt{x}}\mathrm{d}x=\int$ _____ $(3\sqrt{x}+5)\mathrm{d}(3\sqrt{x}+5)=$ _____ 。

(7) $\displaystyle\int\dfrac{\ln 3x}{x}\mathrm{d}x=\int\ln 3x\,\mathrm{d}$ _____ $=$ _____ 。

(8) $\displaystyle\int x\,\mathrm{e}^{-2x}\mathrm{d}x=$ _____ $\displaystyle\int x\,\mathrm{d}\mathrm{e}^{-2x}=$ _____ 。

(9) $\displaystyle\int\dfrac{\mathrm{d}x}{\mathrm{e}^x+\mathrm{e}^{-x}}=\int\dfrac{\mathrm{e}^x}{(\mathrm{e}^x)^2+1}\mathrm{d}x=$ _____ 。

(10) 已知 $\displaystyle\int f(x)\mathrm{d}x=x^2+C$，则 $\displaystyle\int\dfrac{1}{x^2}f\left(\dfrac{2}{x}\right)\mathrm{d}x=$ _____ 。

3. 计算下列不定积分。

(1) $\displaystyle\int \frac{x^3}{3+x}\mathrm{d}x$;

(2) $\displaystyle\int \frac{1}{x(1+x)}\mathrm{d}x$;

(3) $\displaystyle\int \frac{1}{\sin x \cos x}\mathrm{d}x$;

(4) $\displaystyle\int \sec^6 x \ \mathrm{d}x$ 。

4. 计算下列不定积分。

(1) $\displaystyle\int \frac{1}{\sqrt{2-5x}}\mathrm{d}x$;

(2) $\displaystyle\int \frac{\mathrm{d}x}{2+3x^2}$;

(3) $\displaystyle\int x\,\mathrm{e}^{-x^2}\,\mathrm{d}x$;

(4) $\displaystyle\int \frac{1}{x\ln^2 x}\mathrm{d}x$;

(5) $\displaystyle\int \frac{\sin x}{\sqrt{\cos x}}\mathrm{d}x$;

(6) $\displaystyle\int \frac{\cos x}{1-2\sin x}\mathrm{d}x$;

(7) $\displaystyle\int \frac{x^2}{\sqrt{2-x}}\mathrm{d}x$;

(8) $\displaystyle\int \frac{\mathrm{d}x}{\sqrt{x}\,(1+x)}$;

(9) $\displaystyle\int \frac{1}{x^2\sqrt{1-x^2}}\mathrm{d}x$;

(10) $\displaystyle\int \frac{1}{x\sqrt{x^2-1}}\mathrm{d}x$ 。

5. 计算下列不定积分。

(1) $\displaystyle\int x^2\sin x\,\mathrm{d}x$;

(2) $\displaystyle\int (x-1)\mathrm{e}^x\,\mathrm{d}x$;

(3) $\displaystyle\int x^2\ln x\,\mathrm{d}x$;

(4) $\displaystyle\int \arccos x\,\mathrm{d}x$;

(5) $\displaystyle\int x\csc^2 x\,\mathrm{d}x$;

(6) $\displaystyle\int \mathrm{e}^x\sin 2x\,\mathrm{d}x$;

(7) $\displaystyle\int \frac{x^3\arccos x}{\sqrt{1-x^2}}\mathrm{d}x$;

(8) $\displaystyle\int \ln(x-\sqrt{1+x^2})\,\mathrm{d}x$ 。

173

第五章 定积分及其应用

定积分是积分学中另一个基本问题,本章从实际问题引入定积分的概念,然后讨论定积分的性质与计算方法,介绍定积分的一些应用。

第一节 定积分的概念

我们首先讨论几个实际问题。

【例 1】 曲边梯形的面积问题。

设函数 $y=f(x)$ 是定义在闭区间 $[a,b]$ 上的非负连续函数,由曲线 $y=f(x)$,直线 $x=a$, $x=b$ 及 x 轴所围成的平面图形称为**曲边梯形**,如图 5.1 所示,其中曲线弧 CD 称为曲边。求曲边梯形的面积 A。

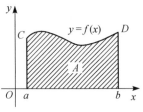

图 5.1 曲边梯形

分析 如果函数 $y=f(x)$ 在闭区间 $[a,b]$ 上是一条直线,则曲边梯形是一个矩形或梯形,其面积容易求出。而现在 CD 是一条曲线弧,底边上的高 $y=f(x)$ 在闭区间 $[a,b]$ 上是连续变化的,因而不能用初等几何的方法求出。但是,如果我们将底边 ab 分割成若干小段,并在每个分点作垂直于 x 轴的直线,这样,就将整个曲边梯形分成若干个小曲边梯形。对于每个小曲边梯形来说,由于底边很短,高低变化相对较小,就可以以小曲边梯形底边上任一点的函数值为高,用小矩形面积来近似小曲边梯形的面积,如图 5.2 所示。显然,当底边 ab 分割得越精细,那么小矩形的面积与相应的小曲边梯形的面积就越接近,全体小矩形面积之和,就越来越逼近所求曲边梯形的面积 A。那么当每个小区间的长度都趋于零,这时全体小矩形面积之和的极限(如果存在)就可以定义为曲边梯形的面积 A。

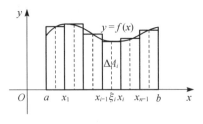

图 5.2 分割、近似

解 由上述分析,我们得到了一种求曲边梯

形面积的具体方法和步骤归纳如下:

第一步:分割。在$[a,b]$内任意插入$n-1$个分点$x_1,x_2,\cdots,x_{n-1}$,且$a=x_0<x_1<x_2<\cdots<x_{n-1}<x_n=b$。这些分点将$[a,b]$分成$n$个小区间$[x_0,x_1]$,$[x_1,x_2]$,$\cdots$,$[x_{n-1},x_n]$,通过分点作垂直于$x$轴的直线,将曲边梯形分成$n$个小曲边梯形,如图5.2所示。小区间$[x_{i-1},x_i]$的长度记为$\Delta x_i=x_i-x_{i-1}$,$i=1,2,\cdots,n$。

第二步:作近似。在小区间$[x_{i-1},x_i]$上任取一点ξ_i,用小矩形的面积$f(\xi_i)\Delta x_i$近似代替第i个小曲边梯形的面积ΔA_i(如图5.2所示),即$\Delta A_i\approx f(\xi_i)\Delta x_i$,$i=1,2,\cdots,n$。

第三步:求和。把这n个小矩形的面积相加,得到曲边梯形面积A的近似值,即

$$A=\Delta A_1+\Delta A_2+\cdots+\Delta A_n$$
$$\approx f(\xi_1)\Delta x_1+f(\xi_2)\Delta x_2+\cdots+f(\xi_n)\Delta x_n$$
$$=\sum_{i=1}^{n}f(\xi_i)\Delta x_i。$$

第四步:取极限。记$\lambda=\max\{\Delta x_1,\Delta x_2,\cdots,\Delta x_n\}$,即$\lambda$是小区间长度中最大者,$\lambda$愈小,$\sum_{i=1}^{n}f(\xi_i)\Delta x_i$愈逼近曲边梯形的面积,如图5.3所示。因此,当$\lambda\to 0$时,如果$\sum_{i=1}^{n}f(\xi_i)\Delta x_i$的极限存在,那么这个极限值就是曲边梯形的面积$A$,即

$$A=\lim_{\lambda\to 0}\sum_{i=1}^{n}f(\xi_i)\Delta x_i。$$

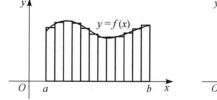
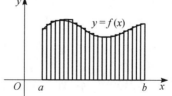

图5.3　λ愈小,近似越好

【例2】　变速直线运动的路程问题。

设一物体作变速直线运动,已知速度$v=v(t)$是时间间隔$[T_1,T_2]$上的连续函数,且$v(t)\geqslant 0$,求这段时间内物体所经过的路程。

分析　如果物体作匀速直线运动,则路程$s=v(T_2-T_1)$,但现在速度随时间t

的变化而变化，不能按此方法计算路程。因为速度 $v=v(t)$ 是连续变化的，在很短一段时间间隔内，速度的变化相对较小，近似于匀速，因此，在时间间隔很短的条件下，可以用匀速运动来近似代替变速运动，从而求得这一时间间隔内所经过的路程的近似值。于是，我们可以应用［例1］求曲边梯形面积的方法求路程 s。

解 第一步：分割。在时间间隔 $[T_1，T_2]$ 内任意插入 $n-1$ 个分点 $t_1，t_2，\cdots，$ t_{n-1}，且 $T_1=t_0<t_1<t_2<\cdots<t_{n-1}<t_n=T_2$。这些分点将 $[T_1，T_2]$ 分成 n 个小时间间隔 $[t_0，t_1]，[t_1，t_2]，\cdots，[t_{n-1}，t_n]$，小区间 $[t_{i-1}，t_i]$ 的长度记为 $\Delta t_i=t_i-t_{i-1}$，$i=1$，$2，\cdots，n$，如图5.4所示。

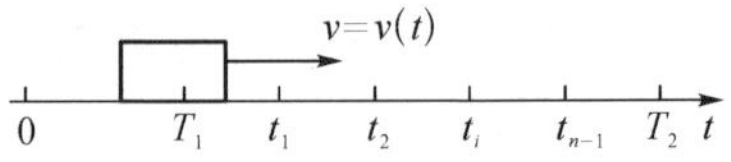

图5.4 路程问题

第二步：作近似。在时间间隔 $[t_{i-1}，t_i]$ 上任选一时刻 ξ_i，以 ξ_i 时的速度 $v(\xi_i)$ 代替 $[t_{i-1}，t_i]$ 上各时刻的速度，即在时间间隔 $[t_{i-1}，t_i]$ 内将物体运动看作速度是 $v(\xi_i)$ 的匀速运动。因此，得到在时间间隔 $[t_{i-1}，t_i]$ 内物体经过的路程 Δs_i 的近似值 $v(\xi_i)\Delta t_i$，即 $\Delta s_i\approx v(\xi_i)\Delta t_i$，$i=1$，$2，\cdots，n$。

第三步：求和。将这 n 段路程的近似值相加，得到总路程的近似值，即

$$s=\Delta s_1+\Delta s_2+\cdots+\Delta s_n$$
$$\approx v(\xi_1)\Delta t_1+v(\xi_2)\Delta t_2+\cdots+v(\xi_n)\Delta t_n$$
$$=\sum_{i=1}^{n}v(\xi_i)\Delta t_i。$$

第四步：取极限。记 $\lambda=\max\{\Delta t_1，\Delta t_2，\cdots，\Delta t_n\}$，当 $\lambda\rightarrow0$ 时，如果 $\sum\limits_{i=1}^{n}v(\xi_i)\Delta t_i$ 的极限存在，那么该极限值就是物体从时间 T_1 到 T_2 所经过的路程，即

$$s=\lim_{\lambda\rightarrow0}\sum_{i=1}^{n}v(\xi_i)\Delta t_i。$$

【例3】 已知边际成本（即成本的变化率），求成本问题。

设某产品的成本 C 是产量 Q 的函数，该产品的边际成本为 $g(Q)$，即 $C'(Q)=g(Q)$，求产量从 Q_1 到 Q_2 的成本。

分析 如果边际成本（即成本的变化率）为常数，$g(Q)=k$，则产量从 Q_1 到 Q_2 的成本为 $k(Q_2-Q_1)$。由于变化率 $g(Q)$ 是连续变化的，在很短一段产量变化范围内，变化相对较小，因此在很短产量改变范围内，可以用常数变化率来近似代替，这样可以应用［例1］求曲线梯形面积的方法和步骤来计算。

解 第一步:分割。在产量间隔$[Q_1,Q_2]$内任意插入$n-1$个分点q_1,q_2,$\cdots$,q_{n-1},且$Q_1=q_0<q_1<q_2<\cdots<q_{n-1}<q_n=Q_2$。这些分点将$[Q_1,Q_2]$分成$n$个小产量间隔$[q_0,q_1]$,$[q_1,q_2]$,$\cdots$,$[q_{n-1},q_n]$,小区间$[q_{i-1},q_i]$的长度记为$\Delta q_i=q_i-q_{i-1}$,$i=1,2,\cdots,n$。

第二步:作近似。在产量间隔$[q_{i-1},q_i]$上任选一产量ξ_i,以ξ_i处的变化率$g(\xi_i)$代替$[q_{i-1},q_i]$上各产量的变化率,即将生产过程看作变化率为$g(\xi_i)$的均匀过程,于是得到在产量间隔$[q_{i-1},q_i]$上的成本ΔC_i的近似值,$\Delta C_i\approx q(\xi_i)\Delta q_i$,$i=1$,$2$,$\cdots$,$n$。

第三步:求和。对这n段产量间隔的成本的近似值求和,得到产量从Q_1到Q_2时成本C的近似值,即

$$C=\Delta C_1+\Delta C_2+\cdots+\Delta C_n$$
$$\approx g(\xi_1)\Delta q_1+g(\xi_2)\Delta q_2+\cdots+g(\xi_n)\Delta q_n$$
$$=\sum_{i=1}^{n}g(\xi_i)\Delta q_i。$$

第四步:取极限。记$\lambda=\max\{\Delta q_1,\Delta q_2,\cdots,\Delta q_n\}$,当$\lambda\to 0$时,如果$\sum_{i=1}^{n}g(\xi_i)\Delta q_i$的极限存在,那么该极限就是某产品从产量$Q_1$到产量$Q_2$的成本,即

$$C=\lim_{\lambda\to 0}\sum_{i=1}^{n}g(\xi_i)\Delta q_i。$$

从上述三个具体问题可以看出,虽然三个问题的具体意义不相同,但解决问题的方法和步骤是相同的,并且都归结为具有相同结构的一种特定和式的极限。由这三个具体问题数量关系上共同的本质特性,进行数学抽象得到如下定积分的定义。

定义 设函数$f(x)$是定义在$[a,b]$上的有界函数,在$[a,b]$中任意插入$n-1$个分点x_1,x_2,$\cdots$,x_{n-1},且$a=x_0<x_1<x_2<\cdots<x_{n-1}<x_n=b$,将$[a,b]$分成$n$个小区间$[x_0,x_1]$,$[x_1,x_2]$,$\cdots$,$[x_{n-1},x_n]$,记$\Delta x_i=x_i-x_{i-1}$为第$i$个小区间$[x_{i-1},x_i]$的长度。在每个小区间$[x_{i-1},x_i]$中任取一点$\xi_i$,$i=1,2,\cdots,n$,作和式$\sum_{i=1}^{n}f(\xi_i)\Delta x_i$,记$\lambda=\max\{\Delta x_1,\Delta x_2,\cdots,\Delta x_n\}$,如果极限

$$\lim_{\lambda\to 0}\sum_{i=1}^{n}f(\xi_i)\Delta x_i$$

存在,且此极限与$[a,b]$的分法及ξ_i的取法无关,则称函数$f(x)$在区间$[a,b]$上**可积**,并称此极限值为函数$f(x)$在$[a,b]$上的**定积分**,记为$\int_a^b f(x)\mathrm{d}x$,即

$$\int_a^b f(x)\mathrm{d}x = \lim_{\lambda \to 0}\sum_{i=1}^n f(\xi_i)\Delta x_i。$$

其中,$f(x)$称为**被积函数**,x称为**积分变量**,$f(x)\mathrm{d}x$称为**被积表达式**,$[a,b]$称为**积分区间**,b与a分别称为定积分的**上限**与**下限**。

根据定积分的定义,前面三个实际问题可表述如下:

(1)[例1]所求的曲边梯形的面积A是曲边方程$y=f(x)$在区间$[a,b]$上的定积分,即

$$A = \int_a^b f(x)\mathrm{d}x。$$

(2)[例2]所求的路程s是速度函数$v(t)$在时间间隔$[T_1,T_2]$上的定积分,即

$$s = \int_{T_1}^{T_2} v(t)\mathrm{d}t。$$

(3)[例 3]所求的成本就是边际成本(即成本的变化率)$g(Q)$在产量间隔$[Q_1,Q_2]$的定积分,即

$$C = \int_{Q_1}^{Q_2} g(Q)\mathrm{d}Q。$$

关于定积分的定义有如下几点说明:

(1) 定积分$\int_a^b f(x)\mathrm{d}x$的值与被积函数$f(x)$及积分区间$[a,b]$有关,而与积分变量用什么字母表示无关,即

$$\int_a^b f(x)\mathrm{d}x = \int_a^b f(t)\mathrm{d}t。$$

(2) 在定积分的定义中假定$a<b$,如果$a>b$,我们规定

$$\int_a^b f(x)\mathrm{d}x = -\int_b^a f(x)\mathrm{d}x。$$

特别地,当$a=b$时,有

$$\int_a^b f(x)\mathrm{d}x = 0。$$

（3）如果被积函数 $f(x)$ 在区间 $[a,b]$ 上无界时，我们总可以选取点 ξ_i，使得和式 $\sum\limits_{i=1}^{n} f(\xi_i)\Delta x_i$ 成为无穷大，所以和式的极限不存在。因此无界函数是不可积的，这说明函数有界是可积的必要条件。

（4）如果有界函数 $f(x)$ 在 $[a,b]$ 上只有有限个间断点，我们可证明定积分 $\int_a^b f(x)\mathrm{d}x$ 存在。在第三节我们还将给出 $f(x)$ 在 $[a,b]$ 上可积的一个充分条件，即如果 $f(x)$ 在 $[a,b]$ 上连续，则 $f(x)$ 在 $[a,b]$ 上可积。

习　题　5-1

1. 用定积分表示由抛物线 $y=x^2+1$，两直线 $x=a$，$x=b\,(b>a)$ 及 x 轴所围成的图形的面积。

2. 已知某服装在时刻 t 时的销售量的变化率为 $Q'(t)=4t-0.8t^2$（千件/月），用定积分表示 2 年的总销量（起算时间 $t=0$）。

3. 利用曲边梯形面积，说明下列等式。

(1) $\displaystyle\int_a^b \mathrm{d}x = b-a$；　　　　(2) $\displaystyle\int_0^1 \sqrt{1-x^2}\,\mathrm{d}x = \dfrac{\pi}{4}$。

第二节　定积分的性质

在下面的讨论中，我们假设函数在所讨论的区间上都是可积的。

性质 1　两个函数的代数和的积分等于各个函数积分的代数和，即

$$\int_a^b [f(x)\pm g(x)]\mathrm{d}x = \int_a^b f(x)\mathrm{d}x \pm \int_a^b g(x)\mathrm{d}x 。$$

证明　$\displaystyle\int_a^b [f(x)\pm g(x)]\mathrm{d}x = \lim_{\lambda\to 0}\sum_{i=1}^{n}[f(\xi_i)\pm g(\xi_i)]\Delta x_i$

$$= \lim_{\lambda\to 0}\sum_{i=1}^{n} f(\xi_i)\Delta x_i \pm \lim_{\lambda\to 0}\sum_{i=1}^{n} g(\xi_i)\Delta x_i$$

$$= \int_a^b f(x)\mathrm{d}x \pm \int_a^b g(x)\mathrm{d}x 。$$

注:性质 1 可以推广到有限多个函数的代数和的情况,即有限多个函数的代数和

在$[a,b]$上的定积分等于各个函数在$[a,b]$上的定积分的代数和。

性质 2 被积函数的常数因子可以提到积分号外,即

$$\int_a^b kf(x)\mathrm{d}x = k\int_a^b f(x)\mathrm{d}x \quad (k\ 为常数)。$$

证明
$$\int_a^b kf(x)\mathrm{d}x = \lim_{\lambda\to 0}\sum_{i=1}^n kf(\xi_i)\Delta x_i = \lim_{\lambda\to 0} k\sum_{i=1}^n f(\xi_i)\Delta x_i$$
$$= k\lim_{\lambda\to 0}\sum_{i=1}^n f(\xi_i)\Delta x_i = k\int_a^b f(x)\mathrm{d}x。$$

性质 3 被积函数恒等于 1 时,积分值等于积分区间的长度,即

$$\int_a^b 1\cdot\mathrm{d}x = \int_a^b \mathrm{d}x = b-a。$$

由于定积分$\int_a^b \mathrm{d}x$在几何上表示以$[a,b]$为底、$f(x)=1$为高的矩形面积,而其面积为$1\times(b-a)$,所以$\int_a^b \mathrm{d}x = b-a$。

性质 4(定积分对于积分区间具有可加性) 设$a<c<b$,则

$$\int_a^b f(x)\mathrm{d}x = \int_a^c f(x)\mathrm{d}x + \int_c^b f(x)\mathrm{d}x。$$

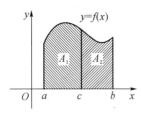

图 5.5 性质 4

性质 4 从定积分的几何意义上可以看出它的正确性,如图 5.5 所示。

证明 因为函数$f(x)$在$[a,b]$上可积,于是,对$[a,b]$无论怎样划分,积分和式的极限总是不变的,从而可以将c取作一个分点,使在$[a,b]$上的和式等于在$[a,c]$上的和式加上在$[c,b]$上的和式,即

$$\sum_{[a,b]} f(\xi_i)\Delta x_i = \sum_{[a,c]} f(\xi_i)\Delta x_i + \sum_{[c,b]} f(\xi_i)\Delta x_i,$$

令$\lambda\to 0$,上式两端取极限,即得

$$\int_a^b f(x)\mathrm{d}x = \int_a^c f(x)\mathrm{d}x + \int_c^b f(x)\mathrm{d}x。$$

实际上,不论a,b,c三点在x轴上的位置如何,上式总是成立的。例如,当$a<b<c$时,有

$$\int_a^c f(x)\mathrm{d}x = \int_a^b f(x)\mathrm{d}x + \int_b^c f(x)\mathrm{d}x,$$

所以

$$\int_a^b f(x)\mathrm{d}x = \int_a^c f(x)\mathrm{d}x - \int_b^c f(x)\mathrm{d}x = \int_a^c f(x)\mathrm{d}x + \int_c^b f(x)\mathrm{d}x。$$

性质 5　如果函数 $f(x)$、$g(x)$在$[a,b]$上满足 $f(x) \leqslant g(x)$，则

$$\int_a^b f(x)\mathrm{d}x \leqslant \int_a^b g(x)\mathrm{d}x。$$

证明　由定积分的定义和性质 1，得

$$\int_a^b g(x)\mathrm{d}x - \int_a^b f(x)\mathrm{d}x = \int_a^b [g(x) - f(x)]\mathrm{d}x$$

$$= \lim_{\lambda \to 0} \sum_{i=1}^n [g(\xi_i) - f(\xi_i)]\Delta x_i,$$

因为 $g(x) \geqslant f(x)$，$\Delta x_i > 0$，所以

$$\sum_{i=1}^n [g(\xi_i) - f(\xi_i)]\Delta x_i \geqslant 0。$$

根据极限的保号性定理得

$$\lim_{\lambda \to 0} \sum_{i=1}^n [g(\xi_i) - f(\xi_i)]\Delta x_i \geqslant 0, \quad 即 \quad \int_a^b [g(x) - f(x)]\mathrm{d}x \geqslant 0,$$

也就是

$$\int_a^b f(x)\mathrm{d}x \leqslant \int_a^b g(x)\mathrm{d}x。$$

推论　若在$[a,b]$上函数 $f(x) \geqslant 0$，则

$$\int_a^b f(x)\mathrm{d}x \geqslant 0。$$

【例 1】　比较定积分 $\int_1^2 \ln x\,\mathrm{d}x$ 与 $\int_1^2 (\ln x)^2 \mathrm{d}x$ 的大小。

解　因为在区间$[1,2]$上，$0 \leqslant \ln x < 1$，乘以 $\ln x$，得

$$(\ln x)^2 \leqslant \ln x,$$

据定积分性质 5 得

$$\int_1^2 (\ln x)^2 \mathrm{d}x \leqslant \int_1^2 \ln x \, \mathrm{d}x。$$

性质 6(估值定理)　设 M 及 m 是函数 $f(x)$ 在 $[a,b]$ 上的最大值及最小值,则

$$m(b-a) \leqslant \int_a^b f(x)\mathrm{d}x \leqslant M(b-a)。$$

证明　因为 $m \leqslant f(x) \leqslant M$,由性质 5 得

$$\int_a^b m\,\mathrm{d}x \leqslant \int_a^b f(x)\mathrm{d}x \leqslant \int_a^b M\,\mathrm{d}x,$$

据性质 2 及性质 3,得

$$m(b-a) \leqslant \int_a^b f(x)\mathrm{d}x \leqslant M(b-a)。$$

【例 2】　估计定积分 $\displaystyle\int_{-\frac{\sqrt{2}}{2}}^{\frac{\sqrt{2}}{2}} \mathrm{e}^{-x^2} \mathrm{d}x$ 的值。

解　先求函数 $f(x) = \mathrm{e}^{-x^2}$ 在 $\left[-\dfrac{\sqrt{2}}{2}, \dfrac{\sqrt{2}}{2}\right]$ 上的最大值 M 与最小值 m。

令 $f'(x) = -2x\mathrm{e}^{-x^2} = 0$,得 $x = 0$ 为驻点,且 $f(0) = 1$,$f\left(\pm\dfrac{\sqrt{2}}{2}\right) = \dfrac{1}{\sqrt{\mathrm{e}}}$。所以 $f(x)$ 在 $\left[-\dfrac{\sqrt{2}}{2}, \dfrac{\sqrt{2}}{2}\right]$ 上的最大值、最小值分别为 $M = 1$,$m = \dfrac{1}{\sqrt{\mathrm{e}}}$,$b - a = \sqrt{2}$。

利用定积分性质 6 得

$$\sqrt{\frac{2}{\mathrm{e}}} \leqslant \int_{-\frac{\sqrt{2}}{2}}^{\frac{\sqrt{2}}{2}} \mathrm{e}^{-x^2} \mathrm{d}x \leqslant \sqrt{2}。$$

性质 7(积分中值定理)　如果函数 $f(x)$ 在 $[a,b]$ 上连续,则在 $[a,b]$ 上至少存在一点 ξ,使得

$$\int_a^b f(x)\mathrm{d}x = f(\xi)(b-a)。$$

证明　因为函数 $f(x)$ 在 $[a,b]$ 上连续,据闭区间上连续函数的性质知,函数

$f(x)$ 在 $[a,b]$ 上必有最大值 M 和最小值 m,再由定积分性质 6 得

$$m(b-a) \leqslant \int_a^b f(x)\mathrm{d}x \leqslant M(b-a),$$

两边除以 $b-a$,得

$$m \leqslant \frac{\int_a^b f(x)\mathrm{d}x}{b-a} \leqslant M。$$

根据区间上连续函数的介值定理,于是连续函数 $f(x)$ 在 $[a,b]$ 上至少存在一点 ξ,使

$$f(\xi) = \frac{\int_a^b f(x)\mathrm{d}x}{b-a},$$

从而得 $\quad \int_a^b f(x)\mathrm{d}x = f(\xi)(b-a)。$

定积分中值定理的几何意义是:在 $[a,b]$ 上至少存在一点 ξ,使得以 $[a,b]$ 为底边,以曲线 $y=f(x)$ 为曲边的曲边梯形的面积等于以 $[a,b]$ 为底,$f(\xi)$ 为高的矩形的面积,如图 5.6 所示。

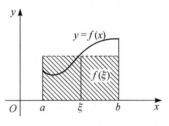

图 5.6　积分中值定理几何意义

习　题　5-2

1. 不计算积分,比较下列各组积分值的大小。

(1) $\displaystyle\int_0^1 x\,\mathrm{d}x$ 与 $\displaystyle\int_0^1 x^2\,\mathrm{d}x$；　　　　　(2) $\displaystyle\int_1^2 x\,\mathrm{d}x$ 与 $\displaystyle\int_1^2 x^2\,\mathrm{d}x$；

(3) $\displaystyle\int_0^{\frac{\pi}{2}} x\,\mathrm{d}x$ 与 $\displaystyle\int_0^{\frac{\pi}{2}} \sin x\,\mathrm{d}x$；　　　(4) $\displaystyle\int_0^1 \mathrm{e}^x\,\mathrm{d}x$ 与 $\displaystyle\int_0^1 \mathrm{e}^{x^2}\,\mathrm{d}x$。

2. 利用定积分的性质,估计下列积分值。

(1) $\displaystyle\int_0^1 \mathrm{e}^x\,\mathrm{d}x$；　　　　　　　(2) $\displaystyle\int_1^2 (2x^3 - x^4)\,\mathrm{d}x$；

(3) $\displaystyle\int_0^2 \mathrm{e}^{x^2-x}\,\mathrm{d}x$；　　　　　(4) $\displaystyle\int_0^\pi \frac{1}{1+\sin x}\,\mathrm{d}x$。

第三节　微积分基本公式

本节通过揭示定积分与原函数的关系,得到定积分计算的基本公式——微积分基本公式,为此先讨论一个实际问题。

设物体作变速直线运动,其速度 $v=v(t)$,我们从第一节知道,在时间间隔 $[T_1,T_2]$ 中经过的路程 s 可用定积分来计算,即

$$s=\int_{T_1}^{T_2}v(t)\mathrm{d}t。$$

另一方面,假如能找到路程 s 随时间 t 变化的函数 $s(t)$,即物体的运动方程 $s=s(t)$,那么此函数在 $[T_1,T_2]$ 上的改变量 $s(T_2)-s(T_1)$ 就是该物体在这段时间间隔中所经过的路程,于是可得

$$\int_{T_1}^{T_2}v(t)\mathrm{d}t=s(T_2)-s(T_1)。\qquad(5-1)$$

由第二章知, $s'(t)=v(t)$,即 $s(t)$ 是 $v(t)$ 的原函数。因此式(5-1)指出:求解定积分 $\int_{T_1}^{T_2}v(t)\mathrm{d}t$ 问题可转化为寻求 $v(t)$ 的原函数 $s(t)$,并计算 $s(t)$ 在 $[T_1,T_2]$ 上的改变量 $s(T_2)-s(T_1)$。

上述实际问题的结论具有普遍意义,即如果函数 $f(x)$ 在区间 $[a,b]$ 上连续,则 $f(x)$ 在 $[a,b]$ 上的定积分就等于 $f(x)$ 的原函数 $F(x)$ 在区间 $[a,b]$ 上的改变量,即

$$\int_{a}^{b}f(x)\mathrm{d}x=F(b)-F(a)。$$

这就是下面要证明的微积分基本公式。

一、积分上限的函数及其导数

为了得到微积分基本公式,我们首先证明连续函数的原函数的存在问题。

设函数 $f(x)$ 在 $[a,b]$ 上连续,当 x 取 $[a,b]$ 上的任意一值时,定积分 $\int_{a}^{x}f(t)\mathrm{d}t$ 有唯一确定值与 x 对应,因此 $\int_{a}^{x}f(t)\mathrm{d}t$ 在 $[a,b]$ 上确定了一个 x 的函数,被称为**积分上限的函数**,记为 $\Phi(x)$,即

$$\Phi(x) = \int_a^x f(t)\,\mathrm{d}t,\ (a \leqslant x \leqslant b)。$$

当函数 $f(x) \geqslant 0$ 时,函数 $\Phi(x)$ 的几何意义是:右侧直线可移动的曲边梯形的面积,如图 5.7(1)所示。曲边梯形的面积 $\Phi(x)$ 随 x 的位置变化而变化,当 x 给定后,面积 $\Phi(x)$ 是确定的。

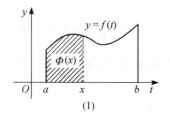 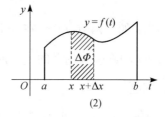

图 5.7　积分上限函数 $\Phi(x)$ 与 $\Delta\Phi$

关于函数 $\Phi(x)$ 具有如下重要性质。

定理 1　如果函数 $f(x)$ 在 $[a,b]$ 上连续,则积分上限的函数

$$\Phi(x) = \int_a^x f(t)\,\mathrm{d}t,$$

在 $[a,b]$ 上可导,且 $\Phi'(x) = \dfrac{\mathrm{d}}{\mathrm{d}x}\displaystyle\int_a^x f(t)\,\mathrm{d}t = f(x)$。

证明　设 $x \in [a,b]$,自变量在点 x 处取得改变量 Δx,$x + \Delta x \in [a,b]$,相应地积分上限的函数 $\Phi(x)$ 取得改变量为 $\Delta\Phi$,如图 5.7(2)所示。利用定积分性质 4 得

$$\Delta\Phi = \Phi(x+\Delta x) - \Phi(x) = \int_a^{x+\Delta x} f(t)\,\mathrm{d}t - \int_a^x f(t)\,\mathrm{d}t$$

$$= \int_x^a f(t)\,\mathrm{d}t + \int_a^{x+\Delta x} f(t)\,\mathrm{d}t = \int_x^{x+\Delta x} f(t)\,\mathrm{d}t。$$

由定积分中值定理知,在 x 与 $x + \Delta x$ 之间至少有一点 ξ,使得

$$\Delta\Phi = \int_x^{x+\Delta x} f(t)\,\mathrm{d}t = f(\xi) \cdot \Delta x,$$

于是有
$$\frac{\Delta\Phi}{\Delta x} = f(\xi),$$

上式两端同时取极限

$$\lim_{\Delta x \to 0} \frac{\Delta\Phi}{\Delta x} = \lim_{\Delta x \to 0} f(\xi),$$

185

当 $\Delta x \to 0$ 时，$\xi \to x$，又由于 $f(x)$ 在 $[a,b]$ 上连续，因此上式右端的极限存在且为 $f(x)$，所以

$$\lim_{\Delta x \to 0} \frac{\Delta \Phi}{\Delta x} = \lim_{\xi \to x} f(\xi) = f(x),$$

即

$$\Phi'(x) = f(x)。$$

定理 1 指出：如果函数 $f(x)$ 在 $[a,b]$ 上连续，那么积分上限的函数 $\Phi(x) = \int_a^x f(t)\mathrm{d}t$ 就是 $f(x)$ 在 $[a,b]$ 上的一个原函数，从而解决了第四章第一节留下的原函数的存在性问题。

【例 1】 设函数 $\Phi(x) = \int_0^x t\mathrm{e}^{-t^2}\mathrm{d}t$，求 $\Phi'(x)$。

解 利用定理 1 得 $\qquad \Phi'(x) = x\mathrm{e}^{-x^2}。$

【例 2】 求极限 $\lim\limits_{x \to 0} \dfrac{\displaystyle\int_0^x (1-\mathrm{e}^{-2t^2})\mathrm{d}t}{x^3}$。

解 此极限属 $\dfrac{0}{0}$ 型，可应用洛必达法则，得

$$\lim_{x \to 0} \frac{\displaystyle\int_0^x (1-\mathrm{e}^{-2t^2})\mathrm{d}t}{x^3} \overset{\frac{0}{0}}{=\!=} \lim_{x \to 0} \frac{\left(\displaystyle\int_0^x (1-\mathrm{e}^{-2t^2})\mathrm{d}t\right)'}{(x^3)'} = \lim_{x \to 0} \frac{1-\mathrm{e}^{-2x^2}}{3x^2}$$

$$\overset{\frac{0}{0}}{=\!=} \lim_{x \to 0} \frac{-\mathrm{e}^{-2x^2}(-4x)}{6x} = \frac{2}{3} \lim_{x \to 0} \mathrm{e}^{-2x^2} = \frac{2}{3}。$$

二、微积分基本公式

定理 2 如果函数 $f(x)$ 在区间 $[a,b]$ 上连续，$F(x)$ 是 $f(x)$ 的原函数，则

$$\int_a^b f(x)\mathrm{d}x = F(b) - F(a)。 \tag{5-2}$$

证明 已知函数 $F(x)$ 是 $f(x)$ 的一个原函数，又根据定理 1 知道，积分上限的函数 $\Phi(x) = \int_a^x f(t)\mathrm{d}t$ 也是 $f(x)$ 的原函数。于是这两个原函数之间只相差一个常数，即

$$\Phi(x) - F(x) = C \ (a \leqslant x \leqslant b),$$

或
$$\int_a^x f(t)\mathrm{d}t = F(x) + C。 \qquad (5\text{-}3)$$

由于上式是一个恒等式,令 $x = a$,得 $C = -F(a)$。将 C 的值代入式(5-3),得

$$\int_a^x f(t)\mathrm{d}t = F(x) - F(a),$$

上式中令 $x = b$ 得

$$\int_a^b f(t)\mathrm{d}t = F(b) - F(a)。$$

由于定积分与积分变量无关,上式左端的积分变量 t 改为 x,从而证明了公式(5-2)。

为方便起见,通常把式(5-2)右端的 $F(b) - F(a)$ 记作 $F(x)\big|_a^b$,所以公式(5-2)可改写为

$$\int_a^b f(x)\mathrm{d}x = F(x)\bigg|_a^b = F(b) - F(a)。$$

微积分基本公式(5-2)揭示了不定积分与定积分之间的内在联系。计算一个连续函数 $f(x)$ 在区间 $[a, b]$ 上的定积分,等于求它的一个原函数 $F(x)$ 在区间 $[a, b]$ 上的改变量。

通常也把公式(5-2)称为**牛顿-莱布尼兹公式**。

【**例3**】 计算 $\displaystyle\int_0^1 x^2 \mathrm{d}x$。

解 因为 $\displaystyle\int x^2 \mathrm{d}x = \frac{1}{3}x^3 + C$,所以

$$\int_0^1 x^2 \mathrm{d}x = \frac{1}{3}x^3 \bigg|_0^1 = \frac{1}{3}(1^3 - 0^3) = \frac{1}{3}。$$

【**例4**】 计算 $\displaystyle\int_{-1}^1 \frac{1}{1+x^2}\mathrm{d}x$。

解 $\displaystyle\int_{-1}^1 \frac{1}{1+x^2}\mathrm{d}x = \arctan x \bigg|_{-1}^1 = \arctan 1 - \arctan(-1) = \frac{\pi}{2}。$

【**例5**】 计算 $\displaystyle\int_{-1}^3 \sqrt{4 - 4x + x^2}\,\mathrm{d}x$。

解 据定积分的性质 4 得

$$\int_{-1}^{3} \sqrt{4-4x+x^2}\,\mathrm{d}x = \int_{-1}^{2} |\,2-x\,|\,\mathrm{d}x + \int_{2}^{3} |\,2-x\,|\,\mathrm{d}x$$

$$= \int_{-1}^{2} (2-x)\,\mathrm{d}x + \int_{2}^{3} (x-2)\,\mathrm{d}x$$

$$= \left(2x - \frac{x^2}{2}\right)\Big|_{-1}^{2} + \left(\frac{x^2}{2} - 2x\right)\Big|_{2}^{3}$$

$$= \frac{9}{2} + \frac{1}{2} = 5。$$

【例 6】 设函数 $f(x) = \begin{cases} 2x+1, & -2 \leqslant x \leqslant 2, \\ 1+x^2, & 2 < x \leqslant 4, \end{cases}$ 计算 $\int_{-1}^{3} f(x)\,\mathrm{d}x$。

解 据定积分的性质 4，得

$$\int_{-1}^{3} f(x)\,\mathrm{d}x = \int_{-1}^{2} f(x)\,\mathrm{d}x + \int_{2}^{3} f(x)\,\mathrm{d}x = \int_{-1}^{2} (2x+1)\,\mathrm{d}x + \int_{2}^{3} (1+x^2)\,\mathrm{d}x$$

$$= (x^2 + x)\Big|_{-1}^{2} + \left(x + \frac{x^3}{3}\right)\Big|_{2}^{3} = \frac{40}{3}。$$

习 题 5-3

1. 求下列函数在指定点处的导数。

(1) 设函数 $\Phi(x) = \int_{1}^{x} \dfrac{1}{1+t^2}\,\mathrm{d}t$，求 $\Phi'(2)$。

(2) 设函数 $\Phi(x) = \int_{x}^{5} \sqrt{1+t^2}\,\mathrm{d}t$，求 $\Phi'(1)$。

(3) 设函数 $\Phi(x) = \int_{x^2}^{x^3} \dfrac{1}{1+t^3}\,\mathrm{d}t$，求 $\Phi'(x)$。

(4) 设函数 $\Phi(x) = \int_{\sin x}^{x^2} 2t\,\mathrm{d}t$，求 $\Phi'(x)$。

(5) 设函数 $y = f(x)$ 是由方程 $\int_{0}^{y} \mathrm{e}^t\,\mathrm{d}t + \int_{0}^{x} \cos t\,\mathrm{d}t = 0$ 所确定的隐函数，求 $\dfrac{\mathrm{d}y}{\mathrm{d}x}$。

2. 求下列极限。

(1) $\lim\limits_{x \to 0} \dfrac{\displaystyle\int_{0}^{x} \arctan t\,\mathrm{d}t}{x^2}$；

(2) $\lim\limits_{x \to 0} \dfrac{\displaystyle\int_{0}^{x} (\sqrt{1+t^2} - \sqrt{1-t^2})\,\mathrm{d}t}{x^3}$；

(3) $\lim\limits_{x\to 0}\dfrac{\displaystyle\int_0^x \sin 3t^3\,\mathrm{d}t}{\displaystyle\int_0^{x^2}\ln(1+t)\,\mathrm{d}t}$;

(4) $\lim\limits_{x\to 0}\dfrac{\displaystyle\int_{\cos x}^1 \mathrm{e}^{-t^2}\,\mathrm{d}t}{x^2}$ 。

3. 计算下列定积分。

(1) $\displaystyle\int_{-1}^2 (x^2-1)\,\mathrm{d}x$;

(2) $\displaystyle\int_0^1 (x-1)^2\,\mathrm{d}x$;

(3) $\displaystyle\int_1^{\sqrt3}\dfrac{1}{1+x^2}\,\mathrm{d}x$;

(4) $\displaystyle\int_{-\frac12}^{\frac12}\dfrac{1}{\sqrt{1-x^2}}\,\mathrm{d}x$;

(5) $\displaystyle\int_0^1\dfrac{1}{1+x}\,\mathrm{d}x$;

(6) $\displaystyle\int_1^{\mathrm{e}}\dfrac{\ln x}{x}\,\mathrm{d}x$;

(7) $\displaystyle\int_0^1 x(1+x^2)^3\,\mathrm{d}x$;

(8) $\displaystyle\int_0^{\frac{\pi}{2}}\dfrac{\sin x}{(3+\cos x)^2}\,\mathrm{d}x$;

(9) $\displaystyle\int_0^1 x\mathrm{e}^x\,\mathrm{d}x$;

(10) $\displaystyle\int_1^{\mathrm{e}}\ln x\,\mathrm{d}x$;

(11) $\displaystyle\int_0^2\sqrt{1-2x+x^2}\,\mathrm{d}x$;

(12) $\displaystyle\int_0^5 |2x-4|\,\mathrm{d}x$ 。

4. 设函数 $f(x)=\begin{cases}\mathrm{e}^{-x}, & x<0;\\ 1+x^2, & x\geqslant0。\end{cases}$ 计算 $\displaystyle\int_{-1}^2 f(x)\,\mathrm{d}x$ 。

第四节　定积分的换元积分法

据微积分基本公式,将定积分 $\displaystyle\int_a^b f(x)\,\mathrm{d}x$ 的计算问题转化为求被积函数 $f(x)$ 的一个原函数 $F(x)$ 在区间 $[a,b]$ 上的改变量,于是计算不定积分的换元法积分和分部积分法都可移植到定积分的计算中来。本节首先介绍定积分换元积分法。

定理3(定积分换元积分法)　设函数 $f(x)$ 在区间 $[a,b]$ 上连续,令 $x=\varphi(u)$,且 $a=\varphi(\alpha),b=\varphi(\beta)$,如果

(1) 函数 $\varphi(u)$ 在区间 $[\alpha,\beta]$ 或 $[\beta,\alpha]$ 上有连续的导数 $\varphi'(u)$ 。

(2) 当 u 从 α 变到 β 时,函数 $\varphi(u)$ 从 a 单调地变到 b 。

则有

$$\int_a^b f(x)\,\mathrm{d}x=\int_\alpha^\beta f[\varphi(u)]\varphi'(u)\,\mathrm{d}u。 \qquad(5\text{-}4)$$

189

证明 因为函数 $f(x)$ 在区间 $[a,b]$ 上连续,故它在 $[a,b]$ 上可积。设 $F(x)$ 是 $f(x)$ 在 $[a,b]$ 上的一个原函数,则

$$\int f(x)\mathrm{d}x = F(x) + C,$$

据不定积分的换元法公式,有

$$\int f[\varphi(u)]\varphi'(u)\mathrm{d}u = F[\varphi(u)] + C,$$

于是

$$\int_a^b f(x)\mathrm{d}x = F(x)\Big|_a^b = F(b) - F(a) = F[\varphi(\beta)] - F[\varphi(\alpha)],$$

$$\int_\alpha^\beta f[\varphi(u)]\varphi'(u)\mathrm{d}u = F[\varphi(u)]\Big|_\alpha^\beta = F[\varphi(\beta)] - F[\varphi(\alpha)],$$

所以 $$\int_a^b f(x)\mathrm{d}x = \int_\alpha^\beta f[\varphi(u)]\varphi'(u)\mathrm{d}u。$$

应用定积分换元积分公式(5-4)时,应注意以下几点:

(1) 从右到左应用公式(5-4),是进行定积分第一类换元积分法。用 $x = \varphi(u)$ 将积分变量 u 换成新的积分变量 x,积分限 α,β 相应地分别换为 a,b,$a = \varphi(\alpha)$、$b = \varphi(\beta)$,求出 $f(x)$ 的原函数 $F(x)$,不必如不定积分那样换元,直接计算 $F(b) - F(a)$ 即可。

(2) 从左到右应用公式(5-4),是进行定积分第二类换元积分法。用 $x = \varphi(u)$ (其反函数为 $u = \widetilde{\varphi}(x)$)将积分变量 x 换成新积分变量 u,积分限 a,b 相应地分别换为 α、β,$\alpha = \widetilde{\varphi}(a)$,$\beta = \bar{\varphi}(b)$,求出 $f[\varphi(u)]\varphi'(u)$ 的原函数 $G(u)$ 后,不必像不定积分那样换回原来的变量 x,仅只要计算 $G(\beta) - G(\alpha)$,即可。

(3) 不定积分换元积分法中所陈述的计算方法都适用于定积分换元积分法。

【例1】 计算 $\displaystyle\int_0^{\frac{\pi}{2}} \cos^2 x \sin x \, \mathrm{d}x$。

分析 对于不定积分 $\displaystyle\int \cos^2 x \sin x \, \mathrm{d}x$,我们应用不定积分第一类换元积分法, $u = \cos x$,$\displaystyle\int \cos^2 x \sin x \, \mathrm{d}x = -\int u^2 \mathrm{d}x$,于是对该题可用定积分第一类换元积分法。

解 因为 $\sin x\mathrm{d}x = -\mathrm{d}(\cos x)$,则取 $u = \cos x$,当 $x = 0$ 时,$u = 1$;当 $x = \dfrac{\pi}{2}$ 时,

$u = 0$。

于是

$$\int_0^{\frac{\pi}{2}} \cos^2 x \sin x \, \mathrm{d}x = -\int_1^0 u^2 \, \mathrm{d}u = -\frac{u^3}{3}\bigg|_1^0 = \frac{1}{3}。$$

【例2】 计算 $\displaystyle\int_1^e \frac{1+\ln x}{x}\mathrm{d}x$。

分析 对于不定积分 $\displaystyle\int \frac{1+\ln x}{x}\mathrm{d}x$，我们应用不定积分第一类换元积分法，

$$\int \frac{1+\ln x}{x}\mathrm{d}x = \int (1+\ln x)\mathrm{d}(\ln x)$$
$$= \int (1+\ln x)\mathrm{d}(1+\ln x)，$$

于是该题也可用定积分第一类换元积分法。

解 因为 $\dfrac{1}{x}\mathrm{d}x = \mathrm{d}(1+\ln x)$，则取 $u = 1+\ln x$，当 $x = 1$ 时，$u = 1$；当 $x = t$ 时，$u = 2$，于是

$$\int_1^e \frac{1+\ln x}{x}\mathrm{d}x = \int_1^e (1+\ln x)\mathrm{d}(1+\ln x) = \int_1^2 u\,\mathrm{d}u = \frac{1}{2}u^2 \bigg|_1^2 = \frac{3}{2}$$

与不定积分第一类换元法一样，我们可以不明显地写出 $u = \varphi(x)$，那么定积分的上、下限就不必变更。现在采用这种记法计算[例1]如下：

$$\int_0^{\frac{\pi}{2}} \cos^2 x \sin x \, \mathrm{d}x = -\int_0^{\frac{\pi}{2}} \cos^2 x \, \mathrm{d}(\cos x) = -\frac{\cos^3 x}{3}\bigg|_0^{\frac{\pi}{2}} = \frac{1}{3}。$$

【例3】 计算 $\displaystyle\int_0^1 \sqrt{1-x^2}\,\mathrm{d}x$。

分析 对于不定积分 $\displaystyle\int \sqrt{1-x^2}\,\mathrm{d}x$，我们应用不定积分第二类换元积分法，通过变量代换，$x = \sin u$，将根号去掉，该题也可以如此解。下面[例4]，同样地可用变量代换，$x = 1 - u^2$ 将根号去掉。

解 令 $x = \sin u$，则 $\mathrm{d}x = \cos u\,\mathrm{d}u$，当 $x = 0$ 时，$u = 0$；当 $x = 1$ 时，$u = \dfrac{\pi}{2}$。

于是

191

$$\int_0^1 \sqrt{1-x^2}\,\mathrm{d}x = \int_0^{\frac{\pi}{2}} \cos^2 u\,\mathrm{d}u = \frac{1}{2}\int_0^{\frac{\pi}{2}} (1+\cos 2u)\,\mathrm{d}u$$

$$= \frac{1}{2}\left(u + \frac{1}{2}\sin 2u\right)\Bigg|_0^{\frac{\pi}{2}} = \frac{\pi}{4}\,.$$

【例 4】 计算 $\int_0^{\frac{3}{4}} \dfrac{x}{\sqrt{1-x}}\,\mathrm{d}x$。

解 令 $\sqrt{1-x}=u$,则 $1-x=u^2$,$x=1-u^2$,$\mathrm{d}x=-2u\mathrm{d}u$。当 $x=0$ 时,$u=1$; 当 $x=\dfrac{3}{4}$ 时,$u=\dfrac{1}{2}$。

于是

$$\int_0^{\frac{3}{4}} \frac{x}{\sqrt{1-x}}\,\mathrm{d}x = 2\int_{\frac{1}{2}}^1 (1-u^2)\,\mathrm{d}u = 2\left(u - \frac{u^3}{3}\right)\Bigg|_{\frac{1}{2}}^1 = \frac{5}{12}\,.$$

【例 5】 设函数 $f(x)$ 在 $[-a, a]$ 上连续,试证

$$\int_{-a}^a f(x)\,\mathrm{d}x = \begin{cases} 2\displaystyle\int_0^a f(x)\,\mathrm{d}x, & f(x) \text{ 为}[-a, a] \text{ 上偶函数,} \\ 0, & f(x) \text{ 为}[-a, a] \text{ 上奇函数。} \end{cases} \tag{5-5}$$

证明 由定积分性质 4,得

$$\int_{-a}^a f(x)\,\mathrm{d}x = \int_{-a}^0 f(x)\,\mathrm{d}x + \int_0^a f(x)\,\mathrm{d}x,$$

上式右端第一个积分作变换 $x=-u$,则得

$$\int_{-a}^0 f(x)\,\mathrm{d}x = \int_a^0 f(-u)(-\mathrm{d}u) = \int_0^a f(-u)\,\mathrm{d}u = \int_0^a f(-x)\,\mathrm{d}x,$$

于是

$$\int_{-a}^a f(x)\,\mathrm{d}x = \int_0^a f(-x)\,\mathrm{d}x + \int_0^a f(x)\,\mathrm{d}x$$

$$= \int_0^a [f(-x) + f(x)]\,\mathrm{d}x\,. \tag{5-6}$$

如果函数 $f(x)$ 在 $[-a, a]$ 上为偶函数,则 $f(-x)=f(x)$,由公式(5-6)得

$$\int_{-a}^a f(x)\,\mathrm{d}x = 2\int_0^a f(x)\,\mathrm{d}x,$$

如果函数 $f(x)$ 在 $[-a, a]$ 上为奇函数,则 $f(-x)=-f(x)$,由公式(5-6)得

$$\int_{-a}^{a} f(x)\mathrm{d}x = 0。$$

【例6】 利用[例5]函数的奇偶性计算下列定积分。

$$(1)\ \int_{-1}^{1} x^2 \arctan x\,\mathrm{d}x \qquad\qquad (2)\ \int_{-\frac{\pi}{6}}^{\frac{\pi}{6}} \sqrt{\sin^4 x - \sin^6 x}\,\mathrm{d}x$$

解 (1) 因为函数 $f(x) = x^2\arctan x$ 在 $[-1,1]$ 上是奇函数,由公式(5-5)得

$$\int_{-1}^{1} x^2 \arctan x\,\mathrm{d}x = 0。$$

(2) 因为函数 $f(x) = \sqrt{\sin^4 x - \sin^6 x}$ 在 $\left[-\dfrac{\pi}{6}, \dfrac{\pi}{6}\right]$ 上是偶函数,由公式(5-5)得

$$\int_{-\frac{\pi}{6}}^{\frac{\pi}{6}} \sqrt{\sin^4 x - \sin^6 x}\,\mathrm{d}x = 2\int_{0}^{\frac{\pi}{6}} \sqrt{\sin^4 x - \sin^6 x}\,\mathrm{d}x = 2\int_{0}^{\frac{\pi}{6}} \sqrt{\sin^4 x(1 - \sin^2 x)}\,\mathrm{d}x$$

$$= 2\int_{0}^{\frac{\pi}{6}} \sin^2 x \cdot \cos x\,\mathrm{d}x$$

$$= 2\int_{0}^{\frac{\pi}{6}} \sin^2 x\,\mathrm{d}(\sin x) = \frac{2}{3}\sin^3 x\ \Big|_{0}^{\frac{\pi}{6}} = \frac{1}{12}。$$

习 题 5-4

1. 计算下列定积分。

$$(1)\ \int_{-1}^{3} (x-1)^3\,\mathrm{d}x;$$

$$(2)\ \int_{-2}^{-1} \frac{1}{(11+5x)^3}\,\mathrm{d}x;$$

$$(3)\ \int_{0}^{1} \frac{x}{1+x^2}\,\mathrm{d}x;$$

$$(4)\ \int_{0}^{1} x\sqrt{1-x^2}\,\mathrm{d}x;$$

$$(5)\ \int_{1}^{2} \frac{\mathrm{e}^{\frac{1}{x}}}{x^2}\,\mathrm{d}x;$$

$$(6)\ \int_{1}^{\mathrm{e}} \frac{\mathrm{d}x}{x\sqrt{1+\ln x}};$$

$$(7)\ \int_{0}^{\pi} \frac{\sin x}{\sqrt{5-4\cos x}}\,\mathrm{d}x;$$

$$(8)\ \int_{0}^{\frac{\pi}{2}} \cos^6 x \sin x\,\mathrm{d}x;$$

$$(9)\ \int_{0}^{\pi} \sqrt{\sin x - \sin^3 x}\,\mathrm{d}x;$$

$$(10)\ \int_{0}^{\pi} \sqrt{1+\cos 2x}\,\mathrm{d}x;$$

$$(11)\ \int_{0}^{1} \frac{\mathrm{d}x}{\mathrm{e}^x + \mathrm{e}^{-x}};$$

$$(12)\ \int_{0}^{1} \frac{\arctan x}{1+x^2}\,\mathrm{d}x。$$

2. 计算下列定积分。

(1) $\displaystyle\int_0^4 \frac{1}{1+\sqrt{x}}\,dx$;

(2) $\displaystyle\int_0^3 \frac{x}{1+\sqrt{1+x}}\,dx$;

(3) $\displaystyle\int_{\frac{3}{4}}^1 \frac{1}{\sqrt{1-x}-1}\,dx$;

(4) $\displaystyle\int_{-3}^0 \frac{x+1}{\sqrt{x+4}}\,dx$;

(5) $\displaystyle\int_1^{\sqrt{3}} \frac{dx}{x\sqrt{x^2+1}}$;

(6) $\displaystyle\int_0^1 \frac{x^2}{(1+x^2)^3}\,dx$;

(7) $\displaystyle\int_0^{\frac{\sqrt{2}}{2}} \frac{x^2}{\sqrt{1-x^2}}\,dx$;

(8) $\displaystyle\int_1^2 \frac{\sqrt{x^2-1}}{x}\,dx$ 。

3. 利用函数的奇偶性计算下列定积分。

(1) $\displaystyle\int_{-\frac{\pi}{2}}^{\frac{\pi}{2}} \sin^3 x\,dx$;

(2) $\displaystyle\int_{-\frac{\pi}{2}}^{\frac{\pi}{2}} \cos^2 x\,dx$;

(3) $\displaystyle\int_{-1}^4 x\sqrt{|x|}\,dx$;

(4) $\displaystyle\int_{-\frac{\pi}{3}}^{\frac{\pi}{3}} \frac{\sin^2 x}{\cos^4 x}\,dx$;

(5) $\displaystyle\int_{-1}^1 \frac{x^2 \arcsin x}{\sqrt{1+x^2}}\,dx$;

(6) $\displaystyle\int_{-1}^1 x^2\sqrt{1-x^2}\,dx$ 。

第五节　定积分的分部积分法

设函数 $u(x)$, $v(x)$ 在 $[a,b]$ 上有连续的导数,则

$$(uv)' = u'v + uv',$$

于是

$$uv' = (uv)' - u'v,$$

等式两端取 x 在 $[a,b]$ 上的积分,并注意到

$$\int_a^b (uv)'\,dx = (uv)\,\Big|_a^b,$$

则得

$$\int_a^b uv'\,dx = uv\,\Big|_a^b - \int_a^b vu'\,dx,\qquad (5\text{-}7)$$

或

$$\int_a^b u\,dv = uv\,\Big|_a^b - \int_a^b v\,du。\qquad (5\text{-}8)$$

这就是**定积分的分部积分公式**。

注：不定积分分部积分法中所陈述的方法，都适用于定积分的分部积分法。

【例1】 求积分 $\displaystyle\int_0^{\frac{\pi}{2}} x\cos x\,\mathrm{d}x$。

解 令 $u=x$，$\cos x\,\mathrm{d}x=\mathrm{d}(\sin x)$，可取 $v=\sin x$，则 $\mathrm{d}u=\mathrm{d}x$，代入分部积分公式，得

$$\int_0^{\frac{\pi}{2}} x\cos x\,\mathrm{d}x=\int_0^{\frac{\pi}{2}} x\,\mathrm{d}(\sin x)=x\sin x\,\Big|_0^{\frac{\pi}{2}}-\int_0^{\frac{\pi}{2}}\sin x\,\mathrm{d}x$$

$$=\frac{\pi}{2}+\cos x\,\Big|_0^{\frac{\pi}{2}}=\frac{\pi}{2}-1。$$

【例2】 求积分 $\displaystyle\int_1^{\mathrm{e}} x\ln x\,\mathrm{d}x$。

解 令 $u=\ln x$，$x\,\mathrm{d}x=\dfrac{1}{2}\mathrm{d}(x^2)$，可取 $v=x^2$，则

$$\int_1^{\mathrm{e}} x\ln x\,\mathrm{d}x=\frac{1}{2}\int_1^{\mathrm{e}}\ln x\,\mathrm{d}(x^2)=\frac{1}{2}\left(x^2\ln x\,\Big|_1^{\mathrm{e}}-\int_1^{\mathrm{e}} x^2\cdot\frac{1}{x}\,\mathrm{d}x\right)$$

$$=\frac{1}{2}\left(\mathrm{e}^2-\frac{x^2}{2}\,\Big|_1^{\mathrm{e}}\right)=\frac{1}{4}(\mathrm{e}^2+1)。$$

【例3】 求积分 $\displaystyle\int_0^{\frac{\pi}{2}}\mathrm{e}^x\cos x\,\mathrm{d}x$。

解 $\displaystyle\int_0^{\frac{\pi}{2}}\mathrm{e}^x\cos x\,\mathrm{d}x=\int_0^{\frac{\pi}{2}}\mathrm{e}^x\,\mathrm{d}(\sin x)=\mathrm{e}^x\sin x\,\Big|_0^{\frac{\pi}{2}}-\int_0^{\frac{\pi}{2}}\mathrm{e}^x\sin x\,\mathrm{d}x$

$$=\mathrm{e}^{\frac{\pi}{2}}+\int_0^{\frac{\pi}{2}}\mathrm{e}^x\,\mathrm{d}(\cos x)$$

$$=\mathrm{e}^{\frac{\pi}{2}}+\mathrm{e}^x\cos x\,\Big|_0^{\frac{\pi}{2}}-\int_0^{\frac{\pi}{2}}\mathrm{e}^x\cos x\,\mathrm{d}x,$$

由此得 $\qquad\displaystyle 2\int_0^{\frac{\pi}{2}}\mathrm{e}^x\cos x\,\mathrm{d}x=\mathrm{e}^{\frac{\pi}{2}}-1,$

所以 $\qquad\displaystyle\int_0^{\frac{\pi}{2}}\mathrm{e}^x\cos x\,\mathrm{d}x=\frac{1}{2}(\mathrm{e}^{\frac{\pi}{2}}-1)。$

【例 4】 求积分 $\int_0^{\frac{1}{2}} \arcsin x \, dx$ 。

解 令 $u = \arcsin x$, $v = x$, 则

$$\int_0^{\frac{1}{2}} \arcsin x \, dx = (x \arcsin x) \Big|_0^{\frac{1}{2}} - \int_0^{\frac{1}{2}} \frac{x \, dx}{\sqrt{1-x^2}}$$

$$= \frac{\pi}{12} + \frac{1}{2} \int_0^{\frac{1}{2}} (1-x^2)^{-\frac{1}{2}} \, d(1-x^2)$$

$$= \frac{\pi}{12} + (\sqrt{1-x^2}) \Big|_0^{\frac{1}{2}} = \frac{\pi}{12} + \frac{\sqrt{3}}{2} - 1 。$$

[例 4]中,在应用分部积分法以后,还应用了定积分的换元法。

【例 5】 求积分 $\int_0^1 e^{\sqrt{x}} \, dx$ 。

解 先用换元法,令 $u = \sqrt{x}$,则 $x = u^2$, $dx = 2u \, du$,且 当 $x = 0$ 时,$u = 0$;当 $x = 1$ 时,$u = 1$ 。

于是

$$\int_0^1 e^{\sqrt{x}} \, dx = 2 \int_0^1 u \, e^u \, du ,$$

再用分部积分法计算上式右端的积分。

$$\int_0^1 u \, e^u \, du = \int_0^1 u \, d(e^u) = u \, e^u \Big|_0^1 - \int_0^1 e^u \, du$$

$$= e - e^u \Big|_0^1 = e - (e-1) = 1 ,$$

因此
$$\int_0^1 e^{\sqrt{x}} \, dx = 2 。$$

习 题 5-5

1. 计算下列定积分。

(1) $\int_0^{\frac{\pi}{2}} x \sin x \, dx$;

(2) $\int_0^1 x \, e^x \, dx$;

(3) $\int_0^1 x \, e^{-x} \, dx$;

(4) $\int_0^{\frac{\pi}{4}} x \cos 2x \, dx$ 。

2. 计算下列定积分。

(1) $\displaystyle\int_0^{e-1} \ln(1+x)\,dx$；

(2) $\displaystyle\int_1^e \ln x\,dx$；

(3) $\displaystyle\int_{\frac{1}{e}}^e |\ln x|\,dx$；

(4) $\displaystyle\int_1^e x^2 \ln x\,dx$；

(5) $\displaystyle\int_0^1 x \arctan x\,dx$；

(6) $\displaystyle\int_0^{\frac{\sqrt{3}}{2}} \arccos x\,dx$。

3. 计算下列定积分。

(1) $\displaystyle\int_0^{\frac{\pi}{2}} e^x \sin x\,dx$；

(2) $\displaystyle\int_0^{\frac{\pi}{2}} e^{-x} \cos x\,dx$；

(3) $\displaystyle\int_0^{\frac{\pi}{2}} e^{2x} \cos x\,dx$；

(4) $\displaystyle\int_0^{\frac{\pi}{2}} e^x \sin 2x\,dx$。

4. 计算下列定积分。

(1) $\displaystyle\int_0^{\pi} x^2 \sin x\,dx$；

(2) $\displaystyle\int_0^3 e^{\sqrt{x+1}}\,dx$；

(3) $\displaystyle\int_0^{\sqrt{\ln 2}} x^3 e^{-x^2}\,dx$；

(4) $\displaystyle\int_0^1 \arcsin\sqrt{x}\,dx$；

(5) $\displaystyle\int_0^{2\pi} x \cos^2 x\,dx$；

(6) $\displaystyle\int_1^e \sin(\ln x)\,dx$。

第六节　反　常　积　分

上面所讲的定积分，都假定积分区间是有限区间，被积函数是有界函数。但是在实际问题中，往往会遇到积分区间是无限的或者被积函数是无界函数的情况，为此，有必要把定积分概念加以推广，得到反常积分的概念。

一、无穷区间上的反常积分

先看一个例子。

【例 1】　求由曲线 $y = e^{-x}$ 与 x 轴、y 轴所围成的在第一象限的开口曲边梯形的面积 A，如图 5.8 所示。

解　由于此图形在 x 轴的正方向上是开口的，不是封闭的曲边梯形，不能用定积分来计算。如果我们在区间 $[0, +\infty)$ 上任取一点 $b>0$，于是在区间 $[0, b]$ 上曲线 $y = e^{-x}$ 所围成的曲边梯形的面积 $A(b) = \displaystyle\int_0^b e^{-x}\,dx$。显然 b 改

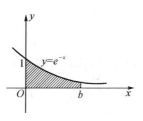

图 5.8　开口曲边梯形

197

变时,曲边梯形的面积也随之改变,当 $b \to +\infty$ 时,有

$$\lim_{b \to \infty} A(b) = \lim_{b \to +\infty} \int_0^b e^{-x} dx = \lim_{b \to \infty} -e^{-x} \Big|_0^b$$
$$= \lim_{b \to +\infty} (-e^{-b} + 1) = 1。$$

这个极限就是开口曲边梯形的面积 A。

下面给出无穷区间上的反常积分的定义。

定义 1 设函数 $f(x)$ 在 $[a, +\infty)$ 上连续,取 $b > a$,若极限

$$\lim_{b \to +\infty} \int_a^b f(x) dx$$

存在,则称此极限为**函数 $f(x)$ 在 $[a, +\infty)$ 上的反常积分**,记为 $\int_a^{+\infty} f(x) dx$,即

$$\int_a^{+\infty} f(x) dx = \lim_{b \to +\infty} \int_a^b f(x) dx,$$

也称 **反常积分 $\int_a^{+\infty} f(x) dx$ 收敛**;如果上述极限不存在,则称 **反常积分 $\int_a^{+\infty} f(x) dx$ 发散**。

类似地,设函数 $f(x)$ 在 $(-\infty, b]$ 上连续,取 $a < b$。 如果极限

$$\lim_{a \to -\infty} \int_a^b f(x) dx,$$

存在,则称此极限为**函数 $f(x)$ 在 $(-\infty, b]$ 上的反常积分**,记为 $\int_{-\infty}^b f(x) dx$,即

$$\int_{-\infty}^b f(x) dx = \lim_{a \to -\infty} \int_a^b f(x) dx,$$

也称 **反常积分 $\int_{-\infty}^b f(x) dx$ 收敛**;如果上述极限不存在,则称 **反常积分 $\int_{-\infty}^b f(x) dx$ 发散**。

设函数 $f(x)$ 在 $(-\infty, +\infty)$ 上连续,如果反常积分

$$\int_{-\infty}^c f(x) dx \quad 和 \quad \int_c^{+\infty} f(x) dx$$

都收敛,则称上述两个反常积分之和为**函数 $f(x)$ 在 $(-\infty, +\infty)$ 上的反常积分**,记为 $\int_{-\infty}^{+\infty} f(x) dx$,即

$$\int_{-\infty}^{+\infty} f(x) dx = \int_{-\infty}^c f(x) dx + \int_c^{+\infty} f(x) dx$$

也称 **反常积分** $\displaystyle\int_{-\infty}^{+\infty} f(x)\mathrm{d}x$ **收敛**，其中 c 为任意实数；否则，称 **反常积分** $\displaystyle\int_{-\infty}^{+\infty} f(x)\mathrm{d}x$ 发散。

【例2】 计算反常积分 $\displaystyle\int_{0}^{+\infty} x\,\mathrm{e}^{-x}\,\mathrm{d}x$。

解
$$\int_{0}^{+\infty} x\,\mathrm{e}^{-x}\,\mathrm{d}x = \lim_{b\to+\infty}\int_{0}^{b} x\,\mathrm{e}^{-x}\,\mathrm{d}x = -\lim_{b\to+\infty}\int_{0}^{b} x\,\mathrm{d}(\mathrm{e}^{-x})$$

$$= -\lim_{b\to+\infty}\left(x\,\mathrm{e}^{-x}\,\Big|_{0}^{b} - \int_{0}^{b}\mathrm{e}^{-x}\,\mathrm{d}x\right)$$

$$= -\lim_{b\to+\infty}\left(b\,\mathrm{e}^{-b} + \mathrm{e}^{-x}\,\Big|_{0}^{b}\right)$$

$$= -\lim_{b\to+\infty} b\,\mathrm{e}^{-b} - \lim_{b\to+\infty}(\mathrm{e}^{-b} - 1)$$

$$= -\lim_{b\to+\infty}\frac{b}{\mathrm{e}^{b}} - \lim_{b\to+\infty}\frac{1}{\mathrm{e}^{b}} + 1 = 1。$$

注意：式中极限 $\displaystyle\lim_{b\to+\infty}\frac{b}{\mathrm{e}^{b}}$ 是未定式，应用洛必达法则计算。

【例3】 证明反常积分 $\displaystyle\int_{1}^{+\infty}\frac{1}{x}\mathrm{d}x$ 发散。

证明
$$\int_{1}^{+\infty}\frac{1}{x}\mathrm{d}x = \lim_{b\to+\infty}\int_{1}^{b}\frac{1}{x}\mathrm{d}x = \lim_{b\to+\infty}\left(\ln x\,\Big|_{1}^{b}\right) = +\infty,$$

所以反常积分 $\displaystyle\int_{1}^{+\infty}\frac{1}{x}\mathrm{d}x$ 发散。

【例4】 计算反常积分 $\displaystyle\int_{-\infty}^{+\infty}\frac{1}{1+x^2}\mathrm{d}x$。

解
$$\int_{-\infty}^{+\infty} f(x)\mathrm{d}x = \int_{-\infty}^{0}\frac{1}{1+x^2}\mathrm{d}x + \int_{0}^{+\infty}\frac{1}{1+x^2}\mathrm{d}x$$

$$= \lim_{a\to-\infty}\int_{a}^{0}\frac{1}{1+x^2}\mathrm{d}x + \lim_{b\to+\infty}\int_{0}^{b}\frac{1}{1+x^2}\mathrm{d}x$$

$$= \lim_{a\to-\infty}\left(\arctan x\,\Big|_{a}^{0}\right) + \lim_{b\to+\infty}\left(\arctan x\,\Big|_{0}^{b}\right)$$

$$= -\lim_{a\to-\infty}\arctan a + \lim_{b\to+\infty}\arctan b$$

$$= -\left(-\frac{\pi}{2}\right) + \frac{\pi}{2} = \pi。$$

二、无界函数的反常积分

现在我们把定积分推广到被积函数为无界函数的情况。

定义 2 设函数 $f(x)$ 在 $(a,b]$ 上连续,且 $\lim\limits_{x \to a^+} f(x) = \infty$,取正实数 ε,如果极限

$$\lim_{\varepsilon \to 0^+} \int_{a+\varepsilon}^{b} f(x)\mathrm{d}x$$

存在,则称此极限为函数 **$f(x)$ 在 $(a,b]$ 上的反常积分**,记为 $\int_a^b f(x)\mathrm{d}x$,即

$$\int_a^b f(x)\mathrm{d}x = \lim_{\varepsilon \to 0^+} \int_{a+\varepsilon}^{b} f(x)\mathrm{d}x,$$

也称 **反常积分 $\int_a^b f(x)\mathrm{d}x$ 收敛**。如果上述极限不存在,则称 **反常积分 $\int_a^b f(x)\mathrm{d}x$ 发散**。

类似地,设函数 $f(x)$ 在 $[a,b)$ 上连续,且 $\lim\limits_{x \to b^-} f(x) = \infty$,取正实数 ε,如果极限

$$\lim_{\varepsilon \to 0^+} \int_{a}^{b-\varepsilon} f(x)\mathrm{d}x$$

存在,则定义函数 $f(x)$ 在 $[a,b)$ 上的反常积分为

$$\int_a^b f(x)\mathrm{d}x = \lim_{\varepsilon \to 0^+} \int_{a}^{b-\varepsilon} f(x)\mathrm{d}x。$$

设函数 $f(x)$ 在 $[a,b]$ 上除点 $c(a<c<b)$ 外连续,点 c 为函数 $f(x)$ 的无穷间断点,则定义函数 $f(x)$ 在 $[a,b]$ 上的反常积分为

$$\int_a^b f(x)\mathrm{d}x = \int_a^c f(x)\mathrm{d}x + \int_c^b f(x)\mathrm{d}x。$$

当上式右端两个反常积分都收敛时称 **反常积分 $\int_a^b f(x)\mathrm{d}x$ 收敛**。否则,就称 **反常积分 $\int_a^b f(x)\mathrm{d}x$ 发散**。

【例 5】 计算反常积分 $\int_0^a \dfrac{\mathrm{d}x}{\sqrt{a^2-x^2}}$ $(a>0)$。

解 因为

$$\lim_{x \to a^-} \frac{1}{\sqrt{a^2-x^2}} = +\infty,$$

所以被积函数在 a 的左邻域是无界函数。于是,由定义 2 得

$$\int_0^a \frac{\mathrm{d}x}{\sqrt{a^2-x^2}} = \lim_{\varepsilon \to 0^+} \int_0^{a-\varepsilon} \frac{\mathrm{d}x}{\sqrt{a^2-x^2}} = \lim_{\varepsilon \to 0^+} \left(\arcsin \frac{x}{a} \Big|_0^{a-\varepsilon} \right)$$

$$= \lim_{\varepsilon \to 0^+} \left(\arcsin \frac{a-\varepsilon}{a} - 0 \right) = \arcsin 1 = \frac{\pi}{2}。$$

【例 6】 计算反常积分 $\displaystyle\int_1^2 \frac{1}{x\ln x}\mathrm{d}x$。

解 $\displaystyle\int_1^2 \frac{1}{x\ln x}\mathrm{d}x = \lim_{\varepsilon \to 0^+} \int_{1+\varepsilon}^2 \frac{1}{x\ln x}\mathrm{d}x = \lim_{\varepsilon \to 0^+} \int_{1+\varepsilon}^2 \frac{1}{\ln x}\mathrm{d}(\ln x)$

$$= \lim_{\varepsilon \to 0^+} \left[\ln|\ln x| \right] \Big|_{1+\varepsilon}^2$$

$$= \lim_{\varepsilon \to 0^+} \left[\ln\ln 2 - \ln\ln(1+\varepsilon) \right] = +\infty。$$

【例 7】 计算反常积分 $\displaystyle\int_{-2}^1 \frac{1}{\sqrt[3]{x}}\mathrm{d}x$。

解 $\displaystyle\int_{-2}^1 \frac{1}{\sqrt[3]{x}}\mathrm{d}x = \int_{-2}^0 \frac{1}{\sqrt[3]{x}}\mathrm{d}x + \int_0^1 \frac{1}{\sqrt[3]{x}}\mathrm{d}x$

$$= \lim_{\varepsilon_1 \to 0} \int_{-2}^{-\varepsilon_1} \frac{1}{\sqrt[3]{x}}\mathrm{d}x + \lim_{\varepsilon_2 \to 0} \int_{\varepsilon_2}^1 \frac{1}{\sqrt[3]{x}}\mathrm{d}x = \lim_{\varepsilon_1 \to 0} \frac{3}{2} x^{\frac{2}{3}} \Big|_{-2}^{-\varepsilon_1} + \lim_{\varepsilon_2 \to 0} \frac{3}{2} x^{\frac{2}{3}} \Big|_{\varepsilon_2}^1$$

$$= -\frac{3}{2}\sqrt[3]{4} + \frac{3}{2} = \frac{3}{2}(1-\sqrt[3]{4})。$$

习 题 5-6

1. 计算下列反常积分。

(1) $\displaystyle\int_{-1}^{+\infty} \frac{1}{x^2+2x+2}\mathrm{d}x$;

(2) $\displaystyle\int_1^{+\infty} \frac{1}{x+x^3}\mathrm{d}x$;

(3) $\displaystyle\int_0^1 \frac{x}{\sqrt{1-x^2}}\mathrm{d}x$;

(4) $\displaystyle\int_1^2 \frac{x}{\sqrt{x-1}}\mathrm{d}x$。

2. 下列反常积分是否收敛? 如果收敛,计算反常积分的值。

(1) $\displaystyle\int_0^1 \frac{1}{x^3}\mathrm{d}x$;

(2) $\displaystyle\int_1^e \frac{\mathrm{d}x}{x\sqrt{\ln x}}$;

(3) $\displaystyle\int_1^2 \frac{1}{\sqrt{x-1}}\mathrm{d}x$;

(4) $\displaystyle\int_0^{+\infty} \mathrm{e}^{-x}\sin x\,\mathrm{d}x$。

第七节　定积分的应用

本节我们将应用定积分理论来分析和解决一些几何、经济中的问题。

一、定积分的微元法

在定积分的应用中,微元法是经常采用的方法之一,为了说明这种方法,我们先回顾用定积分求曲边梯形的面积问题:设函数 $f(x)$ 在区间 $[a,b]$ 上连续,且 $f(x) \geqslant 0$,求由曲线 $y=f(x)$、直线 $x=a$、$x=b$ 及 x 轴所围成的曲边梯形的面积 A。我们曾通过如下四个步骤来解决这个问题。

（1）分割。将区间 $[a,b]$ 任意分成 n 个长为 $\Delta x_i = x_i - x_{i-1}$ 的小区间 $[x_{i-1}, x_i]$,$i=1,2,\cdots,n$,$a=x_0 < x_1 < x_2 < \cdots < x_{n-1} < x_n = b$。

（2）作近似。第 i 个小曲边梯形的面积 $\Delta A_i \approx f(\xi_i)\Delta x_i$,$x_{i-1} \leqslant \xi_i \leqslant x_i$,$(i=1,2,\cdots,n)$。

（3）求和。曲边梯形面积 $A \approx \sum\limits_{i=1}^{n} f(\xi_i)\Delta x_i$。

（4）取极限。得曲边梯形面积

$$A = \lim_{\lambda \to 0} \sum_{i=1}^{n} f(\xi_i)\Delta x_i = \int_a^b f(x)\mathrm{d}x。$$

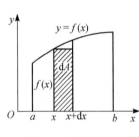

图 5.9　面积微元 $\mathrm{d}A$

这四个步骤中,由第一步可知,所求面积 A 与区间 $[a,b]$ 有关,如果把区间 $[a,b]$ 任意分成 n 个小区间,那么我们所求的面积 A 相应地分成 n 个部分量(即小曲边梯形),而所求的面积 A 等于这 n 个部分量的和,这种性质称为所求量 A 对区间 $[a,b]$ 具有可加性,这样也就确定了区间 $[a,b]$ 是定积分的积分区间。

在这四个步骤中,由第二步的近似表达式 $\Delta A_i \approx f(\xi_i)\Delta x_i$ 可确定出被积表达式 $f(x)\mathrm{d}x$。我们不妨取 $\xi_i = x_{i-1}$,于是 $\Delta A_i \approx f(x_{i-1})\Delta x_i$。 若记区间 $[a,b]$ 的任一小区间 $[x_{i-1}, x_i]$ 为 $[x, x+\mathrm{d}x]$,如图 5.9 所示,那么部分量 $\Delta A_i \approx f(\xi_i)\Delta x_i$ 就可以写成 $\Delta A \approx f(x)\mathrm{d}x$。 称 $f(x)\mathrm{d}x$ 为**面积微元**,即 $\mathrm{d}A = f(x)\mathrm{d}x$,这就是被积表达式,于是所求量为 $A = \int_a^b \mathrm{d}A = \int_a^b f(x)\mathrm{d}x$。

一般地,如果某一实际问题中所求量 F 满足以下条件:

（1）F 是与变量 x 的变化区间 $[a, b]$ 有关的量，且 F 对于区间 $[a, b]$ 具有可加性，即如果把 $[a, b]$ 分成若干个小区间，那么总量 F 相应地分成若干个部分量，而 F 等于所有部分量之和，这是 F 可以用定积分表示的前提，并给出了积分区间 $[a, b]$。

（2）在 $[a, b]$ 上的任一小区间 $[x, x+\mathrm{d}x]$ 上，相应部分量 ΔF 的近似值可表示为 $f(x)\mathrm{d}x$，$f(x)\mathrm{d}x$ 称为 F 的微元且记作 $\mathrm{d}F$，即 $\mathrm{d}F = f(x)\mathrm{d}x$（要求 ΔF 与 $f(x)\mathrm{d}x$ 之差是比 $\mathrm{d}x$ 高阶的无穷小量），这就给出了被积表达式 $f(x)\mathrm{d}x$。

那么所求量 F 可归结为以 $f(x)\mathrm{d}x$ 为被积表达式，在区间 $[a, b]$ 上的定积分，得

$$F = \int_a^b \mathrm{d}F = \int_a^b f(x)\mathrm{d}x。$$

上述求量 F 的方法称为**微元法**。

二、平面图形的面积

1. 函数 $f(x)$ 在区间 $[a, b]$ 上所围的面积

我们知道，如果函数 $f(x)$ 在区间 $[a, b]$ 上连续，且 $f(x) \geqslant 0$，那么由曲线 $y = f(x)$，直线 $x = a$，$x = b$ 及 x 轴所围成的曲边梯形的面积 A 为

$$A = \int_a^b f(x)\mathrm{d}x。$$

【**例 1**】 求由曲线 $xy = 1$，直线 $x = 1$，$x = 2$ 及 x 轴所围成的曲边梯形的面积。

解 先画出曲边梯形，如图 5.10 所示。所求的面积 A 为

$$A = \int_1^2 \frac{1}{x}\mathrm{d}x = (\ln | x |) \Big|_1^2 = \ln 2。$$

2. 函数 $f(x)$、$g(x)$ 在区间 $[a, b]$ 上所围的面积

设函数 $f(x)$ 与 $g(x)$ 在区间 $[a, b]$ 上连续，且 $f(x) \geqslant g(x)$，下面求由曲线 $y = f(x)$，$y = g(x)$ 以及直线 $x = a$，$x = b$ 所围成的平面图形的面积 A，如图 5.11 所示。

利用微元法分析，相应于区间 $[a, b]$ 上任一小区间 $[x, x+\mathrm{d}x]$ 的窄条面积近似于高为 $f(x) - g(x)$，底为 $\mathrm{d}x$ 的矩形面积，即面积微元 $\mathrm{d}A = [f(x) - g(x)]\mathrm{d}x$，如图 5.11 中的阴影小矩形所示，则所求平面图形的面积为

$$A = \int_a^b [f(x) - g(x)]\mathrm{d}x。$$

203

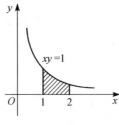

图 5.10 曲边梯形

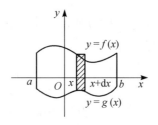

图 5.11 面积微元 dA

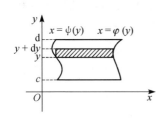

图 5.12 面积微元 dA

类似地,如果平面图形由曲线 $x=\varphi(y)$,$x=\psi(y)$ 以及直线 $y=c$,$y=d$ 所围成,如图 5.12 所示,则它的面积 A 为

$$A=\int_c^d [\varphi(y)-\psi(y)]dy,$$

其中函数 $x=\varphi(y)$,$x=\psi(y)$ 在区间 $[c,d]$ 上连续,且 $\varphi(y)\geqslant\psi(y)$。

【例 2】 求抛物线 $y=2-x^2$ 和直线 $y=2x+2$ 所围成的平面图形的面积。

解 先画出所围的图形,如图 5.13 所示,再求抛物线和直线的交点。解方程组 $\begin{cases} y=2-x^2 \\ y=2x+2 \end{cases}$ 得交点为 $(0,2)$,$(-2,-2)$。积分变量 x 在 -2 与 0 之间,抛物线 $y=2-x^2$ 位于直线 $y=2x+2$ 上方,所围图形的面积 A 为

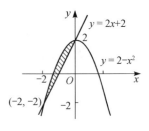

图 5.13 平面图形面积

$$A=\int_{-2}^0 [2-x^2-(2x+2)]dx=\int_{-2}^0 (-x^2-2x)dx$$

$$=\int_0^{-2} (x^2+2x)dx=\left(\frac{x^3}{3}+x^2\right)\Big|_0^{-2}=\frac{4}{3}。$$

【例 3】 求抛物线 $y^2=2x$ 和直线 $y=x-4$ 所围成的平面图形的面积。

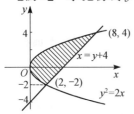

图 5.14 平面图形面积

解 先画出所围的图形,如图 5.14 所示,再求抛物线和直线的交点。解方程组 $\begin{cases} y^2=2x \\ y=x-4 \end{cases}$,得交点为 $(2,-2)$,$(8,4)$。直线 $x=y+4$ 位于抛物线 $x=\dfrac{1}{2}y^2$ 的右方,取 y 为积分变量,积分区间为 $[-2,4]$,则所求面积 A 为

$$A = \int_{-2}^{4} \left(y + 4 - \frac{1}{2} y^2 \right) dy = \left(\frac{y^2}{2} + 4y - \frac{y^3}{6} \right) \bigg|_{-2}^{4} = 18。$$

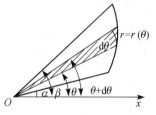

图 5.15　面积微元 dA

注意:本题若将 x 作为积分变量,那么就要将图形分为两块,计算过程较复杂。

3. 极坐标系下平面图形的面积

某些平面图形的面积用极坐标计算比较方便。

设函数 $r = r(\theta)$ 在区间 $[\alpha, \beta]$ 上连续,由曲线 $r = r(\theta)$ 以及射线 $\theta = \alpha$, $\theta = \beta$ $(\alpha \leqslant \beta)$ 所围成的图形称为**曲边扇形**,如图 5.15 所示。求该曲边扇形的面积。

用微元法,取极角 θ 为积分变量,积分区间为 $[\alpha, \beta]$,在 $[\alpha, \beta]$ 上任取一小区间 $[\theta, \theta + d\theta]$,$[\theta, \theta + d\theta]$ 上小曲边扇形用半径为 $r = r(\theta)$ 中心角为 $d\theta$ 的圆扇形来近似代替,从而得面积微元为 $dA = \frac{1}{2} [r(\theta)]^2 d\theta$,以 $\frac{1}{2} [r(\theta)]^2 d\theta$ 为被积表达式,在 $[\alpha, \beta]$ 上求定积分,便得曲边扇形的面积为

$$A = \int_{\alpha}^{\beta} \frac{1}{2} [r(\theta)]^2 d\theta。 \tag{5-9}$$

【例 4】　求阿基米德螺线 $r = a\theta$ $(a > 0)$ 上相应 θ 从 0 到 2π 的一段弧与极轴所围成的图形,如图 5.16 所示的面积。

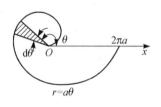

图 5.16　平面图形面积

解　在给定的这段螺线上,θ 的变化区间为 $[0, 2\pi]$,相应的在 $[0, 2\pi]$ 上的任一小区间 $[\theta, \theta + d\theta]$ 上的小曲边扇形面积近似于半径为 $a\theta$,中心角为 $d\theta$ 的圆扇形的面积,从而得面积微元 $dA = \frac{1}{2} (a\theta)^2 d\theta$,于是所求面积为

$$A = \int_{0}^{2\pi} \frac{1}{2} (a\theta)^2 d\theta = \frac{1}{2} a^2 \int_{0}^{2\pi} \theta^2 d\theta = \frac{1}{6} a^2 (\theta^3) \bigg|_{0}^{2\pi} = \frac{4}{3} a^2 \pi^3。$$

应用微元法求解面积问题的方法与步骤如下所述:

第一步:作曲线所围成的平面图形。

第二步:确定积分变量及积分区间。

第三步:确定面积微元,即被积表达式。

第四步:计算定积分。

三、旋转体的体积

由在区间$[a,b]$上连续的曲线$y=f(x)$（$f(x)\geqslant 0$），直线$x=a$，$x=b$及x轴所围成的曲边梯形,如图5.17(1)所示,绕x轴旋转一周所成的立体称为**旋转体**,如图5.17(2)所示。x轴称为旋转轴。下面讨论如何应用定积分计算旋转体的体积。

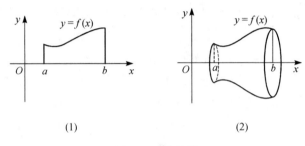

(1)   (2)

图5.17　旋转体

取x为积分变量,积分区间为$[a,b]$,在$[a,b]$上任取一小区间$[x,x+\mathrm{d}x]$,过点x、$x+\mathrm{d}x$分别作垂直x轴的平面,得一小薄片,该小区间所对应的小薄片体积近似于以$f(x)$为底半径,$\mathrm{d}x$为高的薄片圆柱体体积,如图5.18所示,从而得到体积微元为$\mathrm{d}V=\pi[f(x)]^2\mathrm{d}x$,以$\pi[f(x)]^2\mathrm{d}x$为被积表达式,在$[a,b]$上求定积分,便得旋转体体积为

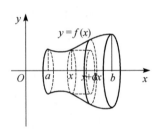

图5.18　体积微元

$$V=\int_a^b\pi[f(x)]^2\mathrm{d}x。\qquad(5\text{-}10)$$

【例5】　求由曲线$y^2=2x$与直线$x=2$所围成的平面图形绕x轴旋转一周所成的旋转体体积。

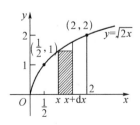

图5.19　平面图形

解　该旋转体可以看作是由曲线$y=\sqrt{2x}$,直线$x=2$及x轴所围成的曲边梯形(如图5.19)绕x轴旋转一周所成的立体。取x为积分变量,积分区间为$[0,2]$,相应于$[0,2]$上任一小区间$[x,x+\mathrm{d}x]$上小薄片体积近似于以$\sqrt{2x}$为底半径、$\mathrm{d}x$为高的薄片圆柱体体积,从而得体积微元为$\mathrm{d}V=\pi(\sqrt{2x})^2\mathrm{d}x$,所以体积为

$$V = \int_0^2 2\pi x \, \mathrm{d}x = \pi \left[x^2 \right]_0^2 = 4\pi 。$$

类似地,由 $[c, d]$ 上连续曲线 $x = g(y)$ $(g(y) \geqslant 0)$,直线 $y = c$,$y = d$ 及 y 轴所围成的曲边梯形绕 y 轴旋转一周所生成的旋转体,如图 5.20 所示,它的体积为

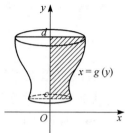

$$V = \int_c^d \pi g^2(y) \mathrm{d}y 。 \tag{5-11}$$

【例6】 求由椭圆 $\dfrac{x^2}{a^2} + \dfrac{y^2}{b^2} = 1$ 绕 y 轴旋转一周所成的旋转体体积。如图 5.21 所示。

图 5.20 旋转体

解 该旋转体可以看成右半椭圆 $x = \dfrac{a}{b}\sqrt{b^2 - y^2}$ 及 y 轴所围成的图形绕 y 轴旋转一周而成。取 y 为积分变量,积分区间为 $[-b, b]$,$[-b, b]$ 上任一小区间 $[y, y+\mathrm{d}y]$ 上的体积微元为

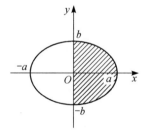

图 5.21 平面图形

$$\mathrm{d}V = \pi x^2 \mathrm{d}y = \frac{a^2 \pi}{b^2}(b^2 - y^2)\mathrm{d}y,$$

所以旋转体的体积为

$$V = \int_{-b}^b \frac{a^2 \pi}{b^2}(b^2 - y^2)\mathrm{d}y = \frac{2a^2 \pi}{b^2} \int_0^b (b^2 - y^2)\mathrm{d}y$$

$$= \frac{2a^2 \pi}{b^2}\left(b^2 y - \frac{1}{3}y^3 \right) \Big|_0^b = \frac{4}{3}\pi a^2 b 。$$

若椭圆的半轴长 $a = b = r$,则椭圆成为圆,此时旋转体就是球体,体积就是我们很熟悉的球体体积公式 $V = \dfrac{4}{3}\pi r^3$。

四、平行截面面积为已知的立体的体积

设一立体在过 $x = a$,$x = b$ 且垂直于 x 轴的两个平面之间,以 $A(x)$ 表示过点 x $(x \in [a, b])$ 且垂直于 x 轴的截面面积,如果 $A(x)$ 是 x 的已知连续函数,则称该立体是平行截面面积为已知的立体,如图 5.22 所示。我们用微元法计算该立体的体积。

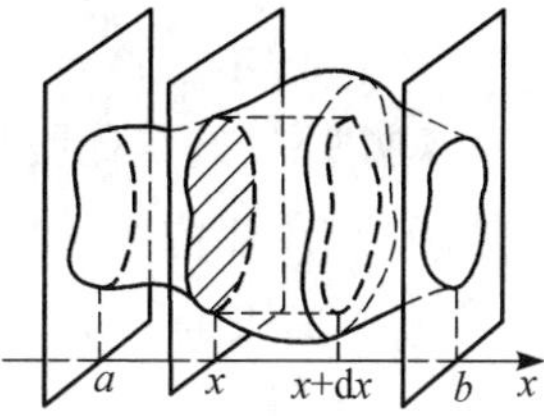

图 5.22 平面截面面积为已知的立体

取 x 为积分变量,它的变化区间为 $[a,b]$,在其内任取一小区间 $[x,x+\mathrm{d}x]$,过点 x、$x+\mathrm{d}x$ 分别作垂直于 x 轴的平面,得一小薄片,该小区间对应的小薄片体积近似于底面积为 $A(x)$,高为 $\mathrm{d}x$ 的柱体的体积(如图 5.19 所示),即体积微元 $\mathrm{d}V = A(x)\mathrm{d}x$,从而,所求立体的体积为

$$V = \int_a^b A(x)\mathrm{d}x。 \tag{5-12}$$

注:旋转体是平行截面面积为已知的立体的特殊情况。

【例 7】 求底半径为 r,高为 h 的圆锥体体积。

解 取圆锥体的轴线为 x 轴,顶点为坐标原点,如图 5.23 所示。直线 OP 的方程是 $y = \dfrac{r}{h}x$,设 x 为区间 $[0,h]$ 中任意一点,过 x 作 x 轴的垂直平面,圆锥被平面所截,截面为圆,其面积为 $\pi\left(\dfrac{r}{h}x\right)^2$,即 $A(x) = \dfrac{\pi r^2}{h^2}x^2$。 由公式(5-12)得,圆锥体体积为

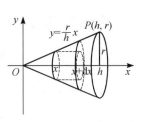

图 5.23 圆锥体

$$V = \int_0^h A(x)\mathrm{d}x = \int_0^h \frac{\pi r^2}{h^2}x^2\mathrm{d}x = \frac{\pi r^2}{3h^2}(x^3)\Big|_0^h = \frac{1}{3}\pi r^2 h。$$

[例 7]也可以作为旋转体应用定积分来计算。

五、定积分在经济中的应用

【例 8】 已知某产品的产量变化率为 $Q'(t) = 2t + 1$(万吨 / 年),求在第二个五年内的产量。

解 根据定积分概念,在时间间隔 $[\alpha,\beta]$ 内的产量,为产量的变化率在区间 $[\alpha,\beta]$ 上的定积分,于是在第二个五年内的产量为

$$Q = \int_5^{10}(2t+1)\mathrm{d}t = (t^2+t)\Big|_5^{10} = 80(万吨)。$$

【例 9】 设某种服装在时刻 t 时的销售量的变化率为 $Q'(t) = 4t - 0.3t^2$(千件 / 月),试求 1 年内的销售量。

解 所求的销量为

$$Q = \int_0^{12}(4t - 0.3t^2)\mathrm{d}t = (2t^2 - 0.1t^3)\Big|_0^{12}$$

$$= 288 - 172.8 = 115.2(千件)。$$

【例 10】 已知生产 Q 吨产品的边际成本 $C'(Q) = 5 + 0.02Q$（万元／吨），固定成本为 100 万元，求成本函数 $C(Q)$。

解 由于边际成本函数 $C'(Q)$ 就是成本函数 $C(Q)$ 的导函数，于是

$$\int_0^Q C'(Q)\mathrm{d}Q = C(Q)\Big|_0^Q = C(Q) - C(0),$$

所以
$$C(Q) = C(0) + \int_0^Q C'(Q)\mathrm{d}Q,$$

其中，$C(0)$ 为固定成本，从而成本函数为

$$C(Q) = C(0) + \int_0^Q (5 + 0.02Q)\mathrm{d}Q$$

$$= 100 + (5Q + 0.01Q^2)\Big|_0^Q$$

$$= 5Q + 0.01Q^2 + 100。$$

【例 11】 已知某商品的边际收益函数 $R'(Q) = 200 - \dfrac{Q}{100}$（千元／件），求收益函数 $R(Q)$ 及 $Q = 200$ 时的平均收益。

解 因为边际收益函数 $R'(Q)$ 就是收益函数 $R(Q)$ 的导函数，所以

$$\int_0^Q R'(Q)\mathrm{d}Q = R(Q)\Big|_0^Q = R(Q) - R(0),$$

由于 $R(0) = 0$，于是得

$$R(Q) = \int_0^Q R'(Q)\mathrm{d}Q,$$

收益函数为
$$R(Q) = \int_0^Q \left(200 - \frac{Q}{100}\right)\mathrm{d}Q = 200Q - \frac{Q^2}{200},$$

平均收益为

$$\overline{R}(Q) = \frac{R(Q)}{Q} = 200 - \frac{Q}{200},$$

所以 $\overline{R}(200) = 199$（千元／件）。

【例 12】 假设某产品的边际收入函数为 $R'(Q) = 9 - Q$（万元／万台），边际成本函数为 $C'(Q) = 4 + \dfrac{1}{4}Q$（万元／万台），其中产量 Q 以万台为单位。

（1）试求当产量由 4 万台增加到 5 万台时利润的变化量。

(2) 当产量为多少时利润最大？

(3) 已知固定成本为 1 万元，求成本函数和利润函数。

解 (1) 首先求出边际利润

$$L'(Q)=R'(Q)-C'(Q)=(9-Q)-\left(4+\frac{Q}{4}\right)=5-\frac{5}{4}Q,$$

再由改变量公式，得

$$\Delta L=L(5)-L(4)=\int_4^5 L'(Q)\,\mathrm{d}Q=\int_4^5\left(5-\frac{5}{4}Q\right)\mathrm{d}Q$$

$$=-\frac{5}{8}(万元),$$

故在 4 万台基础上再生产 1 万台，利润不但未增加，反而减少了。

(2) 令 $L'(Q)=0$，可解得唯一驻点 $Q=4$(万台)，即产量为 4 万台时利润最大，由此结果也可得知问题(1)中利润减少的原因。

(3) 成本函数

$$C(Q)=\int_0^Q C'(Q)\,\mathrm{d}Q+C_0=\int_0^Q\left(4+\frac{Q}{4}\right)\mathrm{d}Q+1=\frac{1}{8}Q^2+4Q+1,$$

利润函数 $\int_0^Q L'(Q)\,\mathrm{d}Q=L(Q)-L(0)$，$L(0)=-C_0$，所以

$$L(Q)=\int_0^Q L'(Q)\,\mathrm{d}Q-C_0=\int_0^Q\left(5-\frac{5}{4}Q\right)\mathrm{d}Q-1$$

$$=5Q-\frac{5}{8}Q^2-1。$$

习 题 5-7

1. 求下列各题中平面图形的面积。

(1) 曲线 $y=\sqrt{x}$ 与直线 $x=1$，$x=4$，$y=0$ 所围成的图形；

(2) 曲线 $y=x^2+3$ 与直线 $x=0$，$x=1$，$y=0$ 所围成的图形；

(3) 曲线 $y=x^2$ 与直线 $y=2x+3$ 所围成的图形；

(4) 直线 $y=x$，$y=2x$，$y=2$ 所围成的图形。

2. 求曲线 $\sqrt{y}=x$，直线 $x+y=2$ 及 x 轴所围成的平面图形的面积。

3. 求曲线 $y^2 = 2x + 1$ 和直线 $y = x - 1$ 所围成的平面图形的面积。

4. 求由曲线 $r = 2\cos\theta$ 所围成的平面图形的面积。

5. 求由曲线 $r = 1 + \cos\theta$ 所围成的平面图形的面积。

6. 求由下列平面图形绕 x 轴旋转所得到的旋转体的体积。

(1) 曲线 $y = \sqrt{x}$ 与直线 $x = 1$，$x = 4$，$y = 0$ 所围成的平面图形。

(2) 曲线 $y = x^3$ 与直线 $x = 2$，$y = 0$ 所围成的平面图形。

(3) 曲线 $xy = 1$ 和直线 $y = x$，$x = 2$ 所围成的平面图形。

7. 求下列平面图形绕 y 轴旋转所得到的旋转体的体积。

(1) 曲线 $y = x^2$ 和 $y^2 = 8x$ 所围成的平面图形；

(2) 曲线 $y = \mathrm{e}^x$，x 轴，y 轴及直线 $x = 1$ 所围成的平面图形。

8. 已知某产品的边际成本函数 $C'(Q) = 15 - 0.2Q$（元 / 件），固定成本为 12.5 元，需求函数为 $P = 20 - 0.2Q$，求

(1) 成本函数 $C(Q)$ 及收益函数 $R(Q)$；

(2) 取得最大利润时的销售价格。

9. 已知某产品的边际成本函数为 $C'(Q) = Q^2 - 4Q + 50$（元 / 件），且生产 3 件产品时的成本为 181 元，求成本函数 $C(Q)$。

10. 已知某产品的边际收益函数为 $R'(Q) = 200 - \dfrac{Q}{100}$。

(1) 求生产 50 个产品时的收益；

(2) 如果已经生产 100 个产品，问再生产 100 个产品时，收益增加了多少？

11. 已知某产品的边际成本函数为 $C'(Q) = 0.4Q - 12$（元 / 件），固定成本为 80 元，求

(1) 成本函数 $C(Q)$；

(2) 若该产品的销售单价为 20 元，求利润函数，并问生产多少件时利润最大？

12. 已知某产品的边际成本函数为 $C'(Q) = 0.4Q + 2$（元 / 件），固定成本为 20 元，若这种产品的销售单价为 18 元，问生产多少产品时，可获得的利润最大？

复 习 题 五

1. 单项选择题。

(1) 函数 $f(x)$ 在区间 $[a, b]$ 上连续，是该函数在 $[a, b]$ 上可积的（　　　）。

a. 必要条件；　　　　　　　　　　b. 充分条件；

c. 充分必要条件；　　　　　　　　d. 无关条件。

(2) $\int_0^2 |1-x| \, dx = ($ 　　 $)$。

a. $\int_0^1 (1-x)dx + \int_1^2 (1-x)dx$；　　　　b. $\int_0^1 (1-x)dx + \int_1^2 (x-1)dx$；

c. $\int_0^1 (x-1)dx + \int_0^1 (x-1)dx$；　　　　d. $\int_0^1 (x-1)dx + \int_1^2 (1-x)dx$。

(3) 如果函数 $f(x)$ 在 $[a,b]$ 上连续，积分上限的函数 $\int_a^x f(t)dt$ $(x \in [a,b])$ 是(　　)。

a. 常数；　　　　　　　　　　b. 函数 $f(x)$；

c. $f(x)$ 的一个原函数；　　　　d. $f(x)$ 的所有原函数。

(4) 定积分为零的是(　　)。

a. $\int_{-2}^2 (x^3 + x^5)dx$；　　　　　　　b. $\int_{-2}^2 (x^3 + x^5 + 1)dx$；

c. $\int_{-2}^2 x \sin x \, dx$；　　　　　　　d. $\int_{-2}^2 x^2 \cos x \, dx$。

(5) 下列反常积分收敛的是(　　)。

a. $\int_0^1 \frac{1}{x}dx$；　　　　　　　　b. $\int_0^1 \frac{1}{x^2}dx$；

c. $\int_0^1 \frac{1}{\sqrt{x}}dx$；　　　　　　　d. $\int_0^1 \frac{\ln x}{x}dx$。

2. 填空题。

(1) 设函数 $f(x) = \int_0^x (t-1)^3(t-2)dt$，则 $f'(0) = $ _____。

(2) 设函数 $f(x) = \begin{cases} x & x \geqslant 0 \\ 1 & x < 0 \end{cases}$，则 $\int_{-1}^2 f(x)dx = $ _____。

(3) (定积分中值定理) 如果 $f(x)$ 在 $[a,b]$ 上连续，则在 $[a,b]$ 上至少存在一点 ξ，使 $\int_a^b f(x)dx = $ _____。

(4) 定积分 $\int_0^{19} \frac{1}{\sqrt[3]{x+8}}dx$ 作变换 $u = \sqrt[3]{x+8}$ 后，应等于 _____。

3. 计算下列积分。

(1) $\int_0^3 e^{\frac{x}{3}} dx$；　　　　　　　(2) $\int_0^1 \frac{x^2-2}{x^2+1}dx$；

$(3) \int_0^1 \dfrac{x}{\sqrt{4-3x^2}}\mathrm{d}x$；

$(4) \int_0^{16} \dfrac{1}{\sqrt{x+9}-\sqrt{x}}\mathrm{d}x$；

$(5) \int_0^1 x^3 \mathrm{e}^{x^2}\mathrm{d}x$；

$(6) \int_0^4 \dfrac{x+2}{\sqrt{2x+1}}\mathrm{d}x$；

$(7) \int_1^{\mathrm{e}} \ln^3 x\,\mathrm{d}x$；

$(8) \int_0^1 \sin\sqrt{x}\,\mathrm{d}x$；

$(9) \int_0^{\sqrt{2}} \sqrt{2-x^2}\,\mathrm{d}x$；

$(10) \int_{\frac{2}{\pi}}^{+\infty} \dfrac{1}{x^2}\sin\dfrac{1}{x}\mathrm{d}x$；

$(11) \int_0^1 x^2\sqrt{1-x^2}\,\mathrm{d}x$；

$(12) \int_{-\frac{\pi}{2}}^{\frac{\pi}{2}} \sqrt{\cos x-\cos^3 x}\,\mathrm{d}x$。

4. 求函数 $f(x)=\int_0^x t(t-4)\mathrm{d}t$ 在 $[-1,5]$ 上的最大值和最小值。

5. 求曲线 $y=x^2$ 和直线 $y=2x$ 所围成的平面图形的面积。

6. 圆 $r=1$ 被心形线 $r=1+\cos\theta$ 分割成两部分,如图 5.24 所示,求这两部分的面积。

7. 求由曲线 $y=x^3$ 与直线 $x=1$ 及 x 轴所围成的图形绕 x 轴旋转一周所生成的旋转体体积。

8. 求由曲线 $xy=1$,直线 $x=3$,$y=2$ 所围成的图形绕 x 轴旋转一周所生成的旋转体体积。

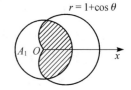

图 5.24　第 6 题图

9. 已知生产某产品 Q 单位时,边际收入 $R'(Q)=100-2Q$(元／单位),求生产 40 单位时的收入及平均收入,并求再多生产 10 个单位时所增加的收入。

10. 某企业生产 Q 吨产品时的边际成本为 $C'(Q)=\dfrac{1}{50}Q+30$(元／吨)。且固定成本为 900 元,试问产量为多少时平均成本最低?

213

第六章 多元函数微积分

在前面各章中,我们讨论的函数都只有一个自变量,这种函数称为一元函数。但是,在许多实际问题中,往往需要研究一个变量与多个变量之间的关系,即多元函数关系。本章将在一元函数微积分的基础上讨论多元函数(主要是二元函数)及它们的微分、积分及其应用。

第一节 空间解析几何简介

在平面解析几何中,借助平面直角坐标系,将平面上的点 P 与有序实数对(x,y)建立一一对应关系,由此平面曲线与方程建立了一一对应关系。一元函数微积分借助这个平台,导演了一幕又一幕扣人心弦的数学剧。现在开始讨论多元函数微积分。特别地,对于二元函数,我们也借助空间直角坐标系,建立空间图形与方程的联系,由此了解二元函数的几何图形,讨论二元函数的微积分问题。本节仅介绍空间解析几何中的一些基础知识。

一、空间直角坐标系

定义 1 在空间任意取一定点 O,过点 O 作三条互相垂直的数轴,它们都以点 O 为原点,且一般具有相同的单位长度。这三条数轴分别称为 **x 轴(横轴)**,**y 轴(纵轴)** 与 **z 轴(竖轴)**,统称为**坐标轴**。通常把 x 轴和 y 轴配置在水平面上,而 z 轴则为铅垂线;它们的正方向要符合右手规则,即以右手握住 z 轴,当右手的 4 个手指从 x 轴正向以 $\frac{\pi}{2}$ 角度转向 y 轴正向时,大拇指的指向就是 z 轴的正向,如图 6.1 所示。这样的三条坐标轴就构成了一个**空间直角坐标系**,其中定点 O 称为**坐标原点**。

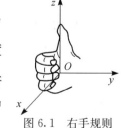

图 6.1 右手规则

在空间直角坐标系中,任意两条坐标轴所确定的平面称为**坐标面**。例如,由 x 轴和 y 轴所确定的坐标面称为 **xOy 坐标面**。类似的还有 **yOz 坐标面**和 **zOx 坐标面**。三个坐标面把空间分成 8 个部分,每一部分称为一个**卦限**(坐标面上的点不属于卦限),其顺序规定如图 6.2 所示。

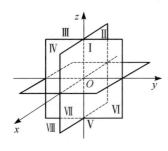

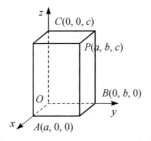

图 6.2 卦限   图 6.3 空间点 P 的坐标

对于空间中任意一点 P,过 P 点作三个平面,分别垂直于 x 轴、y 轴、z 轴,且与这三个轴分别交于 A、B、C 三点,如图 6.3 所示。设这三点在 x 轴、y 轴、z 轴上的坐标依次为 a,b,c。那么点 P 唯一确定了一个三元有序数组 (a,b,c);反之,对任意一个三元有序数组 (a,b,c),在 x 轴上取坐标为 a 的点 A,在 y 轴上取坐标为 b 的点 B,在 z 轴上取坐标为 c 的点 C,然后过 A,B,C 三点分别作垂直于 x,y,z 轴的平面,这三个平面相交于一点 P,那么由一个三元有序数组 (a,b,c) 唯一地确定了空间的一个点 P。

这样,空间任意一点 P 就和一个三元有序数组 (a,b,c) 建立了一一对应关系。我们称这个三元有序数组为点 P 的**坐标**,记作 $P(a,b,c)$,简记为 (a,b,c)。a,b,c 依次称为点 P 的**横坐标、纵坐标和竖坐标**。

显然,坐标原点 O 的坐标为 $(0,0,0)$;而 x 轴、y 轴及 z 轴上点的坐标分别为 $(x,0,0)$、$(0,y,0)$ 及 $(0,0,z)$。

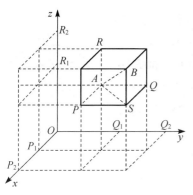

图 6.4 对角线为 AB 的长方体

设 $A(x_1,y_1,z_1)$,$B(x_2,y_2,z_2)$ 为空间中任意两点,过 A,B 两点各作三个平面分别垂直于三个坐标轴,这六个平面形成一个以 AB 为对角线的长方体,如图 6.4 所示。由图 6.4 可知:

$$|AB|^2 = |AS|^2 + |BS|^2$$
$$= |AP|^2 + |AQ|^2 + |BS|^2,$$

又

$$|AP| = |P_1P_2| = |x_2 - x_1|,$$
$$|AQ| = |Q_1Q_2| = |y_2 - y_1|,$$
$$|BS| = |R_2R_1| = |z_2 - z_1|,$$

于是

$$|AB|^2 = |x_2 - x_1|^2 + |y_2 - y_1|^2 + |z_2 - z_1|^2$$
$$= (x_2 - x_1)^2 + (y_2 - y_1)^2 + (z_2 - z_1)^2。$$

因此点 A 与点 B 之间的距离公式为：

$$|AB| = \sqrt{(x_2 - x_1)^2 + (y_2 - y_1)^2 + (z_2 - z_1)^2}, \tag{6-1}$$

从而点 $P(x, y, z)$ 与原点 O 的距离为

$$|OP| = \sqrt{x^2 + y^2 + z^2}。 \tag{6-2}$$

【例1】 已知空间中三个点 $A(1, -2, 3)$，$B(-1, -3, 5)$，$C(0, -4, 5)$，求证△ABC 是等腰三角形。

证明 由两点间的距离公式(6-1)得

$$|AB| = \sqrt{(-1-1)^2 + (-3+2)^2 + (5-3)^2} = 3,$$
$$|BC| = \sqrt{(0+1)^2 + (-4+3)^2 + (5-5)^2} = \sqrt{2},$$
$$|AC| = \sqrt{(0-1)^2 + (-4+2)^2 + (5-3)^2} = 3。$$

由于 $|AB| = |AC|$，所以由 A，B，C 构成的空间三角形是一个等腰三角形。

216

二、空间曲面

与平面解析几何中把平面曲线看作是动点在一定条件下的轨迹类似，在空间解析几何中也将曲面看作动点在一定条件下的运动轨迹。

定义 1 如果曲面 S 上任意一点的坐标都满足方程 $F(x, y, z) = 0$，而不在曲面 S 上的点的坐标都不满足方程 $F(x, y, z) = 0$，那么方程 $F(x, y, z) = 0$ 称为**曲面 S 的方程**，而曲面 S 称为**方程 $F(x, y, z) = 0$ 的图形**。如图 6.5 所示。

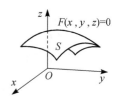

【例2】 求球心为原点 $O(0, 0, 0)$，半径为 R 的**球面方程**。

解 设球面上任意一点为 $P(x, y, z)$，那么 $|PO| = R$，由点 P 到原点 O 的距离公式得

图 6.5 空间曲面 S

$$\sqrt{x^2 + y^2 + z^2} = R,$$

于是点 P 满足

$$x^2 + y^2 + z^2 = R^2,\qquad\qquad(6\text{-}3)$$

反之，不满足公式（6-3）的点不在球面上，因此公式（6-3）为球面方程。如图 6.6(1) 所示。

$z = \sqrt{R^2 - x^2 - y^2}$ 是球面的上半部，如图 6.6(2) 所示，$z = -\sqrt{R^2 - x^2 - y^2}$ 是球面的下半部。

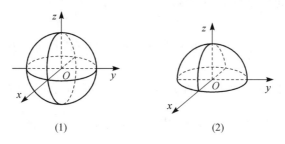

(1)   (2)

图 6.6　球面与上半球面

一般地，半径为 R、球心为 (x_0, y_0, z_0) 的球面方程为

$$(x - x_0)^2 + (y - y_0)^2 + (z - z_0)^2 = R^2。$$

下面讨论一类特殊曲面——柱面。

定义 2　动直线 l 沿已知曲线 C 移动，且始终平行于定直线 L，由此所形成的轨迹称为**柱面**，其中曲线 C 称为**柱面的准线**，动直线 l 称为**柱面的母线**。如图 6.7 所示。

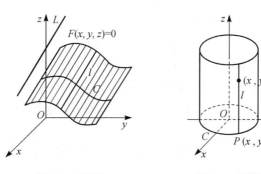

图 6.7　柱面　　　　　　图 6.8　圆柱面

【**例 3**】　作方程为 $x^2 + y^2 = R^2$ 的曲面图形。

解　方程 $x^2 + y^2 = R^2$ 在 xOy 坐标面上，表示以原点为圆心、半径为 R 的圆 C。在该圆周上任取一点 $P(x, y, 0)$，过 P 点作平行于 z 轴的直线 l，显然，直线 l 上任意一点的坐标(x,y,z)满足$x^2+y^2=R^2$。当P点在圆周上绕一周时,平行z轴的直线l在空间就形成一个曲面,即以xOy坐标面上的圆$x^2+y^2=R^2$为准线C,母线l平行z轴的柱面,这个曲面称为**圆柱面**,如图6.8所示,另一方面不在此圆柱面上的点不满足方程。所以,此圆柱面就是方程$x^2+y^2=R^2$的图形。

由[例3]可知,平面解析几何中的圆$x^2+y^2=R^2$,在空间解析几何中方程$x^2+y^2=R^2$表示的是母线平行z轴的圆柱面。同样地,方程$y^2=2px(p>0)$、$\dfrac{x^2}{a^2}+\dfrac{y^2}{b^2}=1(a>b>0)$、$\dfrac{x^2}{a^2}-\dfrac{y^2}{b^2}=1(a>0,b>0)$在空间解析几何中表示的分别是母线平行$z$轴、准线分别为$xOy$平面上的$y^2=2px$、$\dfrac{x^2}{a^2}+\dfrac{y^2}{b^2}=1$,$\dfrac{x^2}{a^2}-\dfrac{y^2}{b^2}=1$的柱面,分别称为抛物柱面、椭圆柱面和双曲柱面,其图形分别如图6.9至图6.11所示。

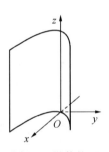

图 6.9 抛物柱面

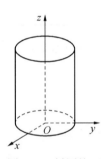

图 6.10 椭圆柱面

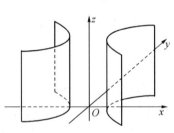

图 6.11 双曲柱面

【例4】 作方程为$x=2$的曲面图形。

解 过点$(2,0,0)$作垂直于x轴的平面,那么该平面上的点满足方程,而不在平面上的点不满足方程,所以这个平面就是方程$x=2$的图形,如图6.12所示。实际上,该平面是以xOy坐标面上的直线$x=2$为准线,以平行于z轴的直线为母线的柱面。

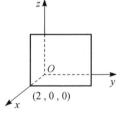

图 6.12 平面 $x=2$

同样地,$y=y_0$,$z=z_0$都是柱面,并且$y=y_0$是过点$(0,y_0,0)$垂直于y轴的平面;$z=z_0$是过点$(0,0,z_0)$垂直于z轴的平面。

三、二次曲面

下面讨论空间曲面中另一类特殊情况,即二次曲面。在空间直角坐标系中,变量x,y,z的二次方程所表示的曲面称为**二次曲面**。例如,球面、圆柱面、抛物柱面、双曲柱面和椭圆柱面等都是二次曲面。下面简单介绍另外几种常见的二次曲面。

1. 椭球面

定义 5 由方程

$$\frac{x^2}{a^2}+\frac{y^2}{b^2}+\frac{z^2}{c^2}=1 \quad (a>0,b>0,c>0)$$

所表示的曲面称为**椭球面**,a,b,c 为椭球面的半轴,如图 6.13 所示。

如果用平行于 xOy 坐标面的平面去截椭球面,所得的曲线为椭圆。同样地,用平行于 xOz 坐标面、yOz 坐标面的平面去截椭球面,所得的曲线均为椭圆。

若 $a=b=c$,此时上述方程化为

$$x^2+y^2+z^2=a^2,$$

它表示球面。

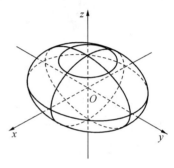

图 6.13 椭球面

2. 椭圆抛物面

定义 6 由方程

$$\frac{x^2}{a^2}+\frac{y^2}{b^2}=z \quad (a>0,b>0)$$

所表示的曲面称为**椭圆抛物面**。

由该方程知,$z \geqslant 0$,因而曲面在 xOy 平面的上方,如图 6.14 所示。

用平行于 xOy 坐标面的平面去截该椭圆抛物面所得的曲线为椭圆;用平行于 xOz 坐标面、yOz 坐标面的平面去截该椭圆抛物面,所得的曲线均为抛物线。

3. 单叶双曲面和双叶双曲面

定义 7 由方程

$$\frac{x^2}{a^2}+\frac{y^2}{b^2}-\frac{z^2}{c^2}=1$$

所表示的曲面称为**单叶双曲面**,如图 6.15 所示。

由方程

$$\frac{x^2}{a^2}+\frac{y^2}{b^2}-\frac{z^2}{c^2}=-1$$

所表示的曲面称为**双叶双曲面**,如图 6.16 所示。

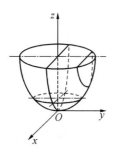

图 6.14　椭圆抛物面

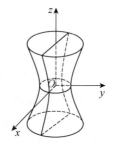

图 6.15　单叶双曲面

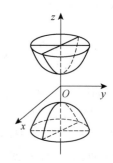

图 6.16　双叶双曲面

如果我们用平行于 xOy 坐标面的平面去截这两种曲面,所得的曲线均为椭圆;用平行于 xOz 坐标面、yOz 坐标面的平面去截,所得的曲线均为双曲线。

四、空间曲线

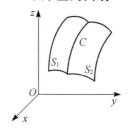

图 6.17　空间曲线 C

空间曲线可看作是两个曲面的交线。设 $F_1(x,y,z)=0$ 和 $F_2(x,y,z)=0$ 分别为曲面 S_1 和 S_2 的方程,S_1 和 S_2 的交线为 C,如图 6.17 所示。因为交线 C 上的点既在曲面 S_1 上也在曲面 S_2 上,所以 C 上任意一点的坐标满足方程组

$$\begin{cases} F_1(x,y,z)=0, \\ F_2(x,y,z)=0, \end{cases} \tag{6-4}$$

反之,不在交线 C 上的点,不可能同时在曲面 S_1 和 S_2 上,所以它的点的坐标不满足这个方程组。因此曲线 C 可用上述方程组表示,称式 (6-4) 为曲线 C 的**一般方程**。

例如,曲面 $F(x,y,z)=0$ 与平面 $x=x_0$ 的交线方程为

$$\begin{cases} F(x,y,z)=0, \\ x=x_0, \end{cases}$$

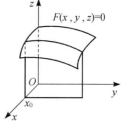

图 6.18　曲面与平面的交线

如图 6.18 所示,这条曲线是平面 $x=x_0$ 上的曲线 $F(x_0,y,z)=0$。

习　题　6-1

1. 指出下列各点在哪一个坐标轴或坐标面上。

(1) $(-4, 0, 0)$；　　　　　　　(2) $(0, 8, 0)$；

(3) $(0, 8, -7)$；　　　　　　　(4) $(-6, 0, 9)$。

2. 指出下列各点在哪一卦限。

(1) $(3, -2, 1)$；　　　　　　　(2) $(4, 5, -6)$；

(3) $(-4, -2, 1)$；　　　　　　(4) $(-3, 4, -5)$。

3. 已知两点 $A(1, 1, 2)$、$B(2, 2, 0)$，求：

(1) $|OA|$，$|AB|$；

(2) A 点关于 xOy 坐标面对称点的坐标；

(3) A 点关于 x 轴的对称点的坐标。

4. 求 y 轴上的一点 P，使它与 $A(1, 2, 3)$，$B(0, 1, -1)$ 两点距离相等。

5. 证明以三点 $A(4, 1, 9)$，$B(10, -1, 6)$，$C(2, 4, 3)$ 为顶点的三角形是等腰直角三角形。

6. 动点 $P(x, y, z)$ 与两定点 $M_1(2, 0, 3)$、$M_2(0, 3, -1)$ 的距离相等，求动点 P 的轨迹方程。

7. 求以点 $P_0(1, 3, -2)$ 为球心，且通过坐标原点的球面方程。

第二节　多元函数的基本概念

一、多元函数的概念

1. 平面点集

定义 1　有序数组 (x, y) 所对应的平面点的集合称为**平面点集**。

在平面上由一条曲线或几条曲线围成的平面点集，称为**区域**。围成区域的曲线称为区域的**边界**。不包括边界的区域称为**开区域**，包括所有边界的区域称为**闭区域**，包括部分边界的区域称为**半开半闭区域**。

如果一个区域可以被包含在以原点为圆心的某一圆内，那么称这个区域为**有界区域**，否则称为**无界区域**。

例如，xOy 平面上以原点为中心，a 为半径的圆的圆周及内部区域 $D = \{(x, y) \mid x^2 + y^2 \leqslant 4\}$，是一个有界闭区域（见图 6.19），而 xOy 平面上满足 $y < 2x + 1$ 的点

(x, y) 所构成的区域 $D = \{(x, y) \mid y < 2x + 1\}$，是一个无界开区域(见图 6.20)。

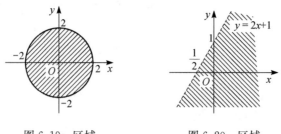

图 6.19 区域　　　　　　图 6.20 区域

在图 6.20 中,虚线表示该区域不包含边界。

领域也是一个经常用到的平面点集,其定义如下。

定义 2 设 $P_0(x_0, y_0)$ 为 xOy 平面上一定点,δ 为一正数,则以 P_0 为圆心,δ 为半径的圆形开区域 $\{(x, y) \mid (x - x_0)^2 + (y - y_0)^2 < \delta^2\}$ 称为**点 P_0 的 δ 邻域**。在点 P_0 的 δ 邻域中去掉点 P_0 后所得的点集,称为**点 P_0 的去心 δ 邻域**。

2. 多元函数的定义

在客观世界中,经常遇到多个变量之间的依赖关系,先看两个例子。

【例 1】 当圆柱的底半径 r、高 h 在区域 $D = \{(r, h) \mid r > 0, h > 0\}$ 变化时,圆柱体的体积 V 与它的底半径 r、高 h 是否有相依关系?

解 当圆柱体的底半径 r、高 h 这二个变量在区域 D 中任意取一组定值 (r_0, h_0) 时,圆柱体的体积 V 按计算法则有一个确定的值 $\pi r_0^2 h_0$ 与之对应。因此,这个变化过程中涉及的变量 r, h 与 V 之间有相依关系。即

$$V = \pi r^2 h,$$

V 称为 r、h 的二元函数,D 称为其定义域。

【例 2】 在生产中,产量 Q 与投入的劳动力 L 和资金 K 之间有关系式

$$Q = AL^\alpha K^\beta,$$

其中,A, α, β 为常数($A > 0, \alpha > 0, \beta > 0$),试问产量 Q 与劳动力 L 和资金 K 是否有相依关系?

解 这里 L, K 可以独立取值,是两个独立变量。当变量 L, K 在它们的变化范围内 $D = \{(L, K) \mid L \geqslant 0, K \geqslant 0\}$ 取任意一组数值 (L_0, K_0) 时,由 $Q = AL^\alpha K^\beta$ 可得产量 Q 的唯一确定的值 $AL_0^\alpha K_0^\beta$。所以 Q 与 L, K 有相依关系,产量 Q 称为 L、K 的二元函数,D 称为其定义域。

经济上 $Q=AL^{\alpha}K^{\beta}$ 称为柯布—道格拉斯生产函数。

一般地,给出如下二元函数的定义。

定义 3 设在某变化过程中有三个变量 x,y 和 z,D 是平面上一个给定的非空区域,如果当 (x,y) 在区域 D 内任取一定值时,变量 z 按照一定的法则 f 有唯一确定的数值与之对应,则称对应法则 f 是定义在区域 D 上的二元函数关系,简称**二元函数**,记为

$$z=f(x,y) \quad 或 \quad z(x,y)$$

其中,变量 x,y 称为**自变量**,变量 z 称为**因变量**,(x,y) 的取值区域 D 称为**二元函数的定义域**。

如果 $(x_0,y_0)\in D$,二元函数所对应的值记为

$$z_0=f(x_0,y_0) \quad 或 \quad z\Big|_{\substack{x=x_0 \\ y=y_0}}$$

称为函数 $f(x,y)$ 当 $x=x_0$,$y=y_0$ 时的**函数值**。

类似地,可以定义三元及三元以上的函数。二元及二元以上的函数统称为多元函数。

如同一元函数一样,二元函数的定义域,仍然是指使函数有意义的所有点组成的一个平面区域。

【例 3】 求函数 $z=\sqrt{4-x^2-y^2}$ 的定义域。

解 因为 $4-x^2-y^2\geqslant 0$,即 $x^2+y^2\leqslant 4$,

所以,函数的定义域为

$$D=\{(x,y)\mid x^2+y^2\leqslant 4\},$$

它是 xOy 平面上以原点为圆心,半径为 2 的圆周和圆内部区域。如图 6.19 所示。

【例 4】 求函数 $z=\ln(1+2x-y)$ 的定义域。

解 因为 $1+2x-y>0$ 即 $y<1+2x$,

所以,函数的定义域为

$$D=\{(x,y)\mid y<1+2x\},$$

它是 xOy 平面上在直线 $y=1+2x$ 下方但不含此直线的半平面区域。如图 6.20 所示。

【例 5】 求函数 $z=\dfrac{1}{\sqrt{4-x^2-y^2}}+\ln(x^2+y^2-1)$ 的定义域,并计算

223

$f(1,-1)$。

解 因为 $4-x^2-y^2>0$ 且 $x^2+y^2-1>0$ 即

$$x^2+y^2<4 \text{ 且 } x^2+y^2>1,$$

所以,函数的定义域为

$$D=\{(x,y)\mid 1<x^2+y^2<4\}。$$

$$f(1,-1)=\frac{1}{\sqrt{4-1^2-(-1)^2}}+\ln[1^2+(-1)^2-1]=\frac{\sqrt{2}}{2}。$$

下面介绍二元函数的几何意义。

设二元函数 $z=f(x,y)$ 的定义域为区域 D,任意取定的点 $P(x,y)\in D$,对应的函数值为 $z=f(x,y)$,于是确定空间中一点 $M(x,y,z)$。当 (x,y) 取遍 D 中的所有点时,得到一个空间点集 W,即

$$W=\{(x,y,z)\mid z=f(x,y),(x,y)\in D\},$$

这个点集就是二元函数 $z=f(x,y)$ 的图形。

在点集 W 中任意点 $M(x,y,z)$ 满足方程

$$F(x,y,z)=z-f(x,y)=0。$$

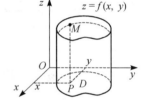

图 6.21　二元函数的
几何意义

因此,二元函数的图形就是空间中的一张曲面,定义域 D 恰好就是该曲面在 xOy 平面上的投影。如图 6.21 所示。

二、二元函数的极限与连续

与一元函数类似,研究二元函数的极限,即是研究在自变量的某个趋势下函数值的变化趋势。

下面讨论当动点 $P(x,y)$ 趋向于点 $P_0(x_0,y_0)$ 时,函数 $z=f(x,y)$ 的变化趋势。

定义 4 设函数 $z=f(x,y)$ 在点 $P_0(x_0,y_0)$ 的某一去心 δ 邻域内有定义,如果当该去心 δ 邻域中任意一点 $P(x,y)$ 以任何方式趋向于点 $P_0(x_0,y_0)$ 时,对应的函数值 $z=f(x,y)$ 趋近于一个确定的常数 A,则称 A 是**函数 $z=f(x,y)$ 当 $P(x,y)\to P_0(x_0,y_0)$ 时的极限**,记作

$$\lim_{\substack{x\to x_0\\ y\to y_0}}f(x,y)=A \quad \text{或} \quad f(x,y)\to A,(x,y)\to(x_0,y_0)。$$

由定义 4 可知,点 $P(x,y)$ 趋近于点 $P_0(x_0,y_0)$ 的方式是任意的。因此,当点 $P(x,y)$ 按某些特殊方式趋近于点 $P_0(x_0,y_0)$,函数 $z=f(x,y)$ 的极限存在时,不能保证函数 $z=f(x,y)$ 在点 $P_0(x_0,y_0)$ 处的极限存在。

【例 6】 求极限 $\lim\limits_{\substack{x\to 0 \\ y\to 0}} \dfrac{\sin(x^2+y^2)}{x^2+y^2}$。

解 设 $u=x^2+y^2$,则

$$\lim_{\substack{x\to 0 \\ y\to 0}} \frac{\sin(x^2+y^2)}{x^2+y^2} = \lim_{u\to 0} \frac{\sin u}{u} = 1。$$

【例 7】 设函数

$$f(x,y)=\begin{cases} \dfrac{xy}{x^2+y^2}, & (x,y)=(0,0); \\ 0, & (x,y)=(0,0), \end{cases}$$

证明 $\lim\limits_{\substack{x\to 0 \\ y\to 0}} f(x,y)$ 不存在。

证明 设点 (x,y) 沿直线 $y=kx$(k 为常数)趋向于 $(0,0)$,则

$$\lim_{\substack{x\to 0 \\ y\to 0}} f(x,y) = \lim_{\substack{x\to 0 \\ y=kx\to 0}} \frac{xy}{x^2+y^2} = \lim_{x\to 0} \frac{x\cdot kx}{x^2+k^2x^2} = \frac{k}{1+k^2}。$$

从而极限值随 k 的不同而不同,所以极限不存在。

类似于一元函数连续的概念,可以给出二元函数连续的定义。

定义 5 设函数 $f(x,y)$ 在点 $P_0(x_0,y_0)$ 的某个邻域内有定义,如果满足

$$\lim_{\substack{x\to x_0 \\ y\to y_0}} f(x,y) = f(x_0,y_0)$$

则称函数 $f(x,y)$ 在点 $P_0(x_0,y_0)$ 处连续,点 $P_0(x_0,y_0)$ 称为函数 $f(x,y)$ 的**连续点**。

如果函数 $z=f(x,y)$ 在点 $P_0(x_0,y_0)$ 处不连续,则称点 $P_0(x_0,y_0)$ 为函数 $f(x,y)$ 的**间断点**。

例如,函数

$$f(x,y)=\frac{xy}{x-y}$$

当 $x-y=0$ 时函数 $f(x,y)$ 无定义,所以直线 $y=x$ 上的点都是它的间断点。

如果函数 $z = f(x, y)$ 在区域 D 上每一点都连续,则称**函数 $z = f(x, y)$ 在区域 D 上连续**。 例如,函数 $\ln(1 - x^2 - y^2)$ 在区域 $D = \{(x, y) \mid x^2 + y^2 < 1\}$ 上连续。

与一元函数相似,二元连续函数的和、差、积、商(分母不为零)仍为连续函数;二元连续函数的复合函数也是连续函数。因此二元初等函数在其定义区域内总是连续的。计算二元初等函数在其定义区域内某一点 P_0 处的极限值,只需求它在该点处的函数值即可。例如,

$$\lim_{\substack{x \to 0 \\ y \to 0}} \frac{2e^{x+y} - \cos(x - y)}{2x + y + 1} = \frac{2 \times e^0 - \cos 0}{2 \times 0 + 0 + 1} = 1。$$

闭区域上的二元连续函数有与闭区间上的一元连续函数相类似的性质。

(1) **最大值与最小值定理**:设函数 $f(x, y)$ 在有界闭区域 D 上连续,则它在区域 D 上一定有最大值和最小值,即在 D 上至少有一点 (x_1, y_1), (x_2, y_2) 使 $f(x_1, y_1)$ 为最大值,$f(x_2, y_2)$ 为最小值。

(2) **介值定理**:设函数 $f(x, y)$ 在有界闭区域 D 上连续,M, m 为 $f(x, y)$ 在 D 上的最大值、最小值,任意一个数 μ,$m < \mu < M$,则至少存在一个点 $P(\xi, \eta)$,使得 $f(\xi, \eta) = \mu$。

习 题 6-2

1. 求下列函数的定义域,并画出定义域的图形。

(1) $f(x, y) = \sqrt{x - y}$;

(2) $f(x, y) = \ln(x + y + 2)$;

(3) $f(x, y) = \dfrac{1}{y - x}$;

(4) $f(x, y) = \sqrt{9 - x^2 - y^2} + \ln(x^2 - y)$。

2. 已知函数 $f(x, y) = e^x(x^2 + y^2 + 2y + 2)$,求 $f(-1, 0)$,$f(0, -1)$。

3. 已知函数 $f(x, y) = \dfrac{xy}{x^2 + y^2}$,求 $f\left(1, \dfrac{y}{x}\right)$。

4. 求下列极限。

(1) $\lim\limits_{\substack{x \to \sqrt{2} \\ y \to 1}} \ln(4 - x^2 - y^2)$;

(2) $\lim\limits_{\substack{x \to 1 \\ y \to 0}} \dfrac{1 - xy}{x^2 + y^2}$;

(3) $\lim\limits_{\substack{x \to 0 \\ y \to 0}} \dfrac{2 - \sqrt{xy + 4}}{xy}$;

(4) $\lim\limits_{\substack{x \to 2 \\ y \to 0}} \dfrac{\sin(xy)}{y}$。

第三节　偏　导　数

一、偏导数的概念

对于二元函数 $z = f(x, y)$，当自变量 x，y 同时变化时，函数 $f(x, y)$ 的变化情况一般较复杂。因此，往往采用先考虑一个自变量的变化，而把另一个自变量看成固定常数的方法，来讨论函数 $f(x, y)$ 相应的变化率。例如，对于函数 $f(x, y)$，如果只有自变量 x 变化，而自变量 y 被看作固定常数，这时它就是 x 的一元函数。可以讨论这个函数对 x 的变化率（即对 x 的导数），这个变化率称为二元函数 $f(x, y)$ 关于 x 的偏导数。一般地，有如下定义。

定义 1　设函数 $z = f(x, y)$ 在点 (x_0, y_0) 的某一邻域内有定义，当 y 固定在 y_0，自变量 x 在 x_0 处取得改变量 Δx，相应地函数取得改变量 $f(x_0 + \Delta x, y_0) - f(x_0, y_0)$，如果极限

$$\lim_{\Delta x \to 0} \frac{f(x_0 + \Delta x, y_0) - f(x_0, y_0)}{\Delta x}$$

存在，则称此极限值为函数 $z = f(x, y)$ 在点 (x_0, y_0) 处对 **x 的偏导数**，记为

$$\frac{\partial z}{\partial x}\bigg|_{\substack{x=x_0 \\ y=y_0}}, \quad \frac{\partial f}{\partial x}\bigg|_{\substack{x=x_0 \\ y=y_0}}, \quad z'_x\bigg|_{\substack{x=x_0 \\ y=y_0}} \text{ 或 } f'_x(x_0, y_0)。$$

同样，当 x 固定在 x_0，自变形量 y 在 y_0 处取得改变量 Δy，如果极限

$$\lim_{\Delta y \to 0} \frac{f(x_0, y_0 + \Delta y) - f(x_0, y_0)}{\Delta y}$$

存在，则称此极限值为函数 $z = f(x, y)$ 在点 (x_0, y_0) 处对 **y 的偏导数**，记为

$$\frac{\partial z}{\partial y}\bigg|_{\substack{x=x_0 \\ y=y_0}}, \quad \frac{\partial f}{\partial y}\bigg|_{\substack{x=x_0 \\ y=y_0}}, \quad z'_y\bigg|_{\substack{x=x_0 \\ y=y_0}} \text{ 或 } f'_y(x_0, y_0)。$$

【例 1】　设函数

$$f(x, y) = \begin{cases} \dfrac{xy}{x^2 + y^2}, & (x, y) \neq (0, 0); \\ 0, & (x, y) = (0, 0); \end{cases}$$

求 $f'_x(0, 0)$，$f'_y(0, 0)$。

解 设自变量 x，y 分别在 $x=0$，$y=0$ 处取得改变量 Δx，Δy，于是

$$f'_x(0,0)=\lim_{\Delta x\to 0}\frac{f(0+\Delta x,0)-f(0,0)}{\Delta x}=\lim_{\Delta x\to 0}\frac{0}{\Delta x}=0,$$

$$f'_y(0,0)=\lim_{\Delta y\to 0}\frac{f(0,0+\Delta y)-f(0,0)}{\Delta y}=\lim_{\Delta y\to 0}\frac{0}{\Delta y}=0。$$

对于[例 1]涉及的函数，由第二节[例 7]知道 $\lim\limits_{\substack{x\to 0\\y\to 0}}f(x,y)$ 不存在，故函数 $f(x,y)$ 在点 $(0,0)$ 不连续，但是，[例 1]说明函数 $f(x,y)$ 在点 $(0,0)$ 处的偏导数存在。在一元函数微分学中，我们知道，如果函数在某点可导，则它必在该点连续。而在多元函数中，这个结论就不成立了。

如果函数 $z=f(x,y)$ 在开区域 D 上每一点 (x,y) 处关于 x 的偏导数都存在，这个偏导数也是区域 D 上的 x、y 的函数，则称它为函数 $z=f(x,y)$ **对 x 的偏导函数**，记作

$$\frac{\partial z}{\partial x},\ \frac{\partial f}{\partial x},\ z'_x\quad 或\quad f'_x(x,y)$$

类似地，可以定义函数 $z=f(x,y)$ **对 y 的偏导函数**，记作

$$\frac{\partial z}{\partial y},\ \frac{\partial f}{\partial y},\ z'_y\quad 或\quad f'_y(x,y)。$$

在不至于发生混淆时，偏导函数简称为**偏导数**。

对于一元函数来说，$\dfrac{\mathrm{d}y}{\mathrm{d}x}$ 可以看作函数的微分 $\mathrm{d}y$ 与自变量的微分 $\mathrm{d}x$ 之商，而偏导数的记号 $\dfrac{\partial z}{\partial x}$ 是一个整体，不能看作分子与分母之商。偏导数记号 z_x，$f_x(x,y)$，也可记成 z'_x，$f'_x(x,y)$。下面高阶偏导数的记号也有类似的情况。

由定义 1 可知，在求函数 $z=f(x,y)$ 对某一自变量的偏导数时，只要把另一自变量看成常数，用一元函数求导公式和法则即可求得。

【例 2】 设函数 $z=2x^2+3xy-6y^2$，求 $\dfrac{\partial z}{\partial x}$，$\dfrac{\partial z}{\partial y}$。

解 把 y 看成常数，对 x 求导，得

$$\frac{\partial z}{\partial x}=4x+3y,$$

把 x 看成常数,对 y 求导,得

$$\frac{\partial z}{\partial y} = 3x - 12y。$$

【例3】 设函数 $z = \ln\dfrac{y}{x}$,求 z'_x,z'_y。

解 把 y 看成常数,对 x 求导,得

$$z'_x = \frac{x}{y} \cdot \left(-\frac{y}{x^2}\right) = -\frac{1}{x},$$

把 x 看成常数,对 y 求导,得

$$z'_y = \frac{x}{y} \cdot \frac{1}{x} = \frac{1}{y}。$$

【例4】 设函数 $f(x, y) = \mathrm{e}^{-x}\cos(x + 2y)$,求 $f'_x\left(0, \dfrac{\pi}{4}\right)$;$f'_y\left(0, \dfrac{\pi}{4}\right)$。

解 把 y 看成常数,利用积的求导法则,对 x 求导,得

$$f'_x(x, y) = -\mathrm{e}^{-x}\cos(x + 2y) - \mathrm{e}^{-x}\sin(x + 2y)。$$

把 x 看成常数,对 y 求导,得

$$f'_y(x, y) = -2\mathrm{e}^{-x}\sin(x + 2y)。$$

将 $\left(0, \dfrac{\pi}{4}\right)$ 代入,得

$$f'_x\left(0, \frac{\pi}{4}\right) = -\cos\frac{\pi}{2} - \sin\frac{\pi}{2} = -1,$$

$$f'_y\left(0, \frac{\pi}{4}\right) = -2\sin\frac{\pi}{2} = -2。$$

【例5】 设函数 $z = x^y$($x > 0$,$x \neq 1$,y 为任意实数),求 $\dfrac{\partial z}{\partial x}$,$\dfrac{\partial z}{\partial y}$。

解 把 y 看成常数,此时 $z = x^y$ 是 x 的幂函数,对 x 求导,得

$$\frac{\partial z}{\partial x} = yx^{y-1},$$

229

把 x 看成常数,此时 $z=x^y$ 是 y 的指数函数,对 y 求导,得

$$\frac{\partial z}{\partial y}=x^y \ln x,$$

二元函数偏导数的定义,可以推广到三元及三元以上的函数。例如,三元函数 $u=f(x,y,z)$ 关于 x 的偏导数为

$$\frac{\partial u}{\partial x}=\lim_{\Delta x \to 0}\frac{f(x+\Delta x,y,z)-f(x,y,z)}{\Delta x}。$$

【例 6】 设函数 $u=\sqrt{x^2+y^2+z^2}$,求证:$\left(\frac{\partial u}{\partial x}\right)^2+\left(\frac{\partial u}{\partial y}\right)^2+\left(\frac{\partial u}{\partial z}\right)^2=1$。

证明 $u=\sqrt{x^2+y^2+z^2}$ 是关于 x,y,z 的三元函数,把 y 和 z 看成常数,对 x 求导,得

$$\frac{\partial u}{\partial x}=\frac{x}{\sqrt{x^2+y^2+z^2}}=\frac{x}{u},$$

同理可得

$$\frac{\partial u}{\partial y}=\frac{y}{\sqrt{x^2+y^2+z^2}}=\frac{y}{u} \qquad \frac{\partial u}{\partial z}=\frac{z}{\sqrt{x^2+y^2+z^2}}=\frac{z}{u},$$

所以

$$\left(\frac{\partial u}{\partial x}\right)^2+\left(\frac{\partial u}{\partial y}\right)^2+\left(\frac{\partial u}{\partial z}\right)^2=\frac{x^2+y^2+z^2}{u^2}=1。$$

对于二元函数 $f(x,y)$,如果有 $f(x,y)=f(y,x)$ 成立,则称函数 $f(x,y)$ 关于自变量 x,y 是**对称的**。关于变量 x,y 是对称的函数,只要在求得的偏导数 $\frac{\partial z}{\partial x}$ 中将 x 与 y 互换,就能得到 $\frac{\partial z}{\partial y}$。这种方法也可推广到三元以上的函数。例如,在 [例6] 中,函数关于 x 与 y,x 与 z 对称,求得 $\frac{\partial u}{\partial x}=\frac{x}{u}$,在 $\frac{x}{u}$ 中将 x 与 y 互换,x 与 z 互换,即得 $\frac{\partial u}{\partial y}$,$\frac{\partial u}{\partial z}$。

【例 7】 设函数 $z=(x^2+y^2)\cos(x+y)$,求 $\frac{\partial z}{\partial x}$,$\frac{\partial z}{\partial y}$。

解 应用积的求导法则,得

$$\frac{\partial z}{\partial x} = \frac{\partial (x^2 + y^2)}{\partial x} \cos(x+y) + (x^2 + y^2)\frac{\partial (\cos(x+y))}{\partial x}$$

$$= 2x\cos(x+y) - (x^2 + y^2)\sin(z+y)$$

应用对称性,得 $\dfrac{\partial z}{\partial y} = 2y\cos(x+y) - (x^2 + y^2)\sin(x+y)$

二元函数 $z = f(x, y)$ 在点 (x_0, y_0) 的偏导数有如下的几何意义。

设曲面的方程为 $z = f(x, y)$, $P_0(x_0, y_0, f(x_0, y_0))$
为该曲面上一点,过点 P_0 作平面 $y = y_0$,截此曲面得一条
平面曲线,其方程为

$$\begin{cases} z = f(x, y_0), \\ y = y_0, \end{cases}$$

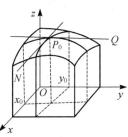

图 6.22 偏导数的
几何意义

则偏导数 $f_x(x_0, y_0)$ 表示上述曲线在点 P_0 处切线 P_0N 对
x 轴正向的斜率,如图 6.22 所示;同理,偏导数 $f_y(x_0, y_0)$ 就
是曲面被平面 $x = x_0$ 所截得的曲线在点 P_0 处的切线 P_0Q
对 y 轴正向的斜率。

二、高阶偏导数

设函数 $z = f(x, y)$ 在区域 D 内具有偏导数

$$\frac{\partial z}{\partial x} = f_x'(x, y), \quad \frac{\partial z}{\partial y} = f_y'(x, y),$$

通常,它们在区域 D 内都是 x、y 的函数,如果这两个函数的偏导数也存在,则称它
们是函数 $z = f(x, y)$ 的**二阶偏导数**。二元函数的二阶偏导数有以下四种:

$$\frac{\partial}{\partial x}\left(\frac{\partial z}{\partial x}\right) = \frac{\partial^2 z}{\partial x^2} = f_{xx}''(x, y) = z_{xx}'',$$

$$\frac{\partial}{\partial y}\left(\frac{\partial z}{\partial x}\right) = \frac{\partial^2 z}{\partial x \partial y} = f_{xy}''(x, y) = z_{xy}'',$$

$$\frac{\partial}{\partial x}\left(\frac{\partial z}{\partial y}\right) = \frac{\partial^2 z}{\partial y \partial x} = f_{yx}''(x, y) = z_{yx}'',$$

$$\frac{\partial}{\partial y}\left(\frac{\partial z}{\partial y}\right) = \frac{\partial^2 z}{\partial y^2} = f_{yx}''(x, y) = z_{yy}'',$$

其中 z''_{xy}、z''_{yx} 称为**混合偏导数**。上式中 $\dfrac{\partial}{\partial y}\left(\dfrac{\partial z}{\partial x}\right)$ 表示函数 $z=f(x,y)$ 先对 x 后对 y 求偏导数，这种二阶偏导数可记为 $\dfrac{\partial^2 z}{\partial x \partial y}$ 或 $f''_{xy}(x,y)$ 或 z''_{xy}，类似理解其他等式。

类似地，可以定义三阶、四阶……以及 n 阶偏导数，二阶及二阶以上的偏导数统称为高阶偏导数。

【例8】 设函数 $z=x^3 y^2 + x^2 y$，求二阶偏导数。

解 一阶偏导数 $z'_x = 3x^2 y^2 + 2xy$，$z'_y = 2x^3 y + x^2$，二阶偏导数为

$$z''_{xx} = (3x^2 y^2 + 2xy)'_x = 6xy^2 + 2y,$$

$$z''_{xy} = (3x^2 y^2 + 2xy)'_y = 6x^2 y + 2x,$$

$$z''_{yx} = (2x^3 y + x^2)'_x = 6x^2 y + 2x,$$

$$z''_{yy} = (2x^3 y + x^2)'_y = 2x^3。$$

在上例中，两个二阶混合偏导数是相等的。但是这个结论在一般情况下不一定成立，仅在一定条件下才能成立，有如下定理。

定理1 如果函数 $z=f(x,y)$ 的两个二阶混合偏导数在点 (x,y) 处连续，则在该点有

$$\frac{\partial^2 z}{\partial x \partial y} = \frac{\partial^2 z}{\partial y \partial x}$$

本章所讨论的二元函数一般都满足这个定理的条件。

【例9】 设函数 $z=\ln(x^2 + y^2)$，求二阶偏导数。

解 $\dfrac{\partial z}{\partial x} = \dfrac{2x}{x^2 + y^2}$，

$$\frac{\partial^2 z}{\partial x^2} = \frac{2(x^2 + y^2) - 2x \cdot 2x}{(x^2 + y^2)^2} = \frac{2(y^2 - x^2)}{(x^2 + y^2)^2}。$$

由对称性，得

$$\frac{\partial^2 z}{\partial y^2} = \frac{2(x^2 - y^2)}{(x^2 + y^2)^2}。$$

又 $\dfrac{\partial z}{\partial x \partial y} = -\dfrac{4xy}{(x^2 + y^2)^2}。$

由定理1，得

$$\frac{\partial^2 z}{\partial y \partial x} = -\frac{4xy}{(x^2+y^2)^2}。$$

三、偏导数在经济分析中的应用

1. 边际分析

设某单位生产甲、乙两种产品,产量分别为 x,y 时的成本函数

$$C = C(x,y)。$$

当乙种产品的产量保持不变,甲种产品的产量在 x 处取得改变量 Δx;相应地成本函数取得改变量为 $C(x+\Delta x,y) - C(x,y)$。于是得成本 $C(x,y)$ 对 x 的变化率即偏导数 $C'_x(x,y)$ 为

$$C'_x(x,y) = \lim_{\Delta x \to 0}\frac{C(x+\Delta x,y) - C(x,y)}{\Delta x},$$

$C'_x(x,y)$ 称为成本 $C(x,y)$**对产量 x 的边际成本**,它的经济含义是:在两种产品的产量为 (x,y) 的基础上,再多生产一个单位的甲种产品时,成本 $C(x,y)$ 的改变量。

类似地,当甲种产品的产量保持不变,成本函数 $C(x,y)$ 对乙种产品的产量 y 的变化率即偏导数 $C'_y(x,y)$ 为

$$C'_y(x,y) = \lim_{\Delta y \to 0}\frac{C(x,y+\Delta y) - C(x,y)}{\Delta y},$$

$C'_y(x,y)$ 表示成本 $C(x,y)$**对产量 y 的边际成本**,它的经济含义是:在两种产品的产量为 (x,y) 的基础上,再多生产一个单位的乙种产品时,成本 $C(x,y)$ 的改变量。

【例 10】 设生产甲、乙两种产品的产量分别为 x 和 y 时的成本为

$$C(x,y) = x^2 + 3xy + \frac{1}{2}y^2 + 500。$$

求(1) $C(x,y)$ 对产量 x 和 y 的边际成本。

(2) 当 $x=10$,$y=10$ 时的边际成本,并说明它们的经济含义。

解 (1) 成本 $C(x,y)$ 对产量 x 和 y 的边际成本为

$$C'_x(x,y) = \left(x^2 + 3xy + \frac{1}{2}y^2 + 500\right)'_x = 2x + 3y,$$

$$C'_y(x,y) = \left(x^2 + 3xy + \frac{1}{2}y^2 + 500\right)'_y = 3x + y。$$

（2）当 $x=10$，$y=10$ 时，$C(x，y)$ 对 x 和 y 的边际成本为

$$C'_x(10，10)=2\times10+3\times10=50，$$

$$C'_y(10，10)=3\times10+10=40。$$

这说明，当两种产品的产量都是 10 单位时，再多生产一个单位的甲种产品，成本将增加 50 单位。而再多生产一个单位的乙种产品，成本将增加 40 单位。

同理还可以讨论甲、乙两种产品中，对甲（或乙）种产品的边际收益和对甲（或乙）种产品的边际利润。

【例 11】 设某种产品的销售量 Q 与时间 t（单位：月）和广告费 x（单位：元）的函数关系为

$$Q(t，x)=250(4-e^{0.002x})(1-e^{-t})(x>0，t>0)，$$

当 $t=1$，$x=500$ 时分别求销售量 Q 对时间 t 和广告费 x 的边际销售量，并解释其经济意义。

解 当销售时间为 t，广告费为 x 时

$$Q'_t(t，x)=250e^{-t}(4-e^{-0.002x})，$$

$$Q'_x(t，x)=0.5e^{-0.002x}(1-e^{-t})，$$

当 $t=1$，$x=500$ 时

$$Q'_t(1，500)=250(4-e^{-0.002\times500})\cdot e^{-1}=334，$$

$$Q'_x(1，500)=0.5\times e^{-0.002\times500}(1-e^{-1})=0.116，$$

$Q'_t(1，500)=334$ 表示广告费保持在每月 500 元，销售时间从 1 个月，再增加 1 个月（即第 2 个月）时，销售量增加了 334 个单位；$Q'_x(1，500)=0.116$ 则表示时间维持在 1 个月，而广告费在 500 元的基础上，再增加 1 元时，销售量增加 0.116 个单位。

2. 弹性分析

在一元函数微分学中，如果函数 $y=f(x)$ 在点 x 处可导，则函数 $y=f(x)$ 在点 x 的弹性为 $E=\dfrac{x}{y}y'$，现在讨论二元函数 $z=f(x，y)$ 的局部弹性问题。

设函数 $z=f(x，y)$ 在点 $(x，y)$ 处的一阶偏导数 $\dfrac{\partial z}{\partial x}$，$\dfrac{\partial z}{\partial y}$ 存在，则函数 $z=f(x，y)$ **对 x 的偏弹性**记为

$$E_x=\lim_{\Delta x\to0}\left[\frac{f(x+\Delta x，y)-f(x，y)}{f(x，y)}\bigg/\frac{\Delta x}{x}\right]=\frac{x}{z}\cdot\frac{\partial z}{\partial x}，$$

对 y 的偏弹性记为

$$E_y = \lim_{\Delta y \to 0}\left[\frac{f(x, y+\Delta y) - f(x, y)}{f(x, y)} \bigg/ \frac{\Delta y}{y}\right] = \frac{y}{z} \cdot \frac{\partial z}{\partial y},$$

设某商品的需求量 Q 是其价格 P 及消费者收入 Y 的函数，$Q = Q(P, Y)$，需求量 Q 对价格 P 的偏弹性为 $E_P = \dfrac{P}{Q} \cdot \dfrac{\partial Q}{\partial P}$。

需求量 Q 对收入 Y 的偏弹性为 $E_Y = \dfrac{Y}{Q} \cdot \dfrac{\partial Q}{\partial Y}$。

【例 12】 已知柯布—道格拉斯生产函数

$$Q = AL^{\alpha}K^{\beta} \quad (A > 0, \ \alpha > 0, \ \beta > 0),$$

其中，Q 为产品生产量、K 表示资金投入量，L 表示劳动力投入量，求产量对劳动力、资金的偏弹性。

解
$$E_L = \frac{L}{Q} \cdot \frac{\partial Q}{\partial L} = \frac{L}{Q} \cdot A\alpha L^{\alpha-1}K^{\beta} = \alpha,$$

$$E_K = \frac{K}{Q} \cdot \frac{\partial Q}{\partial K} = \frac{K}{Q} \cdot A\beta L^{\alpha}K^{\beta-1} = \beta,$$

说明两种偏弹性都为常数。

习 题 6-3

1. 求下列函数在给定点处的偏导数。

(1) 设 $f(x, y) = x^2 y^3 - 3xy$，求 $f'_x(1, 2)$，$f'_y(1, 2)$；

(2) 设 $f(x, y) = \ln(2 + x^2 + y^2)$，求 $f'_x(1, -1)$，$f'_y(1, -1)$；

(3) 设 $f(x, y) = x + y - \sqrt{x^2 + y^2}$，求 $f'_x(3, 4)$，$f'_y(3, 4)$。

2. 求下列函数的偏导数。

(1) $z = x^4 - x^3 y^2 + 3x^4 y^3$；　　　　　(2) $z = (x - 2y)^2$；

(3) $z = \dfrac{x^2}{y}$；　　　　　　　　　　(4) $z = xy - (\ln x)y^2$；

(5) $z = \dfrac{1}{2x - y}$；　　　　　　　　　(6) $z = \sqrt{x}\sin\dfrac{y}{x}$；

(7) $z = e^{x+y}\cos(x - y)$；　　　　　　　(8) $z = \sqrt{x^2 + y^2}$；

(9) $u = \sin(x^2 + y^2 + z^2)$;　　　　　(10) $u = x^{\frac{y}{z}}$。

3. 设函数 $z = e^{\frac{x}{2y}}$，求证 $x \dfrac{\partial z}{\partial x} + y \dfrac{\partial z}{\partial y} = 0$。

4. 求下列函数的二阶偏导数。

(1) $z = x^2 y$;　　　　　　　　　　(2) $z = x^2 y^3 - x^4$;

(3) $z = x e^{2y}$;　　　　　　　　　　(4) $z = \ln(x + 3y)$;

(5) $z = \cos(2x - y)$;　　　　　　　(6) $z = e^{xy}$。

5. 求下列成本函数 C 对产量 x 和 y 的边际成本。

(1) $C(x, y) = x^2 \ln(y + 10) + 300$;

(2) $C(x, y) = x^3 + 2y^2 - xy + 20$。

6. 某厂生产甲、乙两型号的产品，产量分别为 x 和 y 单位时，某成本函数为

$$C(x, y) = 400 + 2x + 3y + 0.01(3x^2 + xy + 3y^2)（元），$$

如果两种产品的出厂价格分别为 10 元和 9 元时，求每种产品的边际利润。

第四节　全　微　分

一、全微分的概念

我们知道，一元函数 $y = f(x)$ 在 x_0 处可微时，函数的改变量为

$$\Delta y = f(x_0 + \Delta x) - f(x_0) = A \Delta x + o(\Delta x)$$

其中，$A \Delta x$ 是 Δx 的线性部分（A 与 Δx 无关）；$o(\Delta x)$ 是比 Δx 高阶无穷小量（$\Delta x \rightarrow 0$ 时），$A \Delta x$ 称为 $f(x)$ 在 x_0 处的微分。

现在我们用相同的思想方法来研究二元函数的类似问题，设二元函数 $z = f(x, y)$ 在点 (x_0, y_0) 的某领域内有定义，当自变量 x、y 分别在 (x_0, y_0) 处取得改变量 Δx、Δy 时，函数 $f(x, y)$ 取得的相应的改变量 $f(x_0 + \Delta x, y_0 + \Delta y) - f(x_0, y_0)$ 称为 $f(x, y)$ 在 (x_0, y_0) 处的**全改变量**，记为 Δz，即

$$\Delta z = f(x_0 + \Delta x, y_0 + \Delta y) - f(x_0, y_0)。 \tag{6-5}$$

现在要讨论的问题是：$z = f(x, y)$ 的全改变量 Δz 是否也可以分离成一个 Δx，Δy 的线性部分加一个 Δx，Δy 的高阶无穷小量呢？下面先看一个例子。

【例1】　设矩形金属薄片长为 x_0，宽为 y_0，受热后膨胀，长增加 Δx，宽增加 Δy，

如图 6.23 所示，求矩形金属薄片面积的全改变量，并
考察上面所提的问题。

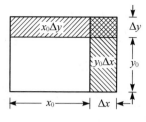

图 6.23　面积的全改变量

解　设长、宽分别为 x、y 时，面积为 $S = xy$，则
矩形金属薄片的全改变量为

$$\Delta S = (x_0 + \Delta x) \cdot (y_0 + \Delta y) - x_0 y_0$$
$$= y_0 \Delta x + x_0 \Delta y + \Delta x \Delta y。$$

容易看出来，ΔS 的主要部分 $y_0 \Delta x + x_0 \Delta y$ 是 Δx，Δy 的线性部分；$\Delta x \Delta y$ 比前
两项小得多，当令 $\rho = \sqrt{\Delta x^2 + \Delta y^2}$ 且趋向于 0 时，$\Delta x \Delta y$ 是比 ρ 高阶的无穷小量。

类似于一元函数微分的概念，称 $y_0 \Delta x + x_0 \Delta y$ 为函数 S 在 (x_0, y_0) 的**全微分**。

一般地，给出二元函数全微分定义如下。

定义 1　设二元函数 $z = f(x, y)$ 在点 (x_0, y_0) 的某领域内有定义，自变量 x，
y 分别在 x_0，y_0 取得改变量 Δx，Δy，相应地，如果函数 $z = f(x, y)$ 在点 (x_0, y_0)
的全改变量

$$\Delta z = f(x_0 + \Delta x, y_0 + \Delta y) - f(x_0, y_0)，$$

可以表示为

$$\Delta z = A \Delta x + B \Delta y + o(\rho)，$$

其中 A、B 不依赖于 Δx、Δy，$\rho = \sqrt{\Delta x^2 + \Delta y^2}$，$o(\rho)$ 是比 ρ 高阶的无穷小量（当
$\rho \to 0$ 时），则称函数 $z = f(x, y)$ 在点 (x_0, y_0) 处**可微**，并称 $A \Delta x + B \Delta y$ 是函数 $z = f(x, y)$ 在点 (x_0, y_0) 处的**全微分**，记为 $\mathrm{d}z \big|_{(x_0, y_0)}$，即

$$\mathrm{d}z \big|_{(x_0, y_0)} = A \Delta x + B \Delta y。$$

下面给出函数 $z = f(x, y)$ 在点 (x_0, y_0) 处的全微分存在的必要条件和充分
条件。

定理 2(必要条件)　如果函数 $z = f(x, y)$ 在点 (x_0, y_0) 处可微，$\mathrm{d}z \big|_{(x_0, y_0)} = A \Delta x + B \Delta y$，则 $z = f(x, y)$ 在点 (x_0, y_0) 处对 x 及对 y 的偏导数必定存在，并且

$$f_x'(x_0, y_0) = A，\quad f_y'(x_0, y_0) = B。$$

证明　设 $f(x, y)$ 在点 (x_0, y_0) 处可微，则

$$\Delta z = f(x_0 + \Delta x, y_0 + \Delta y) - f(x_0, y_0) = A \Delta x + B \Delta y + o(\rho)，$$

其中,A,B 与 Δx,Δy 无关,$o(\rho)$ 是比 ρ 较高阶无穷小量。

特别地,当 $\Delta y = 0$ 时,有 $\rho = |\Delta x|$,且

$$\Delta z = f(x_0 + \Delta x, y_0) - f(x_0, y_0) = A\Delta x + o(|\Delta x|),$$

上式两端除以 Δx,并令 $\Delta x \to 0$ 取极限,得

$$\lim_{\Delta x \to 0} \frac{f(x_0 + \Delta x, y_0) - f(x_0, y_0)}{\Delta x} = \lim_{\Delta x \to 0}\left(A + \frac{o(|\Delta x|)}{\Delta x}\right) = A$$

即 $f_x'(x_0, y_0)$ 存在,且 $A = f_x'(x_0, y_0)$。

同理可证 $f_y'(x_0, y_0)$ 存在,且 $B = f_y'(x_0, y_0)$。

由定理 2,函数 $f(x, y)$ 在 (x_0, y_0) 处的全微分可记为

$$dz \mid_{(x_0, y_0)} = f_x'(x_0, y_0)\Delta x + f_y'(x_0, y_0)\Delta y。$$

如果函数 $z = f(x, y)$ 在区域 D 内各点都可微,则称函数 $f(x, y)$ 在区域 D 内是可微的,这样在区域 D 内任一点 (x, y) 的全微分为

$$dz = f_x'(x, y)\Delta x + f_y'(x, y)\Delta y。$$

与一元函数类似,规定自变量的改变量等于自变量的微分,即 $\Delta x = dx$,$\Delta y = dy$,于是全微分又可以写成

$$dz = f_x'(x, y)dx + f_y'(x, y)dy。 \tag{6-6}$$

定理 3(充分条件) 如果函数 $z = f(x, y)$ 的偏导数 $\dfrac{\partial z}{\partial x}$,$\dfrac{\partial z}{\partial y}$ 存在,且在点 (x, y) 处连续,则 $z = f(x, y)$ 在该点 (x, y) 处可微。

以上所讨论的关于二元函数全微分的概念、可微条件以及计算公式,可以类似地推广到三元及三元以上的函数。例如,三元函数 $u = f(x, y, z)$ 在点 (x, y, z) 处可微,那么它的全微分为

$$du = f_x'(x, y, z)dx + f_y'(x, y, z)dx + f_z'(x, y, z)dz。$$

【例 2】 求函数 $z = x^3 y^2$ 的全微分,并计算函数在 $x = 1$,$y = -1$,$\Delta x = 0.15$,$\Delta y = -0.1$ 时全微分的值。

解 因为 $f_x'(x, y) = 3x^2 y^2$,$f_y'(x, y) = 2x^3 y$,且它们都是连续的,由公式 (6-6) 得全微分为

$$dz = 3x^2 y^2 dx + 2x^3 y dy。$$

238

当 $x=1$，$y=-1$，$\Delta x=0.15$，$\Delta y=-0.1$ 时，$f'_x(1,-1)=3$，$f'_g(1,-1)=-2$，于是，全微分的值为

$$dz\Big|_{\substack{x=1\\y=-1}}=3\times 0.15-2\times(-0.1)=0.65。$$

【例3】 求函数 $z=\mathrm{e}^{2x}\cos y$ 的全微分。

解 因为 $z'_x=2\mathrm{e}^{2x}\cos y$，$z'_y=-\mathrm{e}^{2x}\sin y$ 且它们都是连续的，由公式(6-6)得

$$dz=2\mathrm{e}^{2x}\cos y\,dx-\mathrm{e}^{2x}\sin y\,dy。$$

二、全微分在近似计算中的应用

设函数 $z=f(x,y)$ 在点 (x_0,y_0) 处可微，则

$$\begin{aligned}
\Delta z&=f(x_0+\Delta x,y_0+\Delta y)-f(x_0,y_0)\\
&=f'_x(x_0,y_0)\Delta x+f'_y(x_0,y_0)\Delta y+o(\rho)。
\end{aligned}$$

其中 $\rho=\sqrt{\Delta x^2+\Delta y^2}$，当 $|\Delta x|$、$|\Delta y|$ 很小时，就有近似公式

$$\Delta z\approx dz=f'_x(x_0,y_0)\Delta x+f'_y(x_0,y_0)\Delta y。 \tag{6-7}$$

或

$$f(x_0+\Delta x,y_0+\Delta y)\approx f(x_0,y_0)+f'_x(x_0,y_0)\Delta x+f'_y(x_0,y_0)\Delta y。$$

$$\tag{6-8}$$

公式(6-7)可用来计算函数的改变量的近似值，公式(6-8)可用来计算函数的近似值。

【例4】 计算 $\sqrt{3.02^2+3.99^2}$ 的近似值。

解 把所要计算的近似值看作是函数 $f(x,y)=\sqrt{x^2+y^2}$ 在 $x=3.02$，$y=3.99$ 时的函数值。

取 $x_0=3$，$\Delta x=0.02$，$y_0=4$，$\Delta y=-0.01$

因为 $f'_x(x,y)=\dfrac{x}{\sqrt{x^2+y^2}}$，$f'_y(x,y)=\dfrac{y}{\sqrt{x^2+y^2}}$，

$$f'_x(3,4)=\frac{3}{\sqrt{3^2+4^2}}=\frac{3}{5}，\quad f'_y(3,4)=\frac{4}{\sqrt{3^2+4^2}}=\frac{4}{5}。$$

由公式(6-8)得

$$\sqrt{3.02^2 + 3.99^2} = \sqrt{(3+0.02)^2 + (4-0.01)^2}$$

$$\approx \sqrt{3^2 + 4^2} + \frac{3}{5} \times 0.02 + \frac{4}{5} \times (-0.01)$$

$$= 5.004 。$$

【例 5】 某单位要造一个无盖的圆柱形容器,其内直径为 3 米,高为 4 米,厚度为 0.05 米(见图 6.24)。问:需要用料多少立方米?

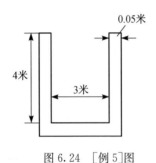

图 6.24 〔例 5〕图

解 设圆柱直径、高分别用 x, y 表示,则其体积为

$$V = f(x, y) = \pi \left(\frac{1}{2} x \right)^2 y = \frac{1}{4} \pi x^2 y,$$

由公式(6-7)得

$$\Delta V \approx dV = f'_x(x_0, y_0) \Delta x + f'_y(x_0, y_0) \Delta y$$

$$= \frac{1}{2} \pi x_0 y_0 \Delta x + \frac{1}{4} \pi x_0^2 \Delta y,$$

取 $x_0 = 3$, $\Delta x = 0.1$; $y_0 = 4$, $\Delta y = 0.05$

由公式(6-7)得

$$\Delta V \approx \frac{1}{2} \pi \times 3 \times 4 \times 0.1 + \frac{1}{4} \pi \times 3^2 \times 0.05$$

$$= 0.712\,5\pi \approx 2.238\,4 (立方米)。$$

即需用材料约为 2.238 4 立方米。

习 题 6-4

1. 求函数 $z = \dfrac{y}{x}$ 当 $x_0 = 2$, $y_0 = 1$, $\Delta x = 0.1$, $\Delta y = 0.2$ 时的全改变量和全微分。

2. 求函数 $z = x^2 y^3$ 当 $x_0 = 2$, $y_0 = -1$, $\Delta x = 0.02$, $\Delta y = -0.01$ 时的全改变量和全微分。

3. 求下列函数的全微分。

(1) $z = x^3 + 2y^3 - 3xy^2$;

(2) $z = \dfrac{x^2}{y}$;

(3) $z = x^2 e^y$;

(4) $z = \dfrac{x^2 - y^2}{x^2 + y^2}$;

(5) $z = \mathrm{e}^{xy}$;   (6) $z = \ln(x^2 - y^2)$;

(7) $z = x\cos(x - y)$;   (8) $z = \tan\dfrac{y}{x}$;

(9) $u = x^{yz}$;   (10) $u = \sqrt{x^2 + y^2 - 3z^2}$。

4. 利用全微分计算 $\sqrt{(1.97)^3 + (1.02)^3}$ 的近似值。

5. 利用全微分计算 $(1.04)^{2.02}$ 的近似值。

第五节 复合函数及隐函数的求导法则

一、二元复合函数的求导法则

设函数 z 是变量 u、v 的函数，$z = f(u, v)$；而 u, v 又是变量 x, y 的函数，$u = \varphi(x, y)$，$v = \psi(x, y)$。两者可构成 z 是变量 x, y 的二元复合函数

$$z = f[\varphi(x, y), \psi(x, y)],$$

其中，u, v 称为中间变量。

二元复合函数 $z = f[\varphi(x, y), \psi(x, y)]$ 可以用图简单地表示，如图 6.25(1) 所示，其中线段表示所连的两个变量有关系。

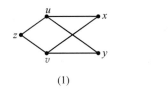
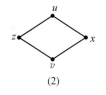

(1)   (2)

图 6.25 变量关系图

特别地，如果 $z = f(u, v)$，而 $u = \varphi(x)$，$v = \psi(x)$，则 z 是 x 的一元函数 $z = f[\varphi(x), \psi(x)]$，如图 6.25(2) 所示。

对于复合函数 $z = f[\varphi(x), \psi(x)]$ 有如下的求导法则。

定理 4 如果函数 $u = \varphi(x)$ 及 $v = \psi(x)$ 都在点 x 处可导，函数 $z = f(u, v)$ 在对应点 (u, v) 处具有连续偏导数，则复合函数 $z = f[\varphi(x), \psi(x)]$ 在对应点 x 处可导，且其导数为

$$\frac{\mathrm{d}z}{\mathrm{d}x} = \frac{\partial z}{\partial u}\frac{\mathrm{d}u}{\mathrm{d}x} + \frac{\partial z}{\partial v}\frac{\mathrm{d}v}{\mathrm{d}x}。 \tag{6-9}$$

证明 设函数 u, v 的自变量在点 x 处取得以改变量 Δx 则函数 u, v 相应地取

得改变量

$$\Delta u = \varphi(x + \Delta x) - \varphi(x), \quad \Delta v = \psi(x + \Delta x) - \psi(x)。$$

由于函数 $z = f(u, v)$ 在点 (u, v) 处有连续的偏导数，因此 $f(u, v)$ 在点 (u, v) 处可微，可证有

$$\Delta z = \frac{\partial z}{\partial u} \Delta u + \frac{\partial z}{\partial v} \Delta v + \varepsilon_1 \Delta u + \varepsilon_2 \Delta v。$$

这里，当 $\Delta u \to 0$，$\Delta v \to 0$ 时，$\varepsilon_1 \to 0$，$\varepsilon_2 \to 0$

在上式两端除以 Δx，得

$$\frac{\Delta z}{\Delta x} = \frac{\partial z}{\partial u} \cdot \frac{\Delta u}{\Delta x} + \frac{\partial z}{\partial v} \cdot \frac{\Delta v}{\Delta x} + \varepsilon_1 \frac{\Delta u}{\Delta x} + \varepsilon_2 \frac{\Delta v}{\Delta x}。$$

因为当 $\Delta x \to 0$ 时，$\Delta u \to 0$，$\Delta v \to 0$，且

$$\lim_{\Delta x \to 0} \frac{\Delta u}{\Delta x} = \frac{du}{dx}, \quad \lim_{\Delta x \to 0} \frac{\Delta v}{\Delta x} = \frac{dv}{dx},$$

所以

$$\frac{dz}{dx} = \lim_{\Delta x \to 0} \frac{\Delta z}{\Delta x} = \frac{\partial z}{\partial u} \cdot \frac{du}{dx} + \frac{\partial z}{\partial v} \cdot \frac{dv}{dx}。$$

公式(6-9)中的导数 $\dfrac{dz}{dt}$ 称为**全导数**。

对于一般的二元复合函数 $z = f[\varphi(x, y), \psi(x, y)]$ 有如下的求导法则。

定理 5 若函数 $u = \varphi(x, y)$，$v = \psi(x, y)$ 在点 (x, y) 处存在偏导数 $\dfrac{\partial u}{\partial x}$，$\dfrac{\partial u}{\partial y}$，$\dfrac{\partial v}{\partial x}$，$\dfrac{\partial v}{\partial y}$，而函数 $z = f(u, v)$ 在相应点 (u, v) 处可微，则复合函数 $z = f[\varphi(x, y), \psi(x, y)]$ 在点 (x, y) 处偏导数存在，且

$$\frac{\partial z}{\partial x} = \frac{\partial z}{\partial u} \cdot \frac{\partial u}{\partial x} + \frac{\partial z}{\partial v} \cdot \frac{\partial v}{\partial x},$$
$$\frac{\partial z}{\partial y} = \frac{\partial z}{\partial u} \cdot \frac{\partial u}{\partial y} + \frac{\partial z}{\partial v} \cdot \frac{\partial v}{\partial y}。 \tag{6-10}$$

注：定理 5 的结论可推广到中间变量多于两个的情形。例如，设 $z = f(u, v, w)$，$u = u(x, y)$，$v = v(x, y)$，$w = w(x, y)$ 构成复合函数 $z = f[u(x, y), v(x, y),$

$w(x,y)$]，在满足定理与相似的条件下，有

$$\frac{\partial z}{\partial x} = \frac{\partial z}{\partial u} \cdot \frac{\partial u}{\partial x} + \frac{\partial z}{\partial v} \frac{\partial v}{\partial x} + \frac{\partial z}{\partial w} \frac{\partial w}{\partial x}$$

$$\frac{\partial z}{\partial y} = \frac{\partial z}{\partial u} \cdot \frac{\partial u}{\partial y} + \frac{\partial z}{\partial v} \frac{\partial v}{\partial y} + \frac{\partial z}{\partial w} \frac{\partial w}{\partial y}$$

【**例 1**】 设函数 $z = x^y$，而 $x = \sin t$，$y = \sqrt{1+t}$，求 $\dfrac{\mathrm{d}z}{\mathrm{d}t}$。

解 由公式(6-9)得

$$\frac{\mathrm{d}z}{\mathrm{d}x} = \frac{\partial z}{\partial x} \cdot \frac{\mathrm{d}x}{\mathrm{d}t} + \frac{\partial z}{\partial y} \cdot \frac{\mathrm{d}y}{\mathrm{d}t} = yx^{y-1} \cdot \cos t + x^y \ln x \cdot \frac{1}{2\sqrt{1+t}}$$

$$= (\sin t)^{\sqrt{1+t}} \left(\sqrt{1+t} \cot t + \frac{\ln \sin t}{2\sqrt{1+t}} \right)。$$

【**例 2**】 设函数 $z = u^2 \ln v$，而 $u = xy$，$v = x^2 + y^2$，求 $\dfrac{\partial z}{\partial x}$，$\dfrac{\partial z}{\partial y}$。

解 由公式(6-10)得

$$\frac{\partial z}{\partial x} = \frac{\partial z}{\partial u} \cdot \frac{\partial u}{\partial x} + \frac{\partial z}{\partial v} \cdot \frac{\partial v}{\partial x} = 2u \ln v \cdot y + \frac{u^2}{v} \cdot 2x$$

$$= 2xy^2 \ln(x^2 + y^2) + \frac{2x^3 y^2}{x^2 + y^2}。$$

由对称性,得 $\quad \dfrac{\partial z}{\partial y} = \dfrac{\partial z}{\partial u} \cdot \dfrac{\partial u}{\partial y} + \dfrac{\partial z}{\partial v} \cdot \dfrac{\partial v}{\partial y} = 2x^2 y \ln(x^2 + y^2) + \dfrac{2x^2 y^3}{x^2 + y^2}。$

【**例 3**】 设函数 $z = \mathrm{e}^{xy} \sin(x+y)$，求 $\dfrac{\partial z}{\partial x}$，$\dfrac{\partial z}{\partial y}$。

解 令 $u = xy$，$v = x+y$，则 $z = \mathrm{e}^u \sin v$，即 z 是 x、y 的复合函数。由公式 (6-10)得

$$\frac{\partial z}{\partial x} = \frac{\partial z}{\partial u} \cdot \frac{\partial u}{\partial x} + \frac{\partial z}{\partial v} \cdot \frac{\partial v}{\partial x} = \mathrm{e}^u \sin v \cdot y + \mathrm{e}^u \cos v \cdot 1$$

$$= \mathrm{e}^{xy} [y \sin(x+y) + \cos(x+y)]。$$

由对称性得 $\quad \dfrac{\partial z}{\partial y} = \mathrm{e}^{xy} [x \sin(x+y) + \cos(x+y)]。$

如果定理 5 条件中 $v = \psi(y)$，即复合函数 $z = f[\varphi(x,y), \psi(y)]$ 由 $z =$

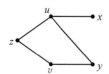

图 6.26 变量关系图

$f(u, v)$，$u = \varphi(x, y)$，$v = \psi(y)$ 构成，如图 6.26 所示。由公式(6-10)得

$$\frac{\partial z}{\partial x} = \frac{\partial z}{\partial u} \cdot \frac{\partial u}{\partial x},$$

$$\frac{\partial z}{\partial y} = \frac{\partial z}{\partial u} \cdot \frac{\partial u}{\partial y} + \frac{\partial z}{\partial v} \cdot \frac{\mathrm{d}v}{\mathrm{d}y}。 \tag{6-11}$$

如果函数 $z = f(u, x, y)$，$u = \varphi(x, y)$ 构成复合函数 $z = f[\varphi(x, y), x, y]$，如图 6.27 所示，由公式(6-10)得

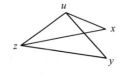

图 6.27 变量关系图

$$\frac{\partial z}{\partial x} = \frac{\partial f}{\partial u} \cdot \frac{\partial u}{\partial x} + \frac{\partial f}{\partial x},$$

$$\frac{\partial z}{\partial y} = \frac{\partial f}{\partial u} \cdot \frac{\partial u}{\partial y} + \frac{\partial f}{\partial y}。 \tag{6-12}$$

注:式(6-12)中，$\dfrac{\partial z}{\partial x}$ 与 $\dfrac{\partial f}{\partial x}$ 是不同的，$\dfrac{\partial z}{\partial x}$ 是把复合函数 $z = f[u(x, y), x, y]$ 中的 y 看作不变而对 x 的偏导数，$\dfrac{\partial f}{\partial x}$ 是把函数 $z = f(u, x, y)$ 中的 u 及 y 看作不变而对 x 的偏导数。$\dfrac{\partial z}{\partial y}$ 与 $\dfrac{\partial f}{\partial y}$ 也有类似的区别。

【例 4】 设函数 $z = xy + u$，$u = \varphi(x, y)$，求 $\dfrac{\partial z}{\partial x}$，$\dfrac{\partial^2 z}{\partial x^2}$，$\dfrac{\partial^2 z}{\partial x \partial y}$。

解 由公式(6-12)，得

$$\frac{\partial z}{\partial x} = y + \frac{\partial u}{\partial x} = y + \varphi'_x(x, y),$$

$$\frac{\partial^2 z}{\partial x^2} = \frac{\partial}{\partial x}\left(\frac{\partial z}{\partial x}\right) = \frac{\partial}{\partial x}(y + \varphi_x(x, y)) = \varphi''_{xx}(x, y),$$

$$\frac{\partial^2 z}{\partial x \partial y} = \frac{\partial}{\partial y}\left(\frac{\partial z}{\partial x}\right) = \frac{\partial}{\partial y}(y + \varphi_x(x, y)) = 1 + \varphi''_{xy}(x, y)。$$

在多元复合函数的求导中，为了简便起见，常采用以下记号:设函数 $z = f(x, y)$

$$f'_1 = \frac{\partial f(x, y)}{\partial x}, \quad f'_2 = \frac{\partial f(x, y)}{\partial y}, \quad f''_{12} = \frac{\partial^2 f(x, y)}{\partial x \partial y}, \dots$$

例如，上述[例 4]中，可简略表示如下:

$$f'_1 = y + \varphi'_1, \quad f''_{11} = \varphi''_{11}, \quad f''_{12} = 1 + \varphi''_{12}.$$

这里下标 1 表示对第一个变量 x 求偏导数,下标 2 表示对第二个变量 y 求偏导数,同理有 f''_{11},f''_{22},等等。

二、全微分形式不变性

设函数 $z = f(u, v)$ 具有连续偏导数,则有全微分

$$\mathrm{d}z = \frac{\partial z}{\partial u}\mathrm{d}u + \frac{\partial z}{\partial v}\mathrm{d}v.$$

如果 u、v 又是 x、y 的函数,$u = \varphi(x, y)$、$v = \psi(x, y)$,且这两个函数也具有连续偏导数,则复合函数

$$z = f[\varphi(x, y), \psi(x, y)],$$

的全微分为

$$\mathrm{d}z = \frac{\partial z}{\partial x}\mathrm{d}x + \frac{\partial z}{\partial y}\mathrm{d}y.$$

又,$\dfrac{\partial z}{\partial x} = \dfrac{\partial z}{\partial u} \cdot \dfrac{\partial u}{\partial x} + \dfrac{\partial z}{\partial v} \cdot \dfrac{\partial v}{\partial x}$,$\dfrac{\partial z}{\partial y} = \dfrac{\partial z}{\partial u} \cdot \dfrac{\partial u}{\partial y} + \dfrac{\partial z}{\partial v} \cdot \dfrac{\partial v}{\partial y}$ 代入 $\mathrm{d}z$ 得

$$\mathrm{d}z = \left(\frac{\partial z}{\partial u}\frac{\partial u}{\partial x} + \frac{\partial z}{\partial v}\frac{\partial v}{\partial x}\right)\mathrm{d}x + \left(\frac{\partial z}{\partial u}\frac{\partial u}{\partial y} + \frac{\partial z}{\partial v}\frac{\partial v}{\partial y}\right)\mathrm{d}y$$

$$= \frac{\partial z}{\partial u}\left(\frac{\partial u}{\partial x}\mathrm{d}x + \frac{\partial u}{\partial y}\mathrm{d}y\right) + \frac{\partial z}{\partial v}\left(\frac{\partial v}{\partial x}\mathrm{d}x + \frac{\partial v}{\partial y}\mathrm{d}y\right)$$

$$= \frac{\partial z}{\partial u}\mathrm{d}u + \frac{\partial z}{\partial v}\mathrm{d}v.$$

由此可见,无论 z 是自变量 u,v 的函数或中间变量 u,v 的函数,它的全微分形式是一样的。这个性质称为全微分形式不变性。我们可以应用全微分形式不变性计算多元函数的偏导数。

【例 5】 利用全微分形式不变性解本节的[例 3]。

解 设 $u = xy$、$v = x + y$,则 $z = \mathrm{e}^u \sin v$,于是

$$\mathrm{d}z = \mathrm{d}(\mathrm{e}^u \sin v) = \mathrm{e}^u \sin v \mathrm{d}u + \mathrm{e}^u \cos v \mathrm{d}v,$$

$$= \mathrm{e}^{xy}\sin(x + y)(y\mathrm{d}x + x\mathrm{d}y) + \mathrm{e}^{xy}\cos(x + y)(\mathrm{d}x + \mathrm{d}y)$$

$$= \mathrm{e}^{xy}[y\sin(x + y) + \cos(x + y)]\mathrm{d}x +$$

$$\mathrm{e}^{xy}[x\sin(x + y) + \cos(x + y)]\mathrm{d}y.$$

则
$$\frac{\partial z}{\partial x} = e^{xy}[y\sin(x+y) + \cos(x+y)],$$

$$\frac{\partial z}{\partial y} = e^{xy}[x\sin(x+y) + \cos(x+y)]。$$

三、隐函数的求导公式

在一元函数微分中,对于由方程 $F(x,y) = 0$ 所确定的隐函数 $y = f(x)$,我们已经知道可用复合函数求导法则求 $\frac{\mathrm{d}y}{\mathrm{d}x}$,下面我们用偏导数来求 $\frac{\mathrm{d}y}{\mathrm{d}x}$。

将 $y = f(x)$ 代入方程,则方程成为恒等式

$$F(x, f(x)) = 0,$$

两端对 x 求导。得

$$\frac{\partial F}{\partial x} + \frac{\partial F}{\partial y} \cdot \frac{\mathrm{d}y}{\mathrm{d}x} = 0,$$

若 $\dfrac{\partial F}{\partial y} \neq 0$,则得到

$$\frac{\mathrm{d}y}{\mathrm{d}x} = -\frac{\dfrac{\partial F}{\partial x}}{\dfrac{\partial F}{\partial y}} = -\frac{F'_x}{F'_y}。 \tag{6-13}$$

【例6】 求由方程 $e^y = 2x + y$ 所确定的隐函数的导数 $\dfrac{\mathrm{d}y}{\mathrm{d}x}$。

解 设 $F(x, y) = e^y - 2x - y$,则

$$F'_x = -2,\ F'_y = e^y - 1,$$

当 $e^y - 1 \neq 0$ 时,由公式(6-13),得

$$\frac{\mathrm{d}y}{\mathrm{d}x} = -\frac{F'_x}{F'_y} = -\frac{-2}{e^y - 1} = \frac{2}{e^y - 1}。$$

对于由方程 $F(x, y, z) = 0$ 所确定的二元隐函数 $z = f(x, y)$,如果 $F(x, y, z)$ 在点 (x, y, z) 的某邻域内存在连续的偏导数 $F'_x(x, y, z)$,$F'_y(x, y, z)$,$F'_z(x, y, z)$,且 $F'_z(x, y, z) \neq 0$,则由

$$F(x, y, f(x, y)) = 0,$$

有

$$F'_x(x, y, z) + F'_z(x, y, z) \cdot \frac{\partial z}{\partial x} = 0,$$

$$F'_y(x, y, z) + F'_z(x, y, z) \cdot \frac{\partial z}{\partial y} = 0,$$

得

$$\frac{\partial z}{\partial x} = -\frac{F'_x(x, y, z)}{F'_z(x, y, z)}, \quad \frac{\partial z}{\partial y} = -\frac{F'_y(x, y, z)}{F'_z(x, y, z)} \circ$$

也可简写为

$$\frac{\partial z}{\partial x} = -\frac{F'_x}{F'_z}, \quad \frac{\partial z}{\partial y} = -\frac{F'_y}{F'_z} \circ \tag{6-14}$$

【例 7】 由方程 $\ln \dfrac{z}{y} = \dfrac{x}{z}$ 确定隐函数 $z = f(x, y)$，求 $\dfrac{\partial z}{\partial x}$，$\dfrac{\partial z}{\partial y}$。

解 令 $F(x, y, z) = \ln \dfrac{z}{y} - \dfrac{x}{z}$，则

$$F'_x = -\frac{1}{z}, \quad F'_y = \frac{y}{z} \cdot \left(-\frac{z}{y^2}\right) = -\frac{1}{y},$$

$$F'_z = \frac{y}{z} \cdot \frac{1}{y} + \frac{x}{z^2} = \frac{x+z}{z^2} \circ$$

当 $F'_z \neq 0$，即 $x + z \neq 0$ 时，由公式(6-14)，得

$$\frac{\partial z}{\partial x} = -\frac{F'_x}{F'_z} = -\frac{-\dfrac{1}{z}}{\dfrac{x+z}{z^2}} = \frac{z}{x+z},$$

$$\frac{\partial z}{\partial y} = -\frac{F'_y}{F'_z} = -\frac{-\dfrac{1}{y}}{\dfrac{x+z}{z^2}} = \frac{z^2}{y(x+z)} \circ$$

习 题 6-5

1. 求下列复合函数的偏导数或全导数。

(1) 设 $z = u^2 v$, 而 $u = x\cos y$, $v = x\sin y$, 求 $\dfrac{\partial z}{\partial x}$, $\dfrac{\partial z}{\partial y}$;

(2) 设 $z = u e^v$, 而 $u = x^2 + y^2$, $v = x^3 - y^3$, 求 $\dfrac{\partial z}{\partial x}$, $\dfrac{\partial z}{\partial y}$;

(3) 设 $z = \dfrac{u^2}{v}$, 而 $u = x - 2y$, $v = y + 2x$, 求 $\dfrac{\partial z}{\partial x}$, $\dfrac{\partial z}{\partial y}$;

(4) 设 $z = (x^2 + y^2)^{xy}$, 求 $\dfrac{\partial z}{\partial x}$, $\dfrac{\partial z}{\partial y}$;

(5) 设 $z = \ln(x + 2y)$, 而 $x = \dfrac{1}{t}$, $y = \cos t$, 求 $\dfrac{\mathrm{d}z}{\mathrm{d}t}$;

(6) 设 $z = \arcsin(x - y)$, 而 $x = 3t$, $y = 4t^3$, 求 $\dfrac{\mathrm{d}z}{\mathrm{d}t}$;

(7) 设 $z = \dfrac{x^2 + y}{x + y}$, 而 $y = x^2 + 1$, 求 $\dfrac{\mathrm{d}z}{\mathrm{d}x}$;

(8) 设 $z = \tan(3t + 2x^2 - y)$, 而 $x = \dfrac{1}{t}$, $y = \sqrt{t}$, 求 $\dfrac{\mathrm{d}z}{\mathrm{d}t}$。

2. 求下列方程所确定的隐函数的导数或偏导数。

(1) $y = 2x + \cos(x - y)$, 求 $\dfrac{\mathrm{d}y}{\mathrm{d}x}$;

(2) $e^x = xy^2 - \sin y$, 求 $\dfrac{\mathrm{d}y}{\mathrm{d}x}$;

(3) $x^y - 2y = 0$, 求 $\dfrac{\mathrm{d}y}{\mathrm{d}x}$;

(4) $e^z = xyz$, 求 $\dfrac{\partial z}{\partial x}$, $\dfrac{\partial z}{\partial y}$;

(5) $\sqrt{xyz} = \dfrac{1}{2}x + y + z$, 求 $\dfrac{\partial z}{\partial x}$, $\dfrac{\partial z}{\partial y}$;

(6) $\dfrac{x^2}{a^2} + \dfrac{y^2}{b^2} + \dfrac{z^2}{c^2} = 1$, 求 $\dfrac{\partial z}{\partial x}$, $\dfrac{\partial z}{\partial y}$。

3. 设函数 $2\sin(x+2y-3z)=x+2y-3z$,试证:$\dfrac{\partial z}{\partial x}+\dfrac{\partial z}{\partial y}=1$。

4. 求下列函数的导数或偏导数。

(1) $\sin(xy)=\ln\dfrac{x+1}{y}+1$,求 $\dfrac{\mathrm{d}y}{\mathrm{d}x}\Big|_{x=0}$;

(2) $\mathrm{e}^y+xy=\mathrm{e}$,求 $\dfrac{\mathrm{d}y}{\mathrm{d}x}\Big|_{x=0}$;

(3) $\mathrm{e}^z+xyz=\mathrm{e}$,求 $\dfrac{\partial z}{\partial x}\Big|_{\substack{x=0\\y=0}}$。

5. 证明下列各题:

(1) 设函数 $z=f(x^2+y^2)$,且 f 是可微函数,求证:$y\,\dfrac{\partial z}{\partial x}-x\,\dfrac{\partial z}{\partial y}=0$;

(2) 设 $z=f[\mathrm{e}^{xy},\cos(xy)]$,且 f 是可微函数,求证:$x\,\dfrac{\partial z}{\partial x}-y\,\dfrac{\partial z}{\partial y}=0$。

6. 求下列复合函数的二阶偏导数,其中函数 f 具有二阶连续偏导数。
(1) $z=f(xy,y)$;
(2) $z=f(xy^2,x^2y)$。

7. 设函数 $F(u,v)$ 有连续偏导数,方程 $F(x+y+z,x^2+y^2+z^2)=0$ 确定函数 $z=f(x,y)$,求 $\dfrac{\partial z}{\partial x},\dfrac{\partial z}{\partial y}$。

第六节　二元函数的极值

一、二元函数的极值及最大值、最小值

在现代社会中,如科学研究、工程技术、经济活动分析、经济管理等方面,经常会遇到将实际问题转化为数学上建立一个多元函数,求其极值的问题。下面给出二元函数极值的概念。

定义 1　设函数 $z=f(x,y)$ 在点 (x_0,y_0) 的某个邻域内有定义,对于该邻域内异于点 (x_0,y_0) 的任何点 (x,y),如果都有

$$f(x,y)<f(x_0,y_0),$$

则称 $f(x_0,y_0)$ 为函数 $f(x,y)$ 的**极大值**,点 (x_0,y_0) 称为极大值点;如果有

$$f(x,y) > f(x_0,y_0),$$

则称 $f(x_0,y_0)$ 为函数 $f(x,y)$ 的**极小值**,点 (x_0,y_0) 称为极小值点。

极大值与极小值统称为**极值**,极大值点、极小值点统称为函数的**极值点**。

例如,函数 $z = x^2 + y^2$ 在点 $(0,0)$ 处取得极小值 0,因为在点 $(0,0)$ 的任一邻域内,对于不同于点 $(0,0)$ 的任何点 (x,y),其函数值 $f(x,y)$ 均大于 0,而在点 $(0,0)$ 处的函数值为 0。

定理 6(极值存在的必要条件) 设函数 $z = f(x,y)$ 在点 (x_0,y_0) 有极值,且函数在该点的一阶偏导数存在,则

$$f'_x(x_0,y_0) = 0, \quad f'_y(x_0,y_0) = 0.$$

证明 由于函数 $z = f(x,y)$ 在点 (x_0,y_0) 处有极值,所以当 $y = y_0$ 时,一元函数 $z = f(x,y_0)$ 在 $x = x_0$ 处必有极值。根据一元函数极值存在的必要条件,有

$$\left. \frac{\partial z}{\partial x} \right|_{\substack{x=x_0 \\ y=y_0}} = f'_x(x_0,y_0) = 0,$$

同理,有

$$\left. \frac{\partial z}{\partial y} \right|_{\substack{x=x_0 \\ y=y_0}} = f'_y(x_0,y_0) = 0.$$

与一元函数相类似,使偏导数 $f'_x(x_0,y_0) = 0$,$f'_y(x_0,y_0) = 0$ 同时成立的点 (x_0,y_0) 称为函数 $f(x,y)$ 的**驻点**。

由定理 6 可知,函数具有偏导数的极值点一定是函数的驻点,但是函数的驻点不一定是函数的极值点。例如,函数 $f(x,y) = xy$ 在点 $(0,0)$ 处有 $f_x(0,0) = 0$,$f_y(0,0) = 0$,所以 $(0,0)$ 是驻点。但是,不论在点 $(0,0)$ 的怎样小邻域内,当 x 和 y 同号时 $f(x,y) > 0$;x 和 y 异号时,$f(x,y) < 0$。因此 $f(0,0) = 0$ 不是函数 $f(x,y) = xy$ 的极值,$(0,0)$ 不是极值点。

一个驻点在什么条件下才是极值点呢? 下面给出极值存在的充分条件。

定理 7(极值存在的充分条件) 设函数 $z = f(x,y)$ 在点 (x_0,y_0) 的某邻域内有连续的二阶偏导数,且点 (x_0,y_0) 为函数 $z = f(x,y)$ 的驻点,记

$$A = f''_{xx}(x_0,y_0),\ B = f''_{xy}(x_0,y_0),\ C = f''_{yx}(x_0,y_0),$$

(1) 如果 $B^2 - AC < 0$,且 $A < 0$,则 $f(x_0,y_0)$ 是极大值;

(2) 如果 $B^2 - AC < 0$,且 $A > 0$,则 $f(x_0,y_0)$ 是极小值;

（3）如果 $B^2 - AC > 0$，则 $f(x_0, y_0)$ 不是极值；

（4）如果 $B^2 - AC = 0$，则 $f(x_0, y_0)$ 是否为极值需另外讨论。

【例1】 求函数 $f(x, y) = x^3 - 4x^2 + 2xy - y^2$ 的极值。

解 因为 $\quad f_x'(x, y) = 3x^2 - 8x + 2y$，$f_y'(x, y) = 2x - 2y$；

解方程组

$$\begin{cases} f_x'(x, y) = 3x^2 - 8x + 2y = 0, \\ f_y'(x, y) = 2x - 2y = 0, \end{cases}$$

得驻点 $(0, 0), (2, 2)$。

又因为 $\quad f_{xx}''(x, y) = 6x - 8$，$f_{xy}''(x, y) = 2$，$f_{yy}''(x, y) = -2$。

列表讨论如下，如表 6.1 所示。

表 6.1　　　　　　　　　　　判定极值表

(x_0, y_0)	A	B	C	$B^2 - AC$	判断 $f(x_0, y_0)$
$(0, 0)$	-8	2	-2	-12	$f(0, 0) = 0$ 为极大值
$(2, 2)$	4	2	-2	12	$f(2, 2)$ 不是极值

在实际问题中，常遇到求一个二元函数 $f(x, y)$ 在某一区域 D 上的最大值或最小值问题。如果函数 $f(x, y)$ 在 D 内具有唯一的驻点，而根据实际问题的性质又可判定它的最大值或最小值存在，那么这个唯一的驻点就是要求的最大值点或最小值点。

【例2】 某工厂生产 A、B 两种产品，销售单价分别是 10 元与 9 元，生产 x 单位的 A 产品与生产 y 单位的 B 产品的费用是

$$400 + 2x + 3y + 0.01(3x^2 + xy + 3y^2) \text{（元）}，$$

求：当 A、B 产品的产量各为多少时，能使获得的利润最大？

解 设 $L(x, y)$ 为产品 A，B 分别生产 x 和 y 单位时所得的利润，则

$$L(x, y) = (10x + 9y) - [400 + 2x + 3y + 0.01(3x^2 + xy + 3y^2)]$$
$$= 8x + 6y - 0.01(3x^2 + xy + 3y^2) - 400,$$

解方程组

$$\begin{cases} L_x'(x, y) = 8 - 0.01(6x + y) = 0, \\ L_y'(x, y) = 6 - 0.01(x + 6y) = 0, \end{cases}$$

得唯一驻点(120，80)。

由于该实际问题有最大值，所以当 A 产品生产 120 个单位，B 产品生产 80 个单位时，所得利润最大。

二、条件极值

二元函数的极值一般分为**条件极值**和**无条件极值**两种。前面在讨论函数极值时，对自变量除限定在定义域内取值外，并无其他约束条件，这类极值问题称为**无条件极值**，简称极值。如果对自变量除限定在定义域内取值外，还需满足附加条件，这类极值问题称为**条件极值**。

下面介绍一种求条件极值的常用方法——**拉格朗日乘数法**。

应用拉格朗日乘数法求函数 $z=f(x，y)$ 在约束条件 $\varphi(x，y)=0$ 下的极值的基本步骤如下。

（1）构造拉格朗日函数。

$$L(x，y)=f(x，y)+\lambda\varphi(x，y)，$$

其中，λ 称为拉格朗日乘数。

（2）求 $L(x，y)$ 对 x 与 y 的一阶偏导数，并令它们为零，然后与 $\varphi(x，y)=0$ 联立，得方程组

$$\begin{cases} L'_x=f'_x(x，y)+\lambda\varphi'_x(x，y)=0， \\ L'_y=f'_y(x，y)+\lambda\varphi'_y(x，y)=0， \\ \varphi(x，y)=0。 \end{cases} \tag{6-15}$$

（3）解方程组(6-15)，求得解$(x_0，y_0，\lambda_0)$。其中$(x_0，y_0)$就是函数 $z=f(x，y)$ 在条件 $\varphi(x，y)=0$ 下的可能极值点。

（4）判定$(x_0，y_0)$是否为极值点。一般地，可以由具体问题的性质进行判别。

上述方法还可以推广到自变量多于两个而条件多于一个的情况。例如，求函数 $u=f(x，y，z)$ 在约束条件 $\varphi(x，y，z)=0，\psi(x，y，z)=0$ 下的极值。可先作拉格朗日函数

$$L(x，y，z)=f(x，y，z)+\lambda_1\varphi(x，y，z)+\lambda_2\psi(x，y，z)，$$

其中，λ_1，λ_2 均为常数，求 $L(x，y，z)$ 的一阶偏导数，并令它们为零，与 $\varphi(x，y，z)=0$，$\psi(x，y，z)=0$ 联立起来求解。所得的解$(x_0，y_0，z_0)$即为该极值问题的可能极值点，然后判定它是否为极值点。

【例3】 求函数 $f(x，y)=x^2+y^2$ 在条件 $x+y=1$ 下的可能极值点。

解 构造拉格朗日函数

$$L(x,y)=x^2+y^2+\lambda(x+y-1),$$

求 $L(x,y)$ 对 x,y 的一阶偏导数,并令其为零,然后与 $x+y-1=0$ 联立,得方程组

$$\begin{cases} L'_x=2x+\lambda=0, \\ L'_y=2y+\lambda=0, \\ x+y-1=0, \end{cases}$$

解得 $\lambda=-1$, $x=\dfrac{1}{2}$, $y=\dfrac{1}{2}$。

所以,点 $\left(\dfrac{1}{2},\dfrac{1}{2}\right)$ 是函数 $f(x,y)$ 在条件 $x+y=1$ 下的可能极值点。

【例4】 某工厂生产两种型号的机床,其产量分别为 x 台和 y 台,成本函数为 $C(x,y)=300+x^2+2y^2-xy$(单位:万元)。若根据市场调查预测,共需这两种机床 8 台,问应如何安排生产,才能使成本最小?

解 此问题可以归结为:求成本函数 $C(x,y)$ 在条件 $x+y=8$ 下的最小值。

构造拉格朗日函数

$$F(x,y)=300+x^2+2y^2-xy+\lambda(x+y-8),$$

求 $F(x,y)$ 对 x,y 的偏导数,并令其为零,然后与 $x+y-8=0$ 联立,得方程组

$$\begin{cases} F'_x=2x-y+\lambda=0, \\ F'_y=4y-x+\lambda=0, \\ x+y-8=0。 \end{cases}$$

解得 $\lambda=-7$, $x=5$, $y=3$

因为实际问题的最小值存在,所以,点 $(5,3)$ 是函数 $C(x,y)$ 的最小值点。即当两种型号的机床各生产 5 台和 3 台时,成本最小,且最小成本为

$$C(5,3)=300+5^2+2\times3^2-5\times3=328(\text{万元}),$$

求函数 $z=f(x,y)$ 在约束条件 $\varphi(x,y)=0$ 下的条件极值问题,有时也可以从约束条件 $\varphi(x,y)=0$ 中解出 y,代入 $f(x,y)$,使之成为一元函数的无条件极值问题。在[例4]中,由 $x+y=8$ 解出 $y=8-x$,代入 $C(x,y)$ 得

$$C(x,y)=300+x^2+2(8-x)^2-x(8-x)=4x^2-40x+428。$$

253

这样就转化为一元函数的无条件极值问题。

习 题 6-6

1. 求下列函数的极值。

(1) $f(x,y)=4-x^2-y^2$;

(2) $f(x,y)=x^2-xy+y^2+9x-6y+20$;

(3) $f(x,y)=x^3-3xy+3y$;

(4) $f(x,y)=4(x-y)-x^2-y^2$。

2. 设某工厂生产 A、B 两种产品,当 A、B 产量分别为 x 和 y 时,成本函数为

$$C(x,y)=8x^2+6y^2-2xy-40x-42y+180,$$

求两种产品的产量各为多少时,成本最小? 并求最小成本。

3. 某农场欲围一个面积为 216 平方米的矩形场地,正面所用材料每米造价 10 元,其余三面每米造价 5 元,问场地长、宽各多少米时,所用材料费最省?

4. 将周长为 $2p$ 的矩形绕它的一边旋转而构成一个圆柱体,问矩形的边长各为多少时,才能使圆柱体的体积最大?

5. 设生产某种产品的数量 P(吨)与所有两种原料 A,B 的数量 x,y 间有关系式 $P(x,y)=0.005x^2y$。 现准备向银行贷款150 万元购原料,已知 A,B 原料的单价分别为 1 万元/吨和 2 万元/吨,问两种原料各购买多少,才能使生产的产品数量最多?

6. 设销售收入 R(单位:万元)与花费在两种广告宣传上的费用 x、y(单位:万元)之间的关系为

$$R=\frac{200x}{x+5}+\frac{100y}{10+y},$$

利润 L 相当于五分之一的销售收入,并要扣除广告费用。已知广告费用预算金额是 25 万元,试问如何分配两种广告费用可使利润最大。

第七节　二重积分的概念与性质

一、二重积分的概念

为了引入二重积分的概念,我们先看一个具体的例子。

【例】 曲顶柱体的体积问题。

曲顶柱体是指这样的立体:该立体的底是 xOy 平面上的有界闭区域 D,它侧面是以 D 的边界曲线为准线而母线平行于 z 轴的柱面,顶部是由定义在区域 D 上的二元连续函数 $z = f(x,y)$($f(x,y) \geqslant 0$)所确定的曲面(见图 6.28)。求曲顶柱体的体积 V。

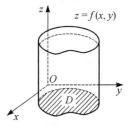

图 6.28　曲顶柱体

分析　如果曲顶柱体的顶是与 xOy 坐标面平行,即曲面 $z = f(x,y) =$ 常量 h 时,则其体积可用公式

$$\text{体积 } V = \text{区域 } D \text{ 的面积 } S \times \text{高 } h$$

计算。

当曲顶柱体的顶是一张曲面 $z = f(x,y)$,当点 (x,y) 在区域 D 上变化时,高度 $f(x,y)$ 是一个变量,它的体积不能应用上面的公式计算。我们应用"分割、作近似、求和、取极限"四步求曲边梯形面积的方法,求曲顶柱体的体积。

第一步:分割。把区域 D 任意分割成 n 个小区域 $\Delta\sigma_1, \Delta\sigma_2, \cdots, \Delta\sigma_n$,且以 $\Delta\sigma_i$ 同时表示第 i 个小区域的面积,分别以这 n 个小区域的边界为准线,作母线平行于 z 轴的柱面,这些柱面将原来的曲顶柱体分割成 n 个小曲顶柱体,$i = 1, 2, \cdots n$。

第二步:作近似。当小区域的直径(即:直径为区域内任意两点间距离的最大者)很小时,小曲顶柱体可以近似看作是平顶柱体,第 i 个小曲顶柱体近似看作以 $\Delta\sigma_i$ 为底、$f(\xi_i, \eta_i)$ 为高的平顶柱体(见图 6.29),其中 (ξ_i, η_i) 为 $\Delta\sigma_i$ 中任取的一点,从而得到第 i 个小曲顶柱体体积 ΔV_i 的近似值 $f(\xi_i, \eta_i)\Delta\sigma_i$,即

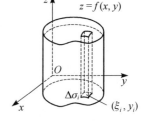

图 6.29　近似

$$\Delta V_i \approx f(\xi_i, \eta_i)\Delta\sigma_i \quad (i = 1, 2, \cdots, n)。$$

第三步:求和。将这 n 个小曲顶柱体体积的近似值相加,得到所求的曲顶柱体体积 V 的近似值,即

$$V = \sum_{i=1}^{n} \Delta V_i \approx \sum_{i=1}^{n} f(\xi_i, \eta_i)\Delta\sigma_i。$$

第四步:取极限。当区域 D 分得越细,则上式右端的和式就越接近于曲顶柱体的体积 V。用 d_i 表示小区域 $\Delta\sigma_i$ 的直径 $(i = 1, 2, \cdots, n)$,令 $d = \max\{d_1,$

d_2，…，d_n}。

当 d 趋向于 0 时，如果和式 $\sum\limits_{i=1}^{n} f(\xi_i，\eta_i)\Delta\sigma_i$ 的极限存在，那么可以定义这个极限值为该曲顶柱体的体积 V，即

$$V = \lim_{d \to 0} \sum_{i=1}^{n} f(\xi_i，\eta_i)\Delta\sigma_i。$$

在客观实际中，还有许多实际问题可以归结为如上特定结构和式的极限，摒弃问题的实际意义，由此从数学上引入二重积分的概念。

定义 1　设 $z = f(x，y)$ 是定义在有界闭区域 D 上的有界函数，将区域 D 任意分割成 n 个小区域 $\Delta\sigma_1$，$\Delta\sigma_2$，…，$\Delta\sigma_n$，并以 $\Delta\sigma_i$ 表示第 i 个小区域的面积，在每个小区域 $\Delta\sigma_i$ 上任取一点 $(\xi_i，\eta_i)$，d_i 为区域 $\Delta\sigma_i$ 的直径，$i = 1，2，…，n$。作和式

$$\sum_{i=1}^{n} f(\xi_i，\eta_i)\Delta\sigma_i，$$

如果 $d = \max\{d_1，d_2，…，d_n\} \to 0$ 时，这个和式的极限存在，且与小区域的分割及点 $(\xi_i，\eta_i)$ 的选取无关，则称此极限值为函数 $z = f(x，y)$ 在区域 D 上的**二重积分**，记作 $\iint\limits_{D} f(x，y)\mathrm{d}\sigma$，即

$$\iint\limits_{D} f(x，y)\mathrm{d}\sigma = \lim_{d \to 0} \sum_{i=1}^{n} f(\xi_i，\eta_i)\Delta\sigma_i，$$

其中，$f(x，y)$ 称为**被积函数**，$f(x，y)\mathrm{d}\sigma$ 称为**被积表达式**，符号"$\iint$"称为**二重积分号**，D 称为**积分区域**，$\mathrm{d}\sigma$ 称为**面积微元**，x，y 称为**积分变量**。

可以证明，当函数 $f(x，y)$ 在有界闭区域 D 上连续时，这个和式的极限必存在。

今后我们总假定所讨论的二元函数 $f(x，y)$ 在区域 D 上连续，所以它在 D 上的二重积分总是存在。

在二重积分的定义中，对区域 D 的分割是任意的，如果在直角坐标系中用平行于坐标轴的直线网来划分区域 D，那么除了靠近边界曲线的一些小区域外，其余绝大部分的小区域都是矩形，小矩形 $\Delta\sigma$ 的边长为 Δx 和 Δy，其面积 $\Delta\sigma = \Delta x \Delta y$，如图 6.30 所示。因此，在直角坐标系中面积微元 $\mathrm{d}\sigma$ 可记作 $\mathrm{d}x\mathrm{d}y$，从而二重积分也常被记作

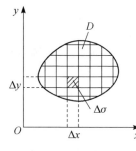

图 6.30　面积元 $\Delta\sigma$

$$\iint\limits_{D} f(x,y)\mathrm{d}\sigma = \iint\limits_{D} f(x,y)\mathrm{d}x\,\mathrm{d}y\text{。}$$

二、二重积分的性质

性质1 常数因子可提到积分号外面。即

$$\iint\limits_{D} kf(x,y)\mathrm{d}x\,\mathrm{d}y = k\iint\limits_{D} f(x,y)\mathrm{d}x\,\mathrm{d}y(k\ \text{为常数})\text{。}$$

性质2 两函数的代数和的积分等于各个函数积分的代数和，即

$$\iint\limits_{D}[f(x,y)\pm g(x,y)]\mathrm{d}x\,\mathrm{d}y = \iint\limits_{D} f(x,y)\mathrm{d}x\,\mathrm{d}y \pm \iint\limits_{D} g(x,y)\mathrm{d}x\,\mathrm{d}y\text{。}$$

性质2可推广到有限多个函数的代数和的情况，即有限多个函数的代数和在积分区域 D 上的二重积分等于各函数在积分区域 D 上的二重积分的代数和。

性质3(二重积分对积分区域具有可加性) 如果有界闭区域 D 被一连续曲线分成两个除边界外没有公共点的闭区域 D_1 和 D_2,

则 $$\iint\limits_{D} f(x,y)\mathrm{d}x\,\mathrm{d}y = \iint\limits_{D_1} f(x,y)\mathrm{d}x\,\mathrm{d}y + \iint\limits_{D_2} f(x,y)\mathrm{d}x\,\mathrm{d}y\text{。}$$

性质4 如果在有界闭区域 D 上,有两函数满足 $f(x,y)\leqslant g(x,y)$

则 $$\iint\limits_{D} f(x,y)\mathrm{d}x\,\mathrm{d}y \leqslant \iint\limits_{D} g(x,y)\mathrm{d}x\,\mathrm{d}y\text{。}$$

特别地,由于

$$-|f(x,y)|\leqslant f(x,y)\leqslant|f(x,y)|\text{,}$$

所以

$$\left|\iint\limits_{D} f(x,y)\mathrm{d}x\,\mathrm{d}y\right| \leqslant \iint\limits_{D}|f(x,y)|\mathrm{d}x\,\mathrm{d}y\text{。}$$

性质5 如果在有界闭区域 D 上有函数 $f(x,y)=1,S$ 是 D 的面积,则

$$\iint\limits_{D}\mathrm{d}x\,\mathrm{d}y = S\text{。}$$

性质6 设 M,m 是函数 $f(x,y)$ 在有界闭区域 D 上的最大值与最小值,S 是 D 的面积,则

$$mS \leqslant \iint\limits_{D} f(x, y)\mathrm{d}x\,\mathrm{d}y \leqslant MS.$$

性质 7(二元函数的积分中值定理) 设函数 $f(x, y)$ 在有界闭区域 D 上连续，S 是区域 D 的面积，则在 D 上至少存在一点 (ξ, η)，使得

$$\iint\limits_{D} f(x, y)\mathrm{d}x\,\mathrm{d}y = f(\xi, \eta)S.$$

习 题 6-7

1. 用二重积分表示以曲面 $z=5$ 为顶，由 $x=0$，$x=2$，$y=0$，$y=2$ 所围成的矩形区域 D 为底的曲顶柱体的体积 V，并由二重积分的几何意义，计算该曲顶柱体的体积。

2. 用二重积分表示以曲面 $z=\sqrt{4-x^2-y^2}$ 为顶，由曲线 $x^2+y^2=4$ 所围成的有界闭区域 D 为底的曲顶柱体的体积 V，并由二重积分的几何意义，计算该曲顶柱体的体积。

3. 判定下列二重积分的大小。

$$I_1 = \iint\limits_{D} (x+y)^2 \mathrm{d}x\,\mathrm{d}y, \quad I_2 = \iint\limits_{D} (x+y)^3 \mathrm{d}x\,\mathrm{d}y,$$ 其中积分区域 D 是由 x 轴、y 轴与直线 $x+y=1$ 所围成的有界闭区域。

第八节　二重积分的计算

下面将根据二重积分的几何意义来说明二重积分的计算方法。这个方法是将一个二重积分问题化为接连计算两个定积分的问题。

一、在直角坐标系中计算二重积分

定义 1 如果二重积分的积分区域 D 是由直线 $x=a$，$x=b$ 与曲线 $y=\varphi_1(x)$，$y=\varphi_2(x)$ 所围成的闭区域，且满足：

(1) 积分区域 D 夹在直线 $x=a$，$x=b$ 之间。

(2) 垂直于 x 轴的直线 $x=x_0(a<x_0<b)$ 穿过区域 D，至多与区域的边界交于两点，其中函数 $\varphi_1(x)$、$\varphi_2(x)$，在区间 $[a, b]$ 上连续，$\varphi_1(x) \leqslant \varphi_2(x)$，则称区域 D 为 **X-型区域**，如图 6.31 所示。

如果二重积分的积分区域 D 是由直线 $y=c$，$y=d$ 与曲线 $x=\psi_1(y)$，$x=\psi_2(y)$ 所围成的闭区域，且满足：

(1) 积分区域 D 夹在直线 $y=c$，$y=d$ 之间。

(2) 垂直于 y 轴的直线 $y=y_0(c<y_0<d)$ 穿过区域 D，至多与区域的边界交于两点，其中函数 $x=\psi_1(y)$，$x=\psi_2(y)$ 在区间 $[c,d]$ 上连续，$\psi_1(y)\leqslant\psi_2(y)$，则称区域 D 为 **Y-型区域**，如图 6.32 所示。

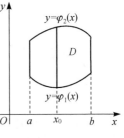

图 6.31　X-型区域

许多常见的区域都可以用平行于坐标轴的直线把区域 D 分解成有限个除边界外无公共点的 X-型区域或 Y-型区域，图 6.33 表示将区域 D 分为三个这样的区域。因而，一般区域上的二重积分计算问题就可化成 X-型区域或 Y-型区域上的二重积分计算问题。

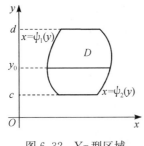

图 6.32　Y-型区域

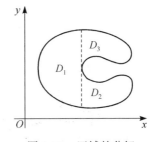

图 6.33　区域的分解

下面讨论积分区域 D 为 X-型区域（见图 6.31）时，如何计算二重积分 $\iint\limits_{D}f(x,y)\mathrm{d}x\mathrm{d}y$。

如果函数 $f(x,y)\geqslant0$，按照二重积分的几何意义，$\iint\limits_{D}f(x,y)\mathrm{d}x\mathrm{d}y$ 的值等于以 D 为底，以曲面 $z=f(x,y)$ 为顶的曲顶柱体的体积，我们应用定积分中计算"平行截面面积为已知的立体的体积"的方法，来计算这个曲顶柱体的体积。

用平行于 yOz 坐标平面的平面 $x=x_0(a\leqslant x_0\leqslant b)$ 去截曲顶柱体（见图 6.34）得到一截面，此截面是以区间 $[\varphi_1(x_0),\varphi_2(x_0)]$ 为底，以 $z=f(x_0,y)$ 为曲边的曲边梯形（见图 6.34 的阴影部分），它的面积为

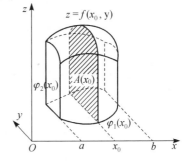

图 6.34　曲顶柱体体积计算

$$A(x_0) = \int_{\varphi_1(x_0)}^{\varphi_2(x_0)} f(x_0, y) \mathrm{d}y,$$

因为 x_0 是 $[a, b]$ 内任一定值,所以可以将 x_0 写成 x,得到在 x 处截面面积为

$$A(x) = \int_{\varphi_1(x)}^{\varphi_2(x)} f(x, y) \mathrm{d}y,$$

其中,y 是积分变量,x 在这一次积分过程中被看成为常数,积分结果 $A(x)$ 是区间 $[a, b]$ 上的 x 函数。于是,曲顶柱体可以看成平行截面面积为 $A(x)$ 的立体,因此由计算立体体积的公式,得曲顶柱体的体积为

$$V = \int_a^b A(x) \mathrm{d}x = \int_a^b \left(\int_{\varphi_1(x)}^{\varphi_2(x)} f(x, y) \mathrm{d}y \right) \mathrm{d}x。$$

这样我们得到二重积分计算公式

$$\iint\limits_D f(x, y) \mathrm{d}x\,\mathrm{d}y = \int_a^b \left(\int_{\varphi_1(x)}^{\varphi_2(x)} f(x, y) \mathrm{d}y \right) \mathrm{d}x。 \tag{6-16}$$

这一公式通常也可表示成

$$\iint\limits_D f(x, y) \mathrm{d}x\,\mathrm{d}y = \int_a^b \mathrm{d}x \left(\int_{\varphi_1(x)}^{\varphi_2(x)} f(x, y) \mathrm{d}y \right)。 \tag{6-17}$$

式(6-16)或式(6-17)将一个二重积分化为先对 y 积分,再对 x 积分的累次积分。第一次先把 x 看作常数,把 $f(x, y)$ 看作 y 的函数,对 y 计算从 $\varphi_1(x)$ 到 $\varphi_2(x)$ 的定积分;第二次是把第一次积分的结果作为被积函数(是 x 的函数),对 x 计算 a 到 b 的定积分。要注意的是在这二次定积分中,积分下限总小于积分上限。

在上面的讨论中,我们假设 $f(x, y) \geqslant 0$,通过曲顶柱体的体积来说明的,事实上,上述计算二重积分的公式不受这一条件的限制。

如果积分区域 D 是 Y-型区域(见图 6.32),同样可得到二重积分计算公式

$$\iint\limits_D f(x, y) \mathrm{d}x\,\mathrm{d}y = \int_c^d \left(\int_{\psi_1(x)}^{\psi_2(x)} f(x, y) \mathrm{d}x \right) \mathrm{d}y。 \tag{6-18}$$

上式将二重积分化为先对 x 积分,再对 y 积分的累次积分。公式(6-18)通常也可表示成

$$\iint\limits_D f(x, y) \mathrm{d}x\,\mathrm{d}y = \int_c^d \mathrm{d}y \int_{\psi_1(y)}^{\psi_2(y)} f(x, y) \mathrm{d}x。 \tag{6-19}$$

特别地,若积分区域是特殊的矩形区域,即

$$D = \{(x, y) \mid a \leqslant x \leqslant b, c \leqslant y \leqslant d\}$$

该积分区域既是 X-型区域,又是 Y-型区域(见图 6.35)。
由上述公式,得

$$\iint\limits_{D} f(x, y)\mathrm{d}x\mathrm{d}y = \int_a^b \left(\int_c^d f(x, y)\mathrm{d}y\right)\mathrm{d}x$$

$$= \int_c^d \left(\int_a^b f(x, y)\mathrm{d}x\right)\mathrm{d}y。$$

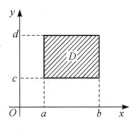

图 6.35　积分区域 D

特别地,当 $f(x, y) = g(x) \cdot h(y)$ 时,

$$\iint\limits_{D} f(x, y)\mathrm{d}x\mathrm{d}y = \int_a^b g(x)\mathrm{d}x \cdot \int_c^d h(y)\mathrm{d}y。$$

【例 1】　计算二重积分 $\iint\limits_{D} x^3 y^2 \mathrm{d}x\mathrm{d}y$,其中积分区域 D 为矩形闭区域 $0 \leqslant x \leqslant 1, -1 \leqslant y \leqslant 1$。

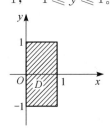

图 6.36　积分区域 D

解　由于矩形区域是 X-型和 Y-型的特殊形式(见图 6.36)。
因此,矩形区域上的二重积分既可化为先 y 后 x 的二次积分,也可化为先 x 后 y 的二次积分。则

$$\iint\limits_{D} x^3 y^2 \mathrm{d}x\mathrm{d}y = \int_0^1 \mathrm{d}x \int_{-1}^1 x^3 y^2 \mathrm{d}y = \int_0^1 x^3 \left(\frac{1}{3}y^3\right)\bigg|_{-1}^1 \mathrm{d}x$$

$$= \int_0^1 \frac{2}{3}x^3 \mathrm{d}x = \frac{1}{6},$$

或者

$$\iint\limits_{D} x^3 y^2 \mathrm{d}x\mathrm{d}y = \int_{-1}^1 \mathrm{d}y \int_0^1 x^3 y^2 \mathrm{d}x = \frac{1}{6}。$$

或者

$$\iint\limits_{D} x^3 y^2 \mathrm{d}x\mathrm{d}y = \int_0^1 x^3 \mathrm{d}x \cdot \int_{-1}^1 y^2 \mathrm{d}y = \frac{1}{6}。$$

【例 2】　计算二重分 $\iint\limits_{D} xy\mathrm{d}x\mathrm{d}y$,其中积分区域 D 是由 $y = \sqrt{x}$, $y = 2$, $x = 1$ 所围成的有界闭区域。

解　先画出积分区域 D,如图 6.37 所示,D 既是 X-型区域,又是 Y-型区域。现将 D 作为 X-型区域来计算二重积分。区域 D 夹在直线 $x = 1$, $x = 4$ 之间,在区间 $[1, 4]$ 上任意取定一个 x 值,过点 x 作垂直于 x 轴的直线,该直线先与区域 D 的

261

边界 $y=\sqrt{x}$ 相交,然后与区域 D 的另一条边界 $y=2$ 相交,得对 y 积分时的下限为 $\sqrt{x}$,上限为 2。于是由公式(6-17)得

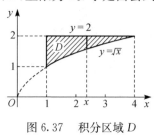

图 6.37　积分区域 D

$$\iint\limits_D xy\,\mathrm{d}x\,\mathrm{d}y=\int_1^4\mathrm{d}x\int_{\sqrt{x}}^2 xy\,\mathrm{d}y=\int_1^4 x\left(\frac{y^2}{2}\right)\bigg|_{\sqrt{x}}^2\mathrm{d}x$$

$$=\int_1^4 x\left(2-\frac{x}{2}\right)\mathrm{d}x$$

$$=\left(x^2-\frac{x^3}{6}\right)\bigg|_1^4=4\frac{1}{2}。$$

【例3】　计算二重积分 $\iint\limits_D xy\,\mathrm{d}x\,\mathrm{d}y$,其中积分区域 D 为直线 $y=x-2$ 与抛物线 $y^2=x$ 所围成的有界闭区域。

解　画出积分区域 D,积分区域 D 是 Y-型区域,如图 6.38 所示,因此

$$\iint\limits_D xy\,\mathrm{d}x\,\mathrm{d}y=\int_{-1}^2\mathrm{d}y\int_{y^2}^{y+2}xy\,\mathrm{d}x=\int_{-1}^2 y\left(\frac{x^2}{2}\right)\bigg|_{y^2}^{y+2}\mathrm{d}y$$

$$=\frac{1}{2}\int_{-1}^2\left[y(y+2)^2-y^5\right]\mathrm{d}y$$

$$=\frac{1}{2}\int_{-1}^2(-y^5+y^3+4y^2+4y)\mathrm{d}y$$

$$=\frac{1}{2}\left(-\frac{1}{6}y^6+\frac{1}{4}y^4+\frac{4}{3}y^3+2y^2\right)\bigg|_{-1}^2$$

$$=\frac{45}{8}。$$

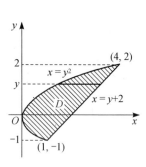

图 6.38　积分区域 D

[例3]的积分区域也可看作是 X-型区域。区域 D 夹在直线 $x=0$,$x=4$ 之间,但是区域 D 的下方边界 $\varphi_1(x)$ 由两个式子表示,$[0,1]$ 上为 $y=-\sqrt{x}$,$[1,4]$ 上为 $y=x-2$,所以用经过交点 $(1,-1)$ 且垂直于 x 轴的直线 $x=1$ 把区域分成两个 X-型区域 D_1 和 D_2,如图 6.39 所示。根据性质3,就有

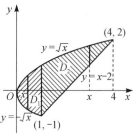

图 6.39　积分区域 D_1,D_2

$$\iint\limits_D xy\,\mathrm{d}x\,\mathrm{d}y=\iint\limits_{D_1}xy\,\mathrm{d}x\,\mathrm{d}y+\iint\limits_{D_2}xy\,\mathrm{d}x\,\mathrm{d}y$$

$$=\int_0^1\mathrm{d}x\int_{-\sqrt{x}}^{\sqrt{x}}xy\,\mathrm{d}y+\int_1^4\mathrm{d}x\int_{x-2}^{\sqrt{x}}xy\,\mathrm{d}y=\frac{45}{8}。$$

可见,将区域 D 作为 X-型区域来计算比较麻烦,因此在化二重积分为累次积分时,为了计算方便,我们要根据积分区域和被积函数的特点,选择累次积分的顺序。

【例 4】 改变累次积分的积分次序

$$\int_0^1 \mathrm{d}x \int_{x^2}^x f(x, y)\mathrm{d}y。$$

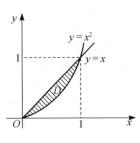

图 6.40 积分区域 D

解 由所给的累次积分可知,积分区域 D 夹在直线 $x=0$, $x=1$ 之间。过 x 轴上区间 $[0,1]$ 中任意点 x 垂直于 x 轴的直线,在与区域 D 的边界 $y=x^2$ 相交,然后与区域 D 的另一条边界 $y=x$ 相交,由此得如图 6.40 所示的积分区域 D。

改变积分次序,即化为先对 x 而后对 y 的累次积分,

$$\int_0^1 \mathrm{d}x \int_{x^2}^x f(x, y)\mathrm{d}y = \int_0^1 \mathrm{d}y \int_y^{\sqrt{y}} f(x, y)\mathrm{d}x。$$

【例 5】 计算二重积分 $\displaystyle\int_0^1 \mathrm{d}x \int_x^1 e^{y^2}\mathrm{d}y$。

解 因为不定积分 $\displaystyle\int e^{y^2}\mathrm{d}y$ 不能用初等函数表示,所以应该选择另一种先 x 后 y 的累次积分。

由所给累次积分得积分区域 D,如图 6.41 所示。

交换积分次序,得

$$\int_0^1 \mathrm{d}x \int_x^1 e^{y^2}\mathrm{d}y = \int_0^1 \mathrm{d}y \int_0^y e^{y^2}\mathrm{d}x = \int_0^1 y e^{y^2}\mathrm{d}y$$

$$= \frac{1}{2}\int_0^1 e^{y^2}\mathrm{d}(y^2) = \frac{1}{2}(e-1)。$$

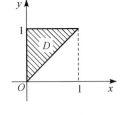

图 6.41 积分区域 D

由此例可见,计算二重积分时,要考虑被积函数的特征选取积分次序。

二、在极坐标系中计算二重积分

当积分区域 D 的边界为圆或圆的一部分,或者被积函数为 $f(x^2 + y^2)$ 等形式时,我们用极坐标来计算二重积分,有时较方便。

假定从极点出发穿过区域 D 内部的射线与 D 的边界相交不多于两点,我们用以极点为中心的一簇同心圆和以极点为顶点的一簇射线把区域 D 分成许多小区域,如图 6.42 所示。

将极角分别用 θ 与 $\theta + \Delta\theta$ 的两条射线和半径分别为 r 与 $r + \Delta r$ 的两条圆弧所围

263

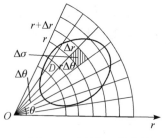

图 6.42 区域 D 的分割

成的小区域记为 $\Delta\sigma$,并表示为该小区域的面积,由扇形面积公式得

$$\Delta\sigma = \frac{1}{2}(r+\Delta r)^2\Delta\theta - \frac{1}{2}r^2\Delta\theta = r\Delta r\Delta\theta + \frac{1}{2}(\Delta r)^2\Delta\theta,$$

其中 $\frac{1}{2}(\Delta r)^2\Delta\theta$ 为高阶的无穷小量,从而得面积微元为

$$\mathrm{d}\sigma = r\mathrm{d}\theta\mathrm{d}r$$

由图 6.43 可见,平面上任意一点 P 的极坐标 (r,θ) 与它的直角坐标 (x,y) 的变换公式为

$$x = r\cos\theta, \quad y = r\sin\theta,$$

因此函数 $f(x,y)$ 在极坐标下为 $f(r\cos\theta, r\sin\theta)$。于是,得到将直角坐标下的二重积分变换为极坐标下的二重积分的表达式

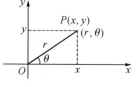

图 6.43 点 P 坐标

$$\iint\limits_{D} f(x,y)\mathrm{d}x\mathrm{d}y = \iint\limits_{D} f(r\cos\theta, r\sin\theta)r\mathrm{d}r\mathrm{d}\theta 。$$

下面根据积分区域 D 的三种情况,讨论在极坐标系中如何将二重积分化为累次积分。

(1) 极点 O 在区域 D 的外部(见图 6.44)。积分区域 D 是由射线 $\theta=\alpha$,$\theta=\beta$ 及连续曲线 $r=r_1(\theta)$,$r=r_2(\theta)$ 所围成的闭区域,则

$$\iint\limits_{D} f(r\cos\theta, r\sin\theta)r\mathrm{d}r\mathrm{d}\theta = \int_{\alpha}^{\beta}\mathrm{d}\theta\int_{r_1(\theta)}^{r_2(\theta)} f(r\cos\theta, r\sin\theta)r\mathrm{d}r 。 \qquad (6\text{-}20)$$

(2) 极点 O 在区域 D 的边界上(见图 6.45)。积分区域 D 是由射线 $\theta=\alpha$,$\theta=\beta$ 及连续曲线 $r=r(\theta)$ 所围成的闭区域,则

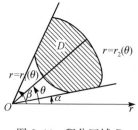

图 6.44 积分区域 D

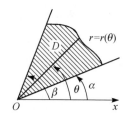

图 6.45 积分区域 D

$$\iint\limits_{D} f(r\cos\theta, r\sin\theta)r\,dr\,d\theta = \int_{\alpha}^{\beta}d\theta\int_{0}^{r(\theta)}f(r\cos\theta, r\sin\theta)r\,dr。 \qquad (6-21)$$

（3）极点 O 在区域 D 的内部（见图 6.46）。积分区域 D 是由连续曲线 $r=r(\theta)$ 所围成的闭区域,则

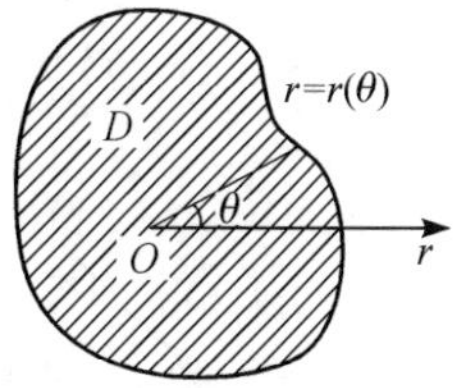

$$\iint\limits_{D} f(r\cos\theta, r\sin\theta)r\,dr\,d\theta$$

$$=\int_{0}^{2\pi}d\theta\int_{0}^{r(\theta)}f(r\cos\theta, r\sin\theta)r\,dr。 \qquad (6-22)$$

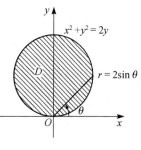

图 6.46　积分区域 D

【例 6】　用极坐标计算二重积分 $\iint\limits_{D}(1-x^2-y^2)\,dx\,dy$,其中积分区域 D 是由圆 $x^2+y^2=1$ 所围成的有界闭区域。

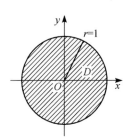

图 6.47　积分区域 D

　　解　积分区域,如图 6.47 所示。$x^2+y^2=1$ 的极坐标方程为 $r=1$,从而

$$\iint\limits_{D}(1-x^2-y^2)\,dx\,dy=\int_{0}^{2\pi}d\theta\int_{0}^{1}(1-r^2)r\,dr$$

$$=\int_{0}^{2\pi}\left(\frac{1}{2}r^2-\frac{1}{4}r^4\right)\Big|_{0}^{1}d\theta$$

$$=\int_{0}^{2\pi}\frac{1}{4}d\theta=\frac{\pi}{2}。$$

【例 7】　利用极坐标计算二重积分 $\iint\limits_{D}\sqrt{x^2+y^2}\,dx\,dy$。其中积分区域 D 是由圆 $x^2+y^2=2y$ 所围成的有界闭区域。

　　解　积分区域 D,如图 6.48 所示。$x^2+y^2=2y$ 的极坐标方程为 $r=2\sin\theta$,从而

$$\iint\limits_{D}\sqrt{x^2+y^2}\,dx\,dy=\int_{0}^{\pi}d\theta\int_{0}^{2\sin\theta}r^2\,dr$$

$$=\int_{0}^{\pi}\left(\frac{1}{3}r^3\right)\Big|_{0}^{2\sin\theta}d\theta=\frac{8}{3}\int_{0}^{\pi}\sin^3\theta\,d\theta$$

$$=-\frac{8}{3}\int_{0}^{\pi}(1-\cos^2\theta)\,d\cos\theta=\frac{32}{9}。$$

图 6.48　积分区域 D

【例 8】　计算二重积分 $\iint\limits_{D}\arctan\frac{y}{x}\,dx\,dy$,其中积分区域 D 是由圆 $x^2+y^2=1$ 和

圆 $x^2+y^2=4$ 与直线 $y=x$，$y=0$ 所围成的在第 I 象限内的有界闭区域（见图 6.49）。

解 $x^2+y^2=1$、$x^2+y^2=4$ 的极坐标方程分别为 $r=1$、$r=2$，从而

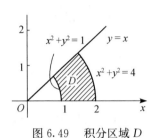

$$\iint\limits_{D}\arctan\frac{y}{x}\mathrm{d}x\,\mathrm{d}y=\int_0^{\frac{\pi}{4}}\mathrm{d}\theta\int_1^2\arctan(\tan\theta)r\,\mathrm{d}r$$

$$=\int_0^{\frac{\pi}{4}}\mathrm{d}\theta\int_1^2\theta r\,\mathrm{d}r=\int_0^{\frac{\pi}{4}}\theta\left(\frac{1}{2}r^2\right)\Big|_1^2\mathrm{d}\theta$$

$$=\frac{3}{2}\int_0^{\frac{\pi}{4}}\theta\,\mathrm{d}\theta=\frac{3}{64}\pi^2。$$

图 6.49   积分区域 D

如果二元函数的积分区域 D 是无界的，则类似于一元函数，可以定义二元函数的广义积分。下面举例说明。

【例 9】   计算二重积分 $\iint\limits_{D}\mathrm{e}^{\frac{x^2+y^2}{2}}\mathrm{d}x\,\mathrm{d}y$，其中积分区域 D 为

$$D=\{(x,y)\mid 0\leqslant x<+\infty,\ 0\leqslant y<+\infty\}。$$

解   在极坐标系下被积函数 $\mathrm{e}^{-\frac{x^2+y^2}{2}}=\mathrm{e}^{-\frac{r^2}{2}}$，积分区域为

$$D=\left\{(r,\theta)\,\middle|\,0\leqslant\theta\leqslant\frac{\pi}{2},\ 0\leqslant r<+\infty\right\},$$

于是 $$\iint\limits_{D}\mathrm{e}^{-\frac{x^2+y^2}{2}}\mathrm{d}x\,\mathrm{d}y=\left(\int_0^{\frac{\pi}{2}}\mathrm{d}\theta\right)\left(\int_0^{+\infty}\mathrm{e}^{-\frac{r^2}{2}}r\,\mathrm{d}r\right)=\frac{\pi}{2}\left(-\mathrm{e}^{-\frac{r^2}{2}}\Big|_0^{+\infty}\right)=\frac{\pi}{2}。$$

利用本例的结果，可得到概率统计中标准正态分布 $N(0,1)$ 的密度函数 $\varPhi(x)=\frac{1}{\sqrt{2\pi}}\mathrm{e}^{-\frac{x^2}{2}}$ 的重要性质

$$\int_{-\infty}^{+\infty}\frac{1}{\sqrt{2\pi}}\mathrm{e}^{-\frac{x^2}{2}}\mathrm{d}x=1。$$

设 $I=\int_{-\infty}^{+\infty}\mathrm{e}^{-\frac{x^2}{2}}\mathrm{d}x$，因为 $\mathrm{e}^{-\frac{x^2}{2}}$ 是偶函数，所以，$I=2\int_0^{+\infty}\mathrm{e}^{-\frac{x^2}{2}}\mathrm{d}x$，于是

$$\int_0^{+\infty}\mathrm{e}^{-\frac{x^2}{2}}\mathrm{d}x=\frac{I}{2}。$$

另一方面,在直角坐标系中,

$$\iint\limits_{D} \mathrm{e}^{-\frac{x^2+y^2}{2}} \mathrm{d}x\,\mathrm{d}y = \int_0^{+\infty} \mathrm{d}x \int_0^{+\infty} \mathrm{e}^{-\frac{x^2+y^2}{2}} \mathrm{d}y = \left(\int_0^{+\infty} \mathrm{e}^{-\frac{x^2}{2}} \mathrm{d}x\right) \left(\int_0^{+\infty} \mathrm{e}^{-\frac{y^2}{2}} \mathrm{d}y\right) = \frac{I^2}{4},$$

得 $\dfrac{I^2}{4} = \dfrac{\pi}{2}$,即 $I = \sqrt{2\pi}$,从而

$$\int_{-\infty}^{+\infty} \frac{1}{\sqrt{2\pi}} \mathrm{e}^{-\frac{x^2}{2}} \mathrm{d}x = 1。$$

习 题 6-8

1. 计算下列二重积分。

(1) $\iint\limits_{D} x^2 y \mathrm{d}x\,\mathrm{d}y$,其中积分区域 D 为矩形闭区域: $0 \leqslant x \leqslant 1, 1 \leqslant y \leqslant 2$;

(2) $\iint\limits_{D} x \mathrm{e}^{xy} \mathrm{d}x\,\mathrm{d}y$,其中积分区域 D 为矩形闭区域: $0 \leqslant x \leqslant 1, -1 \leqslant y \leqslant 0$;

(3) $\iint\limits_{D} \sin(x + y) \mathrm{d}x\,\mathrm{d}y$,其中积分区域 D 为矩形闭区域: $0 \leqslant x \leqslant \dfrac{\pi}{2}, 0 \leqslant y \leqslant \dfrac{\pi}{2}$;

(4) $\iint\limits_{D} \dfrac{1}{(x - y)^2} \mathrm{d}x\,\mathrm{d}y$,其中积分区域 D 为矩形闭区域: $1 \leqslant x \leqslant 2, 3 \leqslant y \leqslant 4$;

(5) $\iint\limits_{D} (x + 6y) \mathrm{d}x\,\mathrm{d}y$,其中积分区域 D 是由直线 $y = x$,$y = 5x$,$x = 1$ 所围成的有界闭区域;

(6) $\iint\limits_{D} (3x + 2y) \mathrm{d}x\,\mathrm{d}y$,其中积分区域 D 是由两坐标轴及直线 $x + y = 1$ 所围成的有界闭区域;

(7) $\iint\limits_{D} xy \mathrm{d}x\,\mathrm{d}y$,其中积分区域 D 是由 $y = \sqrt{x}$,$y = x^2$ 所围成的有界闭区域;

(8) $\iint\limits_{D} \dfrac{x^2}{y^2} \mathrm{d}x\,\mathrm{d}y$,其中积分区域 D 是由直线 $y = x$,$x = 2$ 和双曲线 $xy = 1$ 所围成的有界闭区域。

2. 改变下列累次积分的积分次序。

(1) $\int_0^1 dx \int_{x^3}^{x^2} f(x, y)dy$；

(2) $\int_0^1 dy \int_0^y f(x, y)dx$；

(3) $\int_1^2 dy \int_{y^2}^{2y} f(x, y)dx$；

(4) $\int_1^e dx \int_0^{\ln x} f(x, y)dy$；

(5) $\int_0^1 dx \int_0^x f(x, y)dy + \int_1^2 dx \int_0^{2-x} f(x, y)dy$。

3. 利用极坐标计算下列二重积分。

(1) $\iint\limits_D y dx dy$，其中积分区域 D 是圆 $x^2+y^2=4$ 所围成的在第 I 象限中的有界

闭区域；

(2) $\iint\limits_D \sqrt{x^2+y^2} dx dy$，其中积分区域 D 是由 $x^2+y^2=a^2$ 所围成的有界闭区域；

(3) $\iint\limits_D e^{x^2+y^2} dx dy$，其中积分区域 D 是由 $x^2+y^2=1$ 所围成的有界闭区域；

(4) $\iint\limits_D \sin\sqrt{x^2+y^2} dx dy$，其中积分区域 D 是圆环：$\pi^2 \leqslant x^2+y^2 \leqslant 4\pi^2$；

(5) $\iint\limits_D \sqrt{5-x^2-y^2} dx dy$，其中积分区域 D 是由圆 $x^2+y^2=1$，$x^2+y^2=4$ 及

直线 $y=x$，$y=0$ 所围成的在第 I 象限内的有界闭区域（如图 6.49 所示）；

(6) $\iint\limits_D y dx dy$，其中积分区域 D 是由 $x^2+y^2=x$ 所围成的有界闭区域；

(7) $\iint\limits_D \dfrac{y}{\sqrt{x^2+y^2}} dx dy$，其中积分区域 D 是由 $x^2+y^2=y$ 所围成的有界闭区域。

复 习 题 六

1. 单项选择题。

(1) 在空间直角坐标系中，$M(1, 0, 2)$ 和 $M_2(0, 3, -2)$ 之间的距离 $d=($)。

a. $\sqrt{10}$；

b. $\sqrt{26}$；

c. $\sqrt{24}$；

d. $\sqrt{8}$。

(2) 区域 $D=\{(x, y) \mid x^2+y^2 < 2 \text{ 且 } y+x < 1\}$ 是(   )。

a. 有界闭区域；

b. 无界闭区域；

c. 有界开区域；

d. 无界开区域。

(3) 若函数 $f(x,y)=\dfrac{x+y}{x-y}$，则 $f\left(\dfrac{1}{x},-y\right)=($)。

a. $\dfrac{x-y}{x+y}$；

b. $\dfrac{1+xy}{1-xy}$；

c. $\dfrac{1-xy}{1+xy}$；

d. $\dfrac{1-y}{x}$。

(4) 若函数 $u=xyz$，则 $\mathrm{d}u=($)。

a. $yz\mathrm{d}x$；

b. $xz\mathrm{d}y$；

c. $xy\mathrm{d}z$；

d. $yz\mathrm{d}x+xz\mathrm{d}y+xy\mathrm{d}z$。

(5) 函数 $f(x,y)=x^2+y^2$ 在点 $(0,0)$ 处($ $)。

a. 有极大值；

b. 有极小值；

c. 无极值；

d. 不是驻点。

(6) 设积分区域 D 由直线 $y=x$，$y=2x$，$y=1$ 所围成的有界闭区域，则 $\iint\limits_{D}\mathrm{d}x\,\mathrm{d}y=($)。

a. $\dfrac{1}{2}$；

b. $\dfrac{1}{4}$；

c. 1；

d. $\dfrac{3}{2}$。

2. 填空题。

(1) 点 $M(2,-3,1)$ 关于 xOy 平面的对称点_____。

(2) 二元函数 $z=\dfrac{1}{\ln(x+y)}$ 的定义域是_____。

(3) 柱面 $y^2+z^2=1$ 的母线平行于_____轴。

(4) 设函数 $z=\cos(x^2y)$，则 $\dfrac{\partial z}{\partial y}=$_____。

(5) 设函数 $f(x,y)=\ln\left(x+\dfrac{y}{2x}\right)$，则 $f'_x(1,0)=$_____。

(6) $\iint\limits_{D}f(x,y)\mathrm{d}x\,\mathrm{d}y$ 在极坐标系下的累次积分为_____，其中 D 积分区域是 $x^2+y^2=4$ 围成的区域。

3. 求下列函数的偏导数。

(1) $z = (x + y)\sin(x - y)$;　　　　(2) $z = \dfrac{\mathrm{e}^{xy}}{\mathrm{e}^x + \mathrm{e}^y}$。

4. 设函数 $z = \ln(\sqrt{x} + \sqrt{y})$　证明：$x \cdot \dfrac{\partial z}{\partial x} + y \cdot \dfrac{\partial z}{\partial y} = \dfrac{1}{2}$。

5. 设函数 $z = \ln(x^2 + y^2)$　证明：$\dfrac{\partial^2 z}{\partial x^2} + \dfrac{\partial^2 z}{\partial y^2} = 0$。

6. 设函数 $z = u^v$，而 $u = \ln(x - y)$，$v = \mathrm{e}^{\frac{x}{y}}$，求 $\dfrac{\partial z}{\partial x}$，$\dfrac{\partial z}{\partial y}$。

7. 设函数 $z = \dfrac{\sin u}{\cos v}$，而 $u = \mathrm{e}^t$，$v = \ln t$，求 $\dfrac{\mathrm{d} z}{\mathrm{d} t}$。

8. 设函数 $z = xy + xf\left(\dfrac{y}{x}\right)$，且函数 f 可导，证明：$x \cdot \dfrac{\partial z}{\partial x} + y \cdot \dfrac{\partial z}{\partial y} = xy + z$。

9. 求函数 $z = \dfrac{x}{\sqrt{x^2 + y^2}}$ 的全微分。

10. 求由方程 $2xz - 2xyz + \ln xyz = 0$ 所确定的隐函数 $z = f(x, y)$ 的全微分。

11. 计算 $(10.1)^{2.03}$ 的近似值。

12. 求二元函数 $f(x, y) = \mathrm{e}^x(x + y^2 + 2y)$ 的极值。

13. 某公司的甲、乙两厂生产同一产品，月产量分别是 x 和 y（千件）。甲厂的月生产成本为 $C_1 = x^2 - x + 5$（千元），乙厂的月生产成本为 $C_2 = y^2 + 3y + 3$（千元）。若要使该产品每月产量为 8（千件），并使成本最小，求每个厂的最优产量和相应的最小成本。

14. 计算二重积分 $\displaystyle\iint\limits_{D} \sin^2 x \sin^2 y \, \mathrm{d}x \, \mathrm{d}y$，其中积分区域 D 为矩形 $0 \leqslant x \leqslant \pi$，$0 \leqslant y \leqslant \pi$。

15. 计算二重积分 $\displaystyle\iint\limits_{D} y \, \mathrm{d}x \, \mathrm{d}y$，其中积分区域 D 由曲线 $x = y^2$ 及直线 $y = x$ 所围成的有界闭区域。

16. 计算二重积分 $\displaystyle\iint\limits_{D} \ln(x^2 + y^2) \, \mathrm{d}x \, \mathrm{d}y$，其中积分区域 D 为 $\mathrm{e}^2 \leqslant x^2 + y^2 \leqslant \mathrm{e}^4$。

17. 改变下列累次积分的积分次序。

(1) $\displaystyle\int_0^1 \mathrm{d}y \int_y^{\sqrt{y}} f(x, y) \, \mathrm{d}x$

(2) $\displaystyle\int_0^1 \mathrm{d}x \int_0^{x^2} f(x, y) \, \mathrm{d}y + \int_1^{\sqrt{2}} \mathrm{d}x \int_0^{2-x^2} f(x, y) \, \mathrm{d}y$

第七章　微分方程及其应用

　　函数是客观事物内在联系的反映,利用函数关系可以对客观事物的规律进行研究。因此,寻求函数关系具有重要的意义。然而,有时不能直接给出所需的函数关系,却可以列出含有所需函数的导数或微分的关系式,这样的关系式被称为**微分方程**,通过解微分方程,得到所需要的函数关系。本章在介绍微分方程的基本概念后,重点讨论常见的微分方程的解法,即求出满足微分方程的函数,最后介绍几个微分方程应用的实例。

第一节　微分方程的基本概念

　　下面通过几个具体例题来说明微分方程的基本概念。

　　【例 1】　某商品的需求量 Q 对价格 P 的弹性为 $-P\ln 3$,如果该商品价格 $P=0$ 时,$Q=1\,200$(最大需求量)。试求需求量 Q 与价格 P 的函数关系。

　　解　设需求函数为 $Q=f(P)$,则根据题意,应满足方程

$$\frac{\mathrm{d}Q}{\mathrm{d}P} \cdot \frac{P}{Q} = -P\ln 3 。 \tag{7-1}$$

此外,未知函数 $Q=f(P)$ 还应满足条件:

$$Q\big|_{P=0}=1\,200 。 \tag{7-2}$$

由方程(7-1)可得

$$\frac{\mathrm{d}Q}{Q} = -\ln 3\mathrm{d}P ,$$

对上式两端积分,得

$$\ln Q = -P\ln 3 + \ln C ,$$

从而

$$Q = C3^{-P} \text{（C 为任意常数）}。 \tag{7-3}$$

由 $Q|_{P=0}=1\,200$，得 $C=1\,200$，于是所求的需求函数为

$$Q = 1\,200 \times 3^{-P}。$$

【例 2】 已知某曲线在任意点 $P(x，y)$ 处的切线斜率等于 x^2，且该曲线过点 $(0，1)$，求该曲线的方程。

解 设所求曲线方程为 $y=f(x)$，由导数的几何意义，得

$$\frac{\mathrm{d}y}{\mathrm{d}x} = x^2， \tag{7-4}$$

同时，函数 $f(x)$ 还满足条件：

$$f(0) = 1。 \tag{7-5}$$

对式(7-4)两边积分，得

$$y = \int x^2 \mathrm{d}x = \frac{1}{3}x^3 + C \quad \text{（C 为任意常数）}。$$

由条件式(7-5)，得 $C=1$，于是所求的曲线方程为

$$y = \frac{1}{3}x^3 + 1。 \tag{7-6}$$

上述两例中的方程(7-1)、(7-4)都含有未知函数导数，称为微分方程，有时也简称为方程。

一般地，给出如下定义。

定义 1 含有自变量未知函数及其导数（或微分）的方程，称为**微分方程**，有时简称为方程。

在微分方程中必须含有未知函数的导数或微分。

微分方程中所含的未知函数的最高阶导数（或微分）的阶数，称为微分方程的**阶**。

例如，方程(7-1)和方程(7-4)都是一阶微分方程。又如，方程 $xy''' + 2y'' - x^2 y = 0$ 为三阶微分方程。

n 阶微分方程的一般形式为

$$F(x，y，y'，y''，\cdots，y^{(n)}) = 0，$$

其中 x 为自变量，$y=y(x)$ 是未知函数，$y^{(n)}$ 是 y 的 n 阶导数，必须含有。

定义 2 如果一个函数代入微分方程后，使该方程成为恒等式，则称此函数为该

微分方程的**解**。如果微分方程的解中所含的相互独立的任意常数的个数等于微分方程的阶数,则称此解为微分方程的**通解**。

注:这里所说的"相互独立的任意常数"是指它们不能通过合并而减少通解中所含的任意常数的个数。

例如,函数(7-3)是方程(7-1)的解,它含有一个任意常数,而方程(7-1)是一阶的,所以函数(7-3)是方程(7-1)的通解。

微分方程通解中的任意常数被确定,这种被确定通解中任意常数以后的解称为微分方程的**特解**。

用来确定微分方程通解中任意常数的条件称为**初始条件**。

例如,[例1]中条件(7-2),是相应方程(7-1)的初始条件,$Q = 1\,200 \times 3^{-P}$ 是方程(7-1)的特解。

带有初始条件的微分方程称为微分方程的**初值问题**。一阶微分方程的初值问题记为

$$\begin{cases} F(x, y, y') = 0, \\ y \mid_{x=x_0} = y_0 \, . \end{cases}$$

二阶微分方程的初值问题记为

$$\begin{cases} F(x, y, y', y'') = 0, \\ y \mid_{x=x_0} = y_0, \ y' \mid_{x=x_0} = y_1 \, . \end{cases}$$

习 题 7-1

1. 指出下列各微分方程的阶数:

(1) $x(y')^2 - 2y' + x = 0$;

(2) $x^2 y'' - xy' = 0$;

(3) $(7x - 3y)dx + (x - y)dy = 0$;

(4) $\dfrac{d^2\rho}{d\theta^2} + \rho \dfrac{d\rho}{d\theta} = \sin^2\theta$。

2. 验证下列各给定函数是其对应微分方程的解。

(1) $xy' = 2y$; $y = Cx^2$;

(2) $(y+3)dx + \cot x \, dy = 0$; $y = C\cos x - 3$;

(3) $y'' - 7y' + 12y = 0$; $y = C_1 e^{3x} + C_2 e^{4x}$;

(4) $y'' + y = 0$; $y = C_1 \cos x + C_2 \sin x$;

(5) $xyy'' + x(y')^2 - yy' = 0$; $\dfrac{x^2}{C_1} + \dfrac{y^2}{C_2} = 1$。

第二节　一阶微分方程

一阶微分方程的一般形式是 $F(x,y,y')=0$，这类微分方程的通解中，只含有一个任意常数，如果给出初始条件 $y\mid_{x=x_0}=y_0$，则可确定其特解。

下面讨论几种特殊的一阶微分方程的解法。

一、可分离变量的微分方程

定义 1　如果一个一阶微分方程 $F(x,y,y')=0$ 能化为

$$g(y)\mathrm{d}y=f(x)\mathrm{d}x \quad 或 \quad \frac{\mathrm{d}y}{\mathrm{d}x}=f(x)g(y)$$

的形式，则称原方程 $F(x,y,y')=0$ 为**可分离变量的微分方程**。

可分离变量的微分方程的求解法是将微分方程 $F(x,y,y')=0$ 分离变量，化为

$$g(y)\mathrm{d}y=f(x)\mathrm{d}x, \tag{7-7}$$

然后将式(7-7)两端积分，得

$$\int g(y)\mathrm{d}y=\int f(x)\mathrm{d}x。$$

设 $G(y)$、$F(x)$ 分别为 $g(y)$，$f(x)$ 的原函数，那么通解为

$$G(y)=F(x)+C。$$

【例 1】　解微分方程 $\dfrac{\mathrm{d}y}{\mathrm{d}x}=-\dfrac{y}{x}$。

解　这是可分离变量微分方程，分离变量得

$$\frac{\mathrm{d}y}{y}=-\frac{\mathrm{d}x}{x}。$$

上式两端积分，得

$$\ln\mid y\mid=-\ln\mid x\mid+C_1 \qquad （C_1\text{ 为任意常数}），$$

即

$$xy=\pm e^{C_1},$$

其中，$\pm e^{C_1}$ 为任意常数，又 $y=0$ 也是此方程的解，故记为 C，所以方程的通解为

$$xy = C \quad (C \text{ 为任意常数})。$$

上述通解形式的简化过程,下面还常常用到,为此约定简化写法如下:

如果有
$$\int \frac{\mathrm{d}(Q(y))}{Q(y)} = \int F'(x)\mathrm{d}x,$$

则
$$\ln Q(y) = F(x) + \ln C,$$

即
$$Q(y) = Ce^{F(x)} \quad (C \text{ 为任意常数})。$$

从而,上述[例1]可简写为

$$\int \frac{1}{y}\mathrm{d}x = -\int \frac{1}{x}\mathrm{d}x,$$

$$\ln y = -\ln x + \ln C$$

得通解为
$$xy = C, \quad (C \text{ 为任意常数})。$$

【例2】 解微分方程 $\dfrac{\mathrm{d}y}{\mathrm{d}x} = \dfrac{y^2+1}{xy+x^3 y}$。

解 这是可分离变量微分方程,分离变量得:

$$\frac{y\mathrm{d}y}{1+y^2} = \frac{1}{x+x^3}\mathrm{d}x。$$

上式两端积分,得

$$\frac{1}{2}\ln(1+y^2) = \ln x - \frac{1}{2}\ln(1+x^2) + \ln C_1。$$

通解为

$$(1+y^2)(1+x^2) = Cx^2 \quad (C = C_1^2, C \text{ 为任意常数})。$$

【例3】 解微分方程 $\dfrac{\mathrm{d}y}{\mathrm{d}x} = -\dfrac{x}{y}$。

解 这是可分离变量微分方程,分离变量得:

$$y\mathrm{d}y = -x\mathrm{d}x。$$

上式两端积分,得

$$\frac{y^2}{2} = -\frac{x^2}{2} + C_1。$$

通解为

$$x^2 + y^2 = C \quad (C = 2C_1, C \text{ 为任意常数})。$$

二、齐次微分方程

定义 2 如果一阶微分方程 $F(x, y, y') = 0$ 能化为

$$\frac{\mathrm{d}y}{\mathrm{d}x} = f\left(\frac{y}{x}\right) \tag{7-8}$$

的形式,则原方程 $F(x, y, y') = 0$ 称为**齐次微分方程**。

【例 4】 判断下列微分方程是否为齐次微分方程。

(1) $\dfrac{\mathrm{d}y}{\mathrm{d}x} = \dfrac{y^2}{xy - x^2}$;

(2) $(xy - y^2)\mathrm{d}x - (x^2 - 2xy)\mathrm{d}y = 0$。

解 (1) 方程可化为

$$\frac{\mathrm{d}y}{\mathrm{d}x} = \frac{\left(\dfrac{y}{x}\right)^2}{\left(\dfrac{y}{x}\right) - 1}$$

所以是齐次微分方程。

(2) 方程可改写为

$$\left[\frac{y}{x} - \left(\frac{y}{x}\right)^2\right]\mathrm{d}x - \left(1 - 2\frac{y}{x}\right)\mathrm{d}y = 0,$$

即

$$\frac{\mathrm{d}y}{\mathrm{d}x} = \frac{\left(\dfrac{y}{x}\right) - \left(\dfrac{y}{x}\right)^2}{1 - 2\left(\dfrac{y}{x}\right)}。$$

因此,此方程也是齐次微分方程。

齐次微分方程的求解方法是:将微分方程 $F(x, y, y') = 0$ 化为式(7-8),即

$$\frac{\mathrm{d}y}{\mathrm{d}x} = f\left(\frac{y}{x}\right)。$$

然后,对齐次微分方程(7-8)通过变量替换,可化为可分离变量方程求解,即令 $u = \dfrac{y}{x}$,则 $y = xu$,其中 u 是新的未知函数 $u = u(x)$,从而得 $\dfrac{\mathrm{d}y}{\mathrm{d}x} = u + x\dfrac{\mathrm{d}u}{\mathrm{d}x}$,将其代入方

276

程(7-8),得

$$u + x\frac{\mathrm{d}u}{\mathrm{d}x} = f(u),$$

上方程分离变量,得

$$\frac{\mathrm{d}u}{f(u) - u} = \frac{\mathrm{d}x}{x},$$

上式两端积分,得

$$\int \frac{\mathrm{d}u}{f(u) - u} = \ln x - \ln C。$$

通解为 $\qquad x = Ce^{\int \frac{\mathrm{d}u}{f(u)-u}}, \qquad (C \text{ 为任意实数})。$

将上述通解中 u 用 $\dfrac{y}{x}$ 回代,即得齐次微分方程(7-8)通解。

【例5】 解微分方程 $\dfrac{\mathrm{d}y}{\mathrm{d}x} = \dfrac{y^2}{xy - x^2}$。

解 由[例4](1)知,此方程为齐次微分方程。令 $u = \dfrac{y}{x}$,则 $y = xu$,$\dfrac{\mathrm{d}y}{\mathrm{d}x} = u + $

$x\dfrac{\mathrm{d}u}{\mathrm{d}x}$,代入方程可化为

$$u + x\frac{\mathrm{d}u}{\mathrm{d}x} = \frac{u^2}{u-1}。$$

上方程分离变量,得

$$\frac{u-1}{u}\mathrm{d}u = \frac{\mathrm{d}x}{x}。$$

上式两端积分,得

$$\ln C + u - \ln u = \ln x,$$

即 $\quad xu = Ce^u$,将 $u = \dfrac{y}{x}$ 代入得通解为

$$y = Ce^{\frac{y}{x}}, \qquad (C \text{ 为任意常数})。$$

【例6】 求微分方程 $xy\mathrm{d}y=(x^2+y^2)\mathrm{d}x$ 满足初始条件$y\,|_{x=1}=2$的特解。

解 原方程可化为

$$\frac{\mathrm{d}y}{\mathrm{d}x}=\frac{x^2+y^2}{xy}=\frac{x}{y}+\frac{y}{x},$$

这是齐次微分方程。

令 $u=\dfrac{y}{x}$，则 $y=xu$，$\dfrac{\mathrm{d}y}{\mathrm{d}x}=u+x\dfrac{\mathrm{d}u}{\mathrm{d}x}$，代入方程得

$$u+x\frac{\mathrm{d}u}{\mathrm{d}x}=\frac{1}{u}+u。$$

上方程分离变量,得

$$u\,\mathrm{d}u=\frac{1}{x}\mathrm{d}x,$$

上式两端积分,得

$$\frac{1}{2}u^2=\ln x+C。$$

将 $u=\dfrac{y}{x}$代入上式,得

$$\frac{y^2}{2x^2}=\ln x+C,\quad (C\text{ 为任意常数})。$$

再由初始条件 $y\,|_{x=1}=2$,确定 $C=2$,于是所求的特解为

$$y^2=2x^2(2+\ln x)。$$

三、一阶线性微分方程

定义 3 形如

$$y'+p(x)y=q(x) \tag{7-9}$$

的微分方程,称为**一阶线性微分方程**。

一阶线性微分方程由 $q(x)$取值可分为两类:当 $q(x)=0$ 时,方程

$$y'+p(x)y=0 \tag{7-10}$$

称为**一阶线性齐次微分方程**;当 $q(x)\neq0$ 时,(7-9)称为**一阶线性非齐次微分方程**。

下面先讨论一阶线性齐次微分方程 $y'+p(x)y=0$ 的通解。

将 $y'+p(x)y=0$ 分离变量,得

$$\frac{1}{y}\mathrm{d}y=-p(x)\mathrm{d}x。$$

上式两端积分,得

$$\ln y=-\int p(x)\mathrm{d}x+\ln C,$$

即
$$y=C\mathrm{e}^{-\int p(x)\mathrm{d}x}, \quad (C\ 为任意常数)。 \tag{7-11}$$

这就是一阶线性齐次微分方程的通解。

对于一阶线性非齐次微分方程(7-9),我们可用所谓**常数变易法**求通解。其方法如下。

我们在求出一阶线性非齐次微分方程(7-9)所对应的线性齐次微分方程(7-10)的通解(7-11)后,将通解(7-11)的常数 C 换为待定的函数 $u=u(x)$,设

$$y=u(x)\mathrm{e}^{-\int p(x)\mathrm{d}x} \tag{7-12}$$

是方程(7-9)的解,由此确定函数 $u(x)$。

因为
$$y'=u'(x)\mathrm{e}^{-\int p(x)\mathrm{d}x}-u(x)p(x)\mathrm{e}^{-\int p(x)\mathrm{d}x}, \tag{7-13}$$

将式(7-12)和式(7-13)代入方程(7-9),得

$$u'(x)\mathrm{e}^{-\int p(x)\mathrm{d}x}-u(x)p(x)\mathrm{e}^{-\int p(x)\mathrm{d}x}+p(x)u(x)\mathrm{e}^{-\int p(x)\mathrm{d}x}=q(x),$$

即
$$u'(x)=q(x)\mathrm{e}^{\int p(x)\mathrm{d}x},$$

两端积分后,得

$$u(x)=\int q(x)\mathrm{e}^{\int p(x)\mathrm{d}x}\mathrm{d}x+C, \quad (C\ 为任意常数),$$

所以,一阶线性非齐次微分方程的通解为

$$y=\mathrm{e}^{-\int p(x)\mathrm{d}x}\left[\int q(x)\mathrm{e}^{\int p(x)\mathrm{d}x}\mathrm{d}x+C\right]。 \tag{7-14}$$

【例 7】 解微分方程 $y'+xy=0$。

解法一 这是可分离变量的方程,分离变量,得

279

$$\frac{\mathrm{d}y}{y} = -x\,\mathrm{d}x。$$

两端积分,得

$$\ln y = -\frac{x^2}{2} + \ln C。$$

通解为 $\qquad y = Ce^{-\frac{x^2}{2}}$, ($C$ 为任意常数)。

解法二 作为一阶线性齐次微分方程,$p(x) = x$,应用通解公式(7-11),得

$$y = Ce^{-\int p(x)\mathrm{d}x} = Ce^{-\int x\mathrm{d}x} = Ce^{-\frac{x^2}{2}}, \quad (C \text{ 为任意常数})。$$

【**例 8**】 解微分方程 $y' + y = x$。

解 这是一阶线性非齐次微分方程,此时 $p(x) = 1$, $q(x) = x$。由通解公式(7-14)得通解为

$$y = e^{-\int p(x)\mathrm{d}x}\left(\int q(x)e^{\int p(x)\mathrm{d}x}\mathrm{d}x + C\right) = e^{-\int \mathrm{d}x}\left(\int x e^{\int \mathrm{d}x}\mathrm{d}x + C\right)$$

$$= e^{-x}\left[e^x(x-1) + C\right] = x - 1 + Ce^{-x}, \quad (C \text{ 为任意常数})。$$

【**例 9**】 解微分方程 $y' = -\dfrac{x^2 + x^3 + y}{1+x}$。

解 方程可化为一阶线性微分方程

$$y' + \frac{y}{1+x} = -x^2,$$

则 $\qquad p(x) = \dfrac{1}{1+x}, \quad q(x) = -x^2。$

由公式(7-14),通解为

$$y = e^{-\int \frac{\mathrm{d}x}{1+x}}\left[\int(-x^2)e^{\int \frac{\mathrm{d}x}{1+x}}\mathrm{d}x + C\right] = e^{-\ln(1+x)}\left[\int -x^2(1+x)\mathrm{d}x + C\right]$$

$$= \frac{1}{1+x}\left(-\frac{x^3}{3} - \frac{x^4}{4} + C\right), \quad (C \text{ 为任意常数})。$$

【**例 10**】 求微分方程 $y' + y\cos x = \sin x \cos x$ 满足初始条件 $y\big|_{x=0} = 1$ 的特解。

解 方程为一阶线性微分方程,且

$$p(x) = \cos x, \ q(x) = \sin x \cos x。$$

由公式(7-14),通解为

$$y = e^{-\int \cos x\, dx} \left(\int \sin x \cos x\, e^{\int \cos x\, dx}\, dx + C \right) = e^{-\sin x} \left(\int \sin x \cos x\, e^{\sin x}\, dx + C \right)$$

$$= e^{-\sin x} \left[\int \sin x\, d(e^{\sin x}) + C \right] = e^{-\sin x} (\sin x\, e^{\sin x} - e^{\sin x} + C)$$

$$= \sin x - 1 + C e^{-\sin x}, \quad (C\ 为任意常数)。$$

由初始条件 $y\,|_{x=0} = 1$ 得 $C = 2$,于是特解为

$$y = \sin x - 1 + 2 e^{-\sin x}。$$

习 题 7-2

1. 解下列微分方程:

(1) $\dfrac{dy}{dx} = \dfrac{1}{y}$;
    (2) $\dfrac{dy}{dx} = 2xy^2$;

(3) $\dfrac{dy}{dx} = e^{x-y}$,$y(0) = 1$;
    (4) $xy\, dx + (x^2 + 1) dy = 0$,$y(\sqrt{3}) = 1$。

2. 解下列齐次微分方程:

(1) $y' = \dfrac{y}{x} + \tan \dfrac{y}{x}$;
    (2) $(x+y) dx + x\, dy = 0$,$y(1) = \dfrac{1}{2}$;

(3) $x \dfrac{dy}{dx} = y \ln \dfrac{y}{x}$,$y(1) = 1$;
    (4) $\dfrac{dy}{dx} = \dfrac{y}{y - x}$。

3. 解下列一阶线性微分方程:

(1) $y' + \dfrac{y}{x^2} = 0$;
    (2) $y' + 3y = e^{2x}$;

(3) $y' - \dfrac{y}{x} = 1$,$y(1) = 2$;
    (4) $y' - \dfrac{2xy}{1 + x^2} = 1 + x^2$,$y(1) = 4$。

第三节　可降阶的二阶微分方程

二阶微分方程的一般形式为

$$F(x, y, y', y'') = 0。$$

本节介绍几种简单的、经过适当变换可降为一阶的微分方程。

一、最简单的二阶微分方程

形如

$$y'' = f(x) \tag{7-15}$$

的微分方程是最简单的二阶微分方程。求解方法是:在方程(7-15)两端积分一次,得

$$y' = \int f(x)\,\mathrm{d}x + C_1,$$

再对上式积分一次,得

$$y = \int \left[\int f(x)\,\mathrm{d}x \right] \mathrm{d}x + C_1 x + C_2 \quad (C_1, C_2 \text{ 为任意常数})。$$

【例 1】 求微分方程 $y'' = x\,\mathrm{e}^x$ 的通解。

解 积分一次,得

$$y' = \int x\,\mathrm{e}^x\,\mathrm{d}x = (x-1)\mathrm{e}^x + C_1,$$

再积分一次,得

$$y = \int \left[(x-1)\mathrm{e}^x + C_1 \right]\mathrm{d}x = (x-2)\mathrm{e}^x + C_1 x + C_2。$$

二、不显含未知函数 y 的二阶微分方程

定义 1 形如

$$y'' = f(x, y') \tag{7-16}$$

的微分方程,称为**不显含未知函数 y 的二阶微分方程**。

微分方程(7-16)的求解方法如下:

令 $y' = p$,则 $y'' = \dfrac{\mathrm{d}p}{\mathrm{d}x}$,代入式(7-16),于是原方程为

$$\frac{\mathrm{d}p}{\mathrm{d}x} = f(x, p)。$$

这是一个关于变量 x, p 的一阶微分方程。如求出其通解为

$$p = \varphi(x, C_1),$$

但是 $p = \dfrac{\mathrm{d}y}{\mathrm{d}x}$,因此又得到一个一阶微分方程

$$\frac{\mathrm{d}y}{\mathrm{d}x} = \varphi(x, C_1),$$

分离变量并积分,得方程(7-16)的通解为

$$y = \int \varphi(x, C_1)\mathrm{d}x + C_2, \quad (C_1, C_2 \text{ 为任意常数})。$$

【例 2】 解微分方程 $2xy' - (x^2+1)y'' = 0$。

解 原方程可化为

$$y'' = \frac{2x}{x^2+1}y'。$$

该方程是 $y'' = f(x, y')$ 型。令 $y' = p$,则 $y'' = p'$,代入方程,得

$$\frac{\mathrm{d}p}{\mathrm{d}x} = \frac{2x}{x^2+1}p,$$

分离变量,得

$$\frac{\mathrm{d}p}{p} = \frac{2x}{x^2+1}\mathrm{d}x,$$

两端积分,得

$$\ln p = \ln(1+x^2) + \ln C_1,$$

因此 $$y' = p = C_1(1+x^2),$$

再积分一次,得通解

$$y = \int C_1(1+x^2)\mathrm{d}x = C_1\left(\frac{1}{3}x^3 + x\right) + C_2, \quad (C_1, C_2 \text{ 为任意常数})。$$

三、不显含自变量 x 的二阶微分方程

定义 2 形如

$$y'' = f(y, y') \tag{7-17}$$

的微分方程,称为**不显含自变量 x 的微分方程**。

微分方程(7-17)的求解方法如下。

令 $y' = p$,将 y' 看作中间变量为 y 的复合函数。利用复合函数的求导法,则得

$$y'' = \frac{\mathrm{d}p}{\mathrm{d}x} = \frac{\mathrm{d}p}{\mathrm{d}y} \cdot \frac{\mathrm{d}y}{\mathrm{d}x} = p\,\frac{\mathrm{d}p}{\mathrm{d}y},$$

代入方程(7-17)，得

$$p\,\frac{\mathrm{d}p}{\mathrm{d}y} = f(y,\,p),$$

这是一个关于变量 y，p 的一阶微分方程。如求出其通解为

$$y' = p = \varphi(y,\,C_1),$$

分离变量并积分，得方程(7-17)的通解为

$$\int \frac{\mathrm{d}y}{\varphi(y,\,C_1)} = x + C_2, \quad (C_1,\,C_2 \text{ 为任意常数})。$$

【例3】　解微分方程 $yy'' - y'^2 = 0$。

解　该方程是 $y'' = f(y,\,y')$ 型的。令 $y' = p$，则 $y'' = p\,\dfrac{\mathrm{d}p}{\mathrm{d}y}$。将 y'，y'' 代入方程得

$$yp\,\frac{\mathrm{d}p}{\mathrm{d}y} - p^2 = 0。$$

分离变量，得

$$\frac{\mathrm{d}p}{p} = \frac{\mathrm{d}y}{y}。$$

两端积分，得

$$\ln p = \ln y + \ln C_1。$$

因此　　　　　　　　　　$p = C_1 y,\ \text{即}\ y' = C_1 y,$

对上式分离变量，再积分一次，得

$$\ln y = C_1 x + \ln C_2,$$

通解为

$$y = C_2 \mathrm{e}^{C_1 x}, \quad (C_1 、 C_2 \text{ 为任意实数})。$$

习　题　7-3

1. 解下列微分方程:

(1) $y'' = x^2$;

(2) $y'' = e^{2x}$。

2. 解下列微分方程:

(1) $xy'' + y' = 0$;

(2) $y'' - y' = x$;

(3) $(1-x^2)y'' - xy' = 0$, $y(0) = 0$, $y'(0) = 1$;

(4) $y'' - 2(y')^2 = 0$;

(5) $y'' + \dfrac{2}{1-y}(y')^2 = 0$;

(6) $y'' = 2yy'$, $y(0) = 1$, $y'(0) = 2$。

第四节　二阶常系数线性微分方程

定义 1　形式是

$$y'' + py' + qy = f(x) \tag{7-18}$$

的微分方程称为**二阶常系数线性微分方程**。其中, p, q 是常数, $f(x)$ 是已知函数。当 $f(x) = 0$ 时,方程(7-18)变为

$$y'' + py' + qy = 0, \tag{7-19}$$

称此方程为**二阶常系数线性齐次微分方程**。相应地,当 $f(x) \neq 0$ 时,方程(7-18)称**为二阶常系数线性非齐次微分方程**,此时方程(7-19)称为其**对应的二阶常系数线性微分方程**。

下面讨论二阶常系数线性齐次微分方程的解法。

讨论二阶常系数线性齐次微分方程的解法前,首先讨论其解的性质,有下述两个定理。

一、二阶常系数线性齐次微分方程

定理 1　如果函数 y_1 和 y_2 是方程(7-19)的解,则函数 $y = C_1 y_1 + C_2 y_2$ (C_1, C_2 为任意常数)也是方程(7-19)的解。

证　因为 y_1 和 y_2 是方程(7-19)的解,所以

$$y_1'' + py_1' + qy_1 = 0, \quad y_2'' + py_2' + qy_2 = 0。$$

将 $y = C_1 y_1 + C_2 y_2$ 代入(7-19)的左边,得

$$左边 = (C_1 y_1 + C_2 y_2)'' + p(C_1 y_1 + C_2 y_2)' + q(C_1 y_1 + C_2 y_2)$$
$$= C_1 [y_1'' + p y_1' + q y_1] + C_2 [y_2'' + p y_2' + q y_2]$$
$$= 0 = 右边,$$

所以 $y = C_1 y_1 + C_2 y_2$ 也是方程(7-19)的解。

$y = C_1 y_1 + C_2 y_2$ 虽然是方程(7-19)的解,且从形式上看也含有两个任意常数,但不一定是它的通解。因为当 $\dfrac{y_2}{y_1} = k$(常数)时,$y = C_1 y_1 + C_2 y_2 = C_1 y_1 + C_2 k y_1 = (C_1 + C_2 k) y_1$,此时 $(C_1 + C_2 k)$ 实际上是一个任意常数,y 就不是通解了。于是,我们引入如下一个新的概念。

定义 2 设 y_1,y_2 为 x 的函数,如果 $\dfrac{y_2}{y_1} =$ 常数时,称 y_1 与 y_2 **线性相关**;如果 $\dfrac{y_2}{y_1} \neq$ 常数时,称 y_1 与 y_2 **线性无关**。

有了线性相关与线性无关的概念,下面给出二阶常系数线性齐次微分方程的通解结构定理。

定理 2 如果函数 y_1 和 y_2 是方程(7-19)的两个线性无关的特解,则函数 $y = C_1 y_1 + C_2 y_2 (C_1,C_2$ 为任意常数)是方程(7-19)的通解。

【例 1】 证明 $y = C_1 \cos x + C_2 \sin x (C_1,C_2$ 为任意常数)是方程 $y'' + y = 0$ 的通解。

证明 容易验证 $y_1 = \cos x$,$y_2 = \sin x$ 是方程 $y'' + y = 0$ 的两个特解,而 $\dfrac{y_2}{y_1} = \dfrac{\sin x}{\cos x} = \tan x$ 不是常数,于是 $y'' + y = 0$ 的两个特解 $y_1 = \cos x$ 和 $y_2 = \sin x$ 是线性无关的。由定理 2 知 $y = C_1 \cos x + C_2 \sin x$ 是方程 $y'' + y = 0$ 的通解。

定理 2 指出,如果能求出二阶常系数线性齐次微分方程(7-19)的两个线性无关的特解 y_1 和 y_2,那么 $C_1 y_1 + C_2 y_2 (C_1,C_2$ 为任意常数)为其通解。

由于方程是常系数的,指数函数 e^{rx} 的导数为本身的倍数,我们设想方程(7-19)有形如 $y = e^{rx}$ 的解,其中 r 为待定的常数。

将 $y = e^{rx}$,$y' = r e^{rx}$,$y'' = r^2 e^{rx}$ 代入方程(7-19),得

$$r^2 \mathrm{e}^{rx} + pr\mathrm{e}^{rx} + q\mathrm{e}^{rx} = (r^2 + pr + q)\mathrm{e}^{rx} = 0。$$

由于 $\mathrm{e}^{rx} \neq 0$，故

$$r^2 + pr + q = 0。 \tag{7-20}$$

由此可见，只要 r 是方程(7-20)的根，e^{rx} 就是方程(7-19)的解。

定义 3　方程 $r^2 + pr + q = 0$ 称为二阶常系数线性齐次微分方程(7-19)的**特征方程**。特征方程的根称为**特征根**。

特征根有如下三种情况：

(1) 特征方程有两个不相等的实根 r_1，r_2；

此时 $y_1 = \mathrm{e}^{r_1 x}$，$y_2 = \mathrm{e}^{r_2 x}$ 均为方程(7-19)的特解，又 $\dfrac{y_2}{y_1} = \mathrm{e}^{(r_2 - r_1)x}$ 不是常数，所以它们线性无关，于是方程(7-19)的通解为

$$y = C_1 \mathrm{e}^{r_1 x} + C_2 \mathrm{e}^{r_2 x}（C_1，C_2 \text{ 为任意常数})。$$

(2) 特征方程有两个相等的实根 $r_1 = r_2$；

此时仅得到方程(7-19)的一个特解 $y_1 = \mathrm{e}^{r_1 x}$，为了求出另一个与其线性无关的特解 y_2，由于要求 $\dfrac{y_2}{y_1} \neq$ 常数，故可设 $y_2 = C(x)\mathrm{e}^{r_1 x}$，应用常数变易法，可取 $C(x) = x$，从而另一特解为 $y_2 = x\mathrm{e}^{r_1 x}$，所以方程(7-19)的通解为

$$y = (C_1 + C_2 x)\mathrm{e}^{r_1 x} \quad （C_1，C_2 \text{ 为任意常数})$$

(3) 特征根为一对共轭的复根 $r_1 = \alpha + i\beta$，$r_2 = \alpha - i\beta(\alpha，\beta \text{ 为实数}，\beta \neq 0)$。

此时，可以证明，$y_1 = \mathrm{e}^{\alpha x}\cos\beta x$，$y_2 = \mathrm{e}^{\alpha x}\sin\beta x$ 是方程(7-19)的两个线性无关的特解，所以方程(7-19)的通解为

$$y = \mathrm{e}^{\alpha x}(C_1 \cos\beta x + C_2 \sin\beta x) \quad （C_1，C_2 \text{ 为任意常数})。$$

综上所述，得求二阶常系数线性齐次微分方程(7-19)的通解步骤如下：

第一步，写出微分方程所对应的特征方程 $r^2 + pr + q = 0$；

第二步，求出特征方程的两个根 r_1，r_2；

第三步，根据特征根的不同情况，按表 7.1 确定微分方程(7-19)的通解。

287

表 7.1 　　　　　　　　　　　二阶常系数线性齐次方程通解的形式

特征方程的两个根 r_1，r_2	方程 $y'' + py' + qy = 0$ 的通解
两个不相等的实根 r_1，r_2	$y = C_1 e^{r_1 x} + C_2 e^{r_2 x}$
两个相等的实根 $r_1 = r_2$	$y = (C_1 + C_2 x) e^{r_1 x}$
一对共轭复根 $r_{1,2} = \alpha \pm i\beta$	$y = e^{\alpha x}(C_1 \cos \beta x + C_2 \sin \beta x)$

表 7.1 中，C_1，C_2 为任意常数。

【例 2】　求微分方程 $y'' - 3y' - 10y = 0$ 的通解。

解　特征方程为 $r^2 - 3r - 10 = 0$，特征根为 $r_1 = -2$，$r_2 = 5$，所以微分方程的通解为

$$y = C_1 e^{-2x} + C_2 e^{5x} \quad (C_1，C_2 \text{ 为任意常数})。$$

【例 3】　求微分方程 $y'' + 2y' + y = 0$ 满足初始条件 $y(0) = 4$ 和 $y'(0) = -2$ 的特解。

解　特征方程为 $r^2 + 2r + 1 = 0$，特征根为 $r_1 = r_2 = -1$，因此所给方程的通解为

$$y = (C_1 + C_2 x) e^{-x}，\quad (C_1，C_2 \text{ 为任意常数})。$$

求导，得　　　　　　　　$y' = (C_2 - C_1 - C_2 x) e^{-x}$。

将初始条件代入上面两式，得

$$\begin{cases} 4 = C_1， \\ -2 = C_2 - C_1。 \end{cases}$$

解方程组，是　　$C_1 = 4$，$C_2 = 2$。

于是所求特解为　　　　　　$y = (4 + 2x) e^{-x}$。

【例 4】　求微分方程 $y'' + 6y' + 13y = 0$ 的通解。

解　特征方程为 $r^2 + 6r + 13 = 0$，特征根为 $r_{1,2} = -3 \pm 2i$，所求方程的通解为

$$y = e^{-3x}(C_1 \cos 2x + C_2 \sin 2x) \quad (C_1，C_2 \text{ 为任意常数})。$$

二、二阶常系数线性非齐次微分方程

为了讨论二阶常系数线性非齐次微分方程求解方法，我们首先给出其通解的如下结构定理：

定理 3 设函数 y^* 是二阶常系数线性非齐次微分方程(7-18)的一个特解,函数 Y 是对应的二阶常系数线性齐次微分方程(7-19)的通解,则 $y=Y+y^*$ 是二阶常系数线性非齐次微分方程(7-18)的通解。

证明 因为 y^* 和 Y 分别是方程(7-18)和方程(7-19)的特解和通解,所以

$$y^{*\prime\prime}+py^{*\prime}+qy^*=f(x),\ Y''+pY'+qY=0。$$

将 $y=Y+y^*$ 代入方程(7-18),得

$$左边=(Y+y^*)''+p(Y+y^*)'+q(Y+y^*)$$
$$=(Y''+pY'+qY)+(y^{*\prime\prime}+py^{*\prime}+qy^*)$$
$$=0+f(x)=f(x)=右边。$$

所以 $y=Y+y^*$ 是方程(7-18)的解。又因为 Y 是方程(7-19)的通解,其中含有两个独立的任意常数,于是 $y=Y+y^*$ 中也含有两个独立的任意常数,故 $y=Y+y^*$ 是方程(7-18)的通解。

根据定理3,二阶常系数线性非齐次微分方程

$$y''+py'+qy=f(x)$$

的通解为对应的二阶常系数线性齐次微分方程(7-19)的通解加上方程(7-18)的一个特解。因此,关键在于找到方程(7-18)的一个特解 y^*。一般说来,求 y^* 是不容易的。下面我们仅就 $f(x)$ 的几种常见情况给出其特解的形式。

1. $f(x)=P_m(x)e^{\alpha x}$ 型

此时特解的形式是　　　　$y^*=x^k Q_m(x)e^{\alpha x}$,

其中　　$k=\begin{cases}0,如果 \alpha 不是特征方程 r^2+pr+q=0 的根,\\1,如果 \alpha 是特征方程 r^2+pr+q=0 的单根。\\2,如果 \alpha 是特征方程 r^2+pr+q=0 的重根。\end{cases}$

确定 k 值后,将 y^*、$y^{*\prime}$、$y^{*\prime\prime}$ 代入方程(7-18),确定 $Q_m(x)$。

2. $f(x)=P_m(x)\cos\beta x$ 或 $P_m(x)\sin\beta x$ 型

此时特解的形式是　　$y^*=x^k[Q_m(x)\cos\beta x+R_m(x)\sin\beta x]$,
其中

其中　　$k=\begin{cases}0,如果 \beta i 不是特征方程 r^2+pr+q=0 的根,\\1,如果 \beta i 是特征方程 r^2+pr+q=0 的根。\end{cases}$

289

这里 $P_m(x)$，$Q_m(x)$，$R_m(x)$ 均为 m 次多项式函数。

将给定形式的特解 y^* 及 $y^{*'}$，$y^{*''}$ 代入方程(7-18)，然后确定出相应的 $Q_m(x)$ 或 $R_m(x)$。下面举例说明。

【例 5】 求方程 $y''-2y'-3y=x\mathrm{e}^{2x}$ 的一个特解。

解 方程右端 $f(x)=x\mathrm{e}^{2x}$ 属 $P_m(x)\mathrm{e}^{\alpha x}$ 型，$m=1$，$\alpha=2$。因为 $\alpha=2$ 不是特征方程 $r^2-2r-3=0$ 的根，设特解 $y^*=x^0Q_1(x)\mathrm{e}^{2x}=(b_1x+b_0)\mathrm{e}^{2x}$，那么

$$y^{*'}=(2b_1x+b_1+2b_0)\mathrm{e}^{2x},$$
$$y^{*''}=(4b_1x+4b_1+4b_0)\mathrm{e}^{2x}。$$

将 y^*，$y^{*'}$，$y^{*''}$ 代入所给方程，整理后得

$$-3b_1x+2b_1-3b_0=x,$$

比较上式两端同次幂系数，得

$$\begin{cases} -3b_1=1, \\ 2b_1-3b_0=0。 \end{cases}$$

解方程组，得 $b_1=-\dfrac{1}{3}$，$b_0=-\dfrac{2}{9}$。于是所求原方程的一个特解为

$$y^*=\left(-\frac{1}{3}x-\frac{2}{9}\right)\mathrm{e}^{2x}。$$

【例 6】 求微分方程 $y''+y'=2x^2-3$ 的通解。

解 方程右端 $f(x)=2x^2-3$ 属 $P_m(x)\mathrm{e}^{\alpha x}$ 型，$m=2$，$\alpha=0$。因为 $\alpha=0$ 为特征方程 $r^2+r=0$ 的单根，故令 $y^*=xQ_2(x)\mathrm{e}^{0x}=x(b_2x^2+b_1x+b_0)$，求 y^* 的导数，得

$$y^{*'}=3b_2x^2+2b_1x+b_0,$$
$$y^{*''}=6b_2x+2b_1。$$

将 y^*，$y^{*'}$，$y^{*''}$ 代入原方程，整理后得

$$3b_2x^2+(6b_2+2b_1)x+2b_1+b_0=2x^2-3,$$

比较上式两边同次幂系数，得

$$\begin{cases} 3b_2 = 2, \\ 6b_2 + 2b_1 = 0, \\ 2b_1 + b_0 = -3。 \end{cases}$$

解方程组,得 $b_0 = 1$,$b_1 = -2$,$b_2 = \dfrac{2}{3}$,于是方程的一个特解为

$$y^* = \frac{2}{3}x^3 - 2x^2 + x。$$

该方程所对应的二阶常系数线性齐次微分方程为

$$y'' + y' = 0。$$

特征方程为 $r^2 + r = 0$,特征根为 $r_1 = 0$,$r_2 = -1$,因此这个二阶常系数线性齐次微分方程的通解为

$$y = C_1 + C_2 e^{-x}。$$

由定理 3,原方程的通解是

$$y = C_1 + C_2 e^{-x} + \frac{2}{3}x^3 - 2x^2 + x,\quad (C_1,C_2 \text{ 为任意实数})。$$

【例 7】 求方程 $y'' + 2y' + 3y = 2x\cos x$ 的一个特解。

解 方程右端 $f(x) = 2x\cos x$,属 $P_m(x)\cos\beta x$ 型,$m = 1$,$\beta = 1$。因为 $\beta i = i$ 不是特征方程 $r^2 + 2r + 3 = 0$ 的根,所以应设特解为 $y^* = (a_1 x + a_0)\cos x + (b_1 x + b_0)\sin x$,求 y^* 的导数,得

$$y^{*\prime} = (b_1 x + b_0 + a_1)\cos x + (-a_1 x - a_0 + b_1)\sin x,$$

$$y^{*\prime\prime} = (-a_1 x - a_0 + 2b_1)\cos x + (-b_1 x - b_0 - 2a_1)\sin x。$$

将 y^*,$y^{*\prime}$,$y^{*\prime\prime}$ 代入所给方程,得

$$[(2a_1 + 2b_1)x + 2a_0 + 2a_1 + 2b_0 + 2b_1]\cos x +$$
$$[(-2a_1 + 2b_1)x - 2a_0 - 2a_1 + 2b_0 + 2b_1]\sin x = 2x\cos x,$$

比较上式两边 $\cos x$,$\sin x$ 的系数,得

$$\begin{cases} (2a_1 + 2b_1)x + 2a_0 + 2a_1 + 2b_0 + 2b_1 = 2x, \\ (-2a_1 + 2b_1)x - 2a_0 - 2a_1 + 2b_0 + 2b_1 = 0。 \end{cases}$$

再比较上面方程组左右两端同次幂系数,得

$$\begin{cases} 2a_1 + 2b_1 = 2, \\ 2a_0 + 2a_1 + 2b_0 + 2b_1 = 0, \\ -2a_1 + 2b_1 = 0, \\ -2a_0 - 2a_1 + 2b_0 + 2b_1 = 0. \end{cases}$$

解方程组,得 $a_1 = \dfrac{1}{2}$, $a_0 = -\dfrac{1}{2}$, $b_1 = \dfrac{1}{2}$, $b_0 = -\dfrac{1}{2}$。

于是求得一个特解为

$$y^* = \left(\frac{1}{2}x - \frac{1}{2}\right)\cos x + \left(\frac{1}{2}x - \frac{1}{2}\right)\sin x = \frac{x-1}{2}(\cos x + \sin x)。$$

习 题 7-4

1. 解下列微分方程:

(1) $y'' - 7y' + 12y = 0$;   (2) $y'' + 4y' + 3y = 0$;

(3) $y'' + 6y' + 9y = 0$;   (4) $4y'' - 4y' + y = 0$;

(5) $y'' + 2y' + 2y = 0$;   (6) $4y'' + 4y' + 17y = 0$;

(7) $y'' - 4y' + 3y = 0$, $y(0) = 6$, $y'(0) = 10$;

(8) $y'' + 4y' + 29y = 0$, $y(0) = 0$, $y'(0) = 15$。

2. 下列微分方程的一个特解具有何种形式:

(1) $y'' + 4y' - 5y = x$;   (2) $y'' + 4y' = x$;   (3) $y'' + y = 2e^x$;

(4) $y'' + y = x^2 e^x$;   (5) $y'' + y = \sin 2x$;   (6) $y'' + y = 3\sin x$。

3. 解下列微分方程:

(1) $y'' - y - 2y = 4e^x$;   (2) $y'' - 4y' = 5$;

(3) $y'' + y = \sin x$;   (4) $y'' + 4y = \sin x \cos x$, $y(0) = 0$, $y'(0) = 0$。

第五节　微分方程应用举例

应用微分方程解决实际问题通常按下列步骤进行:

(1) 分析问题,建立方程,提出初始条件;

（2）求出所列微分方程的通解；

（3）根据初始条件确定出所需要的特解。

本节将通过若干实例，说明微分方程的应用。

【例 1】 英国人口学家马尔萨斯根据百余年的人口统计资料，提出人口指数增长模型。他的基本假设是：单位时间内人口增长量与当时的人口总数成正比。若已知 $t=t_0$ 时的人口总数为 x_0，试根据马尔萨斯假设，确定时间 t 与人口总数 x 之间的函数关系。

解 设单位时间内人口的增长量与当时人口总数之比为 r，r 是常数，即 r 为人口平均增长率。为讨论方便，假设函数 $x(t)$ 是可导的。时间在 t 取得改变量 Δt，根据马尔萨斯假设，得

$$\frac{x(t+\Delta t)-x(t)}{\Delta t}=rx(t)。$$

令 $\Delta t \to 0$，对上式两边求极限得微分方程

$$x'(t)=rx(t)。 \qquad (7\text{-}21)$$

初始条件是 $\qquad\qquad x(t_0)=x_0。$

方程(7-21)是可分离变量方程，它的通解为

$$\ln x=rt+\ln C，$$

即

$$x=Ce^{rt} \quad （C \text{ 为任意常数}），$$

又因为 $x(t_0)=x_0$，得 $C=x_0 e^{-rt}$。

从而所求的函数关系为 $x=x_0 e^{r(t-t_0)}$。

【例 2】 设有一个球形雪球，其融化时体积关于时间的变化率正比于雪球的表面积，如果时间 $t=0$ 时雪球的半径为 r_0，雪球开始融化，t 时雪球的半径为 $r=r(t)$，试建立 r 随时间 t 的变化规律。若该雪球经过 2 个小时内融化后，其体积减少到原来的 $\dfrac{1}{8}$，试问雪球在多长时间内全部融化？

解 因为雪球体积 $v=\dfrac{4}{3}\pi r^3$，表面积 $s=4\pi r^2$，体积的变化率

$$\frac{dv}{dt}=\frac{dv}{dr}\cdot\frac{dr}{dt}=4\pi r^2\frac{dr}{dt}，$$

雪球体积是时间 t 的单调递减函数,于是 $\dfrac{\mathrm{d}v}{\mathrm{d}t}<0$,由题意得

$$\frac{\mathrm{d}v}{\mathrm{d}t}=-k \cdot 4\pi r^2,$$

从而得微分方程

$$4\pi r^2 \frac{\mathrm{d}r}{\mathrm{d}t}=-k \cdot 4\pi r^2,$$

即

$$\frac{\mathrm{d}r}{\mathrm{d}t}=-k,$$

通解为 $r=-kt+C$。

因为 $t=0$ 时,$r=r_0$,得特解为

$$r=r_0-kt,$$

$t=2$ 时,雪球半径 $r=r_0-2k$。

因为 2 小时内雪球的体积减少到原来($t=0$ 时)的 $\dfrac{1}{8}$,由此得

$$\frac{4}{3}\pi(r_0-2k)^3=\frac{1}{8} \cdot \frac{4}{3}\pi r_0^3,$$

于是 $r_0-2k=\dfrac{1}{2}r_0$,得 $k=\dfrac{1}{4}r_0$,故 r 与 t 的变化规律为

$$r=r_0\left(1-\frac{t}{4}\right)。$$

雪球全部融化时 $r=0$,那么所需时间为

$$t=4(小时)。$$

【例 3】 已知某曲线上任点处的切线介于坐标轴间的部分为切点所平分,且已知此曲线过点 $(2,3)$,求该曲线的方程。

解 设所求曲线的方程为 $y=f(x)$ 过曲线上任点 (x,y) 的切线方程为

$$Y-y=y'(X-x)$$

(X,Y) 为切线上动点坐标,切线方程的截距式方程为

$$\frac{X}{\dfrac{y'x-y}{y'}}+\frac{Y}{y-y'x}=1$$

由题意,得

$$\frac{y'x - y}{y'} = 2x, \quad y - y'x = 2x$$

初始条件为
$$f(2) = 3。$$

分离变量,得

$$\frac{\mathrm{d}y}{y} = -\frac{\mathrm{d}x}{x}$$

得通解为

$$xy = C \quad (C \text{ 为任意常数})$$

由于 $f(2) = 3$,得 $C = 6$,于是所求曲线的方程为

$$xy = 6$$

【例 4】 某产品产量 Q 与价格 $P = P(Q)$ 的关系经市场分析得:价格对产量的变化率为 $\dfrac{P^2 + Q^2}{2PQ}$。若当产量 $Q = 1$ 时,价格 $P = 2$,求价格与产量之间的函数关系。

解 价格 P 是产量 Q 的函数,价格 P 对产量 Q 的变化率就是 $\dfrac{\mathrm{d}P}{\mathrm{d}Q}$。由题意得

$$\frac{\mathrm{d}P}{\mathrm{d}Q} = \frac{P^2 + Q^2}{2PQ},$$

即

$$\frac{\mathrm{d}P}{\mathrm{d}Q} = \frac{\left(\dfrac{P}{Q}\right)^2 + 1}{2\left(\dfrac{P}{Q}\right)},$$

这是一阶齐次微分方程。

令 $u = \dfrac{P}{Q}$,$P = uQ$,则 $\dfrac{\mathrm{d}P}{\mathrm{d}Q} = u + Q\,\dfrac{\mathrm{d}u}{\mathrm{d}Q}$,代入方程得

$$u + Q\,\frac{\mathrm{d}u}{\mathrm{d}Q} = \frac{u^2 + 1}{2u},$$

即

$$Q\,\frac{\mathrm{d}u}{\mathrm{d}Q} = \frac{1 - u^2}{2u}。$$

分离变量,得

$$\frac{2u}{1-u^2}\mathrm{d}u=\frac{1}{Q}\mathrm{d}Q。$$

两边积分,得通解 $\ln Q=-\ln(1-u^2)+\ln K,$

即 $$Q=\frac{K}{1-u^2}。$$

将 $u=\frac{P}{Q}$ 代入,得

$$Q=\frac{KQ^2}{Q^2-P^2},$$

即 $P=\sqrt{Q^2-KQ}\,(K\ 为任意常数)。$

由 $Q=1$ 时,$P=2$,得 $K=-3$,则产量与价格间的函数关系为

$$P=\sqrt{Q^2+3Q}。$$

【例5】 某企业的经营成本 C 随产量 Q 增加而增加,其变化率为 $\dfrac{\mathrm{d}C}{\mathrm{d}Q}=(2+Q)C$,且固定成本为 5,求成本函数 $C(Q)$。

解 将 $\dfrac{\mathrm{d}C}{\mathrm{d}Q}=(2+Q)C$ 分离变量,得

$$\frac{\mathrm{d}C}{C}=(2+Q)\mathrm{d}Q,$$

两边积分得通解

$$C=K\mathrm{e}^{2Q+\frac{Q^2}{2}}\qquad(K\ 为任意常数)。$$

由 $Q=0$ 时,$C=5$,得 $K=5$,则成本函数为

$$C=5\mathrm{e}^{2Q+\frac{Q^2}{2}}。$$

【例6】 某公司的年利润 L 随广告费 x 而变化,其变化率为 $\dfrac{\mathrm{d}L}{\mathrm{d}x}=5-2(L+x)$,且当 $x=0$ 时,$L=10$。求利润 L 与广告费 x 间的函数关系 $L(x)$。

解 由 $\dfrac{\mathrm{d}L}{\mathrm{d}x}=5-2(L+x)$ 得 $\dfrac{\mathrm{d}L}{\mathrm{d}x}+2L=5-2x,$

这是一阶线性非齐次微分方程。此时

$$p(x)=2,\ q(x)=5-2x。$$

通解为
$$L = e^{-\int 2dx} \left[\int (5 - 2x) e^{\int 2dx} dx + K \right]$$
$$= e^{-2x} \left[3e^{2x} - x e^{2x} + K \right]$$
$$= 3 - x + K e^{-2x}, \quad (K \text{ 为任意常数})。$$

由 $x = 0$ 时，$L = 10$，得 $K = 7$，则利润与广告费间的函数关系为
$$L = 3 - x + 7 e^{-2x}。$$

【例7】 设某种商品的价格主要由供求关系决定，若供给量 S 与需求量 D 均是依赖于价格的线性函数
$$\begin{cases} S = -a + bp \\ D = c - dp \end{cases} \quad (a, b, c, d \text{ 为正常数})。$$

当供求平衡时，均衡价格 $\bar{p} = \dfrac{a + c}{b + d}$。若价格 p 是时间 t 的函数，$p = p(t)$。在时间 t 时，价格的变化率与此时刻的过剩需求量 $D - S$ 成正比，即 $\dfrac{dp}{dt} = \alpha(D - S)$，其中 α 为大于 0 的常数。试求价格与时间的函数关系 $p(t)$，设初始价格 $p(0) = p_0$。

解 由已知 $\dfrac{dp}{dt} = \alpha(D - S)$，得
$$\frac{dp}{dt} = \alpha(c - dp + a - bp) = \alpha(a + c) - \alpha(b + d)p,$$

即
$$\frac{dp}{dt} + \alpha(b + d)p = \alpha(a + c)。$$

这是一阶线性非齐次微分方程，则通解为
$$p = e^{-\int \alpha(b+d)dt} \left[\int \alpha(a + c) e^{\int \alpha(b+d)dt} dt + K \right] = e^{-\alpha(b+d)t} \left[\frac{a + c}{b + d} e^{\alpha(b+d)t} + K \right]$$
$$= K e^{-\alpha(b+d)t} + \frac{a + c}{b + d} = K e^{-\alpha(b+d)t} + \bar{p} \quad (K \text{ 为任意常数})。$$

由 $p(0) = p_0$ 代入上式得 $K = p_0 - \bar{p}$，则所求函数关系为
$$p = (p_0 - \bar{p}) e^{-\alpha(b+d)t} + \bar{p}。$$

显然，当 $t \to \infty$ 时，$p \to \bar{p}$，即价格趋于均衡价格。

【例8】 在宏观经济研究中，发现某地区国民收入 y，国民储蓄 S 和投资 I 均是时间 t 的函数，且在时刻 t 储蓄额 S 为国民收入的 $\dfrac{1}{10}$，投资额 I 为国民收入增长

率的 $\dfrac{1}{3}$。假定在时刻 t 的储蓄全部用于投资,当 $t=0$ 时,国民收入为 5 亿元。试求国民收入函数、投资函数与储蓄函数。

解 设 t 时国民收入为 $y(t)$(亿元),并假设是可导函数。由题意,$S=\dfrac{1}{10}y$,$I=\dfrac{1}{3}\dfrac{\mathrm{d}y}{\mathrm{d}t}$,当 $S=I$ 时,有

$$\frac{1}{10}y=\frac{1}{3}\frac{\mathrm{d}y}{\mathrm{d}t},$$

解此微分方程得通解为

$$y=K\mathrm{e}^{\frac{3}{10}t} \quad (K \text{ 为任意常数})。$$

由 $t=0$ 时,$y=5$,得 $K=5$,则国民收入函数为

$$y=5\mathrm{e}^{\frac{3}{10}t},$$

而储蓄函数和投资函数为

$$S=I=\frac{1}{2}\mathrm{e}^{\frac{3}{10}t}。$$

习 题 7-5

1. 求过点 $(1,3)$,且在任意点 (x,y) 处切线斜率为 $2x$ 的曲线方程。

2. 已知某曲线上任意点 (x,y) 处切线在纵轴上的截距等于切点的横坐标 x,且该曲线过点 $(1,1)$,求该曲线的方程。

3. 某加工厂加工某产品的利润 L 与加工的产品数量 Q 的关系是:利润随加工数量增加的变化率等于利润 L 与加工数量 Q 的和与加工数量 Q 之比,且当 $Q=1$ 时,$L=\dfrac{1}{2}$。求利润 L 与加工数量 Q 之间的函数关系。

4. 某商品的价格由供求关系决定,供给量 S 与需求量 D 均是价格 P 的函数,$S=-1+3P$,$D=4-P$。

若价格 P 是时间 t 的函数,且已知在时刻 t 时,价格 P 的变化率与过剩需求 $D-S$ 成正比,比例系数为 2,试求价格 P 与时间 t 的函数关系(设初始价格 $P_0=2$)。

5. 某企业边际成本 $C'(Q)=(Q+Q^2)C$,若固定成本为 10,求成本函数。

复 习 题 七

1. 单项选择题。

(1) 函数(　　)为微分方程 $xy'=2y$ 的解。

a. $y=x^2$；　　　　　b. $y=x$；　　　　　c. $y=2x$；　　　　　d. $y=\dfrac{x}{2}$。

(2) 方程 $(y-\ln x)dx+xdy=0$ 是(　　)。

a. 可分离变量微分方程；　　　　　　　b. 齐次方程；

c. 一阶非齐次线性微分方程；　　　　　d. 一阶齐次线性微分方程。

(3) 微分方程 $xy'+2y=0$ 在初始条件 $y|_{x=1}=1$ 的特解为(　　)。

a. $y=\dfrac{1}{x}$；　　　　　b. $y=\dfrac{1}{x^2}$；　　　　　c. $y=x$；　　　　　d. $y=x^2$。

2. 填空题。

(1) $(y'')^3+e^{-2x}y'=0$ 是_____阶微分方程。

(2) 微分方程 $dy+ye^x dx=0$ 通解为_____。

(3) y^* 是方程 $y''-4y=xe^x$ 的一个特解，则该方程的通解是_____。

3. 解下列微分方程。

(1) $dy=x(2ydx-xdy)$，$y(1)=4$；　　(2) $(xy^2+x)dx+(y-x^2y)dy=0$；

(3) $x^2ydx-(x^3+y^3)dy=0$；　　　　(4) $y'-2y+3=0$；

(5) $(x^2+1)\dfrac{dy}{dx}+2xy=4x^2$；　　(6) $y'=x+3+\dfrac{2}{x}-\dfrac{y}{x}$；

(7) $y''=\dfrac{1}{1+x^2}$；　　　　　　(8) $y''+y'=x$，$y'(0)=3$，$y(0)=1$；

(9) $y''-4y'+3y=0$，$y(0)=6$，$y'(0)=10$；

(10) $y''-3y'+2y=xe^{2x}$。

4. 已知一艘汽艇在平静的水中以速度 $v=5(m/s)$ 行驶，全速时停止了发动机，水对汽艇的阻力 $F=-kv$（k 为常数），经过 $20\,s$ 后汽艇速度减小到 $3\,m/s$，试确定发动机停止 $2\,min$ 后汽艇的速度。

5. 某国民收入 y 随时间 t 变化的变化率为 $-0.003y+0.003\,04$，假定 $y(0)=0$，求国民收入 y 与时间 t 的函数关系。

6. 某企业成本 C 随产量 Q 变化的变化率为 $30e^Q-3e^{0.3Q}$，若固定成本为 20，求成本函数。

第八章 无穷级数

级数是研究函数和进行数值计算的重要工具，它有着广泛的应用。本章先讨论常数项级数的基本概念及级数敛散性判定，然后着重讨论幂级数和函数展开成幂级数问题。

第一节 常数项级数的概念及基本性质

一、常数项级数的概念

我们先讨论一个实际问题。

【例1】 某集团公司计划在某年 11 月 1 日筹设"振兴杯教育奖金"，从次年开始计划每年 11 月 1 日发放一次，奖金总额为 A 万元，奖金来源为基金的存款利息。设银行规定年利率为 r，每年结算一次，试问该基金的最低金额 P 应为多少？

解 我们可以这样来思考问题，对于第一年 11 月 1 日发放的奖金 A 万元，该年 11 月 1 日投入的最低本金 A_1 与 A 之间的关系为：本金 A_1 在银行存储 1 年，取出时为 A 元，即

$$A_1(1+r)=A$$

因此，该年就应投入最低本金 $\dfrac{A}{1+r}$ 万元于基金。为发放第二年的奖金 A 万元，该年投入的最低本金 A_2 与 A 之间的关系为：本金 A_2 在银行存储 2 年，取出时为 A 元，即

$$A_2(1+r)^2=A$$

因此，该年就应投入最低本金 $\dfrac{A}{(1+r)^2}$ 万元于基金，从而为发放第一、第二年奖金，该年应投入的最低本金为

$$\frac{A}{1+r}+\frac{A}{(1+r)^2}$$

依此类推,为发放第 n 年的奖金 A 万元,该年应投入的最低本金为 $\dfrac{A}{(1+r)^n}$,从而为发放这 n 次奖金,该年 11 月 1 日应投入的最低本金为

$$\frac{A}{1+r}+\frac{A}{(1+r)^2}+\cdots+\frac{A}{(1+r)^n}。$$

如此继续下去。

当 n 无限增大时,则和

$$\frac{A}{1+r}+\frac{A}{(1+r)^2}+\cdots+\frac{A}{(1+r)^n}$$

的极限就是该基金的最低金额 P。这时和式中的项数无限增多,于是出现无穷多个数量依次相加的数学式子

$$\frac{A}{1+r}+\frac{A}{(1+r)^2}+\cdots+\frac{A}{(1+r)^n}+\cdots \tag{8-1}$$

一般地,给出如下定义。

定义 1 设给定数列 $\{u_n\}$,则式子

$$u_1+u_2+\cdots+u_n+\cdots \tag{8-2}$$

称为**常数项无穷级数**,简称**常数项级数**或**级数**,记为 $\displaystyle\sum_{n=1}^{\infty}u_n$。其中第 n 项 u_n 称为级数的**一般项**或**通项**。

上述级数的定义仅指出:级数只是形式上的无穷多项的和。为了讨论无穷多项"相加"的问题,我们从有限项的和出发,观察它的变化趋势,由此来理解无穷多项相加的含义。

级数式(8-2)的前 n 项的和,称为级数的前 n 项部分和,简称为**部分和**,记为 s_n。即:

$$s_n=u_1+u_2+\cdots+u_n=\sum_{n=1}^{n}u_i。$$

显然,当 n 依次取 $1,2,3,\cdots$ 时,部分和构成一个新的数列 $\{s_n\}$:

$$s_1=u_1,\ s_2=u_1+u_2,\ \cdots,\ s_n=u_1+u_2+\cdots+u_n,\ \cdots$$

称为**部分和数列**。

定义 2 当 $n \to \infty$ 时,如果级数 $\sum\limits_{n=1}^{\infty} u_n$ 的部分和数列 $\{s_n\}$ 有极限 s,即

$$\lim_{n \to \infty} s_n = s,$$

则称级数 $\sum\limits_{n=1}^{\infty} u_n$ **收敛**,且称 s 为级数 $\sum\limits_{n=1}^{\infty} u_n$ 的**和**,记作

$$\sum_{n=1}^{\infty} u_n = s。$$

若 $\lim\limits_{n \to \infty} s_n$ 不存在,则称级数 $\sum\limits_{n=1}^{\infty} u_n$ **发散**。 发散的级数没有和。

【例 2】 判别下列级数的敛散性。

(1) $(\sqrt{2} - \sqrt{1}) + (\sqrt{3} - \sqrt{2}) + \cdots + (\sqrt{n+1} - \sqrt{n}) + \cdots$;

(2) $\dfrac{1}{1 \times 2} + \dfrac{1}{2 \times 3} + \cdots + \dfrac{1}{n(n+1)} + \cdots$。

解 (1) 因为 $u_n = \sqrt{n+1} - \sqrt{n}$,所以部分和

$$s_n = (\sqrt{2} - \sqrt{1}) + (\sqrt{3} - \sqrt{2}) + \cdots + (\sqrt{n+1} - \sqrt{n})$$
$$= \sqrt{n+1} - 1,$$

于是 $\qquad \lim\limits_{n \to \infty} s_n = \lim\limits_{n \to \infty} (\sqrt{n+1} - 1) = \infty。$

所以,级数 $\sum\limits_{n=1}^{\infty} (\sqrt{n+1} - \sqrt{n})$ 发散。

(2) 因为 $u_n = \dfrac{1}{n(n+1)} = \dfrac{1}{n} - \dfrac{1}{n+1}$,所以部分和

$$s_n = \frac{1}{1 \times 2} + \frac{1}{2 \times 3} + \frac{1}{3 \times 4} + \cdots + \frac{1}{n(n+1)}$$

$$= \left(1 - \frac{1}{2}\right) + \left(\frac{1}{2} - \frac{1}{3}\right) + \left(\frac{1}{3} - \frac{1}{4}\right) + \cdots + \left(\frac{1}{n} - \frac{1}{n+1}\right)$$

$$= 1 - \frac{1}{n+1}。$$

于是 $\qquad\qquad \lim\limits_{n \to \infty} s_n = \lim\limits_{n \to \infty} \left(1 - \frac{1}{n+1}\right) = 1。$

所以,级数 $\sum\limits_{n=1}^{\infty} \dfrac{1}{n(n+1)}$ 收敛,且其和为 1,即

$$\sum_{n=1}^{\infty} \frac{1}{n(n+1)} = 1。$$

【例3】 讨论几何级数（又称等比级数）

$$\sum_{n=1}^{\infty} aq^{n-1} = a + aq + aq^2 + \cdots + aq^{n-1} + \cdots \tag{8-3}$$

的敛散性，其中首项 $a \neq 0$，q 是级数的公比。

注：几何级数 $\sum\limits_{n=1}^{\infty} aq^{n-1}$，也可记为 $\sum\limits_{n=0}^{\infty} aq^n$

解 如果 $q \neq 1$，则部分和

$$s_n = a + aq + aq^2 + \cdots + aq^{n-1} = \frac{a(1-q^n)}{1-q}，$$

当 $|q| < 1$ 时，$\lim\limits_{n \to \infty} s_n = \lim\limits_{n \to \infty} \frac{a(1-q^n)}{1-q} = \frac{a}{1-q}$，

所以级数式(8-3)收敛，且其和为 $\dfrac{a}{1-q}$。

如果 $|q| > 1$，则 $\lim\limits_{n \to \infty} q^n = \infty$，从而 $\lim\limits_{n \to \infty} s_n = \infty$，

所以级数式(8-3)发散。

如果 $|q| = 1$，当 $q = 1$ 时，$s_n = na$，那么 $\lim\limits_{n \to \infty} s_n = \infty$，所以级数式(8-3)发散。

当 $q = -1$，则级数式(8-3)成为

$$a - a + a - a + \cdots + a - a + \cdots$$

其部分和

$$s_n = \begin{cases} 0, & n \text{ 为偶数}, \\ a, & n \text{ 为奇数}, \end{cases}$$

显然，$n \to \infty$ 时，s_n 无极限，所以级数式(8-3)发散。

综上所述，可得：

几何级数 $\sum\limits_{n=1}^{\infty} aq^{n-1}$，当 $|q| < 1$ 时收敛，其和为 $\dfrac{a}{1-q}$；当 $|q| \geqslant 1$ 时发散。

由级数定义知，[例1]中所需基金 P 为级数式（8-1）的和。级数

$\sum\limits_{n=1}^{\infty} \dfrac{A}{1+r} \left(\dfrac{1}{1+r} \right)^{n-1}$ 是几何级数，公比 $q = \dfrac{1}{1+r}$，显然 $|q| < 1$，由[例3]得级数式

(8-1) 收敛,且其和为

$$P = \frac{A}{1+r} \cdot \frac{1}{1 - \frac{1}{1+r}} = \frac{A}{r}$$

即该基金的最低金额 P 是 A/r 万元。

【例 4】 判定下列级数的敛散性。

(1) $\sum_{n=0}^{\infty} (-1)^n \frac{1}{5^n}$;   (2) $\sum_{n=0}^{\infty} \left(\frac{3}{2}\right)^n$。

解 (1) 因为级数的一般项 $u_n = (-1)^n \frac{1}{5^n} = \left(-\frac{1}{5}\right)^n$,这是首项 $a = -\frac{1}{5}$,公比 $q = -\frac{1}{5}$ 的几何级数,而 $|q| = \frac{1}{5} < 1$,所以,级数 $\sum_{n=0}^{\infty} (-1)^n \frac{1}{5^n}$ 收敛。

(2) 该级数是首项 $a = \frac{3}{2}$,公比 $q = \frac{3}{2}$ 的几何级数。因为 $|q| = \frac{3}{2} > 1$,所以,级数 $\sum_{n=0}^{\infty} \left(\frac{3}{2}\right)^n$ 发散。

二、收敛级数的基本性质

根据级数收敛和发散的定义与极限运算法则,可以得到收敛级数的下列基本性质。

性质 1 如果级数 $\sum_{n=1}^{\infty} u_n$ 与级数 $\sum_{n=1}^{\infty} v_n$ 都收敛,其和分别为 s、w,则级数 $\sum_{n=1}^{\infty} (u_n \pm v_n)$ 也收敛,且其和为 $s \pm w$。

证明 设级数 $\sum_{n=1}^{\infty} u_n$、$\sum_{n=1}^{\infty} u_n$ 的部分和分别为 s_n、σ_n,则级数 $\sum_{n=1}^{\infty} (u_n \pm u_n)$ 的部分和

$$\tau_n = (u_1 \pm v_1) + (u_2 \pm v_2) + \cdots + (u_n \pm v_n)$$
$$= (u_1 + u_2 + \cdots + u_n) \pm (v_1 + v_2 + \cdots + v_n)$$
$$= s_n \pm \sigma_n,$$

于是 $\lim_{n \to \infty} \tau_n = \lim_{n \to \infty} (s_n \pm \sigma_n) = \lim_{n \to \infty} s_n \pm \lim_{n \to \infty} \sigma_n = s \pm w$。

这就表明级数 $\sum_{n=1}^{\infty} (u_n \pm v_n)$ 收敛,且其和为 $s \pm w$。

性质 1 也说成:**两个收敛级数可以逐项相加或逐项相减。**

性质 2 如果级数 $\sum_{n=1}^{\infty} u_n$ 收敛于和 s,k 为常数,则级数 $\sum_{n=1}^{\infty} k u_n$ 也收敛,且其和

为 ks。

证明 设级数 $\sum\limits_{n=1}^{\infty} u_n$ 与级数 $\sum\limits_{n=1}^{\infty} ku_n$ 的部分和分别为 s_n 与 t_n，则

$$t_n = ku_1 + ku_2 + \cdots + ku_n = ks_n$$

于是

$$\lim_{n \to \infty} t_n = \lim_{n \to \infty} ks_n = k \lim_{n \to \infty} s_n = ks。$$

这就表明级数 $\sum\limits_{n=1}^{\infty} ku_n$ 收敛，且和为 ks。

【例 5】 判定级数 $\sum\limits_{n=0}^{\infty} \left[\left(\dfrac{2}{3}\right)^n + \left(\dfrac{3}{4}\right)^n \right]$ 的敛散性。

解 由于几何级数 $\sum\limits_{n=0}^{\infty} \left(\dfrac{2}{3}\right)^n$ 与 $\sum\limits_{n=0}^{\infty} \left(\dfrac{3}{4}\right)^n$ 都收敛，根据性质 1，所以级数

$\sum\limits_{n=0}^{\infty} \left[\left(\dfrac{2}{3}\right)^n + \left(\dfrac{3}{4}\right)^n \right]$ 也收敛。

【例 6】 判定级数 $\sum\limits_{n=0}^{\infty} \dfrac{9}{2^n}$ 的敛散性。

解 显然 $\sum\limits_{n=0}^{\infty} \dfrac{9}{2^n} = \sum\limits_{n=0}^{\infty} 9 \times \dfrac{1}{2^n}$，而级数 $\sum\limits_{n=0}^{\infty} \dfrac{1}{2^n} = \sum\limits_{n=0}^{\infty} \left(\dfrac{1}{2}\right)^n$ 收敛，由性质 2 得级数

$\sum\limits_{n=0}^{\infty} \dfrac{9}{2^n}$ 也收敛。

性质 3 在级数中加上、去掉或改变有限项，得到的新级数与原级数具有相同的敛散性。

证明 我们只需证明"在级数的前面部分去掉或加上有限项，不会改变级数的敛散性"，因为其他情形（即在级数中任意去掉、加上或改变有限项的情形）都可以看成在级数的前面部分先去掉有限项，然后再加上有限项的结果。

设将级数

$$u_1 + u_2 + \cdots + u_k + u_{k+1} + \cdots + u_{k+n} + \cdots$$

的前 k 项去掉，则得级数

$$u_{k+1} + u_{k+2} + \cdots + u_{k+n} + \cdots,$$

于是新得的级数的部分和为

$$t_n = u_{k+1} + u_{k+2} + \cdots + u_{k+n} = s_{k+n} - s_k$$

305

其中 s_{k+n} 是原来级数的前 $k+n$ 项的和。因为 s_k 是常数,所以当 $n \to \infty$ 时,t_n 与 s_{k+n} 或者同时具有极限,或者同时没有极限。

类似地,可以证明在级数的前面加上有限项,不会改变级数的收敛性。

性质 4 在级数 $\sum\limits_{n=1}^{\infty} u_n$ 中加括号,即将有限项用括号括起来作为一项,得到新级数。如果原级数收敛,则新级数也收敛;如果新级数发散,则原级数发散。

性质 5 (级数收敛的必要条件)如果级数 $\sum\limits_{n=1}^{\infty} u_n$ 收敛,则 $\lim\limits_{n \to \infty} u_n = 0$。

证明 因为级数 $\sum\limits_{n=1}^{\infty} u_n$ 收敛,它的部分和为 s_n,所以 $\lim\limits_{n \to \infty} s_n = s$。

而 $u_n = s_n - s_{n-1}$,所以

$$\lim_{n \to \infty} u_n = \lim_{n \to \infty} (s_n - s_{n-1}) = \lim_{n \to \infty} s_n - \lim_{n \to \infty} s_{n-1}$$
$$= s - s = 0。$$

推论 如果 $\lim\limits_{n \to \infty} u_n \neq 0$,则级数 $\sum\limits_{n=1}^{\infty} u_n$ 发散。

我们经常用这个推论来判定某些级数是发散的。

【例 7】 判定级数 $\sum\limits_{n=1}^{\infty} \dfrac{n}{15n+1}$ 的敛散性。

解 因为 $\lim\limits_{n \to \infty} u_n = \lim\limits_{n \to \infty} \dfrac{n}{15n+1} = \dfrac{1}{15} \neq 0$,所以级数发散。

注:级数的一般项趋于零的级数不一定收敛,即级数的一般项趋于零不是级数收敛的充分条件。

例如,级数 $\sum\limits_{n=1}^{\infty} (\sqrt{n+1} - \sqrt{n})$ 满足 $\lim\limits_{n \to \infty} u_n = \lim\limits_{n \to \infty} (\sqrt{n+1} - \sqrt{n}) = \lim\limits_{n \to \infty} \dfrac{1}{\sqrt{n+1} + \sqrt{n}} = 0$,但由[例 2]知,它却是发散的。

习 题 8-1

1. 写出下列级数的一般项。

(1) $\dfrac{2}{1} + \dfrac{3}{2} + \dfrac{4}{3} + \dfrac{5}{4} + \dfrac{6}{5} + \cdots$;

(2) $\dfrac{a^2}{3} + \dfrac{a^3}{5} + \dfrac{a^4}{7} + \dfrac{a^5}{9} + \dfrac{a^6}{11} + \cdots$;

(3) $\dfrac{1}{\sqrt{1 \times 2}} - \dfrac{1}{\sqrt{2 \times 3}} + \dfrac{1}{\sqrt{3 \times 4}} - \dfrac{1}{\sqrt{4 \times 5}} + \cdots$;

(4) $\dfrac{1}{1 \times 4} + \dfrac{1}{4 \times 7} + \dfrac{1}{7 \times 10} + \dfrac{1}{10 \times 13} + \cdots$。

2. 根据级数收敛与发散的定义判定下列级数的敛散性。

(1) $\displaystyle\sum_{n=1}^{\infty} (-1)^{n+1}$;

(2) $\displaystyle\sum_{n=1}^{\infty} [\ln(n+1) - \ln n]$;

(3) $\displaystyle\sum_{n=1}^{\infty} \dfrac{1}{(2n-1)(2n+1)}$;

(4) $\displaystyle\sum_{n=1}^{\infty} \ln \dfrac{2n+3}{2n+1}$。

3. 判别下列级数的敛散性。

(1) $\displaystyle\sum_{n=0}^{\infty} \left(\dfrac{1}{5^n} + \dfrac{1}{6^n} \right)$;

(2) $\displaystyle\sum_{n=0}^{\infty} \dfrac{2^{n+1}}{3^n}$;

(3) $\displaystyle\sum_{n=1}^{\infty} \dfrac{(2n)^n}{(2n+1)^n}$;

(4) $\displaystyle\sum_{n=1}^{\infty} \dfrac{n}{n+1}$;

(5) $\dfrac{1}{3} + \dfrac{1}{\sqrt{3}} + \cdots + \dfrac{1}{\sqrt[n]{3}} + \cdots$。

第二节　正项级数的审敛法

一、正项级数的概念及其收敛的基本定理

定义 1　设级数 $\displaystyle\sum_{n=1}^{\infty} u_n$，如果 $u_n \geqslant 0 (n=1, 2, \cdots)$，则称级数 $\displaystyle\sum_{n=1}^{\infty} u_n$ 为**正项级数**。

设级数 $\displaystyle\sum_{n=1}^{\infty} u_n$ 是正项级数，它的部分和为 s_n。显然，数列 $\{s_n\}$ 是单调增加数列，即

$$s_1 \leqslant s_2 \leqslant \cdots \leqslant s_{n-1} \leqslant s_n \leqslant \cdots$$

由数列极限存在的单调有界准则知道，如果数列 $\{s_n\}$ 有界，则 $\lim\limits_{n \to \infty} s_n$ 存在，从而级数 $\displaystyle\sum_{n=1}^{\infty} u_n$ 收敛；反之，如果正项级数 $\displaystyle\sum_{n=1}^{\infty} u_n$ 收敛于和 s，即 $\lim\limits_{n \to \infty} s_n = s$，根据有极限的数列是有界数列可知，数列 $\{s_n\}$ 有界。由此得到如下正项级数收敛的基本定理。

定理 1　正项级数 $\sum\limits_{n=1}^{\infty} u_n$ 收敛的充分必要条件是它的部分和数列 $\{s_n\}$ 有界。

二、比较审敛法

根据定理 1 所提供的正项级数收敛的充分必要条件，我们得到如下正项级数敛散性的常用的比较审敛法。

定理 2(比较审敛法)　设级数 $\sum\limits_{n=1}^{\infty} u_n$ 与 $\sum\limits_{n=1}^{\infty} v_n$ 都是正项级数，且 $u_n \leqslant v_n (n=1, 2, \cdots)$，则

(1) 如果级数 $\sum\limits_{n=1}^{\infty} v_n$ 收敛，则级数 $\sum\limits_{n=1}^{\infty} u_n$ 也收敛。

(2) 如果级数 $\sum\limits_{n=1}^{\infty} u_n$ 发散，则级数 $\sum\limits_{n=1}^{\infty} v_n$ 也发散。

证明　设部分和 $s_n = u_1 + u_2 + \cdots + u_n$，$\sigma_n = v_1 + v_2 + \cdots + v_n$，因为 $u_n \leqslant v_n$，所以 $s_n \leqslant \sigma_n$。

(1) 如果级数 $\sum\limits_{n=1}^{\infty} v_n$ 收敛，由定理 1 可知部分和数列 $\{\sigma_n\}$ 有界，因此 $\{s_n\}$ 也有界，所以级数 $\sum\limits_{n=1}^{\infty} u_n$ 收敛。

(2) 用反证法。假设级数 $\sum\limits_{n=1}^{\infty} v_n$ 收敛，则由条件 $u_n \leqslant v_n$，根据已证明的第(1)部分结论可知级数 $\sum\limits_{n=1}^{\infty} u_n$ 也是收敛的，这与已知条件矛盾，所以级数 $\sum\limits_{n=1}^{\infty} v_n$ 是发散的。

【例 1】　判定调和级数

$$\sum_{n=1}^{\infty} \frac{1}{n} = 1 + \frac{1}{2} + \frac{1}{3} + \cdots + \frac{1}{n} + \cdots \tag{8-4}$$

的敛散性。

解　对调和级数按下列方式加括号，

$$\sum_{n=1}^{\infty} \frac{1}{n} = \left(1 + \frac{1}{2}\right) + \left(\frac{1}{3} + \frac{1}{4}\right) + \left(\frac{1}{5} + \frac{1}{6} + \frac{1}{7} + \frac{1}{8}\right) + \left(\frac{1}{9} + \cdots + \frac{1}{16}\right) + \cdots,$$

即，第一、第二项加括号，从第三项起，依次按 2 项、2^2 项、2^3 项、$\cdots$、2^m 项$\cdots\cdots$加括号。

其各项均大于正项级数

$$\frac{1}{2} + \left(\frac{1}{4} + \frac{1}{4}\right) + \left(\frac{1}{8} + \frac{1}{8} + \frac{1}{8} + \frac{1}{8}\right) + \left(\frac{1}{16} + \cdots + \frac{1}{16}\right) + \cdots$$

$$= \frac{1}{2} + \frac{1}{2} + \frac{1}{2} + \frac{1}{2} + \cdots,$$

的对应项，后一个正项级数的一般项为 $\frac{1}{2}$，它显然是发散的。由比较审敛法可知调和级数 $\sum\limits_{n=1}^{\infty} \frac{1}{n}$ 发散。

【例2】 判定 $p-$级数

$$\sum_{n=1}^{\infty} \frac{1}{n^p} = 1 + \frac{1}{2^p} + \frac{1}{3^p} + \frac{1}{4^p} + \cdots + \frac{1}{n^p} + \cdots \tag{8-5}$$

的敛散性，其中常数 $p > 0$。

解 当 $p \leqslant 1$ 时，$\frac{1}{n^p} \geqslant \frac{1}{n}$，而调和级数 $\sum\limits_{n=1}^{\infty} \frac{1}{n}$ 发散。由比较审敛法知，当 $p \leqslant 1$ 时级数 $\sum\limits_{n=1}^{\infty} \frac{1}{n^p}$ 发散。

当 $p > 1$ 时，级数 $\sum\limits_{n=1}^{\infty} \frac{1}{n^p}$ 从第二项起，依次按 2 项、2^2 项、2^3 项、$\cdots$、2^m 项$\cdots\cdots$加括号，得

$$\sum_{n=1}^{\infty} \frac{1}{n^p} = 1 + \left(\frac{1}{2^p} + \frac{1}{3^p}\right) + \left(\frac{1}{4^p} + \frac{1}{5^p} + \frac{1}{6^p} + \frac{1}{7^p}\right) + \left(\frac{1}{8^p} + \cdots + \frac{1}{15^p}\right) + \cdots,$$

它的各项均不大于级数

$$1 + \left(\frac{1}{2^p} + \frac{1}{2^p}\right) + \left(\frac{1}{4^p} + \frac{1}{4^p} + \frac{1}{4^p} + \frac{1}{4^p}\right) + \left(\frac{1}{8^p} + \cdots + \frac{1}{8^p}\right) + \cdots = \sum_{n=1}^{\infty} \left(\frac{1}{2^{p-1}}\right)^{n-1},$$

的对应项，而后一级数是公比 $q = \frac{1}{2^{p-1}} < 1$ 的几何级数，由比较审敛法知，当 $p > 1$ 时级数 $\sum\limits_{n=1}^{\infty} \frac{1}{n^p}$ 收敛。

用比较审敛法判定一个正项级数的敛散性时，经常将需判定的级数的一般项与几何级数或 $p-$级数的一般项比较，然后确定该级数的敛散性。

【例3】 判定级数 $\sum\limits_{n=1}^{\infty} \frac{1}{2^n + 1}$ 的敛散性。

解 由于 $u_n = \dfrac{1}{2^n+1} < \dfrac{1}{2^n} = v_n$,

而 $\displaystyle\sum_{n=1}^{\infty} v_n = \sum_{n=1}^{\infty} \dfrac{1}{2^n}$ 为公比 $q = \dfrac{1}{2}$ 的几何级数,它是收敛的。则根据比较审敛法可知级

数 $\displaystyle\sum_{n=1}^{\infty} \dfrac{1}{2^n+1}$ 收敛。

【例 4】 判定级数 $\displaystyle\sum_{n=1}^{\infty} \dfrac{1}{3n-1}$ 的敛散性。

解 因为 $u_n = \dfrac{1}{3n-1} > \dfrac{1}{3n}$,

而 $\displaystyle\sum_{n=1}^{\infty} \dfrac{1}{n}$ 为调和级数,它是发散的。根据性质 2 级数 $\displaystyle\sum_{n=1}^{\infty} \dfrac{1}{3n}$ 也发散。再根据比较审

敛法可知,级数 $\displaystyle\sum_{n=1}^{\infty} \dfrac{1}{3n-1}$ 发散。

【例 5】 判定级数 $\displaystyle\sum_{n=1}^{\infty} \dfrac{1}{n^2+1}$ 的敛散性。

解 因为 $u_n = \dfrac{1}{n^2+1} < \dfrac{1}{n^2} = v_n$,而 $\displaystyle\sum_{n=1}^{\infty} v_n = \sum_{n=1}^{\infty} \dfrac{1}{n^2}$ 为 $p=2$ 的 $p-$级数,它是收敛

的。根据比较审敛法可知,级数 $\displaystyle\sum_{n=1}^{\infty} \dfrac{1}{n^2+1}$ 也收敛。

为应用上的方便,下面我们给出比较审敛法的极限形式。

定理 3(比较审敛法的极限形式) 设 $\displaystyle\sum_{n=1}^{\infty} u_n$ 和 $\displaystyle\sum_{n=1}^{\infty} v_n$ 都是正项级数,如果

$$\lim_{n\to\infty} \frac{u_n}{v_n} = l \quad (0 < l < +\infty),$$

则级数 $\displaystyle\sum_{n=1}^{\infty} u_n$ 和级数 $\displaystyle\sum_{n=1}^{\infty} v_n$ 同时收敛或同时发散。

【例 6】 判定级数 $\displaystyle\sum_{n=1}^{\infty} \sin\dfrac{1}{n}$ 的敛散性。

解 因为

$$\lim_{n\to\infty} \frac{\sin\dfrac{1}{n}}{\dfrac{1}{n}} = 1,$$

因为级数 $\sum\limits_{n=1}^{\infty} \dfrac{1}{n}$ 发散，根据定理 3 知级数 $\sum\limits_{n=1}^{\infty} \sin\dfrac{1}{n}$ 发散。

【例 7】 判定级数 $\sum\limits_{n=1}^{\infty} \ln\left(1+\dfrac{1}{n^2}\right)$ 的敛散性。

解 因为

$$\lim_{n\to\infty} \frac{\ln\left(1+\dfrac{1}{n^2}\right)}{\dfrac{1}{n^2}} \xlongequal{t=\frac{1}{n^2}} \lim_{t\to 0} \frac{\ln(1+t)}{t} = 1,$$

因为级数 $\sum\limits_{n=1}^{\infty} \dfrac{1}{n^2}$ 收敛。根据定理 3 知级数 $\sum\limits_{n=1}^{\infty} \ln\left(1+\dfrac{1}{n^2}\right)$ 收敛。

三、比值审敛法

不难发现，应用比较审敛法需要与一个已知敛散性的级数比较，这常常是不容易的。下面给出在实际应用中非常方便的比值审敛法。

定理 4（比值审敛法） 设 $\sum\limits_{n=1}^{\infty} u_n$ 是正项级数，且 $\lim\limits_{n\to\infty} \dfrac{u_{n+1}}{u_n} = \rho$，

(1) 如果 $\rho < 1$，则级数 $\sum\limits_{n=1}^{\infty} u_n$ 收敛。

(2) 如果 $\rho > 1$（或 $\lim\limits_{n\to\infty} \dfrac{u_{n+1}}{u_n} = \infty$），则级数 $\sum\limits_{n=1}^{\infty} u_n$ 发散。

注：如果定理 4 中条件 $\rho = 1$，那么级数 $\sum\limits_{n=1}^{\infty} u_n$ 可能收敛也可能发散。例如，调和级数 $\sum\limits_{n=1}^{\infty} \dfrac{1}{u}$ 发散，其 $\rho = \lim\limits_{n\to\infty} \dfrac{u_{n+1}}{u_n} = 1$，又如下面[例 10]，其 $\rho = 1$，但级数收敛。由此可见，当 $\rho = 1$ 时，要应用其他方法来判定级数的敛散性。

【例 8】 判定级数 $\sum\limits_{n=1}^{\infty} \dfrac{10^n}{n!}$ 的敛散性。

解 因为 $\lim\limits_{n\to\infty} \dfrac{u_{n+1}}{u_n} = \lim\limits_{n\to\infty} \dfrac{\dfrac{10^{n+1}}{(n+1)!}}{\dfrac{10^n}{n!}} = \lim\limits_{n\to\infty} \dfrac{10}{n+1} = 0 < 1,$

所以级数 $\sum\limits_{n=1}^{\infty} \dfrac{10^n}{n!}$ 收敛。

【例 9】 判定级数 $\sum\limits_{n=1}^{\infty} \dfrac{3^n}{n2^n}$ 的敛散性。

311

解 因为 $\lim\limits_{n\to\infty}\dfrac{u_{n+1}}{u_n}=\lim\limits_{n\to\infty}\dfrac{\dfrac{3^{n+1}}{(n+1)2^{n+1}}}{\dfrac{3^n}{n\cdot 2^n}}=\lim\limits_{n\to\infty}\dfrac{3n}{2(n+1)}=\dfrac{3}{2}>1$,

所以级数 $\sum\limits_{n=1}^{\infty}\dfrac{3^n}{n2^n}$ 发散。

【例 10】 判定级数 $\sum\limits_{n=1}^{\infty}\dfrac{1}{(n+1)(n+2)}$ 的敛散性。

解 因为 $\lim\limits_{n\to\infty}\dfrac{u_{n+1}}{u_n}=\lim\limits_{n\to\infty}\dfrac{(n+1)(n+2)}{(n+1+1)(n+2+1)}=1$,

所以比值审敛法失效,这时可考虑运用比较审敛法。

因为 $u_n=\dfrac{1}{(n+1)(n+2)}<\dfrac{1}{n^2}$,而 p-级数 $\sum\limits_{n=1}^{\infty}\dfrac{1}{n^2}$ 是收敛的,所以级数收敛。

四、根值审敛法

当级数的一般项 u_n 为某式的 n 次幂时,即 $u_n=[v(n)]^n$,应用如下的根值审敛法,判定级数敛散性较方便。

定理 5 (根值审敛法) 设 $\sum\limits_{n=1}^{\infty}u_n$ 为正项级数,且 $\lim\limits_{n\to\infty}\sqrt[n]{u_n}=\rho$,

(1) 如果 $\rho<1$,则级数 $\sum\limits_{n=1}^{\infty}u_n$ 收敛。

(2) 如果 $\rho>1$ 或 $\lim\limits_{n\to\infty}\sqrt[n]{u_n}=\infty$,则级数 $\sum\limits_{n=1}^{\infty}u_n$ 发散。

注:如果定理 5 中条件 $\rho=1$,级数 $\sum\limits_{n=1}^{\infty}u_n$ 可能收敛,也可能发散,此时该应用其他方法判定级数的敛散性。

【例 11】 判定级数 $\sum\limits_{n=1}^{\infty}\left(1-\dfrac{1}{n}\right)^{n^2}$ 的敛散性。

解 因为

$$\lim_{n\to\infty}\sqrt[n]{u_n}=\lim_{n\to\infty}\sqrt[n]{\left(1-\dfrac{1}{n}\right)^{n^2}}=\lim_{n\to\infty}\left(1-\dfrac{1}{n}\right)^n=\dfrac{1}{e}<1,$$

由根值审敛法得级数 $\sum\limits_{n=1}^{\infty}\left(1-\dfrac{1}{n}\right)^{n^2}$ 收敛。

习 题 8-2

1. 用比较审敛法判定下列级数的敛散性。

(1) $\sum\limits_{n=1}^{\infty} \dfrac{1}{2n-1}$;

(2) $\sum\limits_{n=1}^{\infty} \dfrac{1}{n^2+1}$;

(3) $\sum\limits_{n=1}^{\infty} \dfrac{1}{(2n-1)\sqrt{2n}}$;

(4) $\sum\limits_{n=1}^{\infty} \dfrac{1}{\ln(n+1)}$;

(5) $\sum\limits_{n=1}^{\infty} \dfrac{1+n}{1+n^2}$;

(6) $\sum\limits_{n=1}^{\infty} \dfrac{1}{(n+1)(n+8)}$;

(7) $\sum\limits_{n=1}^{\infty} \dfrac{1}{\sqrt{n}} \sin \dfrac{2}{\sqrt{n}}$;

(8) $\sum\limits_{n=1}^{\infty} \sin \dfrac{\pi}{2^n}$。

2. 用比值审敛法判定下列级数的敛散性。

(1) $\sum\limits_{n=1}^{\infty} \dfrac{(n+2)}{2^n}$;

(2) $\sum\limits_{n=1}^{\infty} \dfrac{1}{n!}$;

(3) $\sum\limits_{n=1}^{\infty} \dfrac{2^n}{100n}$;

(4) $\sum\limits_{n=1}^{\infty} 2^n \sin \dfrac{\pi}{3^n}$;

(5) $\sum\limits_{n=1}^{\infty} \dfrac{3^n}{n \cdot 2^n}$;

(6) $\sum\limits_{n=1}^{\infty} \dfrac{4^n}{5^n-3^n}$;

(7) $\sum\limits_{n=1}^{\infty} \dfrac{1}{2^{2n-1}(2n-1)}$;

(8) $\sum\limits_{n=1}^{\infty} n\left(\dfrac{3}{5}\right)^n$。

3. 用根值审敛法判定下列级数的敛散性。

(1) $\sum\limits_{n=1}^{\infty} \left(\dfrac{n}{2n+1}\right)^n$;

(2) $\sum\limits_{n=1}^{\infty} \dfrac{1}{[\ln(n+1)]^n}$;

(3) $\sum\limits_{n=1}^{\infty} \left(\dfrac{4n}{3n-1}\right)^n$;

(4) $\sum\limits_{n=1}^{\infty} \left(\dfrac{3n^2}{n^2+1}\right)^n$。

4. 如果 $\sum\limits_{n=1}^{\infty} a_n^2$ 及 $\sum\limits_{n=1}^{\infty} b_n^2$ 收敛，证明下列级数也收敛。

(1) $\sum\limits_{n=1}^{\infty} |a_n b_n|$;

(2) $\sum\limits_{n=1}^{\infty} (a_n+b_n)^2$。

第三节　交错级数与任意项级数

我们现在开始讨论一般的常数项级数的敛散性问题，所谓一般的常数项级数是指级数的各项可以随意取正数、零或负数。为此先讨论其中最简单形式——交错级数的敛散性,然后讨论一般的常数项级数的敛散性问题。

一、交错级数及其审敛法

定义 1　如果 $u_n > 0 (n=1, 2, \cdots)$,则称级数 $\sum\limits_{n=1}^{\infty} (-1)^{n-1} u_n$ 或 $\sum\limits_{n=1}^{\infty} (-1)^n u_n$ 为

交错级数。

关于交错级数的敛散性的判定有下面定理:

定理 6　(莱布尼兹审敛法)如果交错级数 $\sum\limits_{n=1}^{\infty} (-1)^{n-1} u_n$ 或 $\sum\limits_{n=1}^{\infty} (-1)^n u_n$ 满足

(1) $u_n \geqslant u_{n+1} (n=1, 2, \cdots)$。

(2) $\lim\limits_{n \to \infty} u_n = 0$。

则级数 $\sum\limits_{n=1}^{\infty} (-1)^{n-1} u_n$ 或 $\sum\limits_{n=1}^{\infty} (-1)^n u_n$ 收敛,且其和 $s \leqslant u_1$。

证明　仅对 $\sum\limits_{n=1}^{\infty} (-1)^{n-1} u_n$ 证明。先证明前 $2m$ 项和的极限 $\lim\limits_{m \to \infty} s_{2m}$ 存在,为此将 s_{2m} 写成如下两种形式:

$$s_{2m} = (u_1 - u_2) + (u_3 - u_4) + \cdots + (u_{2m-1} - u_{2m})$$

及

$$s_{2m} = u_1 - (u_2 - u_3) - (u_4 - u_5) - \cdots - (u_{2m-2} - u_{2m-1}) - u_{2m}$$

由条件(1)知,所有括号中的差都是非负的。由第一种形式可知,s_{2m} 随 m 增大而增大;由第二种形式可得 $s_{2m} < u_1$。根据极限存在准则,数列 $\{s_{2m}\}$ 存在极限 s,且 $s \leqslant u_1$,即

$$\lim\limits_{n \to \infty} s_{2m} = s \leqslant u_1,$$

又由条件(2),得

$$\lim\limits_{m \to \infty} s_{2m+1} = \lim\limits_{n \to \infty} (s_{2m} + u_{2m+1}) = s。$$

由 $\lim\limits_{m \to \infty} s_{2m} = \lim\limits_{m \to \infty} s_{2m+1} = s$,得

$$\lim\limits_{n \to \infty} s_n = s, \quad 且 s \leqslant u_1,$$

即交错级数 $\sum\limits_{n=1}^{\infty} (-1)^{n-1} u_n$ 收敛,且和 $s \leqslant u_1$。

【例 1】　判定级数 $\sum\limits_{n=1}^{\infty} (-1)^{n-1} \dfrac{1}{n}$ 的敛散性。

解　级数 $\sum\limits_{n=1}^{\infty} (-1)^{n-1} \dfrac{1}{n}$ 为交错级数,满足条件:

$$\frac{u_{n+1}}{u_n} = \frac{n}{n+1} < 1 \quad 即 \ u_n > u_{n+1},$$

且 $$\lim_{n \to \infty} u_n = \lim_{n \to \infty} \frac{1}{n} = 0,$$

据定理 6 得级数 $\sum_{n=1}^{\infty} (-1)^{n-1} \frac{1}{n}$ 收敛。

【例 2】 判定级数 $\sum_{n=1}^{\infty} (-1)^{n-1} \frac{1}{n\sqrt{n+1}}$ 的敛散性。

解 因为 $\dfrac{u_{n+1}}{u_n} = \dfrac{\dfrac{1}{(n+1)\sqrt{n+2}}}{\dfrac{1}{n\sqrt{n+1}}} = \dfrac{n\sqrt{n+1}}{(n+1)\sqrt{n+2}} < 1,$

即 $$u_n > u_{n+1},$$

且 $$\lim_{n \to \infty} \frac{1}{n\sqrt{n+1}} = 0。$$

据定理 6 知,交错级数 $\sum_{n=1}^{\infty} (-1)^{n-1} \frac{1}{n\sqrt{n+1}}$ 收敛。

【例 3】 判定交错级数 $\sum_{n=1}^{\infty} (-1)^{n-1} \frac{n}{2n-1}$ 的敛散性。

解 因为 $\lim_{n \to \infty} u_n = \lim_{n \to \infty} \frac{n}{2n-1} = \frac{1}{2}$,于是 $\lim_{n \to \infty} (-1)^{n-1} u_n \neq 0$,所以,交错级数

$\sum_{n=1}^{\infty} (-1)^{n-1} \frac{n}{2n-1}$ 发 散。

二、绝对收敛与条件收敛

各项为任意实数的级数称为**任意项级数**。可见,正项级数、交错级数是任意项级数的特殊情形。任意项级数敛散性的判定涉及绝对收敛与条件收敛。

定义 2 设有任意项级数 $\sum_{n=1}^{\infty} u_n$,如果级数 $\sum_{n=1}^{\infty} |u_n|$ 收敛,则称级数 $\sum_{n=1}^{\infty} u_n$ **绝对收敛**;若级数 $\sum_{n=1}^{\infty} |u_n|$ 发散,而 $\sum_{n=1}^{\infty} u_n$ 收敛,则称级数 $\sum_{n=1}^{\infty} u_n$ **条件收敛**。

关于任意项级数,有下面定理。

定理 7 设 $\sum_{n=1}^{\infty} u_n$ 为任意项级数,如果级数 $\sum_{n=1}^{\infty} u_n$ 绝对收敛,则级数 $\sum_{n=1}^{\infty} u_n$ 一定收敛。

证明 设级数 $\sum\limits_{n=1}^{\infty} |u_n|$ 收敛,取 $v_n = \dfrac{1}{2}(u_n + |u_n|)$,$n = 1, 2, \cdots$

显然

$$v_n \geqslant 0,\text{且 } v_n \leqslant |u_n|,\ n = 1, 2, \cdots$$

根据比较审敛法知,级数 $\sum\limits_{n=1}^{\infty} v_n$ 收敛,从而级数 $\sum\limits_{n=1}^{\infty} 2v_n$ 也收敛,而 $u_n = 2v_n - |u_n|$,由收敛级散的性质可得

$$\sum_{n=1}^{\infty} u_n = \sum_{n=1}^{\infty} 2v_n - \sum_{n=1}^{\infty} |u_n|,$$

因此,级数 $\sum\limits_{n=1}^{\infty} u_n$ 收敛。

根据定理 7,对于任意项级数 $\sum\limits_{n=1}^{\infty} u_n$,如果用正项级数的审敛法判定级数 $\sum\limits_{n=1}^{\infty} |u_n|$ 收敛,则级数 $\sum\limits_{n=1}^{\infty} u_n$ 收敛,从而可将不少任意项级数的敛散性判定问题,转化为正项级数敛散性判定问题,但是须注意,如果 $\sum\limits_{n=1}^{\infty} |u_n|$ 是发散的,只能判定 $\sum\limits_{n=1}^{\infty} u_n$ 非绝对收敛,而不能判定它发散。 例如,对于级数 $\sum\limits_{n=1}^{\infty} (-1)^{n-1} \dfrac{1}{n}$,由于 $\sum\limits_{n=1}^{\infty} \left| (-1)^{n-1} \dfrac{1}{n} \right| = \sum\limits_{n=1}^{\infty} \dfrac{1}{n}$ 发散,所以级数 $\sum\limits_{n=1}^{\infty} (-1)^{n-1} \dfrac{1}{n}$ 非绝对收敛,然而级数 $\sum\limits_{n=1}^{\infty} (-1)^{n-1} \dfrac{1}{n}$ 却是收敛的,即级数 $\sum\limits_{n=1}^{\infty} (-1)^{n-1} \dfrac{1}{n}$ 是条件收敛。但也有例外,下面的定理在判定 $\sum\limits_{n=1}^{\infty} |u_n|$ 发散时,也容易推出 $\sum\limits_{n=1}^{\infty} u_n$ 也是发散的。

定理 8 设 $\sum\limits_{n=1}^{\infty} u_n$ 是任意项级数,且 $\lim\limits_{n \to \infty} \left| \dfrac{u_{n+1}}{u_n} \right| = \rho$,那么

(1) 如果 $\rho < 1$,则级数 $\sum\limits_{n=1}^{\infty} u_n$ 绝对收敛。

(2) 如果 $\rho > 1$,则级数 $\sum\limits_{n=1}^{\infty} u_n$ 发散。

注:如果定理 8 条件 $\rho = 1$,则级数可能收敛,也可能发散,此时该应用其他方法判定其敛散性。

证明 仅证明(1)。当 $\rho < 1$ 时，$\sum\limits_{n=1}^{\infty} |u_n|$ 收敛，所以级数 $\sum\limits_{n=1}^{\infty} u_n$ 绝对收敛。

【例4】 判定级数 $\sum\limits_{n=1}^{\infty} (-1)^{n-1} \dfrac{1}{3 \times 2^n}$ 的敛散性。

解 因为 $\lim\limits_{n \to \infty} \left| \dfrac{u_{n+1}}{u_n} \right| = \lim\limits_{n \to \infty} \dfrac{3 \times 2^n}{3 \times 2^{n+1}} = \dfrac{1}{2} < 1$，所以级数 $\sum\limits_{n=1}^{\infty} (-1)^{n-1} \dfrac{1}{3 \times 2^n}$ 绝对收敛，该级数也收敛。

【例5】 判定级数 $\sum\limits_{n=1}^{\infty} \dfrac{x^n}{n}$ 的敛散性。

解 $\lim\limits_{n \to \infty} \left| \dfrac{u_{n+1}}{u_n} \right| = \lim\limits_{n \to \infty} \left| \dfrac{\dfrac{x^{n+1}}{n+1}}{\dfrac{x^n}{n}} \right| = \lim\limits_{n \to \infty} \dfrac{n}{n+1} |x| = |x|$。

当 $|x| < 1$ 时，级数绝对收敛；当 $|x| > 1$ 时，级数发散；当 $x = 1$ 时，级数成为调和级数，它是发散的；当 $x = -1$ 时，级数成为 $-\sum\limits_{n=1}^{\infty} (-1)^{n-1} \dfrac{1}{n}$，它是条件收敛的。

习 题 8-3

1. 判定下列交错级数的敛散性。

(1) $\sum\limits_{n=0}^{\infty} (-1)^{n-1} \dfrac{1}{n!}$；

(2) $\sum\limits_{n=1}^{\infty} (-1)^{n-1} \dfrac{1}{n^4}$；

(3) $\sum\limits_{n=1}^{\infty} (-1)^{n-1} \dfrac{2n+1}{2n-1}$；

(4) $\sum\limits_{n=0}^{\infty} (-1)^{n-1} \dfrac{1}{(n+1)(n+4)}$；

(5) $\sum\limits_{n=1}^{\infty} (-1)^n \dfrac{n}{3^{n-1}}$；

(6) $\sum\limits_{n=1}^{\infty} \dfrac{\sin n}{n^2}$。

2. 判定下列级数哪些是绝对收敛，哪些是条件收敛?

(1) $\sum\limits_{n=0}^{\infty} (-1)^{n-1} (\sqrt{n+1} - \sqrt{n})$；

(2) $\sum\limits_{n=1}^{\infty} (-1)^{n-1} \dfrac{1}{\ln(n+1)}$；

(3) $\sum\limits_{n=1}^{\infty} (-1)^{n+1} \dfrac{1}{2n-1}$；

(4) $\sum\limits_{n=0}^{\infty} (-1)^{n-1} \dfrac{1}{(n+1)^2}$；

(5) $\sum\limits_{n=1}^{\infty} (-1)^{n-1} \dfrac{1}{\sqrt{n}}$；

(6) $\sum\limits_{n=1}^{\infty} (-1)^n \dfrac{1}{n \cdot 2^n}$。

第四节　幂　级　数

如果级数的每一项都是定义在某个区间 I 上的函数,这种级数称为区间 I 上的函数项级数。本节在常数项级数的敛散性问题讨论的基础上,现在将讨论函数项级数中一类形式简单而应用很广的幂级数的敛散性问题。

一、幂级数及其收敛半径

定义1　x 为在区间 I 上取值的变量,x_0 为实数,形式为

$$a_0 + a_1(x - x_0) + a_2(x - x_0)^2 + \cdots + a_n(x - x_0)^n + \cdots \tag{8-6}$$

的级数,称为 $(x - x_0)$ 的**幂级数**,简记作 $\sum\limits_{n=0}^{\infty} a_n(x - x_0)^n$,其中 $a_0, a_1, \cdots, a_n, \cdots$ 均为常数,称为**幂级数的系数**。

当 $x_0 = 0$ 时,上式变为

$$\sum_{n=0}^{\infty} a_n x^n = a_0 + a_1 x + a_2 x^2 + \cdots + a_n x^n + \cdots \tag{8-7}$$

称为 x 的**幂级数**。

下面主要讨论 x 幂级数(8-7)的情况,至于 $(x - x_0)$ 的幂级数(8-6),只要作变量代换 $t = x - x_0$,就转化为 $\sum\limits_{n=0}^{\infty} a_n t^n$ 的形式。

对于 $x_0 \in I$,如果级数 $\sum\limits_{n=0}^{\infty} a_n x_0^n$ 收敛,则称 x_0 为幂级数 $\sum\limits_{n=0}^{\infty} a_n x^n$ 的**收敛点**;如果级数 $\sum\limits_{n=0}^{\infty} a_n x_0^n$ 发散,则称 x_0 为幂级数 $\sum\limits_{i=0}^{\infty} a_n x^n$ 的**发散点**,所有收敛点的集合,称为幂级数 $\sum\limits_{i=0}^{\infty} a_n x^n$ 的**收敛域**。

设幂级数 $\sum\limits_{n=0}^{\infty} a_n x^n$ 的收敛域为 D,于是对于 D 内的任意一个数 x,幂级数成为一个收敛的常数项级数,有一个确定的和。从而在收敛域上,幂级数 $\sum\limits_{n=0}^{\infty} a_n x^n$ 的和是 x 的函数,称为幂级数 $\sum\limits_{i=0}^{\infty} a_n x^n$ 的和函数,记为 $s(x)$,即

$$s(x) = \sum_{n=0}^{\infty} a_n x^n。$$

为了求幂级数的收敛域,将幂级数(8-7)的各项取绝对值,得正项级数

$$\sum_{i=0}^{\infty} |a_n x^n| = |a_0| = |a_1 x| + |a_2 x^n| + \cdots + |a_n x^n| + \cdots$$

如果 $\lim\limits_{n \to \infty} \left| \dfrac{a_{n+1}}{a_n} \right| = \rho$,则 $\lim\limits_{n \to \infty} \left| \dfrac{a_{n+1} x^{n+1}}{a_n x^n} \right| = \rho |x|$,

由比值审敛法,可得

(1) 如果 $\rho |x| < 1 (\rho \neq 0)$,即 $|x| < \dfrac{1}{\rho} = R$,则级数 $\sum\limits_{i=0}^{\infty} a_n x^n$ 绝对收敛。

(2) 如果 $\rho |x| > 1 (\rho \neq 0)$,即 $|x| > \dfrac{1}{\rho} = R$,则级数 $\sum\limits_{i=0}^{\infty} a_n x^n$ 发散。

(3) 如果 $\rho = 0$,$\rho |x| = 0 < 1$,则级数 $\sum\limits_{n=0}^{\infty} a_n x^n$ 对任何 x 都收敛。

注:如果 $\rho |x| = 1$,即 $|x| = \dfrac{1}{\rho} = R$,则比值法失效,需另行判定。

由上述可知,当 $\rho \neq 0$ 时,幂级数 $\sum\limits_{i=0}^{\infty} a_n x^n$ 在一个区间 $(-R, R)$ 内绝对收敛,在

$(-\infty, -R) \bigcup (R, +\infty)$ 内发散,称 $R = \dfrac{1}{\rho}$ 为幂级数的**收敛半径**。

如果幂级数 $\sum\limits_{n=0}^{\infty} a_n x^n$ 除点 $x = 0$ 外,对一切 x 都发散,则规定它的收敛半径 $R =$

0;如果幂级数 $\sum\limits_{n=0}^{\infty} a_n x^n$ 对任何 x 都收敛,即 $\rho = 0$ 时,则规定其收敛半径 $R = +\infty$,此

时收敛域为 $(-\infty, +\infty)$。

综上所述,得到如下求幂级数(8-7)的收敛半径的定理。

定理 9 设幂级数 $\sum\limits_{n=0}^{\infty} a_n x^n$ 的系数满足

$$\lim_{n \to \infty} \left| \frac{a_{n+1}}{a_n} \right| = \rho。$$

(1) 如果 $\rho \neq 0$,则幂级数 $\sum\limits_{n=0}^{\infty} a_n x^n$ 的收敛半径 $R = \dfrac{1}{\rho}$。

(2) 如果 $\rho = 0$，则幂级数 $\sum\limits_{n=0}^{\infty} a_n x^n$ 的收敛半径 $R = +\infty$。

(3) 如果 $\rho = +\infty$，则幂级数 $\sum\limits_{n=0}^{\infty} a_n x^n$ 的收敛半径 $R = 0$。

【例1】 求幂级数

$$\sum_{n=0}^{\infty} n!\ x^n = 1 + x + 2!\ x^2 + \cdots + n!\ x^n + \cdots$$

的收敛半径。

解 由 $\rho = \lim\limits_{n \to \infty} \left| \dfrac{a_{n+1}}{a_n} \right| = \lim\limits_{n \to \infty} \dfrac{(n+1)!}{n!} = \lim\limits_{n \to \infty} (n+1) = +\infty$，

得收敛半径 $R = 0$。

【例2】 求幂级数

$$\sum_{n=0}^{\infty} \frac{x^n}{n!} = 1 + \frac{x}{1!} + \frac{x^2}{2!} + \cdots + \frac{x^n}{n!} + \cdots$$

的收敛半径。

解 由 $\rho = \lim\limits_{n \to \infty} \left| \dfrac{a_{n+1}}{a_n} \right| = \lim\limits_{n \to \infty} \dfrac{\dfrac{1}{(n+1)!}}{\dfrac{1}{n!}} = \lim\limits_{n \to \infty} \dfrac{1}{n+1} = 0$，

得收敛半径 $R = +\infty$。

据上述讨论，得到求幂级数 $\sum\limits_{n=0}^{\infty} a_n x^n$ 收敛域的步骤如下：

(1) 求出收敛半径 R。

(2) 判别数项级数 $\sum\limits_{n=0}^{\infty} a_n R^n$，$\sum\limits_{n=0}^{\infty} a_n (-R)^n$ 的敛散性。

(3) 写出幂级数的收敛域。

【例3】 求幂级数 $\sum\limits_{n=0}^{\infty} (-1)^n \dfrac{x^n}{n+1}$ 的收敛域。

解 因为

$$\rho = \lim_{n \to \infty} \left| \frac{a_{n+1}}{a_n} \right| = \lim_{n \to \infty} \left| \frac{\dfrac{1}{(n+1)+1}}{\dfrac{1}{n+1}} \right| = \lim_{n \to \infty} \frac{n+1}{n+2} = 1,$$

所以收敛半径 $R=1$。

当 $x=1$ 时,级数成为 $\sum\limits_{n=0}^{\infty}\dfrac{(-1)^n}{n+1}$,该级数条件收敛;当 $x=-1$ 时,级数成为

$\sum\limits_{n=0}^{\infty}\dfrac{1}{n+1}$,该级数发散。于是所求收敛域为 $(-1,1]$。

【例4】 求幂级数 $\sum\limits_{n=1}^{\infty}\dfrac{x^n}{n\cdot 3^n}$ 的收敛域。

解 由 $\rho=\lim\limits_{n\to\infty}\left|\dfrac{a_{n+1}}{a_n}\right|=\lim\limits_{n\to\infty}\dfrac{\dfrac{1}{(n+1)3^{n+1}}}{\dfrac{1}{n3^n}}=\lim\limits_{n\to\infty}\dfrac{n}{3(n+1)}=\dfrac{1}{3}$ 得收敛半径 $R=3$。

当 $x=3$ 时,级数成为 $\sum\limits_{n=1}^{\infty}\dfrac{1}{n}$,该级数发散;当 $x=-3$ 时,级数成为 $\sum\limits_{n=1}^{\infty}\dfrac{(-1)^n}{n}$,该级数条件收敛。

于是所求收敛域为 $[-3,3)$。

【例5】 求幂级数 $\sum\limits_{n=1}^{\infty}(-1)^n\dfrac{2^n}{\sqrt{n}}\left(x-\dfrac{1}{2}\right)^n$ 的收敛域。

解 令 $t=x-\dfrac{1}{2}$,则级数化为 $\sum\limits_{n=1}^{\infty}(-1)^n\dfrac{2^n}{\sqrt{2}}t^n$,因为

$$\rho=\lim\limits_{n\to\infty}\left|\dfrac{a_{n+1}}{a_n}\right|=\lim\limits_{n\to\infty}\dfrac{2^{n+1}}{\sqrt{n+1}}\cdot\dfrac{\sqrt{n}}{2^n}=2,$$

所以,收敛半径 $R=\dfrac{1}{2}$。

因为 $t=x-\dfrac{1}{2}$,由 $x-\dfrac{1}{2}=\dfrac{1}{2}$,得 $x=1$;由 $x-\dfrac{1}{2}=-\dfrac{1}{2}$,得 $x=0$。当 $x=0$ 时,级数成为 $\sum\limits_{n=1}^{\infty}\dfrac{1}{\sqrt{n}}$,该级数发散;当 $x=1$ 时,级数成为 $\sum\limits_{n=1}^{\infty}\dfrac{(-1)^n}{\sqrt{n}}$,该级数收敛,于是所求收敛域为 $(0,1]$。

【例6】 求幂级数 $\sum\limits_{n=1}^{\infty}\dfrac{x^{2n-1}}{2^n}$ 的收敛域。

解 级数缺少奇次幂的项,定理9不能直接应用。我们根据比值审敛法来求收敛半径。

$$\lim\limits_{n\to\infty}\left|\dfrac{u_{n+1}}{u_n}\right|=\lim\limits_{n\to\infty}\dfrac{x^{2n+1}}{2^{n+1}}\cdot\dfrac{2^n}{x^{2n-1}}=\dfrac{1}{2}\mid x\mid^2,$$

当$\frac{1}{2}|x|^2 < 1$即$|x| < \sqrt{2}$时级数收敛;当$\frac{1}{2}|x|^2 > 1$即$|x| > \sqrt{2}$时级数发散。所以收敛半径$R = \sqrt{2}$。

当$x = \sqrt{2}$时,级数成为$\sum\limits_{n=1}^{\infty}\frac{1}{\sqrt{2}}$,该级数发散;当$x = -\sqrt{2}$时,级数成为$\sum\limits_{n=1}^{\infty}\frac{-1}{\sqrt{2}}$,该级数发散。于是所求收敛域为$(-\sqrt{2},\sqrt{2})$。

二、幂级数的性质

幂级数有下列重要性质。

性质 1 设幂级数$\sum\limits_{n=0}^{\infty}a_n x^n$,$\sum\limits_{n=0}^{\infty}b_n x^n$的收敛半径分别为$R_1$、$R_2$,则由它们对应项的代数和构成的幂级数也收敛,且

$$\sum_{n=0}^{\infty}(a_n \pm b_n)x^n = \sum_{n=0}^{\infty}a_n x^n \pm \sum_{n=0}^{\infty}b_n x^n,$$

其收敛半径$R = \min\{R_1, R_2\}$。

性质 2 设幂级数$\sum\limits_{n=0}^{\infty}a_n x^n$的收敛半径为$R(R > 0)$,其和函数为$s(x)$,则

(1) $s(x)$在$(-R, R)$内连续。

(2) $s(x)$在$(-R, R)$内可导,且有逐项求导公式

$$s'(x) = \left(\sum_{n=0}^{\infty}a_n x^n\right)' = \sum_{n=0}^{\infty}(a_n x^n)' = \sum_{n=1}^{\infty}n a_n x^{n-1}。$$

(3) $s(x)$在$(-R, R)$内可积,且有逐项积分公式

$$\int_0^x s(x)\mathrm{d}x = \int_0^x \left(\sum_{n=0}^{\infty}a_n x^n\right)\mathrm{d}x = \sum_{n=0}^{\infty}\int_0^x a_n x^n \mathrm{d}x = \sum_{n=0}^{\infty}\frac{a_n}{n+1}x^{n+1}。$$

逐项求导或逐项积分所得幂级数与原级数$\sum\limits_{n=1}^{\infty}a_n x^n$有相同的收敛半径。

【例 7】 求幂级数$\sum\limits_{n=0}^{\infty}(n+1)^2 x^n$的和函数。

解 因为$\rho = \lim\limits_{n \to \infty}\left|\frac{a_{n+1}}{a_n}\right| = \lim\limits_{n \to \infty}\frac{(n+2)^2}{(n+1)^2} = 1$,所以收敛半径$R = 1$。

易知$x = \pm 1$时,所得级数$\sum\limits_{n=0}^{\infty}(n+1)^2$、$\sum\limits_{n=0}^{\infty}(-1)^n \cdot (n+1)^2$均为发散级数。因此,收敛域为$(-1, 1)$。

设 $\sum\limits_{n=0}^{\infty}(n+1)^2 x^n$ 的和函数为 $s(x)$，$|x|<1$，即

$$s(x)=\sum_{n=0}^{\infty}(n+1)^2 x^n。$$

两边从 0 到 x 积分，并应用幂级数性质，得

$$\int_0^x s(x)\mathrm{d}x=\int_0^x\left(\sum_{n=0}^{\infty}(n+1)^2 x^n\right)\mathrm{d}x=\sum_{n=0}^{\infty}\int_0^x(n+1)^2 x^n\mathrm{d}x$$

$$=\sum_{n=0}^{\infty}(n+1)x^{n+1}=x\sum_{n=0}^{\infty}(n+1)x^n$$

$$=x\sum_{n=0}^{\infty}(x^{n+1})'=x\left(\sum_{n=0}^{\infty}x^{n+1}\right)'$$

$$=x\left(\frac{x}{1-x}\right)'=\frac{x}{(1-x)^2}。$$

对上式两端求导，得

$$s(x)=\left(\int_0^x s(x)\mathrm{d}x\right)'=\left[\frac{x}{(1-x)^2}\right]'=\frac{1+x}{(1-x)^3},\quad |x|<1。$$

【例 8】 求幂级数 $\sum\limits_{n=1}^{\infty}nx^{n-1}$ 在收敛域 $(-1,1)$ 内的和函数。

解 设 $\sum\limits_{n=1}^{\infty}nx^{n-1}$ 的和为 $s(x)$，即

$$s(x)=\sum_{n=1}^{\infty}nx^{n-1}。$$

两边从 0 到 x 积分，并应用幂级数性质，得

$$\int_0^x s(x)\mathrm{d}x=\int_0^x\left(\sum_{n=1}^{\infty}nx^{n-1}\right)\mathrm{d}x=\sum_{n=1}^{\infty}\left(\int_0^x nx^{n-1}\mathrm{d}x\right)=\sum_{n=1}^{\infty}x^n=\frac{x}{1-x},$$

因此 $s(x)=\left(\int_0^x s(x)\mathrm{d}x\right)'=\left(\frac{x}{1-x}\right)'=\frac{1}{(1-x)^2}。$

习 题 8-4

1. 求下列幂级数的收敛半径 R。

(1) $\sum\limits_{n=0}^{\infty}(2n)!\ x^n$；

(2) $\sum\limits_{n=0}^{\infty}2^n x^n$；

323

(3) $\sum_{n=0}^{\infty} (-1)^{n-1} \frac{1}{2^n n!} x^n$;

(4) $\sum_{n=1}^{\infty} \frac{4^n}{n(n+1)} x^n$。

2. 求下列幂级数的收敛域。

(1) $\sum_{n=1}^{\infty} (-1)^{n-1} \frac{x^n}{n}$;

(2) $\sum_{n=0}^{\infty} \frac{1}{(2n)!} x^n$;

(3) $\sum_{n=0}^{\infty} \frac{1}{2^n} x^n$;

(4) $\sum_{n=1}^{\infty} \frac{x^n}{n^2}$;

(5) $\sum_{n=1}^{\infty} (-1)^n \frac{x^{2n+1}}{2n+1}$;

(6) $\sum_{n=1}^{\infty} \frac{(x-5)^n}{\sqrt{n}}$。

3. 求下列幂级数的和函数。

(1) $\sum_{n=1}^{\infty} (-1)^{n-1} \frac{x^n}{n}$;

(2) $\sum_{n=1}^{\infty} \frac{x^{2n-1}}{2n-1}$。

第五节　函数展开成幂级数

前面我们讨论了幂级数的收敛域及其和函数,但是在许多实际问题中遇到的却是相反的问题:在某一区间 I 内如何将函数 $f(x)$ 展开成幂级数,也就是说,能否找到这样的一个幂级数,它在区间 I 内收敛,并且其和函数就是函数 $f(x)$。

任意一个函数展开成幂级数需要解决两个问题:一是对于给定的函数在什么条件下可以展开为幂级数;另一是当给定的函数能展开成幂级数时,如何求其幂级数的展开式。

一、泰勒级数

如果函数 $f(x)$ 在 $x=x_0$ 的某一邻域内有任意阶导数,则称级数

$$f(x_0) + f'(x_0)(x-x_0) + \frac{f''(x_0)}{2!}(x-x_0)^2$$

$$+ \cdots + \frac{f^{(n)}(x_0)}{n!}(x-x_0)^n + \cdots \tag{8-8}$$

为函数 $f(x)$ 在 $x=x_0$ 处的**泰勒级数**。

当 $x_0=0$ 时,式(8-8)成为

$$f(0) + f'(0)x + \frac{f''(0)}{2!}x^2 + \cdots + \frac{f^{(n)}(0)}{n!}x^n + \cdots \tag{8-9}$$

式(8-9)称为函数 $f(x)$ 的**麦克劳林级数**。

显然,只要函数 $f(x)$ 在 x_0 的某一领域内具有任意阶导数,我们就可以形式地写出它的泰勒级数式(8-8)。但是,这个泰勒级数在 x_0 的这个邻域内是否收敛? 如果收敛,它是否收敛于函数 $f(x)$,即 $f(x)$ 是否为泰勒级数式(8-8)的和函数? 下面讨论这两个问题。

设 $P_n(x)$ 为 $f(x)$ 的泰勒级数的前 $n+1$ 项的和,也称为 $f(x)$ 在 $x=x_0$ 处的 n 阶泰勒展开式,$f(x)$ 与其泰勒级数部分和之差记为 $R_n(x)$,即

$$R_n(x) = f(x) - P_n(x),$$

称 $R_n(x)$ 为余项。

在所讨论的邻域内,如果 $\lim_{n \to \infty} R_n(x) = 0$,于是

$$\lim_{n \to \infty} P_n(x) = f(x),$$

则泰勒级数式(8-8)收敛,和函数为 $f(x)$。

反之,如果泰勒级数式(8-8)收敛于 $f(x)$,即

$$\lim_{n \to \infty} P_n(x) = f(x),$$

则

$$\lim_{n \to \infty} R_n(x) = \lim_{n \to \infty} \left[f(x) - R_n(x) \right] = 0$$

由上述讨论可得下面定理。

定理 10 如果在点 $x = x_0$ 的某一邻域内函数 $f(x)$ 具有任意阶导数,则 $f(x)$ 的泰勒级数式(8-8)收敛于 $f(x)$ 的充分必要条件是:当 $n \to \infty$ 时,余项 $R_n(x) = f(x) - P_n(x) \to 0$。

可以证明,在满足定理条件下,余项 $R_n(x)$ 具有如下形式:

$$R_n(x) = \frac{f^{(n+1)}(\xi)}{(n+1)!}(x - x_0)^{n+1} \quad (\xi \text{ 在 } x \text{ 与 } x_0 \text{ 之间})。 \qquad (8\text{-}10)$$

式(8-10)称为 $f(x)$ 的 n 阶拉格朗日余项。

这就解决了前面提出的两个问题。

最后指出,函数 $f(x)$ 展开为泰勒级数形式是唯一的,即如果 $f(x)$ 可展开为

$$a_0 + a_1(x - x_0) + a_2(x - x_0)^2 + \cdots + a_n(x - x_0)^n + \cdots,$$

则

$$a_0 = f(x_0), \quad a_1 = f'(x_0), \quad a_2 = \frac{f''(x_0)}{2!}, \cdots$$

$$a_n = \frac{f^{(n)}(x_0)}{n!}, \cdots.$$

二、函数 $f(x)$ 展开成幂级数

将函数展开成幂级数,就是用收敛于该函数的泰勒级数或麦克劳林级表示它。通常有两种方法:直接展开法与间接展开法。

1. 直接展开法

这种方法具体步骤是如下所述。

第一步,求出 $f(x)$ 的各阶导数 $f'(x)$, $f''(x)$, $\cdots$, $f^{(n)}(x)$, $\cdots$,如果在 $x = x_0$ 处某阶导数不存在,$f(x)$ 就不能展成 $(x-x_0)$ 的幂级数。

第二步,求出函数各阶导数在 $x = x_0$ 处的值,$f'(x_0)$, $f''(x_0)$, $\cdots$, $f^{(n)}(x_0)$, $\cdots$

第三步,写出幂级数

$$f(x_0) + f'(x_0)(x-x_0) + \frac{f''(x_0)}{2!}(x-x_0)^2$$
$$+ \cdots + \frac{f^{(n)}(x_0)}{n!}(x-x_0)^n + \cdots,$$

并求出它的收敛半径 R。

第四步,讨论在区间 (x_0-R, x_0+R) 内,余项 $R_n(x)$ 的极限

$$\lim_{n\to\infty} R_n(x) = \lim_{n\to\infty} \frac{f^{(n+1)}(\xi)}{(n+1)!}(x-x_0)^{n+1} \quad (\xi \text{ 在 } x \text{ 与 } x_0 \text{ 之间})$$

是否为零,如果 $\lim_{n\to\infty} R_n(x) = 0$,则函数 $f(x)$ 在 (x_0-R, x_0+R) 内的幂级数展开式为

$$f(x) = f(x_0) + f'(x_0)(x-x_0) + \frac{f''(x_0)}{2!}(x-x_0)^2$$
$$+ \cdots + \frac{f^{(n)}(x_0)}{n!}(x-x_0)^n + \cdots.$$

否则第三步写出的幂级数不收敛于 $f(x)$,即 $f(x)$ 不能展成 $(x-x_0)$ 的幂级数。

【例1】 将 $f(x)=\mathrm{e}^x$ 展开成 x 的幂级数。

解 (1) $f(x)=\mathrm{e}^x$, $f^{(n)}(x)=\mathrm{e}^x$ $(n=1, 2, \cdots)$。

(2) $f(0)=\mathrm{e}^0=1$, $f^{(n)}(0)=\mathrm{e}^0=1$ $(n=1, 2, \cdots)$。

(3) 写出麦克劳林级数为

$$1+x+\frac{x^2}{2!}+\cdots+\frac{x^n}{n!}+\cdots。$$

该级数的收敛域为 $(-\infty, +\infty)$。

(4) 讨论余项 $R_n(x)$ 的极限

$$R_n(x)=\frac{\mathrm{e}^\xi}{(n+1)!}x^{n+1},$$

其中，ξ 在 0 与 x 之间，所以 $|\xi|<|x|$，从而

$$|R_n(x)|=\left|\frac{\mathrm{e}^\xi}{(n+1)!}\cdot x^{n+1}\right|<\mathrm{e}^{|x|}\cdot\frac{|x|^{n+1}}{(n+1)!},$$

对于任意 $x\in(-\infty, +\infty)$，$\mathrm{e}^{|x|}$ 为有限值，而 $\dfrac{|x|^{n+1}}{(n+1)!}$ 是收敛级数 $\displaystyle\sum_{n=0}^{\infty}\frac{|x|^{n+1}}{(n+1)!}$ 的一般项，故 $\displaystyle\lim_{n\to\infty}\frac{|x|^{n+1}}{(n+1)!}=0$，所以当 $n\to\infty$ 时，$R_n(x)\to0$，因此 e^x 可以展开成麦克劳林级数，即

$$\mathrm{e}^x=1+x+\frac{x^2}{2!}+\cdots+\frac{x^n}{n!}+\cdots,$$

收敛域为 $(-\infty, +\infty)$。

用直接展开法还可以得到下列函数的幂级数展开式

$$\sin x=x-\frac{x^3}{3!}+\frac{x^5}{5!}-\cdots+(-1)^n\frac{x^{2n+1}}{(2n+1)!}+\cdots \quad x\in(-\infty, +\infty)$$

$$(1+x)^m=1+mx+\frac{m(m-1)}{2!}x^2+\cdots+\frac{m(m-1)\cdots(m-n+1)}{n!}x^n$$
$$+\cdots \quad x\in(-1, 1)。$$

其中，m 为任意实数。

2. 间接展开法

因为函数的幂级数展开式是唯一的，所以有时还可以利用一些已知的函数展

开式及幂级数的运算性质,将所给函数展开成幂级数。这种展开方法称为间接展开法。

【例2】 将函数 $f(x) = \cos x$ 展开成 x 的幂级数。

解 因为 $\cos x = (\sin x)'$,又 $\sin x$ 展开成 x 的幂级数为

$$\sin x = x - \frac{x^3}{3!} + \frac{x^5}{5!} - \cdots + (-1)^n \frac{x^{2n+1}}{(2n+1)!} + \cdots \quad x \in (-\infty, +\infty)。$$

将上式两边对 x 求导,应用幂级数运算性质,得

$$\cos x = (\sin x)' = \left[\sum_{n=0}^{\infty} (-1)^n \frac{x^{2n+1}}{(2n+1)!}\right]' = \sum_{n=0}^{\infty} \left[(-1)^n \frac{x^{2n+1}}{(2n+1)!}\right]'$$

$$= 1 - \frac{x^2}{2!} + \frac{x^4}{4!} - \cdots + (-1)^n \frac{x^{2n}}{(2n)!} + \cdots,$$

收敛域为 $x \in (-\infty, +\infty)$。

【例3】 将函数 $f(x) = \ln(1+x)$ 展开成 x 的幂级数。

解 因为 $f'(x) = \dfrac{1}{1+x} = \dfrac{1}{1-(-x)}$

$$= \sum_{n=0}^{\infty} (-x)^n = \sum_{n=0}^{\infty} (-1)^n x^n, \quad x \in (-1, 1),$$

上式两边从 0 到 x 逐项积分,即

$$\int_0^x f'(x)\mathrm{d}x = \int_0^x \sum_{n=0}^{\infty} (-1)^n x^n,$$

$$\int_0^x f'(x)\mathrm{d}x = f(x) = \ln(1+x),$$

$$\int_0^x \sum_{n=0}^{\infty} (-1)^n x^n \mathrm{d}x = \sum_{n=0}^{\infty} \int_0^x (-1)^n x^n \mathrm{d}x = \sum_{n=0}^{\infty} (-1)^n \frac{x^{n+1}}{n+1}。$$

得

$$\ln(1+x) = x - \frac{x^2}{2} + \frac{x^3}{3} - \cdots + (-1)^n \frac{x^{n+1}}{n+1} + \cdots \quad x \in (-1, 1),$$

当 $x = -1$ 时,级数成为 $\displaystyle\sum_{n=0}^{\infty} \frac{-1}{n+1}$,是调和级数,是发散的。

当 $x = 1$ 时,级数成为 $\displaystyle\sum_{n=0}^{\infty} \frac{(-1)^n}{n+1}$,是一个收敛的交错级数。

$\ln(1+x)$ 的幂级数展开式为

$$\ln(1+x) = x - \frac{x^2}{2} + \frac{x^3}{3} - \cdots + (-1)^n \frac{x^{n+1}}{n+1} + \cdots$$

$$= \sum_{n=0}^{\infty} (-1)^n \frac{x^{n+1}}{n+1},$$

收敛域为 $(-1,1]$。

【例4】 将函数 $f(x) = \arctan x$ 展开成 x 的幂级数。

解 因为 $(\arctan x)' = \dfrac{1}{1+x^2}$，而

$$\frac{1}{1+x^2} = \frac{1}{1-(-x^2)} = \sum_{n=0}^{\infty} (-1)^n x^{2n}, \quad (-1,1)。$$

所以

$$\arctan x = \int_0^x \frac{1}{1+x^2}\mathrm{d}x = \int_0^x \sum_{n=0}^{\infty} (-1)^n x^{2n}\mathrm{d}x$$

$$= \sum_{n=0}^{\infty} (-1)^n \cdot \frac{x^{2n+1}}{2n+1}, \quad (-1,1)。$$

当 $x = -1$ 时，级数成为 $\displaystyle\sum_{n=0}^{\infty} \frac{(-1)^{n+1}}{2n+1}$，是收敛的；当 $x = 1$ 时，级数成为 $\displaystyle\sum_{n=0}^{\infty} \frac{(-1)^n}{2n+1}$，是收敛的。从而得

$$\arctan x = \sum_{n=0}^{\infty} (-1)^n \frac{x^{2n+1}}{2n+1},$$

收敛域为 $[-1,1]$。

【例5】 将函数 $f(x) = \dfrac{2}{x+2}$ 展开成 $(x-2)$ 的幂级数。

解 因为 $\dfrac{1}{1-x} = \displaystyle\sum_{n=0}^{\infty} x^n$，收敛域为 $(-1,1)$，

所以 $f(x) = \dfrac{2}{x+2} = \dfrac{2}{4+(x-2)} = \dfrac{1}{2} \times \dfrac{1}{1-\left(-\dfrac{x-2}{4}\right)}$

$$= \frac{1}{2} \sum_{n=0}^{\infty} \left(-\frac{x-2}{4}\right)^n = \sum_{n=0}^{\infty} \frac{(-1)^n}{2^{2n+1}}(x-2)^n。$$

由 $-1<\dfrac{x-2}{4}<1$，得 $-2<x<6$，所以函数 $f(x)$ 展开为 $(x-2)$ 的幂级数的收敛域为 $(-2,6)$。

【例6】 将函数 $f(x)=\dfrac{1}{x^2+4x+3}$ 展开成 x 的幂级数。

解 因为函数 $f(x)=\dfrac{1}{x^2+4x+3}=\dfrac{1}{(x+1)(x+3)}=\dfrac{1}{2(1+x)}-\dfrac{1}{2(3+x)}$。

而 $\dfrac{1}{2(1+x)}=\dfrac{1}{2[1-(1-x)]}=\dfrac{1}{2}\displaystyle\sum_{n=0}^{\infty}(-1)^n x^n$，收敛域为 $(-1,1)$，

$\dfrac{1}{2(3+x)}=\dfrac{1}{6\left[1-\left(-\dfrac{x}{3}\right)\right]}=\dfrac{1}{6}\displaystyle\sum_{n=0}^{\infty}(-1)^n\dfrac{x^n}{3^n}$，收敛域为 $(-3,3)$，

所以

$$f(x)=\dfrac{1}{x^2+4x+3}=\sum_{n=0}^{\infty}(-1)^n\left(\dfrac{1}{2}-\dfrac{1}{2}\cdot\dfrac{1}{3^{n+1}}\right)x^n，收敛域为 (-1,1)。$$

用间接展开法将函数 $f(x)$ 展开成幂级数，要记住以下几个常用的幂级数展开式。

(1) $\dfrac{1}{1-x}=1+x+x^2+\cdots+x^n+\cdots=\displaystyle\sum_{n=0}^{\infty}x^n \quad x\in(-1,1)。$

(2) $e^x=1+x+\dfrac{x^2}{2!}+\cdots+\dfrac{x^n}{n!}+\cdots=\displaystyle\sum_{n=0}^{\infty}\dfrac{x^n}{n!} \quad x\in(-\infty,+\infty)。$

(3) $\sin x=x-\dfrac{x^3}{3!}+\dfrac{x^5}{5!}-\cdots+(-1)^n\dfrac{x^{2n+1}}{(2n+1)!}+\cdots$

$\qquad=\displaystyle\sum_{n=0}^{\infty}(-1)^n\dfrac{x^{2n+1}}{(2n+1)} \quad x\in(-\infty,+\infty)。$

(4) $\cos x=1-\dfrac{x^2}{2!}+\dfrac{x^4}{4!}-\cdots+(-1)^n\dfrac{x^{2n}}{(2n)!}+\cdots$

$\qquad=\displaystyle\sum_{n=0}^{\infty}(-1)^n\dfrac{x^{2n}}{(2n)!} \quad x\in(-\infty,+\infty)。$

(5) $\ln(1+x)=x-\dfrac{x^2}{2}+\dfrac{x^3}{3}-\cdots+(-1)^n\dfrac{x^{n+1}}{n+1}+\cdots$

$\qquad=\displaystyle\sum_{n=0}^{\infty}(-1)^n\dfrac{x^{n+1}}{n+1} \quad x\in(-1,1]。$

习　题　8-5

1. 将下列函数展开成 x 的幂级数,并写出其收敛域。

(1) 2^x；　　　　　　　(2) $x^2 e^{x^2}$；　　　　　　(3) $\ln(2+x)$；

(4) $x\ln(1+x)$；　　　　(5) $\cos^2 x$；　　　　　　(6) $\dfrac{4}{x^2-2x-3}$。

2. 将下列函数 $f(x)$ 在 $x=1$ 处展开成幂级数,并写出其收敛域。

(1) $f(x)=\dfrac{1}{x}$；　　　(2) $f(x)=\dfrac{1}{x+1}$；

(3) $f(x)=e^x$；　　　　(4) $f(x)=\ln(1+x)$。

复 习 题 八

1. 单项选择题。

(1) 当(　　)时, $\displaystyle\sum_{n=0}^{\infty}\dfrac{a}{q^n}(a\neq 0)$ 收敛。

a. $q\neq 0$；　　　　　　　　　b. $q\neq 1$；

c. $|q|<1$；　　　　　　　　　d. $|q|>1$。

(2) 当(　　)时,正项级数 $\displaystyle\sum_{n=1}^{\infty}u_n$ 收敛。

a. $\displaystyle\lim_{n\to\infty}u_n=0$；　　　　　　　b. $\displaystyle\lim_{n\to\infty}u_n\neq 0$；

c. $\displaystyle\lim_{n\to\infty}\dfrac{u_{n+1}}{u_n}<1$；　　　　　d. $\displaystyle\lim_{n\to\infty}\dfrac{u_{n+1}}{u_n}>1$。

(3) 当(　　)时,级数 $\displaystyle\sum_{n=1}^{\infty}n^p$ 收敛。

a. $p<-1$；　　　　　　　　　b. $p>-1$；

c. $p<1$；　　　　　　　　　d. $p>1$。

(4) 若正项级数 $\displaystyle\sum_{n=1}^{\infty}u_n$ 发散,则交错级数 $\displaystyle\sum_{n=1}^{\infty}(-1)^{n-1}u_n$(　　)。

a. 条件收敛；　　　　　　　　b. 绝对收敛；

c. 非绝对收敛；　　　　　　　d. 发散。

(5) 幂级数 $\sum\limits_{n=1}^{\infty} \dfrac{2^n}{n\sqrt{n}}x^n$ 的收敛半径 $R=($)。

a. 0； b. $\dfrac{1}{2}$；

c. 2； d. $+\infty$。

2. 填空题。

(1) 级数 $\sum\limits_{n=1}^{\infty} u_n$ 与 $\sum\limits_{n=1}^{\infty} v_n$ 满足 $u_n < v_n(n=1, 2, \cdots)$，则当 $\sum\limits_{n=1}^{\infty} v_n$ 收敛时，$\sum\limits_{n=1}^{\infty} u_n$ _____。

(2) 级数 $\sum\limits_{n=1}^{\infty} u_n$ 收敛，则必有 $\lim\limits_{n\to\infty} u_n=$ _____。

(3) 如果级数 $\sum\limits_{n=1}^{\infty} u_n$ 与 $\sum\limits_{n=1}^{\infty} v_n$ 都收敛，其和分别为 s、w，则级数 $\sum\limits_{n=1}^{\infty} (u_n \pm v_n)$ = _____。

(4) 如果级数 $\sum\limits_{n=1}^{\infty} u_n$ 收敛，其和为 s，k 为常数，则级数 $\sum\limits_{n=1}^{\infty} ku_n=$ _____。

(5) 若交错级数 $\sum\limits_{n=1}^{\infty} (-1)^{n-1}u_n$ 绝对收敛，则正项级数 $\sum\limits_{n=1}^{\infty} u_n$ _____。

3. 判定下列级数的敛散性。

(1) $\sum\limits_{n=1}^{\infty} \sin\dfrac{n\pi}{6}$； (2) $\sum\limits_{n=1}^{\infty} \dfrac{n-4}{(n+1)(n+2)(n+3)}$；

(3) $\sum\limits_{n=1}^{\infty} \dfrac{1+n}{1+n^2}$； (4) $\sum\limits_{n=1}^{\infty} n\tan\dfrac{\pi}{2^{n+1}}$；

(5) $\sum\limits_{n=1}^{\infty} \dfrac{3^n}{n2^n}$； (6) $\sum\limits_{n=1}^{\infty} (-1)^{n-1}\dfrac{(n!)^2}{2^{n^2}}$；

(7) $\sum\limits_{n=1}^{\infty} (-1)^{n-1}\dfrac{1}{n\sqrt{n}}$； (8) $\sum\limits_{n=1}^{\infty} \left(\dfrac{n}{3n+1}\right)^n$。

4. 下列交错级数哪些是绝对收敛？哪些是条件收敛？

(1) $\sum\limits_{n=1}^{\infty} (-1)^{n-1}\dfrac{1}{(2n-1)^2}$； (2) $\sum\limits_{n=1}^{\infty} \dfrac{(-1)^{n-1}}{\sqrt{n}}$；

(3) $\sum\limits_{n=1}^{\infty} (-1)^{n-1}\dfrac{\cos n^2}{3^n}$； (4) $\sum\limits_{n=1}^{\infty} (-1)^{n-1}\dfrac{n^3}{2^n}$。

5. 求下列幂级数的收敛半径及收敛域。

(1) $\sum\limits_{n=0}^{\infty}\dfrac{1}{2^n}x^n$;

(2) $\sum\limits_{n=0}^{\infty}\dfrac{(-1)^{n-1}}{n(n+1)}x^n$;

(3) $\sum\limits_{n=0}^{\infty}(\sqrt{n+1}-\sqrt{n})2^n x^n$;

(4) $\sum\limits_{n=1}^{\infty}\dfrac{2^n x^n}{\sqrt{(4n+1)5^n}}$ 。

6. 求幂级数 $\sum\limits_{n=1}^{\infty}nx^n$ 的和函数。

7. 将函数 $f(x)=\dfrac{x}{x^2-2x-3}$ 展开成 x 的幂级数。

8. 将函数 $f(x)=\ln x$ 展开成 $x-2$ 的幂级数。

9. 将函数 $f(x)=\dfrac{1}{(2-x)^2}$ 展开成 x 的幂级数。

第九章 MATLAB 软件的应用

随着科学技术的发展，人们对各种问题的研究也越来越深入，传统的数学研究已经不能满足人们的需要，如何将数学与日益普及的计算机结合，便成了数学工作者及计算机研究人员的研究课题。于是，出现了"数学软件"包一词。目前，市场上有许多优秀的数学软件，较为通用的有 Mathmatica，Maple，Mathcad，MATLAB 等。各种软件均有侧重点，本章将简单介绍 MATLAB 软件及其在微积分中的应用。

第一节 MATLAB 软件的基础知识

一、MATLAB 软件的安装与运行

MATLAB 软件的安装与一般的 Windows 软件的安装一样。将 MATLAB 软件安装光盘放入光驱，光盘会自动运行，并出现 MATLAB 的安装界面，只要按照屏幕提示进行操作即可成功安装。安装程序将在 Windows 桌面上建立一个 MATLAB 的快捷方式图标。

与在 Windows 中运行其他软件一样，只需双击桌面上 MATLAB 的快捷方式图标即可启动 MATLAB。运行后，将出现如图 9.1 所示的软件窗口。

界面上的窗口的大小与设置有关，我们可通过 Desktop 菜单进行设置。

MATLAB 命令窗口独立位于操作界面的右方，图 9.2 是通过两个例子的运行情况来说明 MATLAB 命令窗口的应用。

命令行"≫"符号是 MATLAB 命令行的提示符，MATLAB 中的所有命令均为小写；"|"则是输入的提示符。

命令末尾的";"表示还没有输完所有的 MATLAB 命令，MATLAB 将准备接受下面的命令，但这时已将输入的这一条命令执行完毕并将其结果储存起来，只是不显示出来。

"%"后面为注释内容。

MATLAB 命令窗口中行编辑的常用操作键如表 9.1 所示。

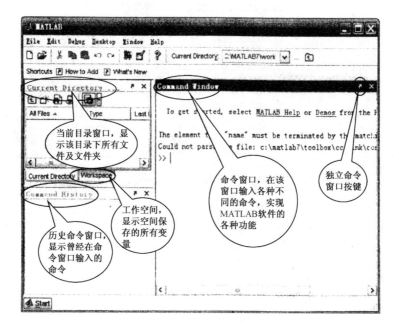

图 9.1　软件窗口

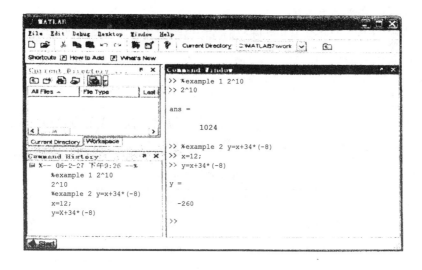

图 9.2　两个例子

表 9.1　　　　　　　　　　　　命令窗口中行编辑的常用操作键

键　名	作　　用
↑	向前调回已输入过的命令行
↓	向后调回已输入过的命令行
←	在当前行中左移光标
→	在当前行中右移光标
Page Up	向前翻阅当前窗口中的内容
Page Down	向后翻阅当前窗口中的内容
Home	使光标移到当前行的开头
End	使光标移动当前行的末尾
Delete	删去光标右边的字符
Backspace	删去光标左边的字符
Esc	清除当前行的全部内容
CTRL+C	中断 MATLAB 命令的运行

二、基本命令及常见数学符号

1. 程序常用起始命令 clear, clc

clear 表示清理内存变量。

clc 表示"清屏",它不会真正删除我们先前已经定义的变量和函数,但清除工作窗。

2. 变量、数据操作与函数

在 MATLAB 中,变量由字母、数和下划线组成,第一个字符必须是字母,变量名区分大小写。

在 MATLAB 工作空间中,还驻留几个由系统本身预定义的变量(见表 9.2),它们有特定的含义,在使用时应避免对这些变量重新赋值。

表 9.2　　　　　　　　　　　　常用预定义变量

变量名	说　　明	变量名	说　　明
ans	用于结果的默认变量名	eps	计算机的最小正数
i 或 j	虚数单位 $\sqrt{-1}$	NaN	不定值
pi	圆周率 π	inf	无穷大

MATLAB 软件中常用的数学函数和算术运算符分别如表 9.3 和表 9.4 所示。

336

表 9.3 常用的数学函数

命令格式	功能说明	命令格式	功能说明
$abs(x)$	绝对值或复数的模	$round(x)$	四舍五入
$lcm(x, y)$	x，y 的最小公倍数	$sqrt(x)$	平方根
$log(x)$	自然对数	$log10(x)$	常用对数
$exp(x)$	指数函数 e^x	$sign(x)$	符号函数
$real(x)$	复数实部	$imag(x)$	复数虚部
$sin(x)$	正弦函数	$cos(x)$	余弦函数
$tan(x)$	正切函数	$cot(x)$	余切函数

表 9.4 常用的算术运算符

命令格式	功 能 说 明	命令格式	功 能 说 明
＋	相加	－	相减
＊	标量数、矩阵相乘	／	标量数、矩阵右除
∧	标量数、矩阵乘方	＼	标量数、矩阵左除

　　MATLAB 运行时如果用户没有指定变量，则系统将自动用"ans"（answer 的缩写）作为运行结果变量；如果有指定，则系统就不再提供"ans"作为运行结果变量。

　　键盘上的"→""←""↑""↓"等箭头键可以帮助修改输入的错误命令，重新显示前面输入的命令行。例如，输入

$$log(sqrt(a \tan(2*(3＋4))))$$

却误将 sqrt 拼写成 spt，MATLAB 将返回出错信息：

$$??? \ undefined \ command/function\,'spt'。$$

　　其中"???"是出错信息的提示符，说明输入中有 MATLAB 不能识别的命令，此时不必全部重新输入这条命令，只需按"↑"键或"↓"键，刚才输入的命令即可重新显示在屏幕上，再移动光标至"t"前，将"p"删去，输入"qr"即可。回车后，屏幕将显示

$$≫log(sqrt(a \tan(2*(3＋4))))$$

ans＝

0.2026

三、MATLAB 软件的基本赋值与计算

　　MATLAB 具有的符号数学工具箱中的工具是建立在功能强大的 Maple 软件的

基础上的,是操作和解决符号表达式的函数集合,有复合、简化、微分、积分以及求解代数方程和微分方程等。另外,还有一些用于线性代数的工具,求解逆矩阵、行列式、矩阵特征值等。

MATLAB 中定义基本符号对象的命令主要的有两个:

(1) sym(　　)。例如,命令 $y=sym('abcd')$ 表示把字符串"abcd"定义为符号对象 y。

(2) syms x y。用于定义多个符号对象,对象之间用空格符隔开。

关于符号计算中的基本函数,MATLAB 给出一些常用的函数。

1. 数值计算

用 MATLAB 软件可进行数值计算,下面举例说明。

【例1】　求 $62-5^3+78\div13$。

解　≫clear;　％清除内存中保存的变量

≫syms x;　％声明 1 个符号变量

≫x=62－5^3＋78/13

x＝

-57

【例2】　$\sin\left(\dfrac{\pi^2}{2}\right)+(\sqrt{8})-\lg 135$。

解　≫clear;

≫syms y;

≫y＝sin((pi^2)/2)＋sqrt(8)－log 10(135)

y＝

-0.2773

2. 代数运算

代数符号运算主要包括因式分解、化简、展开和合并等,表 9.5 给出相关的代数运算命令格式。

表 9.5　　　　　　　　　　　代数运算命令格式

命令格式	功　能　说　明
factor(y)	对符号表达式 y 进行因式分解
simple(y)	对符号表达式 y 进行化简,可多次使用
expand(y)	对符号表达式 y 进行展开
collect(y, v)	对符号表达式 y 中指定的符号对象 v 的同幂项系数进行合并

【例 3】 分解 $3ax + 4by + 4ay + 3bx$ 。

解 ≫clear；syms x y a b；

≫f＝3＊a＊x＋4＊b＊y＋4＊a＊y＋3＊b＊x；

≫z＝factor(f)

z＝

$$(3＊x＋4＊y)＊(a＋b)$$

【例 4】 将$(1+x+2xy^2+y)^2$展开。

解 ≫clear；syms x y z；

≫z＝(1＋x＋2＊x＊y^2＋y)^2；

≫z＝expand(z)

z＝

$$1＋2＊x＋4＊x＊y^2＋2＊y＋x^2＋4＊x^2＊$$

$$y^2＋2＊x＊y＋4＊x^2＊y^4＋4＊x＊y^3＋y^2$$

3. 解方程

解方程是 MATLAB 符号运算中的一个基本功能，可以用命令函数

$$solve('eqn1'，'eqn2'，\cdots，'var1'，'var2'，\cdots)$$

来求解方程和方程组。其中，eqn1 表示方程组中的第一个方程，var1 为方程组中的第一个变量声明，其他的依此类推。如果没有变量声明，系统则按人们的习惯确定符号方程中的待解变量。

【例 5】 解方程 $2x^2 - 3x - 5 = 0$ 。

解 ≫clear；syms x；

≫x＝solve('2＊x^2－3＊x－5＝0'，'x')

x＝

2.5

−1

【例 6】 解方程组

$$\begin{cases} x + y = 13, \\ \sqrt{x+1} + \sqrt{y-1} = 5。 \end{cases}$$

解 ≫clear；syms x y；

≫[x，y]＝solve('x＋y＝13'，'sqrt(x＋1)＋sqrt(y－1)＝5'，'x'，'y')

x＝

    3

    8

y＝

    10

    5

％方程组的解为 x＝3，y＝10 或 x＝8，y＝5

第二节　用 MATLAB 软件绘制函数图形

数据图形可以使人们直接感受到数据的许多内在本质。因此，数据可视化是研究科学、认识世界不可缺少的有效手段。MATLAB 的图形功能强大，其数据的可视化非常简单，还具有较强的编辑图形界面的能力。

一、平面曲线的绘制

plot 是最基本的平面曲线绘图命令，其他二维图形的命令绝大多数是以 plot 为基础进行改造而得。其主要命令，如表 9.6 所示。

表 9.6　　　　　　　　　常用绘图命令

命　令　格　式	功　能　说　明
plot(x)	绘制以 x 为纵坐标的连线图
plot(x, y)	绘制以 (x, y) 为横纵坐标的连线图
plot(x1, y1, x2, y2, …)	绘制多组数据连续图
plot(f, [a, b])	在区间 $[a, b]$ 上绘制函数 f 的图形
ezplot(f, [a, b])	在区间 $[a, b]$ 上绘制隐函数 f 的图形
subplot(m, n, k)	图形窗口分为 $m*n$（m 行 n 列）个子图，指向第 k 处绘图
title('abc')	给图形加标题 abc
xlabel, ylabel	给坐标轴加标记
text	在图形指定的位置上加文本字符串
gtext('abc')	在鼠标的位置上加文本字符串 abc
grid on/grid off	打开/关闭网格线
hold on/hold off	保留/释放图形窗口的图形

二维图形命令 plot 还提供一组控制曲线线型（实线型为默认）、标记类型和颜色的开关，调用格式为

$$\text{plot}(x, y, 's')$$

其中字符串 s 由表 9.7 中的 1～3 个字符组成。

表 9.7 基本线型和颜色

命令格式	功能说明	命令格式	功能说明
r	表示红色	.	小黑点（标数据用）
b	表示蓝色	o	小圈号（标数据用）
k	表示黑色	x	叉号（标数据用）
g	表示绿色	*	星号（标数据用）
y	表示黄色	:	虚点连线
w	表示白色	—.	点划连线
m	表示紫红色	——	双划连线

【例 1】 在同一坐标系中绘制 $f(t) = t\cos(t)$ 和 $f(t) = \mathrm{e}^{\frac{t}{100}}\sin\left(t - \frac{\pi}{2}\right)$。

解 ≫clear;

≫t=0:pi/20:2 * pi; %t 为 $[0, 2\pi]$ 之间步长为 $\frac{\pi}{20}$ 的一组向量①

≫plot(t, t * cos(t), '—.r * ');

≫hold on

%继续在当前图上绘制

≫plot (t, exp(t/100) * sin(t−pi/2), '-mo')

≫hold off   %解除 hold on 命令

生成图形如图 9.3 所示。

【例 2】 作出函数 $y = \sin x$，$y = \cos x$，$y = \sin 2x$，$y = \cos 2x$ 在区间 $[0, 2\pi]$ 上的曲线图。

解 ≫clear; syms x, y_1, y_2, y_3, y_4;

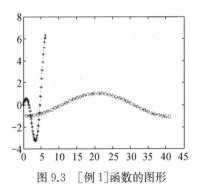

图 9.3 [例 1]函数的图形

---

① 设 n 个数 x_1，x_2，…，x_n，且 $x_{i+1} - x_i = h (i = 1, 2, …, n-1)$，则称 h 为步长，$x = (x_1, x_2, …, x_n)$ 称为步长为 h 的一组向量。

≫x=0:0.02:2 * pi;

≫y1=sin(x); y2=cos(x);

≫subplot(1, 2, 1);　　　　%图形窗口分为1*2个子图,指向第1处绘图

≫plot (x, y1,'r—',x,y2,'b.')　　%'r—'和'b.'为线性和色彩参数

≫xlabel('x'); ylabel('y');

≫gtext('y=sin(x)'); gtext('y=cos(x)');　　%在图形上加函数名

≫y3=sin(2 * x); y4=cos(2 * x);

≫subplot(1, 2, 2);

≫plot(x, y3,'k—',x,y4,'b:');

≫xlabel('x'); ylabel('y'); gtext('y=sin(2x)'); gtext('y=cos(2x)');

生成图形如图 9.4 所示。

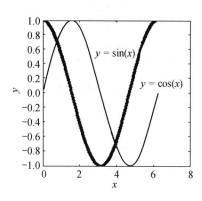 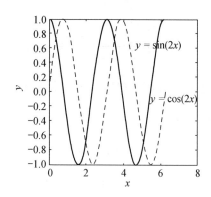

图 9.4　[例 2]函数的图形

【例 3】　作出方程 $x^4+y^4-8x^2-10y^2+16=0$ 所表示的图形。

解　这是一个由方程确定的隐函数,且无法显化,只能用 ezplot 命令绘制图形。

≫clear; syms x y;

≫y=x^4+y^4−8 * x^2−10 * y^2+16;

≫ezplot(y)

生成图形如图 9.5 所示。

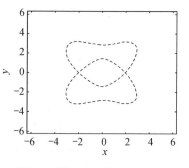

图 9.5　[例 3]函数的图形

二、饼图、条形图的绘制

用 MATLAB 软件还可以绘制饼图与条形图,其命令格式如表 9.8 所示。

表 9.8　　　　　　　　　　　　　饼图、条形图

命令格式	功能说明
pie	绘制饼图
bar	绘制垂直条形图
barh	绘制水平条形图

【例 4】　某班在一次考试中，成绩优秀的占 10％，良好的占 16％，中等的占 41％，及格的占 25％，其余的不及格。分别用饼图、条形图表示。

解　饼图：

≫clear;

≫x＝[10, 16, 41, 25, 8];

≫pie(x, [1, 0, 0, 0, 1])

垂直条形图：

≫clear;　≫x＝[10, 16, 41, 25, 8];

≫bar(x,′group′)

生成图形分别如图 9.6、图 9.7 所示。

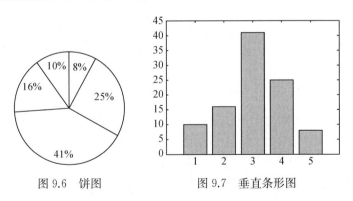

图 9.6　饼图　　　　　　图 9.7　垂直条形图

第三节　用 MATLAB 软件求极限、导数及偏导数

一、用 MATLAB 软件求极限

进行高等数学中的各种运算是 MATLAB 的主要功能之一。在 MATLAB 中，用命令函数 limit(f)求函数 f 的极限，表 9.9 给出用 MATLAB 求极限的命令格式。

表 9.9   **求极限的命令格式**

命令格式	功 能 说 明
limit(f)	求单变量函数 f 在变量趋向于 0 时的极限
limit(f, x)	求函数 f 在指定变量 x 趋向于 0 时的极限
limit(f, a)	求单变量函数 f 在变量趋向于 a 时的极限
limtit(f, t, a)	求函数 f 在指定变量 t 趋向于 a 时的极限
limit(f, x, a, $'$left$'$)	求函数 f 在指定变量 x 趋向于 a 时的左极限
limit(f, x, a, $'$night$'$)	求函数 f 在指定变量 x 趋向于 a 时的右极限
limit(f, x, inf)	求函数 f 在指定变量 x 趋向于∞时的极限

注:表 9.9 中出现的变量或表达式,要先进行命令 sym 或 syms 的定义后才可以使用。

如果二元函数的极限存在,则我们可将求二元函数极限问题,化为求二次一个变量的极限。例如, $\lim\limits_{\substack{x\to x_0\\ y\to y_0}} f(x,y)=\lim\limits_{y\to y_0}(\lim\limits_{x\to x_0} f(x,y))$ 。

【例 1】 求下列函数的极限。

(1) $\lim\limits_{x\to 0}(1-x)^{\frac{1}{x}}$;

(2) $\lim\limits_{x\to 0^+}\left(\cot x-\dfrac{1}{x}\right)$;

(3) $\lim\limits_{x\to\infty}(\sqrt{x^2+x+1}-\sqrt{x^2-x+1})$;

(4) $\lim\limits_{\substack{x\to 0\\ y\to \pi}}\dfrac{x^2+y^2}{\sin x+\cos y}$ 。

解 (1) ≫clear;syms x;

≫s=(1-x)^(1/x);

≫limit(s, x, 0)   %也可用 limit(s, x)或 lim(s)

ans=

exp(-1)

(2) ≫clear;syms x;

≫h=cot(x)-1/x;

≫limit(h, x, 0, $'$right$'$)

ans=

0

(3) ≫clear; syms x;

≫t=sprt(x^2+x+1)-sqrt(x^2-x+1);

≫limit(t，x，inf)

ans ＝

1

(4) ≫clear；syms x y；

≫g＝(x^2＋y^2)/(sin(x)＋cos(y))；

≫limit(limit(g，x，o)，pi)

ans＝

－pi^2

二、用 MATLAB 软件求导数、偏导数

在 MATLAB 中，用表 9.10 所示的命令格式求函数的导数、偏导数。

表 9.10　　　　　　　求函数的导数、偏导数的命令格式

命令格式	含　　义
diff(f)	计算函数 f 的一阶导数
diff(f，x)	对函数 f 的自变量 x 计算一阶导数
diff(f，n)	计算函数 f 的 n 阶导数
diff(f，x，n)	对函数 f 的自变量 x 计算 n 阶导数

输入的系统函数 diff(f)与 diff(f，n)自变量缺失，如果函数 f 为一元函数，则系统默认自变量；若函数 f 为多元函数，则 diff(f)将默认为对最靠近的那个符号变量求导，而 diff(f，x)是对 x 求偏导数。为方便，将常用偏导数命令列出，如表 9.11 所示。

表 9.11　　　　　　　求多元函数的偏导数命令格式

命令格式	功能说明	命令格式	功能说明
zx＝diff(z，x)	求 $\dfrac{\partial z}{\partial x}$	zy＝diff(z，y)	求 $\dfrac{\partial z}{\partial y}$
zxx＝diff(zx，x)	求 $\dfrac{\partial^2 z}{\partial x^2}$	zxy＝diff(zx，y)	求 $\dfrac{\partial^2 z}{\partial x \partial y}$
diff(z，x，n)	求 $\dfrac{\partial^n z}{\partial x^n}$	diff(z，y，n)	求 $\dfrac{\partial^n z}{\partial y^n}$
pretty(diff(z，x))	输出符合书写习惯的表达式		

【例2】 求函数 $y=\dfrac{x^2}{\sqrt{1+x^2}}$ 的一阶导数及二阶导数。

解 ≫clear; syms x y;

≫y=x^2/sqrt(1+x^2);

≫diff(y)

ans＝

$2*x/(1+x^2)^{(1/2)}-x^3/(1+x^2)^{(3/2)}$ ％ 即 $\dfrac{\mathrm{d}y}{\mathrm{d}x}$

≫diff(y, 2)

ans＝

$2/(1+x^2)^{(1/2)}-5*x^2/(1+x^2)^{(3/2)}$

$+3*x^4/(1+x^2)^{(5/2)}$ ％ 即 $\dfrac{\mathrm{d}^2 y}{\mathrm{d}y^2}$。

【例3】 求函数 $z=\sqrt{y+\tan\left(x+\dfrac{1}{x}\right)}$ 的偏导数 $\dfrac{\partial z}{\partial x}$，$\dfrac{\partial z}{\partial y}$。

解 ≫clear;syms x y z zx zy;

≫z=sqrt(y+tan(x+1/x));

≫zx=diff(z, x)

ans＝

$1/2/(y+\tan(x+1/x))^{(1/2)}*(1+\tan(x+1/x)^2)*(1-1/x^2)$

％即 $\dfrac{\partial z}{\partial x}$

≫zy=diff(z, y)

ans＝

$(1/2)/(y+\tan(x+1/x))^{(1/2)}$ ％ 即 $\dfrac{\partial z}{\partial y}$

【例4】 已知 $z=xy^2+3x^2y^2$，求全微分 dz.

解 ≫clear;syms x y z dx dy dz zx zy;

≫z=x*y^2+3*x^2*y^2;

≫zx=diff(z,x);zy=diff(z,y);

≫dz=zx*dx+zy*dy

dz=(y^2+6*x*y^2)*dx+(2*x*y+6*x^2*y)*dy

我们可以用表9.12所示的命令格式求隐函数、参数方程所确定的函数的导数。

表 9.12   非显函数求导命令

命令格式	功 能 说 明
$-\text{diff}(f, x)/\text{diff}(f, y)$（或）$\text{diff}(f, z)$	求隐函数的导数（偏导数）
$\text{diff}(y, t)/\text{diff}(x, t)$	求参数方程确定的函数的导数

【例 5】 求由方程 $e^y + xy - e = 0$ 所确定的隐函数的导数。

解 ≫clear;syms x y;

≫f＝exp(y)＋x＊y－exp(1);

≫dy/dx＝－diff(f, x)/diff(f, y)

dy/dx＝

－y/(exp(y)＋x)

【例 6】 方程 $x^2 + y^2 + z^2 = 4z$ 确定 z 是 x，y 的函数，求 $\dfrac{\partial z}{\partial x}$。

解 ≫clear;syms x y z;

≫f＝x^2＋y^2＋z^2－4＊z;

≫zx＝diff(f, x)/diff(f, z)

≫zx＝x/(2－z)

三、用 MATLAB 软件求极值

MATLAB 中关于极值和最值的命令如表 9.13 所示。

表 9.13   常用极值命令

命令格式	功能说明
fminbnd(f, a, b)	f 在 $[a, b]$ 上的最小值
fminsearch(f,x0)	f 在 x_0 附近的局部极小值

【例 7】 求 $y = \dfrac{3x^2 + 4x + 4}{x^2 + x + 1}$ 的极值。

解 ≫clear;syms x;

≫y＝(3＊x^2＋4＊x＋4)/(x^2＋x＋1);

≫dy＝diff(y);

≫x0＝solve($'$dy$'$)   ％求出函数的驻点

x0＝

```
            0
           −2                    %驻点是 x₁＝0，x₂＝2，
≫d2y＝diff(y，2)；
≫y1＝subs(d2y，x，0)；y2＝subs(d2y，x，−2)；
≫if  y1＞0
    fprintf('x＝0 为极小值点')   %fprintf 为显示格式信息命令
  else
    fprintf('x＝0 为极大值点')
end
≫if y2＞0
    fprintf('x＝−2 为极小值点')
  else
    fprintf('x＝−2 为极大值点')
  end
```

结果显示：

x＝0 为极大值点，x＝−2 为极小值点

再输入

≫yman＝subs(y，x，0)，ymix＝subs(y，x，−2)

yman＝

　　　4　　　%极大值为 4

ymix＝

　　2.6667　　　%极小值为 2.6667

第四节　用 MATLAB 软件求积分、解微分方程

积分和微分方程是高等数学中的基本而又非常重要的组成部分。积分是微分的逆运算，它含有计算技巧，微分方程又是学生学习的难点。MATLAB 为计算积分、求解微分方程提供了一个简洁而又功能强大的工具。

一、用 MATLAB 软件求积分

在 MATLAB 中，求函数的不定积分、定积分及反常积分，用表 9.14 所示的命令格式。

表 9.14   求解积分的命令格式

命令格式	功 能 说 明
int(f)	求被积函数 f 的不定积分,默认变量为 x
int(f, v)	求被积函数 f 中指定变量为 v 的不定积分
int(f, a, b)	求函数 f 在$[a,b]$上的定积分,默认变量为 x
int(f, v, a, b)	求函数 f 在$[a,b]$上对指定变量 v 的定积分

注:用 MATLAB 软件计算不定积分时,所得结果中省略了积分常数 C,即仅给出一个原函数。

【**例 1**】 用 MATLAB 求下列不定积分。

(1) $\displaystyle\int \cos^3 x \, \mathrm{d}x$ (2) $\displaystyle\int x \, \mathrm{e}^{-x^2} \mathrm{d}x$

解 ≫clear;syms x;

≫y=(cos(x))^3;

≫int(y,x)

ans=

$$1/3 * \cos(x)\verb|^|2 * \sin(x) + 2/3 * \sin(x) \quad \text{%即为 } \sin x - \frac{1}{3}\sin^3 x$$

(2) ≫clear;syms x;

≫F=x * exp(−x^2)

≫int(F)

ans=

$$-1/2 * \exp(-x\verb|^|2)$$

【**例 2**】 用 MATLAB 求下列定积分。

(1) $\displaystyle\int_1^4 \frac{1}{1+\sqrt{x}} \mathrm{d}x$ (2) $\displaystyle\int_0^{\frac{2\pi}{x}} t\sin(xt)\mathrm{d}t$

解 (1) ≫clear;syms x F;

≫F=1/(1+sqrt(x)),

≫int(F, 1, 4)

ans=

$$-2 * \log(3) + 2 + 2 * \log(2)$$

(2) ≫clear;syms x F t;

≫F=t * sin(x * t)

≫int(F, t, 0, 2 * pi/x)

ans＝

　　　　$-2 * pi/x\hat{}2$

int(f, v, a, b)也适用于求积分区间为无穷的反常积分。此时积分上下限 a, b 可用无穷符号 inf 代替。

【例3】 求反常积分 $\int_{-\infty}^{\infty} e^{-x^2} dx$

解　≫clear;sym x;y＝exp(−x̂2);

　　≫int(y, x, −inf, inf)

　　ans＝

　　　　pî(1/2)

当二重积分 $\iint\limits_{D} f(x, y) dx dy$ 在直角坐标系或极坐标系中化为累次积分时，就可用 MATLAB 软件,二次使用命令格式 int(f; v, a, b)。

【例4】　用 MATLAB 计算下列二重积分。

(1) $\iint\limits_{D} \dfrac{x^2}{y^2} dx dy$,其中积分区域 D 是由曲线 $y=\dfrac{1}{x}$,直线 $x=2$ 及 $y=x$ 所围成的有界闭区域。

(2) $\iint\limits_{D} e^{-x^2-y^2} dx dy$,其中积分区域是由圆 $x^2+y^2=R^2$ 可围成的有界闭区域。

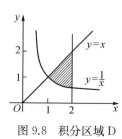

图 9.8　积分区域 D

解　(1) 作出积分区域 D 的图形,如图 9.8 所示。D 为 x-型区域,先对 y 积分时积分区间为 $\left[\dfrac{1}{x}, x\right]$,对 x 积分时积分区间为 $[1, 2]$。

　　≫clear, syms x y F;

　　≫F＝x̂2/ŷ2;

　　≫int(int(F, y, 1/x, x), x, 1, 2)

　　　ans＝

　　　　9/4

(2) 积分区域是圆域,可采用极坐标来计算,先对 r 积分时积分区间为 $[0, R]$,对 θ 积分时积分区间为 $[0, 2\pi]$。

≫clear,syms r θ F

≫F＝exp(−r̂2) * r

$\gg$int(int(F, r, 0; R),θ, 0, 2 $*$ pi)

ans$=$

$-$exp($-$R^2) $*$ pi$+$pi

二、用 MATLAB 软件求解微分方程

用 MATLAB 软件求解微分方程的命令格式如表 9.15 所示。

表 9.15 解微分方程的命令格式

命令格式	功 能 说 明
dsolve($'$equr$'$,$'$cond$'$,$'$var$'$)	求微分方程 equr 的满足初始条件 cond 的特解。（其中 var 表示自变量,若无指定,系统将默认为 x）
dsolve($'$equr$'$,$'$var$'$)	求微分方程 equr 的通解

未知函数用 y 表示时,微分方程中的导数 y' 用 Dy 表示,y'' 用 D_2y 表示,y 的 n 阶导数 $y^{(n)}$ 用 D_ny 表示,通解中所含的任意常数用 $C1$,$C2$ 等表示。

【例5】 求微分方程 $y'=2xy$ 的通解。

解 $\gg$clear; syms x y;

$\gg$dsolve($'$Dy$=$2 $*$ x $*$ y$'$,$'$x$'$)

ans$=$

Cl $*$ exp(x^2)

【例6】 求微分方程 $(1+x^2)y''=2xy'$ 满足初始条件 $y(0)=1$, $y'(0)=3$ 的特解。

解 $\gg$clear;syms x y;

$\gg$dsolve ($'$1+x^2) $*$ D_2y$-$2 $*$ x $*$ Dy$=$0$'$, $'$y(0)$=$1, Dy(0)$=$3$'$,$'$x$'$)

ans$=$

1$+$x^3$+$3 $*$ x

第五节　MATLAB 软件在级数中的应用

本节通过具体的实例,介绍如何应用 MATLAB 软件来讨论数项级数的敛散性,求数项级数的和,求幂级数的和函数以及求函数的幂级数展开式。

一、用 MATLAB 软件求级数和、敛散性判定

使用 MATLAB 软件符号运算工具箱中 symsum 命令可直接求数项级数的和以及幂级数的和函数。表 9.16 列出了一些用 MATLAB 软件求级数和的常用命令格式。

表 9.16   常用级数求和命令

命令格式	功 能 说 明
symsum(f, n, a, b)	计算 $\sum\limits_{n=a}^{b} f(n)$ 之和
symsum(f, n, a, inf)	计算 $\sum\limits_{n=a}^{\infty} f(n)$ 之和

【例1】 计算下列各式。

(1) $\sum\limits_{n=1}^{20} \dfrac{1}{(2n-1)(2n+1)}$ (2) $\sum\limits_{n=1}^{\infty} \dfrac{1}{n^2}$

解 (1) ≫clear; syms n s;

≫s＝symsum(1/((2＊n－1)＊(2＊n＋1)), n, 1, 20)

s＝

20/41

(2) ≫clear;syms n s;

≫s＝symsum(1/n^2, n,1, inf)

s＝

1/6＊pi^2

【例2】 判断下列级数的敛散性。

(1) $\sum\limits_{n=1}^{\infty} \dfrac{1}{n}$ (2) $\sum\limits_{n=1}^{\infty} \dfrac{1}{n(n+1)}$ (3) $\sum\limits_{n=1}^{\infty} (-1)^n$

解 (1) ≫clear; syms n s;

≫s＝symsum(1/n, n, 1, inf)

s＝

Inf   ％说明级数发散

(2) ≫clear; syms n s;

≫s＝symsum(1/(n＊(n＋1)), n, 1, inf)

s＝

1   ％级数收敛,级数和为1

(3) ≫clear; syms n s;

≫s＝symsum((－1)^n, n, 1, inf)

s＝

NaN   ％说明级数发散

【**例3**】 求下列幂级数的和函数。

$(1) \sum_{n=1}^{\infty} \frac{(x-1)^n}{2^n \cdot n}$ $\qquad$ $(2) \sum_{n=1}^{\infty} (-1)^n \frac{x^{2n}}{n!}$

解 (1) ≫clear; syms n x s;

≫s=symsum((x−1)^n/(2^n * n), n, 1, inf)

s=

$$-\log(3/2-1/2*x)$$

(2) ≫clear; syms n x s;

≫s=symsum((−1)^n * x^(2 * n)/(gamma(n+1)),n, 1,inf)

% gamma(n+1)=n!

s=

$$(1-\exp(x\hat{\ }2))/\exp(x\hat{\ }2)$$

二、用 MATLAB 软件求函数的泰勒展开式

使用 MATLAB 软件的符号运算工具箱中 taylor 命令可进行函数的幂级数展开，并且能达到任意精确度。表 9.17 列出了一些 MATLAB 软件解决函数的幂级数展开的常用命令。

表 9.17   常用函数幂级数展开的命令

命令格式	功 能 说 明
taylor(f, n, x, a)	将函数 f 在 $x=a$ 处展开为 n 阶泰勒展开式
taylor(f, x, a)	系统默认将函数 f 在 $x=a$ 处展开为 5 阶泰勒展开式
taylor(f, n, x)	将函数 f 在 $x=0$ 处展开为 n 阶泰勒展开式

【**例4**】 将函数 $f(x)=(1-x)\ln(1+x)$ 在 $x=1$ 处展开为 5 阶和 7 阶展开式。

解 (1) 求 5 阶展开式

≫clear; syms x y;

≫y=taylor((1−x) * log(1+x), x, 1)

y=

$$-\log(2)*(-1+x)-1/2*(-1+x)\hat{\ }2+1/8*(-1+x)\hat{\ }3-1/24*(-1+x)\hat{\ }4$$

(2) 求 7 阶展开式

≫clear; syms x y;

≫y=taylor((1−x) * log(1+x), 7, x, 1)

y=

$-\log(2)*(-1+x)-1/2*(-1+x)\hat{}2+1/8*(-1+x)\hat{}3-1/24*(-1+x)\hat{}4+1/64*(-1+x)\hat{}5-1/160*(-1+x)\hat{}6$

【例5】 求函数 $f(x)=\dfrac{e^x-e^{-x}}{2}$ 的 5 阶和 11 阶麦克劳林展开式。

解 （1）5 阶展开式

≫clear；syms x y；

≫y＝taylor((exp(x)－exp(－x))/2，5，x)

y＝

    x＋1/6＊x^3＋1/120＊x^5

（2）11 阶展开式

≫clear；syms x y；

≫y＝taylor((exp(x)－exp(－x))/2，11，x)

y＝

    x＋1/6＊x^3＋1/120＊x^5＋1/5040＊x^7＋1/362880＊x^9

附录一　习题参考答案

第一章　函数、极限与连续

习题 1-1

1. (1) $\left(\dfrac{15}{4}, \dfrac{17}{4}\right)$　(2) $\left(\dfrac{29}{20}, \dfrac{31}{20}\right)$

2. (1) $\left[\dfrac{2}{3}, +\infty\right)$　(2) $(2, +\infty)$　(3) $(-1, 1)\bigcup(1, +\infty)$

　　(4) $(-\infty, -1)\bigcup(-1, 2)\bigcup(2, 4]$

3. $1, 0, -1$

4. $1, -1, 0$

5. $1+\dfrac{1}{t^2}, \ t^2+2t+2$

6. (1) 偶函数　(2) 奇函数　(3) 偶函数　(4) 奇函数

7. (1) π　(2) 4π

8. 略

9. $y=\begin{cases}128 & \text{当 } 0\leqslant x\leqslant 800 \text{ 时，}\\ 128+0.16(x-800), & \text{当 } x>800 \text{ 时。}\end{cases}$

10. $y=\begin{cases}a, & \text{当 } 0<x\leqslant 3 \text{ 时；}\\ bx+a-3b, & \text{当 } 3<x\leqslant 10 \text{ 时；}\\ \dfrac{3}{2}bx+a-8b, & \text{当 } x>10 \text{ 时。}\end{cases}$

11. $V=x(48-2x)^2, \ 0<x<24$

12. $L=\left(\dfrac{\pi}{4}+1\right)x+\dfrac{2A}{x}, \ 0<x<2\sqrt{\dfrac{2A}{\pi}}$

习题 1-2

1. (1) $[-1, 1]$　(2) $[-3, -2]$

2. (1) $y=\sin^3 x$　(2) 不能构成复合函数　(3) $y=\ln(x^2-2)$

(4) $y=2^{4x-1}$　(5) $y=\sin\ln(3x-2)$　(6) $y=\cos(4\ln x-1)^2$

3. (1) $y=\log_2 u,\ u=\cos x$　　　(2) $y=\sqrt{u},\ u=\sin x$

(3) $y=e^u,\ u=3x+1$　　　　(4) $y=\cos u,\ u=2-4x$

(5) $y=4-\cos u,\ u=e^x$　　　(6) $y=2^u+8,\ u=x^2+1$

(7) $y=\sqrt{u},\ u=\sin v,\ v=10-x$

(8) $y=u^2,\ u=\ln v,\ v=x^2+x$

4. $Q=-\dfrac{P}{20}+120,\ 0<P<2\ 400$

5. $C=C(Q)=130+6Q,\ 0\leqslant Q\leqslant 100$

6. $R=R(Q)=-\dfrac{1}{2}Q^2+4Q$

7. $L=L(Q)=-6Q^2+24Q-10,\ \left(0,\dfrac{28}{5}\right)$

习题 1-3

1. (1) 收敛，0　(2) 收敛，3　(3) 收敛，-2　(4) 收敛，0　(5) 发散

(6) 发散

2. (1) 0　(2) 0　(3) 8　(4) -1　(5) 3　(6) 0

3. 图形略，-1，-1，存在。

4. 1，0，不存在

5. $\lim\limits_{x\to 0} f(x)$ 不存在，$\lim\limits_{x\to 1} f(x)=2$

6. $\lim\limits_{x\to 0^-}f(x)=\lim\limits_{x\to 0^+}f(x)=1,\ \lim\limits_{x\to 0^-}\varphi(x)=-1,\ \lim\limits_{x\to 0^+}\varphi(x)=1,$ 存在（为 1），不
存在

7. 略

习题 1-4

1. (1) 无穷小量　(2) 无穷小量　(3) 无穷小量　(4) 无穷大量

(5) 无穷大量　(6) 不是无穷小量也不是无穷大量

(7) 不是无穷小量也不是无穷大量　(8) 不是无穷小量也不是无穷小量

2. (1) $x \to 1$ 时，$f(x)$ 是无穷大量；$x \to -2$ 时，$f(x)$ 是无穷小量。

　　(2) $x \to +\infty, x \to 0^+$ 时，$f(x)$ 是无穷大量，$x \to 1$ 时，$f(x)$ 是无穷小量。

　　(3) $x \to 0$ 时，$f(x)$ 是无穷大量，$x \to -1$ 时，$f(x)$ 是无穷小量。

　　(4) $x \to -1^+$ 时为无穷小量，$x \to +\infty$ 时为无穷大量。

3. (1) 0　(2) 0　(3) ∞　(4) ∞

习题 1-5

1. (1) 17　(2) $\dfrac{5}{8}$　(3) $\dfrac{5}{3}$　(4) 2

2. (1) ∞　(2) $2x$　(3) $\dfrac{1}{2}$　(4) $\dfrac{3}{5}$　(5) $\dfrac{1}{2}$　(6) 4　(7) -2　(8) $\dfrac{2}{3}\sqrt{2}$

3. (1) 0　(2) 2　(3) ∞　(4) 0　(5) $\dfrac{9}{4}$　(6) 3

4. (1) -1　(2) ∞　(3) $\dfrac{1}{2}$　(4) $\dfrac{1}{2}$

习题 1-6

1. (1) $\dfrac{5}{2}$　(2) $\dfrac{5}{6}$　(3) $\dfrac{3}{7}$　(4) $\dfrac{1}{3}$　(5) 4　(6) 9　(7) $\dfrac{1}{3}$　(8) 2

2. (1) e^{-6}　(2) e^3　(3) e^{-3}　(4) e^{-2}　(5) e　(6) e^{-2}

3. (1) $\dfrac{3}{2}$　(2) $\dfrac{1}{2}$　(3) 1　(4) 4　(5) 2　(6) $\dfrac{1}{2}$

习题 1-7

1. 略

2. $k = 2$

3. $k = e - 3$

4. (1) $f(x)$ 在 $x = 0$ 处不连续　(2) $f(x)$ 在 $x = 0$ 处连续

　　(3) $f(x)$ 在 $x = 0$ 处连续　(4) $f(x)$ 在 $x = 0$ 处连续

5. (1) $x = 0$ 是可去间断点　(2) $x = 1$ 是可去间断点，$x = 2$ 是无穷间断点

　　(3) $x = 1$ 是无穷间断点　(4) $x = 0$ 是可去间断点

(5) $x=2$ 是可去间断点　(6) $x=0$ 是跳跃间断点

6. (1) $\dfrac{2}{3}$　(2) 1

7. 略

8. 略

复 习 题 一

1. (1) b　(2) d　(3) b　(4) c　(5) d

2. (1) $\dfrac{1}{2}$　(2) $\dfrac{1}{2}$　(3) 1　(4) $x=0,-1$　(5) 5

3. (1) 2　(2) ∞　(3) $\dfrac{2}{3}$　(4) -2　(5) $\dfrac{2}{5}$　(6) 2

4. (1) $\dfrac{1}{4}$　(2) $\dfrac{15}{17}$　(3) $\dfrac{2}{3}$　(4) e^4　(5) e^{-6}　(6) 2

5. (1) 无穷小量　(2) 无穷小量

6. (1) $\dfrac{1}{2}$　(2) $\dfrac{1}{4}$　(3) $\dfrac{\sqrt{2}}{8}$　(4) $-\dfrac{1}{3}$

7. $k=1$

8. $f(x)$ 在 $x=0$ 间断；$f(x)$ 在 $x=1$ 处连续。

9. 略

10. $G=\begin{cases} k_1 W & 0 \leqslant W \leqslant 2\,000 \\ k_2 W+2\,000(k_1-k_2) & 2\,000 < W \leqslant 4\,000 \\ k_3 W+2\,000(k_1+k_2)-4\,000k_3 & W > 4\,000 \end{cases}$

　　定义域：$[0,+\infty)$

第二章　导数与微分

习题 2-1

1. (1) $-\dfrac{2}{3}$　(2) $\dfrac{2}{3}$　(3) $-\dfrac{6}{5}$　(4) $-\dfrac{3}{2}$

2. (1) $-\dfrac{1}{x^2}$　(2) $\dfrac{2}{3\sqrt[3]{x}}$

3. $x+y-2=0$

4. $6x-y-9=0$

5. $a=4, b=-4$

6. 在点 $x=2$ 处 $f(x)$ 连续但不可导

7. 略。$f'(2)=4\varphi(2)$。

习题 2-2

1. (1) $x^4-\dfrac{25}{x^6}$ (2) $\dfrac{1}{\sqrt{x}}-\dfrac{1}{\sqrt[3]{x^2}}+3\sqrt{x}$ (3) $\dfrac{8}{3}x\sqrt[3]{x^2}$ (4) $6x^2-2x$

(5) $-\dfrac{3x^2+1}{2x\sqrt{x}}$ (6) $\dfrac{3}{x^2\sqrt{x}}-\dfrac{5}{x^2}$

2. (1) $x(2\sin x+x\cos x)$ (2) $x^{n-1}(n\ln x+1)$

(3) $-\dfrac{2}{x(1+\ln x)^2}$ (4) $\dfrac{1-2\ln x}{x^3}$

(5) $\dfrac{1}{1+\cos x}$ (6) $\dfrac{x\cos x-\sin x}{x^2}$

(7) $3x^2+12x+11$ (8) $\sin x\ \ln x+x\cos x\ln x+\sin x$

3. $x+y-\pi=0$

4. 点$(0, 1), (-2, -1)$

5. $f'(x)=\begin{cases}2 & x<1\\ 6x-4, & x\geqslant 1\end{cases}$

习题 2-3

1. (1) $60(1+2x)^{29}$ (2) $\dfrac{2x^3}{\sqrt{x^4+1}}$

(3) $8\cos(2x-1)$ (4) $2\tan x\sec^2 x$

(5) $\dfrac{e^{\sqrt{x}}}{2\sqrt{x}}$ (6) $\dfrac{2x}{x^2-4}$

(7) $-2x\sin x^2$ (8) $\dfrac{3x^2-1}{(x^3-x)\ln 2}$

(9) $(3x+5)^2(5x+4)^4(120x+161)$ (10) $\dfrac{45x^3+16x}{\sqrt{1+5x^2}}$

(11) $\dfrac{1}{\sqrt{(1-x^2)^3}}$　　　　　　(12) $\dfrac{5(1+x^2)^4(x^2+2x-1)}{(1+x)^6}$

2. (1) $2x\mathrm{e}^{x^2}-2\mathrm{e}^{-2x}$　(2) $\dfrac{1}{\sqrt{x}\,(1-x)}$　(3) $-\dfrac{3}{2}\cos^2\dfrac{x}{2}\sin\dfrac{x}{2}$

(4) $-\sin x\sin(2\cos x)$　(5) $-\dfrac{\sin[\ln(x+1)]}{x+1}$

(6) $\mathrm{e}^{x^2}\left(2x\sin\dfrac{1}{x}-\dfrac{\cos\dfrac{1}{x}}{x^2}\right)$

习题 2－4

1. (1) $\dfrac{1}{\sqrt{4-x^2}}$　(2) $-\dfrac{1}{x^2+1}$　(3) $-\dfrac{1}{2\sqrt{x-x^2}}$　(4) $2x\arctan x+1$

2. (1) $\dfrac{\mathrm{e}^y}{1-x\mathrm{e}^y}$　(2) $-\dfrac{x}{y}$　(3) $\dfrac{y-2x}{2y-x}$　(4) $\dfrac{2x+\sin y}{1-x\cos y}$　(5) $-\dfrac{y^2}{xy+1}$

(6) $\dfrac{y\cos x+\sin(x-y)}{\sin(x-y)-\sin x}$

3. (1) $x\sqrt{\dfrac{1-x}{1+x}}\left(\dfrac{1}{x}-\dfrac{1}{1-x^2}\right)$　(2) $x^2\sqrt{\dfrac{2x-1}{x+1}}\left(\dfrac{2}{x}+\dfrac{1}{2x-1}-\dfrac{1}{2x+2}\right)$

(3) $\dfrac{(x+1)\sqrt[3]{x-1}}{(x+4)^2\mathrm{e}^x}\left[\dfrac{1}{x+1}+\dfrac{1}{3(x-1)}-\dfrac{2}{x+4}-1\right]$

(4) $x^{\sin x}\left(\cos x\ln x+\dfrac{\sin x}{x}\right)$　(5) $x^{1+x}\left(\ln x+\dfrac{1+x}{x}\right)$

(6) $\dfrac{\ln\cos y-y\cot x}{x\tan y+\ln\sin x}$

习题 2-5

1. (1) $56x^6+24x^2$　(2) $-\dfrac{1}{\sqrt{(1-x^2)^3}}$　(3) $-\dfrac{2(1+x^2)}{(1-x^2)^2}$

(4) $(2-x^2)\sin x+4x\cos x$　(5) $-2\mathrm{e}^{-x}\cos x$　(6) $\mathrm{e}^x\left(\dfrac{x^2-2x+2}{x^3}\right)$

(7) $-\dfrac{3x\sqrt{1+x^2}}{(1+x^2)^3}$　　(8) $\dfrac{2+6x^2}{(1-x^2)^3}$

2. 19 440

3. 略

4. $\mathrm{e}^{f(x)}\{[f'(x)]^2+f''(x)\}$

5. (1) $(-1)^n\mathrm{e}^{-x}$　　(2) $\ln x+1(n=1)$，$(-1)^n\dfrac{(n-2)!}{x^{n-1}}(n\geqslant 2)$

6. $v=\mathrm{e}^t+\mathrm{e}^{-t}$；$a=\mathrm{e}^t-\mathrm{e}^{-t}$；$s'(0)=2$，$s''(0)=0$

习题 2-6

1. 1.161 及 1.1；0.110601 及 0.11

2. (1) $\left(-\dfrac{1}{x^2}+\dfrac{1}{2\sqrt{x}}\right)\mathrm{d}x$　　(2) $(\sin x+x\cos x)\mathrm{d}x$

  (3) $\dfrac{2x\cos x-(1-x^2)\sin x}{(1-x^2)^2}\mathrm{d}x$　　(4) $3(1+x-x^2)^2(1-2x)\mathrm{d}x$

  (5) $-\sin 2x\,\mathrm{d}x$　　(6) $\dfrac{1}{x^2}\mathrm{e}^{-\frac{1}{x}}\mathrm{d}x$　　(7) $(2x\sin 2x+2x^2\cos 2x)\mathrm{d}x$

  (8) $\dfrac{2}{3(\sqrt[3]{x}+x)}\mathrm{d}x$　　(9) $-\dfrac{x}{\sqrt{1-x^2}}\mathrm{d}x$　　(10) $\mathrm{e}^x(\sin^2 x+\sin 2x)\mathrm{d}x$

3. (1) $-\dfrac{y-\mathrm{e}^{x+y}}{x-\mathrm{e}^{x+y}}\mathrm{d}x$　　(2) $-\dfrac{2-y\mathrm{e}^{xy}}{x\mathrm{e}^{xy}-9y^2}\mathrm{d}x$　　(3) $\dfrac{2+\ln(x-y)}{3+\ln(x-y)}\mathrm{d}x$

4. (1) 2.0017　　(2) 0.01

习题 2-7

1. 1.5。如果增(减)一个单位产品时,成本将相应增(减)1.5 个单位。

2. 199。如果增(减)一个单位产品时,收益将相应增(减)199 个单位。

3. 50 元,0 元,-50 元。如果增(减)一个单位产品时,利润将分别增(减)50,0,-50 个单位。

4. $\eta(P)=-(2\ln 2)P\approx-1.39P$，$-2.78$。价格上涨 1%,需求将减少 2.78%。

5. $E(P)=\dfrac{3P}{2+3P}$，0.818 2。价格 1 涨 1%,供给将增加 0.815 2$\%$。

6. (1) $Q'(4)=-6$。当价格 $P=4$ 时,价格上涨(下跌)1 个单位,需求将减少

（增加）6 个单位。

$\eta(4)=-0.648\,6$。当价格 $P=4$ 时，价格上涨（下跌）1 个单位，需求将减少（增加）0.648 6%。

(2) $E(4)=0.351\,4$。收益将增加 0.351 4%。

复 习 题 二

1. (1) a　(2) b　(3) a　(4) b　(5) b

2. (1) 4　(2) 存在且相等　(3) 不存在　(4) $(2ax+b)\Delta x+a(\Delta x)^2$　(5) 2

3. $2x+3$

4. $s'(2)=12$

5. 点$(1,1)$及点$(-1,-1)$

6. $f(x)$在 $x=1$ 处连续，但不可导

7. 略

8. $y'(1)=16$

9. (1) $\sqrt{2}\left(2x-\dfrac{1}{2\sqrt{x}}\right)$　(2) $2x\ln x+x$　(3) $\dfrac{\mathrm{e}^x(x^2-x-1)}{(x^2+x)^2}$

(4) $\mathrm{e}^{ax}(a\sin bx+b\cos bx)$　(5) $\dfrac{1}{x}\cos(\ln x)$　(6) $-2\tan x\cdot \ln\cos x$

(7) $(\ln x)^x\left[\ln(\ln x)+\dfrac{1}{\ln x}\right]$　(8) $(\sin x)^{\cos x}[\cos x\cot x-\sin x\ln\sin x]$

10. (1) $-\dfrac{2x-y}{2y-x},\dfrac{1}{2}$　(2) $-\dfrac{y}{x+\mathrm{e}^y},-\dfrac{1}{\mathrm{e}}$

11. (1) $(2+x)\mathrm{e}^x$　(2) $\dfrac{6x(2x^3-1)}{(x^3+1)^3}$

12. (1) $\dfrac{1-2x^2}{\sqrt{1-x^2}}\mathrm{d}x$　(2) $(\ln 3)3^{\sin x}\cos x\,\mathrm{d}x$

13. (1) $-\dfrac{1-y\mathrm{e}^{xy}}{1-x\mathrm{e}^{xy}}\mathrm{d}x$　(2) $-\dfrac{y}{x}\mathrm{d}x$

14. (1) $C'(Q)=-60+\dfrac{1}{10}Q$

(2) $L(Q)=-5\,000+260Q-\dfrac{1}{20}Q^2$

(3) $L'(Q) = 260 - \dfrac{1}{10}Q$

15. $\eta(P) = -\dfrac{P}{4}$，$\eta(3) = -\dfrac{3}{4}$，$\eta(4) = -1$，$\eta(5) = -\dfrac{5}{4}$

16. (1) $Q'(4) = -8$，表示当价格 $P = 4$ 时，价格上涨(下跌)1 个单位，需求将减少(增加)8 个单位。

    (2) $\eta(4) = -0.542\,4$，表示当价格 $P = 4$ 时，如果价格上涨(下跌)1%，需求将减少(增加)0.542 4%。

    (3) $E(4) = 0.457\,6$，表示当价格 $P = 4$ 时，如果价格上涨 1%，收益约增加 0.457 6%。

第三章　微分中值定理与导数的应用

习题 3-1

1. (1) 满足，$\xi = \dfrac{1}{2}$　(2) 不满足　(3) 满足，$\xi = 2$　(4) 满足，$\xi = \pm\dfrac{\pi}{2}$

2. (1) 满足，$\xi = \dfrac{1}{\ln 2}$　(2) 满足，$\xi = \dfrac{9}{4}$　(3) 满足，$\xi = \sqrt{\dfrac{4}{\pi} - 1}$

    (4) 满足，$\xi = \dfrac{5 - \sqrt{43}}{3}$

3. 满足，$\xi = \dfrac{14}{9}$

4. 略

5. 略

6. 三个，$(1, 2)$，$(2, 3)$，$(3, 4)$

习题 3-2

1. (1) $\dfrac{a}{b}$　(2) ∞　(3) 2　(4) ∞　(5) 1　(6) 1　(7) 0

    (8) 0　(9) 3　(10) 0

2. (1) 0　(2) $\dfrac{2}{\pi}$　(3) h　(4) 1　(5) $\dfrac{1}{2}$　(6) 0　(7) 1　(8) e^{-1}

(9) 1　(10) 1

3. 1

习题 3-3

1. (1) $(-\infty,-1)$为单调减少区间，$(-1,+\infty)$为单调增加区间。

(2) $(-\infty,0)$为单调增加区间，$(0,+\infty)$为单调减少区间。

(3) $\left(0,\dfrac{1}{2}\right)$为单调减少区间，$\left(\dfrac{1}{2},+\infty\right)$为单调增加区间。

(4) $(-1,1)$为单调增加区间，$(-\infty,-1)$、$(1,+\infty)$为单调减少区间。

(5) $(0,1)$为单调增加区间，$(1,2)$为单调减少区间。

(6) $(0,100)$为单调增加区间，$(100,+\infty)$为单调减少区间。

2. (1) 极大值$y(-1)=17$，极小值$y(3)=-47$。

(2) 极大值$y(1)=1$，极小值$y(-1)=-1$。

(3) 极大值$y(2)=1$。

(4) 极大值$y(0)=0$，极小值$y\left(\dfrac{2}{5}\right)=-\dfrac{3\sqrt[3]{20}}{25}$。

(5) 极小值$y(1)=2-4\ln 2$。

(6) 极小值$y\left(-\dfrac{1}{2}\ln 2\right)=2\sqrt{2}$。

(7) 极小值$y(\mathrm{e})=\mathrm{e}$。

(8) 极小值$y(3)=\dfrac{27}{4}$。

(9) 极大值$y\left(\dfrac{7}{3}\right)=\dfrac{4}{27}$，极小值$y(3)=0$。

(10) 极大值$y(\mathrm{e}^2)=\dfrac{4}{\mathrm{e}^2}$，极小值$y(1)=0$。

3. $a=-\dfrac{2}{3}$，$b=-\dfrac{1}{6}$，在$x=1$处取得极小值，在$x=2$处取得极大值。

4. (1) 最大值$y(\pm 2)=13$，最小值$y(\pm 1)=4$。

(2) 最大值$y(4)=6$，最小值$y(0)=0$。

(3) 最大值$y(4)=\dfrac{3}{5}$，最小值$y(0)=-1$。

(4) 最大值$y\left(-\dfrac{\pi}{2}\right)=\dfrac{\pi}{2}$，最小值$y\left(\dfrac{\pi}{2}\right)=-\dfrac{\pi}{2}$。

(5) 最大值 $y(2)=\ln 5$,最小值 $y(0)=0$。

5. $\dfrac{a}{6}$

6. 略

习题 3－4

1. $Q=40$

2. $Q=3$,$\overline{C}=6$

3. $Q=40$

4. $Q=250$,$L=425$

5. $Q=300$

习题 3－5

1. (1) 在 $\left(-\infty,\dfrac{5}{3}\right)$ 上是凸的,在 $\left(\dfrac{5}{3},+\infty\right)$ 上是凹的,拐点 $\left(\dfrac{5}{3},-\dfrac{250}{27}\right)$。

(2) 在 $(-\infty,0)$ 上是凸的,在 $(0,+\infty)$ 上是凹的,拐点 $(0,0)$。

(3) 在 $(-\infty,-2)$ 上是凸的,在 $(-2,+\infty)$ 上是凹的,拐点 $\left(-2,-\dfrac{2}{e^2}\right)$。

(4) 在 $(-\infty,-1)$、$(1,+\infty)$ 上是凸的,在 $(-1,1)$ 上是凹的,拐点 $(\pm 1,\ln 2)$。

(5) 在 $(-\infty,+\infty)$ 上是凹的。

(6) 在 $\left(-\infty,-\dfrac{\sqrt{3}}{3}\right)$、$\left(\dfrac{\sqrt{3}}{3},+\infty\right)$ 上是凹的, 在 $\left(-\dfrac{\sqrt{3}}{3},\dfrac{\sqrt{3}}{3}\right)$ 上是凸的,拐

点 $\left(\pm\dfrac{\sqrt{3}}{3},\dfrac{3}{4}\right)$。

2. $a=3$,$b=-9$,$c=8$。

3. (1) $x=-2$ 垂直渐近线,$y=0$ 水平渐近线。

(2) $x=2$ 垂直渐近线,$y=1$ 水平渐近线。

(3) $x=-1$ 垂直渐近线,$y=0$ 水平渐近线。

(4) $x=0$ 垂直渐近线。

4. (1) 在 $\left(-\infty,-\dfrac{1}{3}\right)$、$(1,+\infty)$ 内单调增加,在 $\left(-\dfrac{1}{3},1\right)$ 内单调减少;在

365

$\left(-\infty, \dfrac{1}{3}\right)$ 上是凸的，在 $\left(\dfrac{1}{3},+\infty\right)$ 是凹的；极大值 $f\left(-\dfrac{1}{3}\right)=\dfrac{32}{27}$，极小

值 $f(1)=0$；拐点 $\left(\dfrac{1}{3}, \dfrac{16}{27}\right)$。

(2) 在 $(0,1)$ 内单调减少，在 $(1,+\infty)$ 内单调增加；在 $\left(0, \dfrac{3}{2}\right)$ 上是凹的，在

$\left(\dfrac{3}{2},+\infty\right)$ 上是凸的；极小值 $f(1)=0$；拐点 $\left(\dfrac{3}{2}, \dfrac{1}{9}\right)$；$x=0$ 是垂直渐近

线，$y=1$ 是水平渐近线。

(3) 关于原点对称；在 $(0,1)$ 内单调增加，在 $(1,+\infty)$ 内单调减少；在 $(0,$

$\sqrt{3})$ 上是凸的，在 $(\sqrt{3},+\infty)$ 上是凹的；极大值 $f(1)=\dfrac{1}{2}$；拐点 $(0,0)$，

$\left(\sqrt{3}, \dfrac{\sqrt{3}}{4}\right)$；$y=0$ 是水平渐近线。

(4) 在 $(-\infty,1)$ 内单调增加，在 $(1,+\infty)$ 内单调减少；在 $(-\infty,2)$ 上是凸

的，在 $(2,+\infty)$ 上是凹的，$f(1)=\dfrac{1}{e}$ 是极大值；拐点 $\left(2, \dfrac{2}{e^2}\right)$；$y=0$ 是水

平渐近线。

复习题三

1. (1) c　(2) c　(3) c　(4) d　(5) b

2. (1) $\dfrac{a+b}{2}$　(2) 1　(3) $x=-1, x=3, \left(1,-\dfrac{11}{9}\right)$　(4) 凸的　(5) $y=1$

(6) 148

3. (1) $-\dfrac{1}{6}$　(2) $\dfrac{1}{2}$　(3) 0　(4) 1　(5) $\dfrac{1}{2}$　(6) 1　(7) 1　(8) 1

4. 略

5. 在 $\left(-\dfrac{1}{\sqrt{2}}, \dfrac{1}{\sqrt{2}}\right)$ 上单调增加，在 $\left(-1,-\dfrac{1}{\sqrt{2}}\right)$、$\left(\dfrac{1}{\sqrt{2}}, 1\right)$ 上单调减少；极小值

$y\left(-\dfrac{1}{\sqrt{2}}\right)=-\dfrac{1}{2}$，极大值 $y\left(\dfrac{1}{\sqrt{2}}\right)=\dfrac{1}{2}$。

6. $a=2$，极大值 $f\left(\dfrac{\pi}{3}\right)=\sqrt{3}$。

7. 在 $(-\infty, 0)$、$\left(\dfrac{2}{3}, +\infty\right)$ 上是凹的，在 $\left(0, \dfrac{2}{3}\right)$ 上是凸的；拐点 $(0,$

$1)$，$\left(\dfrac{2}{3}, \dfrac{11}{27}\right)$。

8. $r = \sqrt[3]{\dfrac{150}{\pi}}$，$h = 2\sqrt[3]{\dfrac{150}{\pi}}$

第四章　不定积分

习题 4-1

1. (1) $16x$，$16x+C$　(2) x^5，x^5+C　(3) $-\cos x$，$-\cos x+C$

(4) $\arcsin x$，$\arcsin x+C$

2. (1) $\dfrac{1}{8}x^8+C$　(2) $\dfrac{4}{19}x^{\frac{19}{4}}+C$　(3) $-2x^{-\frac{1}{2}}+C$　(4) $\dfrac{(5e)^x}{\ln 5+1}+C$

(5) $\tan\theta+C$　(6) $\sec x+C$

3. 略

习题 4-2

1. (1) $\sin x^2$　(2) $\sec x+C$　(3) $e^x(3x^2+x^3)$　(4) $\cos x+C$　(5) $\cos\dfrac{x}{2}$

2. (1) $\ln|x|+3e^x+\tan x+C$　(2) $2x^{\frac{3}{2}}+\dfrac{1}{x}+C$

(3) $\ln|x|-\dfrac{2}{x}-\dfrac{3}{2x^2}+C$　(4) $-\dfrac{1}{x}+\tan x+\dfrac{2}{3}\sqrt{x}+C$

(5) $\dfrac{2}{5}x^{\frac{5}{2}}-\dfrac{1}{2}x^2+C$　(6) $\dfrac{1}{2}x^2-3x+3\ln|x|+\dfrac{1}{x}+C$

(7) $\dfrac{4}{5}x^{\frac{5}{4}}-\dfrac{12}{17}x^{\frac{17}{12}}+4x^{\frac{3}{4}}+C$　(8) $9x-2x^3+\dfrac{1}{5}x^5+C$

(9) $x+2\arctan x+C$　(10) $2x-\dfrac{5}{\ln\frac{3}{2}}\left(\dfrac{2}{3}\right)^x+C$

(11) $\dfrac{4^x}{\ln 4}+\dfrac{2\cdot 6^x}{\ln 6}+\dfrac{9^x}{\ln 9}+C$　(12) e^x-x+C

(13) $\dfrac{1}{2}\sin x+\dfrac{1}{2}x+C$ (14) $-\cot x-x+C$

(15) $\sin x+\cos x+C$ (16) $\sin x-\cos x+C$

(17) $\arctan x+\ln|x|+C$ (18) $-\dfrac{1}{x}-\arctan x+C$

3. $R(Q)=100Q-0.005Q^2$

4. $y=x^3-\ln|x|$

5. $S(t)=t^4+t^3+t+2$

习题 4-3

1. (1) $-\dfrac{1}{3}$, $-\dfrac{1}{9}\cos^3 3x+C$ (2) $\dfrac{1}{2}$, $-\dfrac{1}{2}(x^2+1)^{-1}+C$

(3) -1 , $-\dfrac{1}{2}(e^{-\frac{x^2}{2}}+1)^2+C$ (4) $-\cot x\csc x+C$

2. (1) $\dfrac{1}{153}(3x-2)^{51}+C$ (2) $\dfrac{1}{2}e^{2x-3}+C$

(3) $-\dfrac{2}{5}\sqrt{2-5x}+C$ (4) $\dfrac{1}{3}\sin(3x-5)+C$

(5) $-e^{\cos x}+C$ (6) $-\dfrac{1}{3}\ln|2-3\sin x|+C$

(7) $\dfrac{1}{3}\cos^3 x-\cos x+C$ (8) $-\dfrac{2}{3}\cos^3 x+C$

(9) $\dfrac{1}{2}e^{x^2}+C$ (10) $\dfrac{1}{2}\ln(x^2+1)+C$

(11) $\dfrac{1}{3}(x^2+1)^{\frac{3}{2}}+C$ (12) $-\dfrac{1}{2}\cot(x^2+1)+C$

(13) $\dfrac{1}{2}\ln|x^2+4|-\dfrac{1}{2}\arctan\dfrac{x}{2}+C$ (14) $\dfrac{1}{2}\arcsin\dfrac{2x}{3}+\dfrac{1}{4}\sqrt{9-4x^2}+C$

3. (1) $-\cos e^x+C$ (2) $\sqrt{3+2e^x}+C$

(3) $\dfrac{1}{3}\ln(3e^x+1)+C$ (4) $\arctan e^x+C$

(5) $\dfrac{1}{3}(\arctan x)^3+C$ (6) $-\dfrac{1}{2\ln 10}10^{2\arccos x}+C$

(7) $\ln|\tan x+1|+C$ (8) $\dfrac{1}{4}\tan^4 x+C$

(9) $\dfrac{1}{3}\sec^2 x - \sec x + C$

(10) $\sin x - \dfrac{1}{3}\sin^3 x + C$

4. (1) $\dfrac{2}{3}(\ln x)^{\frac{3}{2}} + C$

(2) $\ln|\ln x| + C$

(3) $\arctan \ln x + C$

(4) $\ln\left|\cos\dfrac{1}{x}\right| + C$

(5) $-\dfrac{1}{x\ln x} + C$

(6) $2\sin\sqrt{x} + C$

(7) $-\dfrac{1}{5}\sqrt{2 - x^{10}} + C$

(8) $\dfrac{1}{8}\sqrt[3]{(3x^4 + 1)^2} + C$

(9) $\dfrac{\sqrt{2}}{4}\ln\left|\dfrac{x - 2 - \sqrt{2}}{x - 2 + \sqrt{2}}\right| + C$

(10) $\dfrac{1}{4}\ln\left|\dfrac{x - 1}{x + 3}\right| + C$

(11) $\dfrac{1}{2}\ln\left|\dfrac{x}{x + 2}\right| + C$

(12) $\ln(x^2 + 6x + 12) - 2\sqrt{3}\arctan\dfrac{\sqrt{3}(x + 3)}{3} + C$

5. (1) $\dfrac{2}{3}(x - 2)^{\frac{3}{2}} + 4(x - 2)^{\frac{1}{2}} + C$

(2) $\dfrac{2}{5}(x + 1)^{\frac{5}{2}} - \dfrac{2}{3}(x + 1)^{\frac{3}{2}} + C$

(3) $\dfrac{2}{3}\sqrt{3x} - \dfrac{2}{3}\ln(\sqrt{3x} + 1) + C$

(4) $\sqrt{2x - 3} - \ln(\sqrt{2x - 3} + 1) + C$

(5) $2x^{\frac{1}{2}} - 3x^{\frac{1}{3}} + 6x^{\frac{1}{6}} - 6\ln(x^{\frac{1}{6}} + 1) + C$

(6) $\ln\dfrac{\sqrt{1 + e^x} - 1}{\sqrt{1 + e^x} + 1} + C$

(7) $\dfrac{x}{\sqrt{1 - x^2}} + C$

(8) $\dfrac{\sqrt{x^2 - 4}}{4x} + C$

习题 4-4

1. (1) $x e^x + C$ (2) $x\sin x + \cos x + C$ (3) $2x\sin\dfrac{x}{2} + 4\cos\dfrac{x}{2} + C$

(4) $\left(\dfrac{1}{2}x-\dfrac{1}{4}\right)e^{2x}+C$　(5) $-\dfrac{1}{2}x\cos 2x+\dfrac{1}{4}\sin 2x-2\cos 2x+C$

(6) $-e^{-x}(x^2+2x+2)+C$

2. (1) $x\ln\dfrac{x}{2}-x+C$ 　　　　　 (2) $-\dfrac{1}{x}\ln x-\dfrac{1}{x}+C$

(3) $x\arcsin x+(1-x^2)^{\frac{1}{2}}+C$ 　(4) $x\,\mathrm{arccot}\,x+\dfrac{1}{2}\ln(1+x^2)+C$

(5) $x\ln(x^2+1)-2x+2\arctan x+C$

(6) $\dfrac{1}{2}(x^2+1)\arctan x-\dfrac{x}{2}+C$

3. (1) $x\tan x+\ln|\cos x|+C$ 　　(2) $\dfrac{1}{2}(\ln\ln x)^2+C$

(3) $\dfrac{1}{2}e^x(\sin x+\cos x)+C$ 　(4) $\dfrac{1}{2}(\sec x\tan x+\ln|\sec x+\tan x|+C)$

4. (1) $2\sqrt{x}\,e^{\sqrt{x}}-2e^{\sqrt{x}}+C$

(2) $-2\sqrt{x}\cos\sqrt{x}+2\sin\sqrt{x}+C$

(3) $e^x\arctan e^x-\dfrac{1}{2}\ln(e^{2x}+1)+C$

(4) $\ln x[\ln(\ln x)-1]+C$

复习题四

1. (1) c 　(2) b 　(3) d 　(4) b 　(5) d 　(6) d 　(7) a 　(8) d 　(9) a 　(10) b

2. (1) $2\sqrt{x}$, $-\dfrac{1}{2}$ 　(2) $\sin x$, $\dfrac{1}{3}\sin^3 x+C$

(3) $\cos x^2$ 　(4) x^3+C

(5) $-\dfrac{1}{3}$, $-\dfrac{1}{3}\ln|2-3x|+C$

(6) $\dfrac{2}{3}$, $\dfrac{1}{3}(3\sqrt{x}+5)^2+C$

(7) $\ln 3x$, $\dfrac{1}{2}(\ln 3x)^2+C$

(8) $-\dfrac{1}{2}$, $-\dfrac{1}{2}e^{-2x}\left(x+\dfrac{1}{2}\right)+C$

(9) $\arctan e^x+C$ 　(10) $-2x^{-2}+C$

3. (1) $\dfrac{1}{3}x^3-\dfrac{3}{2}x^2+9x-27\ln|3+x|+C$

(2) $\ln |x| - \ln |1+x| + C$

(3) $\ln |\sin x| - \ln |\cos x| + C$

(4) $\tan x + \dfrac{2}{3} \tan^3 x + \dfrac{1}{5} \tan^5 x + C$

4. (1) $-\dfrac{2}{5} \sqrt{2-5x} + C$ (2) $\dfrac{\sqrt{6}}{6} \arctan \dfrac{\sqrt{6}}{2} x + C$

(3) $-\dfrac{1}{2} e^{-x^2} + C$ (4) $-\dfrac{1}{\ln x}$

(5) $-\dfrac{2}{3} \sqrt{\cos^3 x} + C$ (6) $-\dfrac{1}{2} \ln |1 - 2\sin x| + C$

(7) $-2\left[4(2-x)^{\frac{1}{2}} - \dfrac{4}{3}(2-x)^{\frac{3}{2}} + \dfrac{1}{5}(2-x)^{\frac{5}{2}} \right] + C$

(8) $2\arctan \sqrt{x} + C$

(9) $-\dfrac{\sqrt{1-x^2}}{x} + C$

(10) $\arccos \dfrac{1}{x} + C$

5. (1) $-x^2 \cos x + 2x \sin x + 2\cos x + C$

(2) $xe^x - 2e^x + C$

(3) $\dfrac{1}{3} x^3 \ln x - \dfrac{1}{9} x^3 + C$

(4) $x \arccos x - \sqrt{1-x^2} + C$

(5) $-x \cot x + \ln |\sin x| + C$

(6) $\dfrac{1}{5} e^x (\sin 2x - 2\cos 2x) + C$

(7) $-\sqrt{1-x^2} \arccos x - x + C$

(8) $x \ln (x - \sqrt{1+x^2}) + \sqrt{1+x^2} + C$

第五章　定积分及其应用

习题 5－1

1. $\displaystyle\int_a^b (x^2 + 1)\,\mathrm{d}x$

2. $\displaystyle\int_0^{24}(4t-0.8t^2)\mathrm{d}t$

3. 略

习题 5-2

1. (1) $\displaystyle\int_0^1 x\,\mathrm{d}x>\int_0^1 x^2\,\mathrm{d}x$ 　　　　(2) $\displaystyle\int_1^2 x\,\mathrm{d}x<\int_1^2 x^2\,\mathrm{d}x$

(3) $\displaystyle\int_0^{\frac{\pi}{2}} x\,\mathrm{d}x>\int_0^{\frac{\pi}{2}}\sin x\,\mathrm{d}x$ 　　(4) $\displaystyle\int_0^1 \mathrm{e}^x\,\mathrm{d}x>\int_0^1 \mathrm{e}^{x^2}\,\mathrm{d}x$

2. (1) $1<\displaystyle\int_0^1 \mathrm{e}^x\,\mathrm{d}x<\mathrm{e}$ 　　　　(2) $0\leqslant\displaystyle\int_1^2(2x^3-x^4)\mathrm{d}x\leqslant\dfrac{27}{16}$

(3) $\dfrac{2}{\sqrt[4]{\mathrm{e}}}\leqslant\displaystyle\int_0^2 \mathrm{e}^{x^2-x}\,\mathrm{d}x\leqslant 2\mathrm{e}^2$ 　　(4) $\dfrac{1}{2}\pi\leqslant\displaystyle\int_0^{\pi}\dfrac{1}{1+\sin x}\mathrm{d}x\leqslant\pi$

习题 5 - 3

1. (1) $\dfrac{1}{5}$ 　(2) $-\sqrt{2}$ 　(3) $\dfrac{3x^2}{1+x^9}-\dfrac{2x}{1+x^6}$ 　(4) $\dfrac{\mathrm{d}y}{\mathrm{d}x}=4x^3-\sin 2x$

(5) $\dfrac{\mathrm{d}y}{\mathrm{d}x}=-\dfrac{\cos x}{\mathrm{e}^y}$

2. (1) $\dfrac{1}{2}$ 　(2) $\dfrac{1}{3}$ 　(3) $\dfrac{3}{2}$ 　(4) $\dfrac{1}{2\mathrm{e}}$

3. (1) 0 　(2) $\dfrac{1}{3}$ 　(3) $\dfrac{\pi}{12}$ 　(4) $\dfrac{\pi}{3}$ 　(5) $\ln 2$ 　(6) $\dfrac{1}{2}$ 　(7) $\dfrac{15}{8}$ 　(8) $\dfrac{1}{12}$

(9) 1 　(10) 1 　(11) 1 　(12) 13

4. $\dfrac{11}{3}+\mathrm{e}$

习题 5 - 4

1. (1) 0 　(2) $\dfrac{7}{72}$ 　(3) $\dfrac{1}{2}\ln 2$ 　(4) $\dfrac{1}{3}$ 　(5) $\mathrm{e}-\sqrt{\mathrm{e}}$ 　(6) $2(\sqrt{2}-1)$ 　(7) 1

(8) $\dfrac{1}{7}$ 　(9) $\dfrac{4}{3}$ 　(10) $2\sqrt{2}$ 　(11) $\arctan \mathrm{e}-\dfrac{\pi}{4}$ 　(12) $\dfrac{\pi^2}{32}$

2. (1) $2(2-\ln 3)$ 　(2) $\dfrac{5}{3}$ 　(3) $1-2\ln 2$ 　(4) $-\dfrac{4}{3}$ 　(5) $-\ln(\sqrt{6}-\sqrt{3})$

(6) $\dfrac{\pi}{32}$ (7) $\dfrac{1}{2}\left(\dfrac{\pi}{4}-\dfrac{1}{2}\right)$ (8) $\sqrt{3}-\dfrac{\pi}{3}$

3. (1) 0   (2) $\dfrac{\pi}{2}$ (3) $\dfrac{62}{5}$ (4) $2\sqrt{3}$ (5) 0   (6) $\dfrac{\pi}{8}$

习题 5-5

1. (1) 1   (2) 1   (3) $1-\dfrac{2}{e}$ (4) $\dfrac{\pi}{8}-\dfrac{1}{4}$

2. (1) 1   (2) 1   (3) $2\left(1-\dfrac{1}{e}\right)$ (4) $\dfrac{1}{9}(2e^3-1)$ (5) $\dfrac{\pi}{4}-\dfrac{1}{2}$ (6) $\dfrac{\sqrt{3}\pi}{12}+\dfrac{1}{2}$

3. (1) $\dfrac{1}{2}(e^{\frac{\pi}{2}}+1)$ (2) $\dfrac{1}{2}(e^{-\frac{\pi}{2}}+1)$ (3) $\dfrac{1}{5}(e^\pi-2)$ (4) $2(e^{\frac{\pi}{2}}+1)$

4. (1) π^2-4 (2) $2e^2$ (3) $\dfrac{1}{4}(1-\ln 2)$ (4) $\dfrac{\pi}{4}$ (5) π^2

   (6) $\dfrac{1}{2}(e\sin 1-e\cos 1+1)$

习题 5-6

1. (1) $\dfrac{\pi}{2}$ (2) $\dfrac{1}{2}\ln 2$ (3) 1   (4) $\dfrac{8}{3}$

2. (1) 发散   (2) 2   (3) 2   (4) $\dfrac{1}{2}$

习题 5-7

1. (1) $\dfrac{14}{3}$ (2) $\dfrac{10}{3}$ (3) $\dfrac{32}{3}$ (4) 1

2. $\dfrac{5}{6}$

3. $\dfrac{16}{3}$

4. π

5. $\dfrac{3\pi}{2}$

6. (1) $\dfrac{15}{2}\pi$ (2) $\dfrac{128}{7}\pi$ (3) $\dfrac{11}{6}\pi$

7. (1) $\dfrac{24}{5}\pi$　(2) 2π

8. (1) $15Q-0.1Q^2+12.5$，$20Q-0.2Q^2$　(2) 15(元/件)

9. $\dfrac{1}{3}Q^3-2Q^2+50Q+40$

10. (1) 9 987.5　(2) 19 850

11. (1) $80-12Q+0.2Q^2$　(2) $32Q-0.2Q^2-80,80$

12. 40

复习题五

1. (1) b　(2) b　(3) c　(4) a　(5) c

2. (1) 2　(2) 3　(3) $f(\xi)(b-a)$　(4) $3\displaystyle\int_2^3 u\,\mathrm{d}u$

3. (1) $3(e-1)$　(2) $1-\dfrac{3}{4}\pi$　(3) $\dfrac{1}{3}$　(4) 12　(5) $\dfrac{1}{2}$　(6) $\dfrac{22}{3}$　(7) $6-2e$

(8) $2(\sin 1-\cos 1)$　(9) $\dfrac{\pi}{2}$　(10) 1　(11) $\dfrac{\pi}{16}$　(12) $\dfrac{4}{3}$

4. $M=0$，$m=-\dfrac{32}{3}$

5. $\dfrac{4}{3}$

6. $A_1=2-\dfrac{\pi}{4}$，$A_2=\dfrac{5\pi}{4}-2$

7. $\dfrac{\pi}{7}$

8. $\dfrac{25}{3}\pi$

9. $R(40)=2\,400$(元)，平均收入为 60(元)，$\Delta R=100$(元)

10. $Q=300$ 时 $\overline{C}(Q)$ 最小。

第六章　多元函数微积分

习题 6-1

1. (1) 在 x 轴上　(2) 在 y 轴上　(3) 在 yOz 坐标面上　(4) 在 xOz 坐标

面上

2. (1) Ⅳ (2) Ⅴ (3) Ⅲ (4) Ⅵ

3. (1) $\sqrt{6}$, $\sqrt{6}$ (2) $(1, 1, -2)$ (3) $(1, -1, -2)$

4. $(0, 6, 0)$

5. 略

6. $4x - 6y + 8z - 3 = 0$

7. $x^2 + y^2 + z^2 - 2x - 6y + 4z = 0$ 或 $(x-1)^2 + (y-3)^2 + (z+2)^2 = 14$

习题 6-2

1. (1) $\{(x, y) \mid y \leqslant x\}$ (2) $\{(x, y) \mid x + y + 2 > 0\}$

　　(3) $\{(x, y) \mid y \neq x\}$ (4) $\{(x, y) \mid x^2 + y^2 \leqslant 9 \text{ 且 } y < x^2\}$（图略）

2. $3e^{-1}$, 1

3. $\dfrac{xy}{x^2 + y^2}$

4. (1) 0 (2) 1 (3) $-\dfrac{1}{4}$ (4) 2

习题 6-3

1. (1) $f'_x(1, 2) = 10$, $f'_y(1, 2) = 9$ (2) $f'_x(1, -1) = \dfrac{1}{2}$, $f'_y(1, -1) = -\dfrac{1}{2}$

　　(3) $f'_x(3, 4) = \dfrac{2}{5}$, $f'_y(3, 4) = \dfrac{1}{5}$

2. (1) $z'_x = 4x^3 - 3x^2 y^2 + 12x^3 y^3$, $z'_y = -2x^3 y + 9x^4 y^2$

　　(2) $z'_x = 2(x - 2y)$, $z'_y = -4(x - 2y)$

　　(3) $z'_x = \dfrac{2x}{y}$, $z'_y = -\dfrac{x^2}{y^2}$

　　(4) $z'_x = y - \dfrac{y^2}{x}$, $z'_y = x - 2y \ln x$

　　(5) $z'_x = -\dfrac{2}{(2x - y)^2}$, $z'_y = \dfrac{1}{(2x - y)^2}$

　　(6) $z'_x = \dfrac{1}{2\sqrt{x}} \sin \dfrac{y}{x} - \dfrac{\sqrt{x}\, y}{x^2} \cos \dfrac{y}{x}$, $z'_y = \dfrac{\sqrt{x}}{x} \cos \dfrac{y}{x}$

(7) $z'_x = e^{x+y}[\cos (x-y) - \sin (x-y)]$,

$z'_y = e^{x+y}[\cos (x-y) + \sin (x-y)]$

(8) $z'_x = \dfrac{x}{\sqrt{x^2+y^2}}$, $z'_y = \dfrac{y}{\sqrt{x^2+y^2}}$

(9) $u'_x = 2x \cos (x^2 + y^2 + z^2)$

$u'_y = 2y \cos (x^2 + y^2 + z^2)$

$u'_z = 2z \cos (x^2 + y^2 + z^2)$

(10) $u'_x = \dfrac{y x^{\frac{y}{z}}}{xz}$, $u'_y = x^{\frac{y}{z}} \dfrac{\ln x}{z}$, $u'_z = -x^{\frac{y}{z}} \dfrac{y \ln x}{z^2}$

3. 略

4. (1) $z''_{xx} = 2y$, $z''_{yy} = 0$, $z''_{xy} = z''_{yx} = 2x$

(2) $z''_{xx} = 2y^3 - 12x^2$, $z''_{yy} = 6x^2 y$, $z''_{xy} = z''_{yx} = 6xy^2$

(3) $z''_{xx} = 0$, $z''_{yy} = 4x e^{2y}$, $z''_{xy} = z''_{yx} = 2e^{2y}$

(4) $z''_{xx} = -\dfrac{1}{(x+3y)^2}$, $z''_{yy} = -\dfrac{9}{(x+3y)^2}$, $z''_{xy} = z''_{yx} = -\dfrac{3}{(x+3y)^2}$

(5) $z''_{xx} = -4\cos (2x-y)$, $z''_{yy} = -\cos (2x-y)$,

$z''_{xy} = z''_{yx} = 2\cos (2x-y)$

(6) $z''_{xx} = y^2 e^{xy}$, $z''_{yy} = x^2 e^{xy}$, $z''_{xy} = z''_{yx} = (1+xy)e^{xy}$

5. (1) $C'_x (x, y) = 2x \ln (y+10)$, $C'_y (x, y) = \dfrac{x^2}{y+10}$

(2) $C'_x (x, y) = 3x^2 - y$, $C'_y (x, y) = 4y - x$

6. $L'_x (x, y) \approx 8 - 0.06x - 0.01y$, $L'_y (x, y) = 6 - 0.01x - 0.06y$

习题 6－4

1. $\Delta z = 0.071$, $dz \Big|_{\substack{x=2 \\ y=1}} = 0.075$

2. $\Delta z = -0.204$, $dz \Big|_{\substack{x=2 \\ y=-1}} = -0.2$

3. (1) $dz = (3x^2 - 3y^2)dx + (6y^2 - 6xy)dy$

(2) $dz = \dfrac{2x}{y}dx - \dfrac{x^2}{y^2}dy$

(3) $dz = 2x e^y dx + x^2 e^y dy$

(4) $dz = \dfrac{4xy^2}{(x^2+y^2)^2}dx - \dfrac{4yx^2}{(x^2+y^2)^2}dy$

(5) $dz = ye^{xy}dx + xe^{xy}dy$

(6) $dz = \dfrac{2x}{x^2-y^2}dx - \dfrac{2y}{x^2-y^2}dy$

(7) $dz = [\cos(x-y) - x\sin(x-y)]dx + x\sin(x-y)dy$

(8) $dz = -\dfrac{y}{x^2}\sec^2\dfrac{y}{x}dx + \dfrac{1}{x}\sec^2\dfrac{y}{x}dy$

(9) $du = yzx^{yz-1}dx + zx^{yz}\ln x\,dy + yx^{yz}\ln x\,dy$

(10) $du = \dfrac{x}{\sqrt{x^2+y^2-3z^2}}dx + \dfrac{y}{\sqrt{x^2+y^2-2z^2}}dy - \dfrac{3z}{\sqrt{x^2+y^2-3z^2}}dz$

4. 2.95

5. 1.08

习题 6-5

1. (1) $\dfrac{\partial z}{\partial x} = 3x^2\sin y\cos^2 y$, $\dfrac{\partial z}{\partial y} = -2x^3\sin^2 y\cos y + x^3\cos^3 y$

(2) $\dfrac{\partial z}{\partial x} = xe^{x^3-y^3}(2+3x^3+3xy^2)$, $\dfrac{\partial z}{\partial y} = ye^{x^3-y^3}(2-3x^2y-3y^3)$

(3) $\dfrac{\partial z}{\partial x} = \dfrac{2(x-2y)(x+3y)}{(y+2x)^2}$, $\dfrac{\partial z}{\partial y} = (2y-x)(9x+2y)/(y+2x)^2$

(4) $\dfrac{\partial z}{\partial x} = (x^2+y^2)^{xy}\left[y\ln(x^2+y^2) + \dfrac{2x^2y}{x^2+y^2}\right]$

$\dfrac{\partial u}{\partial y} = (x^2+y^2)^{xy}\left[x\ln(x^2+y^2) + \dfrac{2xy^2}{x^2+y^2}\right]$

(5) $\dfrac{dz}{dt} = -\dfrac{1+2t^2\cos t}{t(1+2t\cos t)}$

(6) $\dfrac{3-12t^2}{\sqrt{1-(3t-4t^3)^2}}$

(7) $\dfrac{dz}{dx} = \dfrac{2x^2+2x-1}{(x^2+x+1)^2}$

(8) $\dfrac{dz}{dt} = \left(3 - \dfrac{4}{t^3} - \dfrac{1}{2\sqrt{t}}\right)\cdot\sec^2\left(3t + \dfrac{2}{t^2} - \sqrt{t}\right)$

2. (1) $\dfrac{dy}{dx}=\dfrac{\sin(x-y)-2}{\sin(x-y)-1}$　(2) $\dfrac{dy}{dx}=\dfrac{y^2-e^x}{\cos y-2xy}$

(3) $\dfrac{dy}{dx}=\dfrac{yx^{y-1}}{2-x^y\ln x}$　(4) $\dfrac{\partial z}{\partial x}=\dfrac{yz}{e^z-xy},\dfrac{\partial z}{\partial y}=\dfrac{xz}{e^z-xy}$

(5) $\dfrac{\partial z}{\partial x}=\dfrac{yz-\sqrt{xyz}}{2\sqrt{xyz}-xy},\dfrac{\partial z}{\partial x}=\dfrac{xz-2\sqrt{xyz}}{2\sqrt{xyz}-xy}$

(6) $\dfrac{\partial z}{\partial x}=-\dfrac{c^2x}{a^2z},\dfrac{\partial z}{\partial y}=-\dfrac{c^2y}{b^2z}$

3. 略。

4. (1) $\dfrac{dy}{dx}\Big|_{x=0}=e-e^2$　(2) $\dfrac{dy}{dx}\Big|_{x=0}=-\dfrac{1}{e}$　(3) $\dfrac{zz}{zx}\Big|_{\substack{x=0\\y=0}}=0$

5. 略

6. (1) $Z''_{xx}=y^2f''_{11}$, $Z''_{xy}=f'_1+y(xf''_{11}+f''_{12})$, $Z''_{yy}=x^2f''_{11}+2xf''_{12}+f''_{22}$

(2) $Z''_{xx}=y^4f''_{11}+4xy^3f''_{12}+4x^2y^2f''_{22}+2yf'_2$

$Z''_{xy}=2xy^3f''_{11}+5x^2y^2f''_{12}+2x^3yf''_{22}+2yf'_1+2xf'_2$

$Z''_{yy}=4x^2y^2f''_{11}+4x^3yf''_{12}+x^4f''_{22}+2xf'_1$

7. $\dfrac{\partial z}{\partial x}=-\dfrac{F'_u+2xF'_v}{F'_u+2zF'_v},\dfrac{\partial z}{\partial y}=-\dfrac{F'_u+2yF'_v}{F'_u+2zF'_v}$

习题 6-6

1. (1) 极大值 $f(0,0)=4$　(2) 极小值 $f(-4,1)=-1$

(3) 无极值　(4) 极大值 $f(2,-2)=8$

2. $x=3$，$y=4$，最小成本为 36。

3. 侧面墙长为 18 米，正面墙长为 12 米，最少材料费为 360 元。

4. 当短形的宽与长分别为 $\dfrac{1}{3}p$、$\dfrac{2}{3}p$ 时，绕 $X=\dfrac{1}{3}p$ 旋转所得圆柱的体积最大。

5. A 原料 100 吨，B 原料 25 吨，最大产量 1 250 吨。

6. 广告费用分别为 15 万元和 10 万元时，可使利润最大。

习题 6-7

1. $V=\displaystyle\iint_D 5dx\,dy$，其中积分区域 D 为矩形区域。$0\leqslant x\leqslant 2$, $0\leqslant y\leqslant 2$, $V=$

$$\iint\limits_{D} 5\,\mathrm{d}x\,\mathrm{d}y = 20$$

2. $V = \iint\limits_{D}\sqrt{4-x^2-y^2}\,\mathrm{d}x\,\mathrm{d}y = \dfrac{32}{3}\pi$

3. $I_1 > I_2$

习题 6－8

1. (1) $\dfrac{1}{2}$　(2) $\dfrac{1}{e}$　(3) 2　(4) $\ln\dfrac{4}{3}$　(5) $\dfrac{76}{3}$　(6) $\dfrac{5}{6}$　(7) $\dfrac{1}{12}$　(8) $\dfrac{9}{4}$

2. (1) $\displaystyle\int_0^1 \mathrm{d}y \int_{\sqrt{y}}^{\sqrt[3]{y}} f(x,y)\,\mathrm{d}x$　(2) $\displaystyle\int_0^1 \mathrm{d}x \int_x^1 f(x,y)\,\mathrm{d}y$

(3) $\displaystyle\int_1^2 \mathrm{d}x \int_1^{\sqrt{x}} f(x,y)\,\mathrm{d}y + \int_2^4 \mathrm{d}x \int_{\frac{1}{2}x}^{\sqrt{x}} f(x,y)\,\mathrm{d}y$

(4) $\displaystyle\int_0^1 \mathrm{d}y \int_{e^y}^{e} f(x,y)\,\mathrm{d}x$　(5) $\displaystyle\int_0^1 \mathrm{d}y \int_y^{2-y} f(x,y)\,\mathrm{d}x$

3. (1) $\dfrac{8}{3}$　(2) $\dfrac{2\pi a^3}{3}$　(3) $\pi(e-1)$　(4) $-6\pi^2$　(5) $\dfrac{7}{12}\pi$　(6) 0　(7) $\dfrac{2}{3}$

复 习 题 六

1. (1) b　(2) c　(3) c　(4) d　(5) b　(6) b

2. (1) $(2,-3,-1)$　(2) $\{(x,y)\mid x+y>0\ \text{且}\ x+y\neq1\}$

(3) x 轴　(4) $-x^2\sin(x^2 y)$　(5) 1

(6) $\displaystyle\int_0^{2\pi} \mathrm{d}\theta \int_0^2 f(r\cos\theta, r\sin\theta) r\,\mathrm{d}r$

3. (1) $z_x' = \sin(x-y) + (x+y)\cos(x-y)$

$\quad z_y' = \sin(x-y) - (x+y)\cos(x-y)$

(2) $z_x' = \dfrac{e^{xy}(ye^x + ye^y - e^x)}{(e^x + e^y)^2}$, $z_y' = \dfrac{e^{xy}(xe^x + xe^y - e^y)}{(e^x + e^y)^2}$

4. 略

5. 略

6. $\dfrac{\partial z}{\partial x} = e^{\frac{x}{y}}\left\{\dfrac{1}{x-y}[\ln(x-y)]^{e^{\frac{x}{y}}-1} + \dfrac{1}{y}[\ln(x-y)]^{e^{\frac{x}{y}}}\ln[\ln(x-y)]\right\}$

$\dfrac{\partial z}{\partial y} = -e^{\frac{x}{y}}\left\{\dfrac{1}{x-y}[\ln(x-y)]^{e^{\frac{x}{y}}-1} + \dfrac{x}{y^2}[\ln(x-y)]^{e^{\frac{x}{y}}}\ln[\ln(x-y)]\right\}$

7. $\dfrac{\mathrm{d}z}{\mathrm{d}t} = \left[\mathrm{e}^t \cos \mathrm{e}^t \cos(\ln t) + \dfrac{1}{t} \sin \mathrm{e}^t \cdot \sin(\ln t) \right] \Big/ \cos^2(\ln t)$

8. 略

9. $\mathrm{d}z = \dfrac{y^2 \mathrm{d}x - xy\,\mathrm{d}y}{\sqrt{(x^2+y^2)^3}}$

10. $\mathrm{d}z = -\dfrac{z}{x}\mathrm{d}x + \dfrac{(2xyz-1)z}{(2xz-2xyz+1)y}\mathrm{d}y$

11. 108.9

12. 极小值 $f(0,-1)=-1$

13. 甲厂最优产量 $x=5$(千件)，最小成本为 25(千元)；
乙厂最优产量 $y=3$(千件)，最小成本为 21(千元)。

14. $\dfrac{\pi^2}{4}$

15. $\dfrac{1}{12}$

16. $\pi \mathrm{e}^2(3\mathrm{e}^2-1)$

17. (1) $\displaystyle\int_0^1 \mathrm{d}x \int_{x^2}^x f(x,y)\mathrm{d}y$　(2) $\displaystyle\int_0^1 \mathrm{d}y \int_{\sqrt{y}}^{\sqrt{2-y}} f(x,y)\mathrm{d}x$

第七章　微分方程及其应用

习题 7-1

略

习题 7-2

1. (1) $y^2=2x+C$　(2) $x^2+\dfrac{1}{y}=C$　(3) $\mathrm{e}^y=\mathrm{e}^x+\mathrm{e}-1$

(4) $y\sqrt{x^2+1}=2$

2. (1) $y=x\arcsin\dfrac{x}{C}$　(2) $x^2+2xy=2$

(3) $y=x\mathrm{e}^{1-x}$　(4) $2xy-y^2=C$

3. (1) $y = C e^{\frac{1}{x}}$ (2) $y = \dfrac{e^{2x}}{5} + C e^{-3x}$

(3) $y = x(\ln x + 2)$ (4) $y = (1 + x^2)(x + 1)$

习题 7-3

1. (1) $y = \dfrac{x^4}{12} + C_1 x + C_2$ (2) $y = \dfrac{e^{2x}}{4} + C_1 x + C_2$

2. (1) $y = C_1 \ln x + C_2$ (2) $y = C_1 e^x - \dfrac{x^2}{2} - x + C_2$ (3) $y = \arcsin x$

(4) $y = -\dfrac{1}{2}\ln(2x + C_1) + C_2$ (5) $y = 1 - \dfrac{1}{C_1 x + C_2}$

(6) $y = \tan\left(x + \dfrac{\pi}{4}\right)$

习题 7-4

1. (1) $y = C_1 e^{3x} + C_2 e^{4x}$ (2) $y = C_1 e^{-x} + C_2 e^{-3x}$

(3) $y = (C_1 + C_2 x)e^{-3x}$ (4) $y = (C_1 + C_2 x)e^{\frac{1}{2}x}$

(5) $y = e^{-x}(C_1 \cos x + C_2 \sin x)$ (6) $y = e^{-\frac{x}{2}}(C_1 \cos 2x + C_2 \sin 2x)$

(7) $y = 4 e^x + 2 e^{3x}$ (8) $y = 3 e^{-2x} \sin 5x$

2. (1) $y^* = ax + b$ (2) $y^* = x(ax + b)$ (3) $y^* = a e^x$

(4) $y^* = (ax^2 + bx + c)e^x$ (5) $y^* = a\cos 2x + b\sin 2x$

(6) $y^* = x(a\cos x + b\sin x)$

3. (1) $y = C_1 e^{-x} + C_2 e^{2x} - 2e^x$ (2) $y = C_1 e^{4x} + C_2 - \dfrac{5}{4}x$

(3) $y = C_1 \cos x + C_2 \sin x - \dfrac{1}{2}x\cos x$

(4) $y = \dfrac{1}{16}\sin 2x - \dfrac{1}{8}x\cos 2x$

习题 7-5

1. $y = x^2 + 2$ 　　　　**2.** $y = x - x\ln x$ 　　　　**3.** $L = Q\ln Q + \dfrac{1}{2}Q$

4. $p=\dfrac{3}{4}e^{-8t}+\dfrac{5}{4}$ $p(0.3)\approx1.32$ **5.** $Q=10e^{\frac{Q^3}{3}+\frac{Q^2}{2}}$

复 习 题 七

1. (1) a   (2) c   (3) b

2. (1) 2   (2) $\ln|y|=-e^x+C$ (3) $y=(C_1+C_2x)e^{2x}+y^*$

3. (1) $y=2(1+x^2)$ (2) $1+y^2=C(1-x^2)$

(3) $y=Ce^{\frac{x^3}{3y^3}}$ (4) $y=\dfrac{3}{2}+Ce^{2x}$

(5) $y=\dfrac{1}{x^2+1}\left(\dfrac{4}{3}x^3+C\right)$ (6) $y=\dfrac{C}{x}+\dfrac{1}{3}x^2+\dfrac{3}{2}x+2$

(7) $y=x\arctan x-\dfrac{1}{2}\ln(1+x^2)+C_1x+C_2$

(8) $y=-4e^{-x}+\dfrac{1}{2}x^2-x+5$

(9) $y=4e^x+2e^{2x}$ (10) $y=C_1e^x+C_2e^{2x}+x\left(\dfrac{1}{2}x-1\right)e^{2x}$

4. $m\dfrac{dv}{dt}=-kv$，$v=5e^{-0.025\,5t}$

5. $y=-1.0133e^{-0.003t}+1.0133$

6. $C(Q)=30e^Q-10e^{0.3Q}$

第八章　无穷级数

习题 8-1

1. (1) $u_n=\dfrac{n+1}{n}(n=1,\ 2,\ \cdots)$

(2) $u_n=\dfrac{a^{n+1}}{2n+1}(n=1,\ 2,\ \cdots)$

(3) $u_n=(-1)^{n-1}\dfrac{1}{\sqrt{n(n+1)}}(n=1,\ 2,\ \cdots)$

(4) $u_n=\dfrac{1}{(3n-2)(3n+1)}(n=1,\ 2,\ \cdots)$

2. (1) 发散 (2) 发散 (3) 收敛 (4) 发散

3. (1) 收敛 (2) 收敛 (3) 发散 (4) 发散 (5) 发散

习题 8-2

1. (1) 发散 (2) 收敛 (3) 收敛 (4) 发散 (5) 发散 (6) 收敛 (7) 发散

(8) 收敛

2. (1) 收敛 (2) 收敛 (3) 发散 (4) 收敛 (5) 发散 (6) 收敛 (7) 收敛

(8) 收敛

3. (1) 收敛 (2) 收敛 (3) 发散 (4) 发散

4. 略

习题 8-3

1. (1) 收敛 (2) 收敛 (3) 发散 (4) 收敛 (5) 收敛 (6) 收敛

2. (1) 条件收敛 (2) 条件收敛 (3) 条件收敛 (4) 绝对收敛

(5) 条件收敛 (6) 绝对收敛

习题 8－4

1. (1) $R=0$ (2) $R=\dfrac{1}{2}$ (3) $R=\infty$ (4) $R=\dfrac{1}{4}$

2. (1) $(-1,1]$ (2) $(-\infty,+\infty)$ (3) $(-2,2)$ (4) $[-1,1]$

(5) $[-1,1]$ (6) $[4,6)$

3. (1) $\ln(1+x)$，$(-1,1]$ (2) $\dfrac{1}{2}\ln\dfrac{1+x}{1-x}$，$(-1,1)$

习题 8-5

1. (1) $2^{x}=\displaystyle\sum_{n=0}^{\infty}\dfrac{(\ln 2)^{n}}{n!}x^{n}$，$(-\infty,+\infty)$

(2) $x^{2}\mathrm{e}^{x^{2}}=\displaystyle\sum_{n=0}^{\infty}\dfrac{x^{2n+2}}{n!}$，$(-\infty,+\infty)$

(3) $\ln(2+x)=\ln 2+\displaystyle\sum_{n=0}^{\infty}(-1)^{n}\dfrac{1}{(n+1)2^{n+1}}x^{n+1}$，$(-2,2]$

(4) $x\ln(1+x)=\displaystyle\sum_{n=0}^{\infty}(-1)^{n}\dfrac{x^{n+2}}{(n+1)}$，$(-1,1]$

(5) $\cos^2 x = \dfrac{1}{2} + \displaystyle\sum_{i=0}^{\infty} (-1)^n \dfrac{(2x)^{2n}}{2(2n)!}, \ (-\infty, +\infty)$

(6) $\dfrac{4}{x^2 - 2x - 3} = -\displaystyle\sum_{i=0}^{\infty} \left[\dfrac{1}{3^{n+1}} + (-1)^n \right] x^n, \ (-1, 1)$

2. (1) $\dfrac{1}{x} = \displaystyle\sum_{n=0}^{\infty} (-1)^n (x-1)^n, \ (0, 2)$

(2) $\dfrac{1}{x+1} = \displaystyle\sum_{n=0}^{\infty} (-1)^n \dfrac{(x-1)^n}{2^{n+1}}, \ (-1, 3)$

(3) $e^x = \displaystyle\sum_{n=0}^{\infty} \dfrac{e}{n!} (x-1)^n, \ (-\infty, +\infty)$

(4) $\ln(1+x) = \ln 2 + \displaystyle\sum (-1)^n \dfrac{1}{(n+1) \cdot 2^{n+1}} (x-1)^{n+1}, \ (-1, 3]$

复 习 题 八

1. (1) d (2) c (3) a (4) c (5) b

2. (1) 未必收敛 (2) 0 (3) $\displaystyle\sum_{n=1}^{\infty} (u_n \pm v_n)$ 收敛,和为 $S \pm W$

(4) $\displaystyle\sum_{n=1}^{\infty} k u_n$ 收敛,和为 kS (5) 收敛

3. (1) 发散 (2) 收敛 (3) 发散 (4) 收敛 (5) 发散 (6) 收敛 (7) 收敛
(8) 收敛

4. (1) 绝对收敛 (2) 条件收敛 (3) 绝对收敛 (4) 绝对收敛

5. (1) $R=2, (-2, 2)$ (2) $R=1, [-1, 1]$ (3) $R=\dfrac{1}{2}, \left[-\dfrac{1}{2}, \dfrac{1}{2} \right)$

(4) $R=\dfrac{\sqrt{5}}{2}, \left[-\dfrac{\sqrt{5}}{2}, \dfrac{\sqrt{5}}{2} \right)$

6. $\dfrac{x}{(1-x)^2}, \ (-1, 1)$

7. $\dfrac{1}{4} \displaystyle\sum_{n=1}^{\infty} \left[(-1)^n - \dfrac{1}{3^n} \right] x^n, \ (-1, 1)$

8. $\ln 2 + \displaystyle\sum_{n=1}^{\infty} (-1)^{n-1} \dfrac{(x-2)^n}{n \cdot 2^n}, \ (0, 4]$

9. $\displaystyle\sum_{n=1}^{\infty} \dfrac{nx^{n-1}}{2^{n+1}}, \ (-2, 2)$

附录二　　常用数学公式

一、代　　数

1. 指数和对数运算

$$a^m a^n = a^{m+n} \qquad\qquad \frac{a^m}{a^n} = a^{m-n}$$

$$(a^m)^n = a^{mn} \qquad\qquad \sqrt[n]{a^m} = a^{\frac{m}{n}}$$

$$\log_a 1 = 0 \qquad\qquad \log_a a = 1$$

$$\log_a (N_1 \cdot N_2) = \log_a N_1 + \log_a N_2$$

$$\log_a \frac{N_1}{N_2} = \log_a N_1 - \log_a N_2$$

$$\log_a (N^n) = n \log_a N \qquad\qquad \log_b N = \frac{\log_a N}{\log_a b}$$

2. 有限项和

$$a + (a+d) + (a+2d) + \cdots + [a+(n-1)d] = n\left(a + \frac{n-1}{2}d\right)$$

$$a + aq + aq^2 + \cdots + aq^{n-1} = \frac{a(1-q^n)}{1-q} \qquad (q \neq 1)$$

3. 因式分解公式

$$(a \pm b)^2 = a^2 \pm 2ab + b^2$$

$$(a \pm b)^3 = a^3 \pm 3a^2 b + 3ab^2 \pm b^3$$

$$(a+b)(a-b) = a^2 - b^2$$

$$(a \pm b)(a^2 \mp ab + b^2) = a^3 \pm b^3$$

4. 一元二次方程

(1) 一般式　$ax^2 + bx + c = 0 (a \neq 0)$

(2) 求根公式　$x_{1,2} = -b \pm \dfrac{b^2 - 4ac}{2a}$　(3) 根的判别式　$\Delta = b^2 - 4ac$

当 $\Delta>0$ 时,方程有两个不相等的实实根;

当 $\Delta=0$ 时,方程有两个相等的实数根;

当 $\Delta<0$ 时,方程没有实数根,有两个共轭复数根。

(4) 根与系数的关系

$$x_1+x_2=-\frac{b}{a},\ x_1\cdot x_2=\frac{c}{a}.$$

二、三　角

$$\sin^2\alpha+\cos^2\alpha=1 \qquad \frac{\sin\alpha}{\cos\alpha}=\tan\alpha$$

$$\frac{\cos\alpha}{\sin\alpha}=\cot\alpha \qquad \sec\alpha=\frac{1}{\cos x}$$

$$\csc\alpha=\frac{1}{\sin\alpha} \qquad 1+\tan^2\alpha=\sec^2\alpha$$

$$1+\cot^2\alpha=\csc^2\alpha \qquad \cot\alpha=\frac{1}{\tan\alpha}$$

$$\sin 2\alpha=2\sin\alpha\cos\alpha$$
$$\cos 2\alpha=\cos^2\alpha-\sin^2\alpha=2\cos^2\alpha-1=1-2\sin^2\alpha$$

三、初 等 几 何

在下列公式中,字母 R、r 表示半径,h 表示高,l 表示斜高。

1. 圆;圆扇形

圆:周长 $=2\pi r$;面积 $=\pi r^2$。

圆扇形:面积 $=\frac{1}{2}r^2\alpha$(α 为扇形的圆心角,以弧度计)。

2. 正圆锥

体积 $=\frac{1}{3}\pi r^2 h$;侧面积 $=\pi rl$;全面积 $=\pi r(r+l)$。

3. 球

体积 $=\frac{4}{3}\pi r^3$;表面积 $=4\pi r^2$。

四、基本初等函数的求导公式

$(C)' = 0$ $(x^a)' = ax^{a-1}$

$(a^x)' = a^x \ln a$ $(\mathrm{e}^x)' = \mathrm{e}^x$

$(\log_a x)' = \dfrac{1}{x \ln \alpha}$ $(\ln x)' = \dfrac{1}{x}$

$(\sin x)' = \cos x$ $(\cos x)' = -\sin x$

$(\tan x)' = \sec^2 x$ $(\cot x)' = -\csc^2 x$

$(\sec x)' = \sec x \tan x$ $(\csc x)' = -\csc x \cot x$

$(\arcsin x)' = \dfrac{1}{\sqrt{1-x^2}}$ $(\arccos x)' = -\dfrac{1}{\sqrt{1-x^2}}$

$(\arctan x)' = \dfrac{1}{1+x^2}$ $(\mathrm{arccot}\, x)' = -\dfrac{1}{1+x^2}$

五、基本积分表

$\displaystyle\int k\,\mathrm{d}x = kx + C$ $\displaystyle\int x^a\,\mathrm{d}x = \dfrac{1}{\alpha+1}x^{a+1} + C \ (\alpha \neq -1)$

$\displaystyle\int \dfrac{1}{x}\,\mathrm{d}x = \ln|x| + C$ $\displaystyle\int a^x\,\mathrm{d}x = \dfrac{a^x}{\ln a} + C$

$\displaystyle\int \mathrm{e}^x\,\mathrm{d}x = \mathrm{e}^x + C$ $\displaystyle\int \sin x\,\mathrm{d}x = -\cos x + C$

$\displaystyle\int \cos x\,\mathrm{d}x = \sin x + C$ $\displaystyle\int \tan x\,\mathrm{d}x = -\ln|\cos x| + C$

$\displaystyle\int \cot x\,\mathrm{d}x = \ln|\sin x| + C$ $\displaystyle\int \sec x \tan x\,\mathrm{d}x = \sec x + C$

$\displaystyle\int \csc x \cot x\,\mathrm{d}x = -\csc x + C$ $\displaystyle\int \sec^2 x\,\mathrm{d}x = \tan x + C$

$\displaystyle\int \csc^2 x\,\mathrm{d}x = -\cot x + C$ $\displaystyle\int \dfrac{1}{\sqrt{1-x^2}}\,\mathrm{d}x = \arcsin x + C$

$\displaystyle\int \dfrac{1}{1+x^2}\,\mathrm{d}x = \arctan x + C$ $\displaystyle\int \dfrac{1}{a^2+x^2}\,\mathrm{d}x = \dfrac{1}{a}\arctan \dfrac{x}{a} + C$

$\displaystyle\int \dfrac{1}{a^2-x^2}\,\mathrm{d}x = \dfrac{1}{2a}\ln\left|\dfrac{a+x}{a-x}\right| + C$ $\displaystyle\int \dfrac{1}{\sqrt{a^2-x^2}}\,\mathrm{d}x = \arcsin \dfrac{x}{a} + C$